21世纪高等学校系列教材

MCS-51系列单片机原理及应用

2017年修订版

主　编　刘淑荣　王　瑾
副主编　杜　波　张　欣
编　写　庞　伟　王　影
主　审　杨振江

中国电力出版社
CHINA ELECTRIC POWER PRESS

内容提要

MCS-51 系列单片机原理及应用是自动化和电气信息类专业学生的必修课程，也是一门实践性很强的应用技术课程。本书从实际应用出发，将 MCS-51 系列单片机原理、MCS-51 基础实验、MCS-51 课程设计有机地结合在一起，详细论述了 MCS-51 系列单片机的组成原理、应用系统的扩展技术、信息处理技术及常用算法、人机交互接口、D/A 转换器及 A/D 转换器与单片机的接口设计、串行接口及通信、应用系统的抗干扰技术、应用系统的设计等内容，全书共有 10 章，外加两个附录，在部分章节的后面附有习题，体系完整，便于自学和教学。

本书内容深入浅出、循序渐进，以“通俗易懂、学以致用”为指导思想，教学与工程和开发相统一，强调实用，重在实践，意在工程。

本书既可作为本科高等院校教授单片机的教材，也可以作为工程技术人员以及单片机爱好者自学用书。

图书在版编目（CIP）数据

MCS-51 系列单片机原理及应用 / 刘淑荣，王瑾主编. —北京：中国电力出版社，2011.5（2021.8 重印）

21 世纪高等学校规划教材

ISBN 978-7-5123-1358-3

Ⅰ. ①M… Ⅱ. ①刘… ②王… Ⅲ. ①单片微型计算机－高等学校－教材 Ⅳ. ①TP368.1

中国版本图书馆 CIP 数据核字（2011）第 015068 号

中国电力出版社出版、发行

（北京市东城区北京站西街 19 号 100005 http://www.cepp.sgcc.com.cn）

北京传奇佳彩数码印刷有限公司印刷

各地新华书店经售

*

2011 年 5 月第一版 2021 年 8 月北京第八次印刷

787 毫米×1092 毫米 16 开本 20.5 印张 500 千字

定价 **43.80** 元

前　言

随着信息技术的飞速发展，计算机应用技术日益渗透到社会生产生活的各个领域，在这一进程中，单片机起到了举足轻重的作用，并在工业测控系统、智能仪器和家用电器中得到了广泛的应用。对于高等院校自动化和电气信息类专业的学生来说，学习单片机是很重要的，而应用单片机更是重中之重。

目前，市面上应用的单片机种类很多，但 MCS-51 系列单片机仍不失为单片机中的主流机型。本书以 MCS-51 系列单片机为主介绍单片机的原理与应用，内容系统全面，论述深入浅出、循序渐进，注重接口技术和实际应用。

全书共分 10 章，主要内容包括微型计算机基础、MCS-51 系列单片机的硬件结构、MCS-51 单片机的指令系统、汇编语言程序设计、MCS-51 单片机系统的扩展及接口技术、单片机应用系统的抗干扰技术、单片机应用系统的设计等。

本书详细论述了 MCS-51 系列单片机的组成原理、应用系统的扩展技术、信息处理技术及常用算法、人机交互接口、D/A 转换器及 A/D 转换器与单片机的接口设计、串行接口及通信、应用系统的抗干扰技术和实用技术以及应用系统的设计等内容，并用大量实用的接口实例进行说明。

本书由长春工程学院刘淑荣、王瑾担任主编，由长春工程学院杜波、张欣担任副主编，长春工程学院庞伟、中水东北公司科学研究所王影参与编写。其中第 10 章由刘淑荣编写，第 7、8 章由王瑾编写，第 5、6、9 章由杜波编写，第 2、3 章由张欣编写，第 4 章由庞伟编写，第 1 章由王影编写。全书由刘淑荣、王瑾负责整理和统稿，由王影负责校核。

限于编者水平，加之新的单片机芯片不断涌现，其应用技术也在不断发展，书中难免有不完善、不足之处，恳请广大读者批评指正。

编　者

2011 年 1 月

目　　录

第1章　单片机基础知识

本章概要及学习目标

本章从微型计算机入手，介绍单片机的概念、特点、应用领域以及单片机和单板机、多板机的区别，并指出单片机和单片机应用系统的不同。在此基础上，在单片机的发展概况一节中，简要介绍了 MCS-51 系列的单片机和常用的 C8051 系列单片机、AT89 系列单片机、STC 系列单片机，以方便读者的实际应用及资料查询。

通过对本章的学习，读者应掌握和了解以下知识：

1. 微型计算机、多板机、单板机、单片机及单片机应用系统的概念。
2. 单片机的应用领域及发展方向。
3. 单片机的发展概况。
4. 计算机的数制及转换。

重点内容：

1. 单片机及单片机应用系统的概念。
2. MCS-51 系列单片机的发展概况。

1.1　单片机的概念

单片机是一个单芯片形态、面向控制对象的嵌入式应用计算机系统。它的出现及发展使计算机技术从通用型数值计算领域进入到智能化的控制领域，从此，计算机技术在两个重要领域——通用计算机领域和嵌入式计算机领域都得到了极其重要的发展，并正在深深地改变着我们的生活。

1.1.1　微型计算机体系结构

以冯·诺依曼原理为核心的微型计算机的体系结构一般由五大部分构成，分别为运算器、控制器、存储器、输入设备和输出设备，其体系结构见图 1-1。

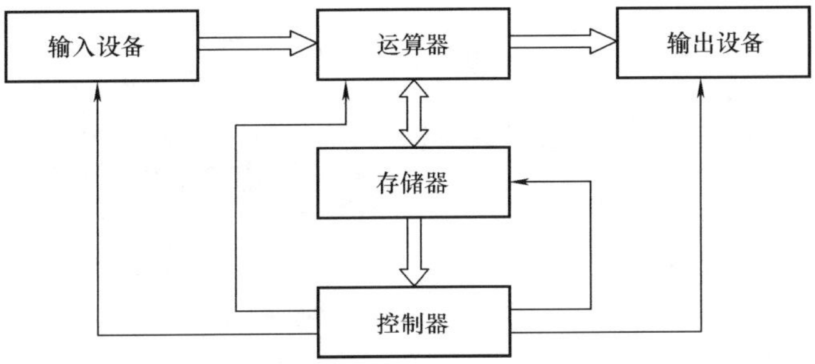

图 1-1　微型计算机的体系结构

运算器的主要功能是进行算术运算和逻辑运算。控制器是整个微型计算机系统的指挥中心，其主要作用是控制程序的执行，包括对指令进行译码、寄存，并按指令要求完成所规定的操作，即指令控制、时序控制和操作控制。运算器和控制器综合在一起，构成微型计算机的中央处理器（CPU），又称为微处理器（MPU），是构成微机的核心部件，也可以说是微机的心脏。它起到控制整个微型计算机工作的作用，产生控制信号对相应的部件进行控制，并执行相应的操作。

存储器的主要功能是用来存放操作数、中间数据及结果数据。

输入设备和输出设备是微型计算机与外界进行联系的媒介，通过它们可以将外界信息传送到微型计算机的内部进行处理，以及将经过微型计算机处理之后的信息再传输到外界，来实施相应的控制操作。

1.1.2 微型计算机分类

微型计算机按其型式通常分为多板机、单板机和单片机。

（1）多板机通常由多块印制电路板构成，见图 1-2，也称多板型计算机，是当今最为普遍的微型计算机的组装形式。它把完成微型计算机各种功能的不同的印制电路板组装在一个机箱内，各电路板插入总线插槽，通过总线将各个部分连接，这样，就可以使计算机组装灵活、功能增强，可以根据不同的需要选用不同的电路板，从而组成不同功能或者较大规模的微型计算机，如工业控制机、PC 机等。

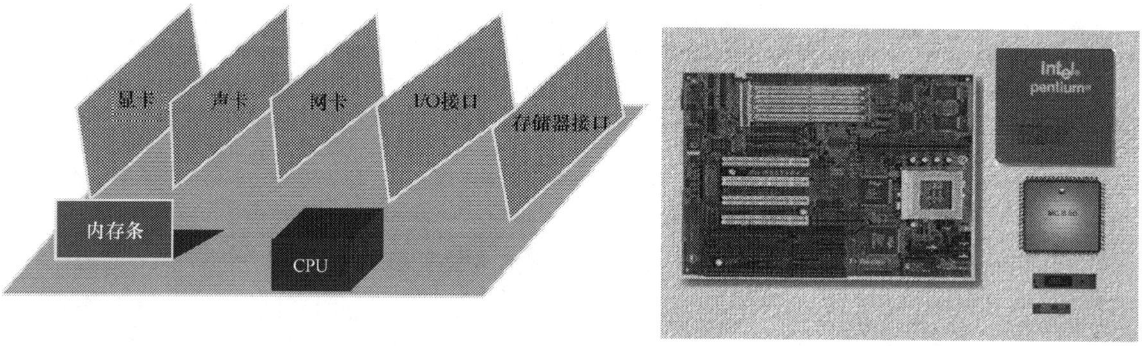

图 1-2 多板机体系结构

（2）单板机又称为单板型计算机，是将微处理器、存储器、I/O 接口及其他各功能部件组装在一块印制电路板上构成微型计算机，见图 1-3。其特点是结构紧凑、体积小、常用于专用机，如专用的工业控制机。

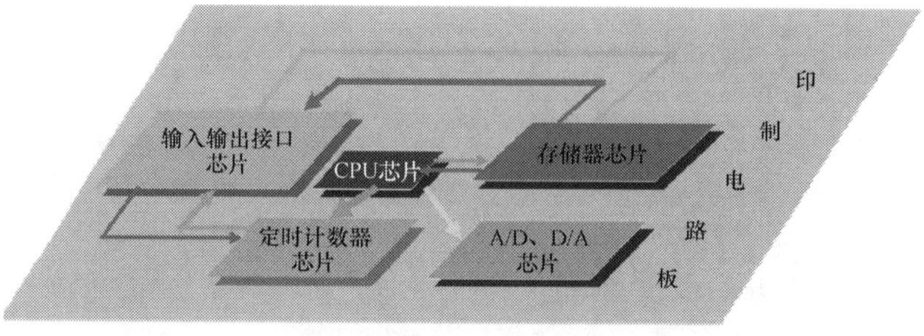

图 1-3 单板机体系结构

（3）单片机是把组成微型计算机的各功能部件，如中央处理器 CPU、随机存取存储器

RAM、只读存储器 ROM、I/O 接口电路、定时器/计数器以及串行通信接口等制作在一块集成芯片中，构成一个完整的微型计算机，见图 1-4。单片机是单片微型计算机的简称。

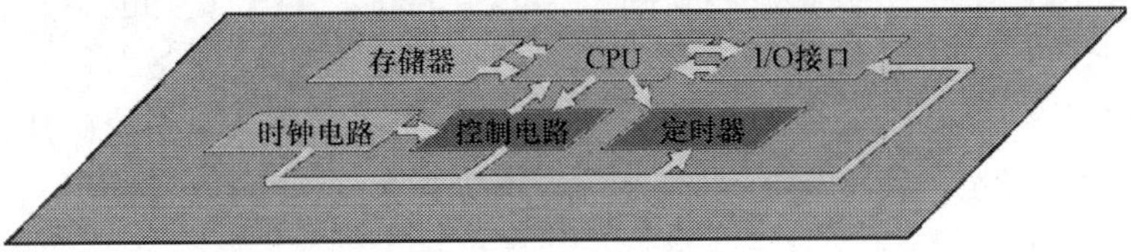

图 1-4　单片机体系结构

单片机主要应用于控制领域，是应工业测控的需要而诞生的，它的结构与指令功能都是按照工业控制要求设计的，故又称为微控制器（Micro Controller Unit）。在国际上，“微控制器”的叫法更通用些，在我国比较习惯“单片机”这一名称。

由于单片机在应用时通常是被控系统的核心并融入其中，即以嵌入的方式工作，为了强调其“嵌入”的特点，也常常将单片机称为嵌入式微控制器。

1.1.3　通用单片机和专用单片机

根据控制应用的需要，可以将单片机分成通用性和专用型两种类型。

通用型单片机是一种基本芯片，它的内部资源比较丰富，性能全面且适用性强，能覆盖多种应用需求。用户可以根据需要设计成各种不同应用的控制系统，即通用单片机有一个再设计的过程，通过用户的进一步设计，才能组成一个以通用单片机芯片为核心再配以其他外围电路的应用控制系统。

专用单片机是针对一种产品或一种控制应用而专门设计的，设计时已经对系统结构的最简化、软硬件资源利用的最优化、可靠性和成本的最佳化等方面都做了通盘的考虑和论证，所以，专用单片机较通用单片机具有十分明显的综合优势。

今后，随着单片机应用的广泛和深入，各种专用单片机芯片将会越来越多，并且必将成为今后单片机发展的重要方向。但是应当说明的是，无论专用单片机在应用上有多么“专”，其原理和结构还是建立在通用单片机的基础之上的。

1.1.4　单片机和单片机系统

单片机通常是指芯片本身，它是由芯片制造商生产的，在它上面集成的是一些作为基本组成部分的运算器电路、控制器电路、存储器、中断系统、定时器/计数器以及输入输出接口电路等。但一个单片机芯片并不能把计算机系统的全部电路都集成到其中，如复位电路中应用到的电阻、电容等，这些元件在单片机系统中只能以外接的形式出现。另外，在实际应用中，常常需要扩展外围电路和外围芯片，从中可以看到单片机和单片机系统的差别，即单片机只是一个芯片，而单片机系统是在单片机芯片的基础上扩展其他电路或芯片构成的具有一定应用功能的计算机系统。

通常所说的单片机系统是为实现某一控制应用需要由用户设计的一个围绕单片机芯片而组建的计算机应用系统。在单片机系统中，单片机处于核心地位，是构成单片机系统的硬件和软件基础。

1.1.5　单片机应用系统和单片机开发系统

单片机应用系统是为控制应用而设计的，该系统与控制对象结合在一起使用，是单片机开发应用的成果。但由于软硬件资源所限，单片机系统本身不能实现自我开发，要进行系统开发设计，必须使用专门的单片机开发系统。

单片机开发系统是单片机系统开发调试的工具。目前，对于复杂的单片机系统，人们常使用微型计算机来进行应用开发，能开发单片机的微型计算机称为微型机开发系统。此外，还可以应用专门的单片机开发系统，称为在线仿真器，通过它可以进行单片机应用系统的软硬件开发和 EPROM 写入。设计时，首先要根据所使用的单片机型号购买一台相应的在线仿真器，然后才能开展设计工作。

1.1.6 单片机的特点

目前，单片机是从工业测控对象、环境、接口特点出发，向着增强控制功能、提高工业环境下的可靠性方向发展。其主要特点如下：

（1）体积小，质量轻。

（2）种类多，型号全。很多单片机厂家逐年扩大适应各种需要，有针对性地推出一系列型号产品，使系统开发工程师有很大的选择余地。大部分产品有较好的兼容性，保证了已开发产品能顺利移植，较容易地使产品进行升级换代。

（3）可靠性高，抗干扰能力强，性能价格比高。集成度已经达到 300 万个晶体管以上，总线速度达到数十微秒到几百纳秒，指令执行周期已经达到几微秒到数十纳秒，以往片外 XRAM 现已在物理上存入片内，ROM 容量已经扩充达 32、64、128KB 以致更大的空间，价格从几百元到几元不等。

（4）控制功能强，使用灵活。向真正意义上的“单片”机发展，把原本是外围接口芯片的功能集成到一块芯片内，在一片芯片中构造了一个完整的功能强大的微处理应用系统。

（5）低功耗。现在新型单片机的功耗越来越小，供电电压从 5V 降低到了 3.2V，甚至 1V，工作电流从毫安降到微安级，工作频率从十几兆可编程到几十千赫兹。特别是很多单片机都设置了多种工作方式，这些工作方式包括等待、暂停、睡眠、空闲、节电等。

（6）易扩展，易于开发。

（7）受集成度限制，片内存储器容量较小，一般内部 ROM 在 8KB 以内，内部 RAM 在 256B 以内。

（8）C 语言开发环境，友好的人机交互环境。大多数单片机都提供基于 C 语言开发平台，并提供大量的函数以供使用，这使产品的开发周期、代码可读性、可移植性都大为提高。

1.2 单片机的应用

1.2.1 单片机的应用领域

目前单片机已渗透到我们生活的各个领域，几乎很难找到哪个领域没有单片机的踪迹。导弹的导航装置，飞机上各种仪表的控制，计算机的网络通信与数据传输，工业自动化过程的实时控制和数据处理，广泛使用的各种智能 IC 卡，民用豪华轿车的安全保障系统，录像机、摄像机、全自动洗衣机的控制，以及程控玩具、电子宠物等，这些都离不开单片机，更不用说自动控制领域的机器人、智能仪表、医疗器械了，因此，单片机的学习、开发与应用将造就一批计算机应用与智能化控制的科学家、工程师。

由于单片机具有可靠性高、体积小、价格低、易于产品化等特点，因此在智能仪器仪表、实时工业控制、家用电器、医用设备、航空航天、智能终端、通信设备、导航系统等自控领域获得广泛应用，大致可分为以下几个范畴：

一、在智能仪器仪表上的应用

单片机具有体积小、功耗低、控制功能强、扩展灵活、微型化和使用方便等优点，广泛应用于仪器仪表中，结合不同类型的传感器，可实现诸如电压、功率、频率、湿度、温度、流量、速度、厚度、角度、长度、硬度、元素、压力等物理量的测量。采用单片机控制使得仪器仪表数字化、智能化、微型化，且功能比采用电子或数字电路更加强大，如精密的测量设备（功率计、示波器、分析仪等）。

二、在工业控制中的应用

用单片机可以构成形式多样的控制系统、数据采集系统，如工厂流水线的智能化管理、电梯智能化控制、各种报警系统、与计算机联网构成二级控制系统等。

三、在家用电器中的应用

现在的家用电器基本上都采用了单片机控制，从电饭煲、洗衣机、电冰箱、空调机、彩电、音响视频器材，到电子称量设备，五花八门，无所不在。

四、在计算机网络和通信领域中的应用

单片机普遍具备通信接口，可以很方便地与计算机进行数据通信，为在计算机网络和通信设备间的应用提供了极好的物质条件。现在的通信设备基本上都实现了单片机智能控制，从手机、电话机、小型程控交换机、楼宇自动通信呼叫系统、列车无线通信，到日常工作中随处可见的移动电话、集群移动通信、无线电对讲机等，随处都可见单片机的身影。

五、在医用设备领域中的应用

单片机在医用设备中的用途也相当广泛，如医用呼吸机、分析仪、监护仪、超声诊断设备及病床呼叫系统等。

六、在机电一体化产品中的应用

单片机与传统的机械产品结合，使传统机械产品结构简化、控制智能化。例如电传打字机的设计中由于采用了单片机，取代了近千个机械部件。

此外，单片机在工商、金融、科研、教育、国防、航空航天等领域都有着十分广泛的应用。

1.2.2 单片机的应用发展方向

一、使用寿命长

这里所说的长寿命，一方面是指用单片机开发的产品可以稳定可靠地工作十年、二十年；另一方面是指与微处理器相比的长寿命。随着半导体技术的飞速发展，CPU 更新换代的速度越来越快，可以预见，一些成功上市的相对年轻的 CPU 核心，也会随着 I/O 功能模块的不断丰富，有着相当长的生存周期。新的 CPU 类型的加盟，使单片机队伍不断壮大，给用户带来了更多的选择余地。8、16、32 位单片机共同发展是当前单片机发展的另一个动向之一。长期以来，单片机技术的发展是以 8 位机为主的。随着移动通信、网络技术、多媒体技术等高科技产品进入家庭，32 位单片机应用得到了长足的发展。以 Mororola68K 为 CPU 的 32 位单片机 1997 年的销售量达到了 8 千万枚。过去认为由于 8 位单片机功能越来越强，32 位机越来越便宜，使 16 位机单片机的生存空间有限，然而 16 位单片机的发展无论从品种和产量方面，近年来都有较大幅度的增长。

二、速度越来越快

CPU 发展中表现出来的速度越来越快是以时钟频率越来越高为标志的；而单片机则有所不同，为提高单片机抗干扰能力，降低噪声，降低时钟频率而不牺牲运算速度是单片机技术发展之追求。改善单片机的内部时序，在不提高时钟频率的条件下，使运算速度提高了很多。

三、低噪声和高可靠性技术

在单片机应用中，可靠性是首要因素。为了扩大单片机的应用范围和领域，提高单片机自身的可靠性是一种有效的方法。近年来，单片机的生产厂家在单片机设计上采用了各种提高可靠性的新技术，这些新技术表现在如下几点：首先，EFT（Electrical Fast Transient/burst）电快速瞬变脉冲群技术。EFT 技术是一种抗干扰技术，它是指在振荡电路的正弦信号受到外界干扰时，其波形上会叠加各种毛刺信号，使用施密特电路对其整形，则毛刺会成为触发信号而干扰正常的时钟，在交替使用施密特电路和 RC 滤波电路时，就可以消除这些毛刺令其作用失效，从而保证系统的时钟信号正常工作，这样，就提高了单片机工作的可靠性。其次，低噪声布线技术及驱动技术。在传统的单片机中，电源及地线是在集成电路外壳的对称引脚上，一般是在左上、右下或右上、左下的两块对称点上，这样，就使电源噪声穿过整块芯片，对单片机的内部电路造成干扰。现在，很多单片机都把地线和电源引脚安排在两条相邻的引脚上。这样，不仅降低了穿过整个芯片的电流，还容易在印制电路板上布置去耦电容，从而降低系统的噪声。

四、OTP 与掩膜

OTP（One-time Password）是一次性写入的单片机。过去认为一个单片机产品的成熟是以投产掩膜型单片机为标志的。由于掩膜需要一定的生产周期，而 OTP 型单片机价格不断下降，使得近年来直接使用 OTP 完成最终产品的制造更为流行。它较之掩膜具有生产周期短、风险小的特点。近年来，OTP 型单片机需求量大幅度上扬，为适应这种需求，许多单片机都采用了在系统编程技术（In Sytem Programming）。编程的 OTP 芯片可以采用裸片 Bonding（绑定）技术或表面贴技术，先焊在印制电路板上，然后通过单片机上引出的编程线、串行数据、时钟线等对单片机编程。这样，解决了批量写 OTP 芯片时容易出现的芯片写入器接触不好的问题，使得 OTP 的裸片得以广泛使用，降低了产品的成本。编程线与 I/O 线共用，不增加单片机的额外引脚。

1.3 单片机应用系统

任何一个单片机应用系统都是由两部分组成——硬件和软件。单片机应用系统是以单片机为核心，配以输入、输出、显示、测量和控制等外围电路和软件能实现一种或多种功能的实用系统。

硬件和软件的关系是相辅相成的，硬件是单片机应用系统的基础，软件则是在硬件的基础上对其资源进行合理调配和使用，从而完成应用系统所要求的任务。硬件和软件两者相互依赖，缺一不可。有时硬件可以解决软件的问题，而有时软件又可以解决硬件的问题。因此，单片机应用系统的设计人员必须从硬件和软件两个角度来深入了解单片机，并能将两者有机结合起来，才能设计制作出具有特定功能的单片机应用系统或整机产品。单片机应用系统的组成如图 1-5 所示。

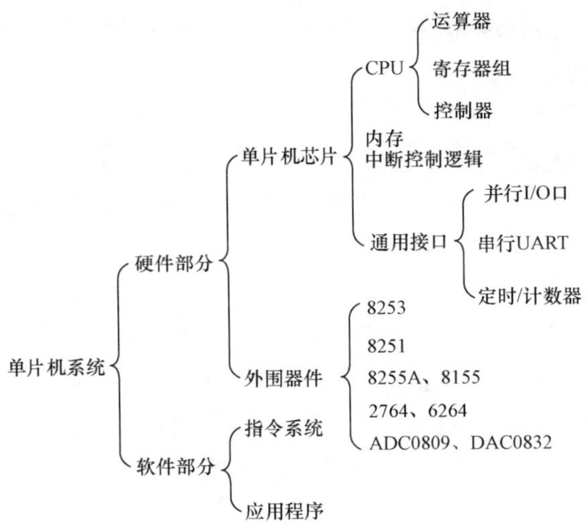

图 1-5 单片机应用系统的组成

一般来说，单片机应用系统的硬件复杂，软件就简单；而软件复杂，硬件就简单。因此，我们在开发一个单片机应用系统时，一般尽量用软件的方法来解决硬件的问题，因为这样可以使单片机应用系统的生产成本降低。对于一个实际的单片机应用系统开发项目工程，硬件和软件一般各占该系统 50%的工程量。

1.4 单片机的发展概况

单片机出现的历史并不长，它的产生与发展和微处理器的产生与发展大体上同步，经历了四个阶段：

第一阶段（1971～1974 年）：1971 年 11 月，美国 Intel 公司首先设计出集成度为 2000 只晶体管/片的 4 位微处理器 Intel 4004，并且配有随机存取存储器 RAM、只读存储器 ROM 和移位寄存器等芯片，构成第一台 MCS-4 微型计算机。1972 年 4 月，Intel 公司又研制成功了处理能力较强的 8 位微处理器——Intel 8008。这些微处理器虽说还不是单片机，但从此拉开了研制单片机的序幕。

第二阶段（1974～1978 年）：初级单片机阶段。以 Intel 公司的 MCS-48 为代表。这个系列单片机内集成有 8 位 CPU、并行 I/O 接口、8 位定时器/计数器，寻址范围不大于 4KB，且无串行口。

第三阶段（1978～1983 年）：在这一阶段推出的单片机普遍带有串行口，有多级中断处理系统、16 位定时器/计数器。片内 RAM、ROM 容量加大，且寻址范围可达 64KB，有的片内还带有 A/D 转换器接口。这类单片机有 Intel 公司的 MCS-51、Motorola 公司的 6801 和 Zilog 公司的 Z8 等。这类单片机的应用领域极其广泛，这个系列的各类产品仍然是目前国内外产品的主流。其中 MCS-51 系列产品，以其优良的性能价格比，成为我国广大科技人员的首选。

第四阶段（1983 年～现在）：8 位单片机巩固发展及 16 位单片机推出阶段。此阶段主要特征是一方面发展 16 位单片机及专用单片机；另一方面不断完善高档 8 位单片机，改善其结构，以满足不同的用户需要。

1.4.1 MCS-51 系列单片机

1.4.1.1 单片机的应用特性

一、集成度高

MCS-51 系列单片机代表产品为 8051，8051 内部包含 4KB 的 ROM、128B 的 RAM、4 个 8 位并行 I/O 口、1 个全双工串行口、2 个 16 位定时器/计数器以及 1 个处理功能强大的中央处理器。

二、系统结构简单

MCS-51 系列单片机芯片内部采用模块化结构，增加或更换一个模块就能获得指令系统和引脚兼容的新产品。另一方面，MCS-51 系列单片机具有 64KB 的外部程序存储器寻址能力和 64KB 的外部 RAM 和 I/O 接口寻址能力。Intel 公司标准的 I/O 接口电路和存储器电路都可以直接连到 MCS-51 系列单片机上以扩展系统功能，应用非常灵活。

三、可靠性高

单片机产品和其他产品一样，出厂指标有军用品、工业品和商用品之分。其中军用品要求绝对可靠，在任何恶劣的环境下都能可靠工作，主要用于武器系统、航空器等方面。单片机属于工业品，能在常温下工作，不需要在温度恒定的机房内工作。由于单片机总线大多，在芯片内部不易受干扰，而且单片机应用系统体积小，易于屏蔽，因此单片机的可靠性较高。

四、处理功能强，速度快

MCS-51 系列单片机指令系统中具有加、减、乘、除指令及各种逻辑运算和转移指令，还具有位操作功能。CPU 时钟频率高达 12MHz，单字节乘法和除法仅需要 4μs，而且具有特殊的多机通信功能，可作为多机系统中的子系统。

1.4.1.2 单片机的制造工艺

制造单片机的工艺只有两种：HMOS 工艺和 CHMOS 工艺。

早期的 MCS-51 系列芯片都采用 HMOS 工艺，即高密度、短沟道 MOS 工艺。8051、8751、8031、8951 等产品均属于 HMOS 工艺制造的产品。

CHMOS 工艺是 CMOS 和 HMOS 的结合，除保持了 HMOS 工艺的高密度、高速度之外，还具有 CMOS 工艺低功耗的特点。例如 HMOS 工艺制造的 8051 芯片的功耗为 630mW，而用 CHMOS 工艺制造的 80C51 芯片的功耗为 120mW，这么低的功耗用一粒钮扣电池就可以工作。单片机型号中包含有“C”的产品就是指它的制造工艺是 CHMOS 工艺，如 80C51 就是指用 CHMOS 工艺制造的 8051。

1.4.1.3 MCS-51 单片机系列产品

MCS-51 是一个单片机系列产品，具有多种芯片型号。按其内部资源配置的不同，MCS-51 可分为两个子系列和四种类型，见表 1-1。

表 1-1 MCS-51 系列单片机

资源配置	片内 ROM 形式				片内ROM容量	片内RAM容量	定时器/计数器	中断源
	无	ROM	EPROM	EEPROM				
MCS-51子系列	8031	8051	8751	8951	4KB	128B	2×16	5 个
MCS-52子系列	8032	8052	8752	8952	8KB	256B	3×16	6 个

MCS-51 子系列包含 4 个产品，这 4 个产品具有不同的应用特性。

（1）8051。8051 内部包含了 4KB 的 ROM、128B 的 RAM、21 个特殊功能寄存器、4 个 8 位并行口、1 个全双工串行口、2 个 16 位定时器/计数器以及 1 个处理功能很强的中央处理器，是一台完整的微型计算机。

（2）8751。8751 是以 4KB 的 EPROM 代替 8051 内部的 4KB ROM。

（3）8951。8951 是以 4KB 的 EEPROM（或 Flash ROM）代替 8051 内部的 4KB ROM。

（4）8031。8031 内部无 ROM。单片机 8031 不构成完整计算机，必须外接 EPROM 作为程序存储器。

52 子系列也包含 4 个产品，分别是 51 子系列的增强型。由于资源数量的增加，芯片的功能有所增强。片内 ROM 容量从 4KB 增加到 8KB；RAM 容量从 128B 增加到 256B；定时器数目从 2 个增加到 3 个；中断源从 5 个增加到 6 个等。

1.4.1.4 80C51 单片机系列

80C51 单片机系列是在 MCS-51 系列的基础上发展起来的。80C51 系列芯片的最早推出者是 Intel 公司，并且作为 MCS-51 系列的一部分，按原 MCS-51 系列芯片的规则命名，如 80C51、80C31、87C51 等（至于 89C51，我们把它归入 89 系列单片机）。

后来越来越多的公司生产 80C51 芯片，而且型号的命名已面目全非，功能上也做了不同程度的改进，如增加了 A/D 转换、高速 I/O 端口等。有些还在总线结构上做了重大改进，出现了廉价的非总线型单片机芯片。但是万变不离其宗，即 CHMOS 工艺芯片 80C51/80C31/ 87C51/89C51 的基本特征是低功耗、允许的电源电压波动范围较大[（5±20%）V]，并有 3 种功耗控制方式（增加了待机和掉电保护 2 种方式）。

习惯上，我们仍然把 80C51 系列作为 MCS-51 的子系列。

1.4.2 Cygnal C8051F 系列单片机

Cygnal C8051FXXX 系列是全集成混合信号在片系统单片机。在片系统是随着半导体生产技术的不断发展，集成度越来越高，对嵌入式控制技术可靠性要求越来越高而产生的新概念，即 SOC（System on Chip）。SOC 的意思是整个系统都高度集成在一个芯片上。

单片机自20世纪70年代末诞生以来，经历了单片微型计算机SCM、微控制器MCU及片上系统SOC等几个阶段，前两个阶段分别以MCS-51和80C51为代表。随着在嵌入式领域中对单片机的性能和功能要求越来越高，以往的单片机无论是运行速度还是系统集成度等多方面都不能满足新的设计需要，这时Silicon Labs公司推出了C8051F系列单片机，并在嵌入式领域的各个场合都得到了广泛的应用。在工业控制领域，其丰富的模拟资源可用于工业现场多种物理量的监测、分析及控制和显示；在便携式仪器领域，其低功耗和强大的外设接口也非常适合各种信号的采集、存储和传输；此外，新型的C8051FXXX系列单片机也在汽车电子行业中崭露头角。正是这些优势，使得C8051系列单片机在进入中国市场的短短几年内就迅速风靡，相信随着新型号的不断推出以及推广力度的不断加大，C8051系列单片机将迎来日益广阔的发展空间，成为嵌入式领域的时代宠儿。

1.4.2.1 Cygnal C8051FXXX 系列单片机概况

Cygnal C8051FXXX系列单片机主要分为C8051F0XX、C8051F02X、C8051F2XX、C8051F30X等几个系列。

1.4.2.2 Cygnal C8051FXXX 系列单片机片内资源概况

（1）8～12 位多通道输入 ADC。

（2）1～2 路 12 位 DAC。

（3）1～2 路电压比较器。

（4）电压基准（内部、外部）。

（5）内置温度传感器（±3℃）。

（6）16 位可编程定时计数器 PCA，可用于 PWM。

（7）3～5 个通用 16 位定时器。

（8）8～64 个通用 I/O 端口。

（9）带有 I^2C/SMBus、SPI、1～2 个 UART 串行总线。

（10）8～64KB Flash 存储器。

（11）256B～4KB 数据 RAM。

（12）片内电源监测、片内看门狗定时器、片内时钟源。

1.4.2.3 Cygnal C8051FXXX 系列单片机主要特点

（1）高速的（20～25MIPS）与 8051 全兼容的微控制器内核（MIPS 是单字长定点指令平均执行速度 Million Instructions per Second 的缩写，每秒处理百万级的机器语言指令数，是衡量 CPU 速度的一个指标）。

（2）Flash 存储器，可实现在线编程和用于非易失性数据存储（EE PROM）的作用。

（3）工作电压典型值为 3V（2.7～3.3V），全部 I/O、RST、JTAG 引脚均允许 5V 电压输入。

（4）全系列芯片均为工业级（温度范围－45～85℃）。

（5）片内 JTAG 仿真电路提供全速非插入式（不使用在片资源）的电路内仿真。支持断点、单步、观察点、运行和停止等调试命令，支持存储器和寄存器校验和修改。

1.4.2.4 Cygnal C8051FXXX 系列单片机主要性能

C8051F 具有上手快（全兼容 8051 指令集）、研发快（开发工具易用，可缩短研发周期）和见效快（调试手段灵活）的特点，其主要性能优势具体体现在以下几个方面：

（1）基于增强的 CIP-51 内核，具有标准 8052 的所有外设部件，包括 5 个 16 位的计数器/定时器、2 个全双工 UART 串行接口、256 字节内部 RAM、128 字节特殊功能寄存器（SFR）地址空间及 8 个 8 位宽的 I/O 端口。其指令集与 MCS-51 完全兼容，具有标准 8051 的组织架构，可以使用标准的 803x/805x 汇编器和编译器进行软件开发。CIP-51 采用流水线结构，70% 的指令执行时间为 1 个或 2 个系统时钟周期，是标准 8051 指令执行速度的 12 倍；其峰值执行速度可达 100MIPS，是目前世界上速度最快的 8 位单片机。

（2）增加了中断源。标准的 8051 只有 7 个中断源。Silicon Labs 公司的 C8051F 系列单片机扩展了中断处理，这对于时实多任务系统的处理是很重要的，扩展的中断系统向 CIP-51 提供 22 个中断源，允许大量的模拟和数字外设中断，1 个中断处理需要较少的 CPU 干预，却有更高的执行效率。

（3）集成了丰富的模拟资源，绝大部分的 C8051F 系列单片机都集成了单个或两个 ADC，在片内模拟开关的作用下可实现对多路模拟信号的采集转换；片内 ADC 的采样精度最高可达 24bit，采样速率最高可达 500ksps（Kilo Sample per Second，表示每秒采样千次），部分型号还集成了单个或两个独立的高分辨率 DAC，可满足绝大多数混合信号系统的应用，并实现与模拟电子系统的无缝接口；片内温度传感器则可以迅速而精确地监测环境温度，并通过程序作出相应处理，提高了系统运行的可靠性。

（4）集成了丰富的外部设备接口。具有两路 UART 和最多可达 5 个定时器及 6 个 PCA 模块，此外还根据不同的需要集成了 SMBus、SPI、USB、CAN、LIN 等接口以及 RTC 部件。外设接口在不使用时可以分别禁止，以降低系统功耗。与其他类型的单片机实现相同的功能需要多个芯片的组合才能完成相比，C8051 单片机不仅减少了系统成本，更大大降低了功耗。

（5）增强了在信号处理方面的性能，部分型号具有 16×16MAC 以及 DMA 功能，可对所采集信号进行实时有效的算法处理，并提高了数据传送能力。

（6）具有独立的片内时钟源（精度最高可达 0.5%），设计人员既可选择外接时钟，也可直接应用片内时钟，同时可以在内外时钟源之间自如切换。片内时钟源降低了系统设计的复杂度，提高了系统可靠性；而时钟切换功能则有利于系统整体功耗的降低。

（7）提供空闲模式及停机模式等多种电源管理方式来降低系统功耗。

（8）实现了 I/O 端口从固定方式到交叉开关配置。固定方式的 I/O 端口，既占用引脚多，配置又不够灵活。在 C8051F 中，则采用开关网络以硬件方式实现 I/O 端口的灵活配置，外设电路单元通过相应的配置寄存器控制的交叉开关配置到所选择的端口上。

（9）复位方式多样化，C8051F 把 80C51 单一的外部复位发展成多源复位，提供了上电复位、掉电复位、外部引脚复位、软件复位、时钟检测复位、比较器 0 复位、WDT 复位和引脚配置复位。众多的复位源为保障系统的安全、操作的灵活性以及零功耗系统设计带来极大的好处。

（10）从传统的仿真调试到基于 JTAG 接口的在系统调试。C8051F 在 8 位单片机中率先配置了标准的 JTAG 接口（IEEE1149.1）。C8051F 的 JTAG 接口不仅支持 Flash ROM 的读/写操作及非侵入式在系统调试，它的 JTAG 逻辑还为在系统测试提供边界扫描功能。通过边界寄存器的编程控制，可对所有器件引脚、SFR 总线和 I/O 端口弱上拉功能实现观察和控制。

（11）C8051F 系列单片机型号齐全，可根据设计需求选择不同规模和带有特定外设接口的型号，提供从多达 100 个引脚的高性能单片机到最小 3mm×3mm 的封装，满足不同设计的需要。

1.4.3 AT89 系列单片机

AT89 系列单片机是 ATMEL 公司的 8 位 Flash 单片机系列。

这个系列单片机的最大特点是在片内含有 Flash 存储器，而其他方面和 MCS-51 没有太大的区别。该系列有着十分广泛的用途，特别是在便携式、省电和特殊信息保存的仪器和系统中显得更为有用。

1.4.3.1 AT89 系列单片机的特点

（1）内含有 Flash 存储器。由于片内含有 Flash 存储器，因此在系统开发过程中可以十分容易地进行程序的修改。同时，在系统工作过程中，能有效地保存数据信息，即使外界电源损坏也不影响信息的保存。

（2）与 AT80C51 插座兼容。AT89 系列单片机的引脚与 MCS-51 系列单片机的引脚是一样的。只要用相同引脚的 AT89 系列单片机就可以取代 MCS-51 系列单片机。

（3）静态时钟方式。AT89 系列单片机采用静态时钟方式，节省电能，这对于降低便携式产品的功耗十分有用。

1.4.3.2 AT89系列单片机的概况

AT89系列单片机可分为标准型号、低档型号和高档型号三类。

标准型AT89系列单片机有AT89C51、AT89LV51、AT89C52、AT89LV52、AT89C55、AT89LV55六种型号；低档型AT89系列单片机有AT89C1051和AT89C2051两种型号，高档型AT89系列单片机有AT89S53、AT89S8252、AT89S4D12等型号。

其中AT89LV51、AT89LV52分别是AT89C51、AT89C52的低电压产品，最低电压可以低至2.7V；而AT89C2051、AT89C1051、AT89C4051则是低档型的低电压产品，它们只有20条引脚，最低电压也为2.7V。

以下简单介绍7种常用的AT89系列单片机的特点及主要性能参数。

一、AT89C51高性能8位单片机

AT89C51是美国ATMEL公司生产的低电压、高性能CMOS 8位单片机，片内含4KB的可反复擦写的Flash只读程序存储器和128B的随机存取数据存储器（RAM），器件采用ATMEL公司的高密度、非易失性存储技术生产，兼容标准MCS-51指令系统，片内置通用8位中央处理器（CPU）和Flash存储单元。功能强大的AT89C51单片机可为您提供许多高性价比的应用场合，可灵活应用于各种控制领域。

主要性能参数：

（1）与MCS-51产品指令系统完全兼容。

（2）4KB可重擦写Flash闪速存储器。

（3）1000次擦写周期。

（4）全静态操作：0～24MHz。

（5）二级加密程序存储器。

（6）128×8字节内部RAM。

（7）32个可编程I/O端口线。

（8）2个16位定时/计数器。

（9）6个中断源。

（10）可编程串行UART通道。

（11）低功耗空闲和掉电模式。

二、AT89C52高性能8位单片机

AT89C52是美国ATMEL公司生产的低电压、高性能CMOS 8位单片机，片内含8KB的可反复擦写的Flash只读程序存储器和256B的随机存取数据存储器（RAM），器件采用ATMEL公司的高密度、非易失性存储技术生产，与标准MCS-51指令系统及8052产品引脚兼容，片内置通用8位中央处理器（CPU）和Flash存储单元。功能强大的AT89C52单片机适用于许多较为复杂的控制应用场合。

主要性能参数：

（1）与MCS-51 C产品指令和引脚完全兼容。

（2）8KB可重擦写Flash闪速存储器。

（3）1000次擦写周期。

（4）全静态操作：0～24MHz。

（5）二级加密程序存储器。

（6）256×8 字节内部 RAM。

（7）32 个可编程 I/O 口线。

（8）3 个 16 位定时/计数器。

（9）8 个中断源。

（10）可编程串行 UART 通道。

（11）低功耗空闲和掉电模式。

三、AT89C2051 高性能 8 位单片机

AT89C2051 是美国 ATMEL 公司生产的低电压、高性能 CMOS 8 位单片机，片内含 2KB 的可反复擦写的 Flash 只读程序存储器和 128B 的随机存取数据存储器（RAM），器件采用 ATMEL 公司的高密度、非易失性存储技术生产，兼容标准 MCS-51 指令系统，片内置通用 8 位中央处理器和 Flash 存储单元。功能强大的 AT89C2051 单片机可为您提供许多高性价比的应用场合。

主要性能参数：

（1）与 MCS-51 产品指令系统完全兼容。

（2）2KB 可重擦写 Flash 闪速存储器。

（3）1000 次擦写周期。

（4）2.7～6V 的工作电压范围。

（5）全静态操作：0～24MHz。

（6）二级加密程序存储器。

（7）128×8 字节内部 RAM。

（8）15 个可编程 I/O 口线。

（9）2 个 16 位定时/计数器。

（10）6 个中断源。

（11）可编程串行 UART 通道。

（12）可直接驱动 LED 的输出端口。

（13）内置 1 个模拟比较器。

（14）低功耗空闲和掉电模式。

四、AT89LV51 高性能 8 位单片机

AT89LV51 是美国 ATMEL 公司生产的低电压、高性能 CMOS 8 位单片机，片内含 4KB 的可反复擦写的 Flash 只读程序存储器和 128B 的随机存取数据存储器（RAM），器件采用 ATMEL 公司的高密度、非易失性存储技术生产，兼容标准 MCS-51 指令系统，片内置通用 8 位中央处理器（CPU）和 Flash 存储单元。功能强大的 AT89LV51 单片机可为您提供许多高性价比的应用场合，可灵活应用于各种控制领域，特别适合于便携式、袖珍式及电池供电的仪器仪表中。

主要性能参数：

（1）与 MCS-51 产品指令系统完全兼容。

（2）4KB 可重擦写 Flash 闪速存储器。

（3）1000 次擦写周期。

（4）2.7～6V 的工作电压范围。

（5）全静态操作：0～12MHz。

（6）二级加密程序存储器。

（7）128×8 字节内部 RAM。

（8）32 个可编程 I/O 口线。

（9）2 个 16 位定时/计数器。

（10）6 个中断源。

（11）可编程串行 UART 通道。

（12）低功耗空闲和掉电模式。

五、AT89LV52 高性能 8 位单片机

AT89LV52 是美国 ATMEL 公司生产的低电压、高性能 CMOS 8 位单片机，片内含 8KB Flash 只读程序存储器和 256B 的随机存取数据存储器（RAM），器件采用 ATMEL 公司的高密度、非易失性存储技术生产，与标准 MCS-51 指令系统及 8052 产品引脚兼容，片内置通用 8 位中央处理器（CPU）和 Flash 存储单元。功能强大的 AT89LV52 单片机适用于许多较为复杂的控制应用场合。

主要性能参数：

（1）与 MCS-51 产品指令系统完全兼容。

（2）8KB 可重擦写 Flash 闪速存储器。

（3）1000 次擦写周期。

（4）2.7～6V 的工作电压范围。

（5）全静态操作：0～12MHz。

（6）二级加密程序存储器。

（7）256×8 字节内部 RAM。

（8）32 个可编程 I/O 口线。

（9）3 个 16 位定时/计数器。

（10）8 个中断源。

（11）可编程串行 UART 通道。

（12）低功耗空闲和掉电模式。

六、AT89LS51 高性能 8 位单片机

AT89LS51 是美国 ATMEL 公司生产的低功耗、高性能 CMOS 8 位单片机，片内含 4KB 的可系统编程的 Flash 只读程序存储器，器件采用 ATMEL 公司的高密度、非易失性存储技术生产，兼容标准 8051 指令系统及引脚。它集 Flash 程序存储器及通用 8 位微处理器于单片芯片中。功能强大、低价位的 AT89LS51 单片机可为您提供许多高性价比的应用场合，可灵活应用于各种控制领域。

主要性能参数：

（1）与 MCS-51 产品指令系统完全兼容。

（2）4KB 可系统编程（ISP）Flash 闪速存储器。

（3）1000 次擦写周期。

（4）2.7～4V 的工作电压范围。

（5）全静态工作模式：0～16MHz。

（6）二级程序加密锁。

（7）128×8 字节内部 RAM。

（8）32 个可编程 I/O 口线。

（9）2 个 16 位定时/计数器。

（10）6 个中断源。

（11）全双工串行 UART 通道。

（12）低功耗空闲和掉电模式。

（13）中断可从空闲模唤醒系统。

（14）看门狗（WDT）及双数据指针。

（15）掉电标识和快速编程特性。

（16）灵活的在系统编程（ISP）。

七、AT89S51 高性能 8 位单片机

AT89S51 是美国 ATMEL 公司生产的低功耗、高性能 CMOS 8 位单片机，片内含 4KB 的可系统编程的 Flash 只读程序存储器，器件采用 ATMEL 公司的高密度、非易失性存储技术生产，兼容标准 8051 指令系统及引脚。它集 Flash 程序存储器及通用 8 位微处理器于单片芯片中。功能强大、低价位的 AT89S51 单片机可为您提供许多高性价比的应用场合，可灵活应用于各种控制领域。

主要性能参数：

（1）与 MCS-51 产品指令系统完全兼容。

（2）4KB 可系统编程（ISP）Flash 闪速存储器。

（3）1000 次擦写周期。

（4）4～5.5V 的工作电压范围。

（5）全静态工作模式：0～33MHz。

（6）二级程序加密锁。

（7）128×8 字节内部 RAM。

（8）32 个可编程 I/O 口线。

（9）2 个 16 位定时/计数器。

（10）6 个中断源。

（11）全双工串行 UART 通道。

（12）低功耗空闲和掉电模式。

（13）中断可从空闲模唤醒系统。

（14）看门狗（WDT）及双数据指针。

（15）掉电标识和快速编程特性。

（16）灵活的在系统编程（ISP）。

1.4.4 STC 系列单片机

STC 单片机是深圳宏晶科技设计生产的一款增强型 51 单片机，完全兼容 51 单片机，并有其独到之处，其抗干扰性强，加密性强，超低功耗，可以远程升级，内部有 MAX810 专用复位电路，价格也较便宜，这些都使得 STC 系列单片机的应用日趋广泛。

1.4.4.1 STC 系列单片机特点

（1）加密性强，很难解密或破解。

（2）超强抗干扰。

1）高抗静电（ESD 保护）。

2）轻松过 2kV/4kV 快速脉冲干扰（EFT 测试）。

3）宽电压，不怕电源抖动。

4）宽温度范围：－40～85℃。

5）I/O 口经过特殊处理。

6）单片机内部的电源供电系统经过特殊处理。

7）单片机内部的时钟电路经过特殊处理。

8）单片机内部的复位电路经过特殊处理。

9）单片机内部的看门狗电路经过特殊处理。

（3）三大降低单片机时钟对外部电磁辐射的措施。

1）禁止 ALE 输出。

2）如选 6 时钟/机器周期，外部时钟频率可降一半。

3）单片机时钟振荡器增益可设为 1/2Gain。

（4）超低功耗。

1）掉电模式：典型功耗小于 0.1μA。

2）空闲模式：典型功耗 2mA。

3）正常工作模式：典型功耗 4～7mA。

4）掉电模式可由外部中断唤醒，适用于电池供电系统，如水表、气表、便携设备等。

（5）在系统可编程，无需编程器，可远程升级。

（6）STC 单片机直接替换 ATMEL、PHILIPS、Winbond 等产品。

1.4.4.2 STC 系列单片机概况

STC 系列单片机包含 STC10/11 系列、STC12 系列、STC15 系列、STC89 系列、STC90 系列及 STC 其他系列单片机。

（1）STC10/11 系列：单指令高性能高速 8051 MCU，替换 Silicon Labs C8051。

（2）STC12 系列：兼容各家精简 8051 MCU，直接替换 Atmel2051。

（3）STC15 系列：最新的高性价比、单指令、高性能、高速 8051 MCU。

（4）STC89 系列：兼容各家常规 8051 MCU，直接替换 Atmel8051、NXP8051。

一、STC10/11 系列单片机

STC10/11 系列单片机是宏晶科技设计生产的单时钟/机器周期的单片机，是高速、低功耗、超强抗干扰的新一代 8051 单片机，指令代码完全兼容传统 8051，但速度快 8～12 倍，内部集成高可靠复位电路。STC10/11 系列单片机的定时器 0/定时器 1/串行口与传统 8051 兼容，增加了独立波特率发生器，省去了定时器 2，较传统 8051 的 111 条指令执行速度全面提速，最快的指令快 24 倍，最慢的指令快 3 倍。

主要性能参数：

（1）增强型 8051 CPU，单时钟/机器周期，指令代码完全兼容传统 8051。

（2）工作电压。

1）STC11Fxx 系列电压：5.5～4.1V/3.7V（5V 单片机）。

2）STC11Lxx 系列电压：3.6～2.4V/2.1V（3V 单片机）。

3）STC10Fxx 系列电压：5.5～3.8V/3.4V（5V 单片机）。

4）STC10Lxx 系列电压：3.6～2.4V/2.1V（3V 单片机）。

（3）工作频率范围：0～35MHz，相当于普通 8051 的 0～420MHz。

（4）STC11F/Lxx 系列单片机用户应用程序空间：1KB/2KB/3KB/4KB/5KB/6KB/8KB/16KB/20KB/32KB/40KB/48KB/52KB/56KB/60KB/62KB。STC10F/Lxx 系列单片机用户应用程序空间：2KB/4KB/6KB/8KB/10KB/12KB/14KB。

（5）STC11 系列单片机：RAM 为 1280 字节或 256 字节。STC10 系列单片机：RAM 为 512 字节或 256 字节。

（6）通用 I/O 口（40/36 个）复位后为：准双向口/弱上拉（普通 8051 传统 I/O 口），可设置成四种模式：准双向口/弱上拉，推挽/强上拉，输入/高阻，开漏。每个 I/O 口驱动能力均可达到 20mA，但整个芯片最大不要超过 100mA。

（7）ISP（在系统可编程）/IAP（在应用可编程），无需专用编程器，无需专用仿真器。可通过串口（RxD/P3.0，TxD/P3.1）直接下载用户程序，数秒即可完成一片。

（8）EEPROM 功能。

（9）看门狗。

（10）内部集成 MAX810 专用复位电路（晶体频率在 24MHz 以下时，要选择高的复位门槛电压，如 4.1V 以下复位；晶体频率在 12MHz 以下时，可选择低的复位门槛电压，如 3.7V 以下复位，复位脚接 1kΩ 电阻到地）。

（11）内置一个对内部 U_{CC} 进行掉电检测的掉电检测电路，可设置为中断或复位。5V 单片机掉电检测门槛电压为 4.1V/3.7V 附近，3.3V 单片机掉电检测门槛电压为 2.4V 附近。

（12）时钟源：外部高精度晶体/时钟，内部 R/C 振荡器。用户在下载用户程序时，可选择是使用内部 R/C 振荡器还是外部晶体/时钟。常温下内部 R/C 振荡器频率为 4～8MHz。精度要求不高时，可选择使用内部时钟，但因为有制造误差和温漂，以实际测试为准。

（13）2 个 16 位定时器（与传统 8051 兼容的定时器/计数器，16 位定时器 T0 和 T1），1 个独立波特率发生器。

（14）3 个时钟输出口，可由 T0 的溢出在 P3.4/T0 输出时钟，可由 T1 的溢出在 P3.5/T1 输出时钟，独立波特率发生器可以在 P1.0 口输出时钟。

（15）外部中断 I/O 口有 5 路，支持传统的下降沿中断或低电平触发中断。Power Down（掉电）模式可由外部中断唤醒，INT0/P3.2，INT1/P3.3，INT/T0/P3.4，INT/T1/P3.5，INT/RxD/P3.0（或 INT/RxD/P1.6）。

（16）Power Down（掉电）模式可由内部掉电唤醒专用定时器唤醒（STC11xx 系列有此功能，STC10xx 无此功能），也可由上面提到的外部中断口中断唤醒，由于 INT/RxD 支持下降沿中断，故也可支持远程通信唤醒。

（17）一个独立的通用全双工异步串行口（UART），做主机时可以当 2 个串口使用（RxD/P3.0，TxD/P3.1），也可以切换到 RxD/P1.6、TxD/P1.7，通过将串口在 P3 口和 P1 口之间来回切换，将 1 个串口作为 2 个主串口分时复用，可低成本实现 2 个串口，当然有其局限性。

（18）工作温度范围：－40～85℃（工业级）/0～75℃（商业级）。

（19）封装：SOP16/DIP16/DIP18/SOP20/DIP20/LSSOP20/PDIP-40/LQFP-44/PLCC44。SOP16/

DIP16 有 12 个 I/O 口，SOP20/PDIP20/LSSOP20 有 16 个 I/O 口，LQFP44 有 40 个 I/O 口，PDIP40 有 36 个 I/O 口。

二、STC12C5410AD/STC12C2052AD 系列单片机

STC12C5410AD/STC12C2052AD 系列单片机是宏晶科技生产的单时钟/机器周期的单片机，是高速、低功耗、超强抗干扰的新一代 8051 单片机，指令代码完全兼容传统 8051，但速度快 8～12 倍，内部集成 MAX810 专用复位电路。STC12C5410AD 系列单片机对外提供 4 路 PWM，8 路高速 10 位 A/D 转换；STC12C2052AD 系列单片机对外提供 2 路 PWM，8 路高速 8 位 A/D 转换。

主要性能参数：

（1）增强型 8051 CPU，单时钟/机器周期，指令代码完全兼容传统 8051。

（2）工作电压。

1）STC12C5410AD 系列电压：5.5～3.5V（5V 单片机）/3.8～2.2V（3V 单片机）。

2）STC12C2052AD 系列电压：5.5～3.5V（5V 单片机）/3.8～2.2V（3V 单片机）。

（3）工作频率范围：0～35MHz，相当于普通 8051 的 0～420MHz。

（4）用户应用程序空间：1KB/2KB/4KB/6KB/8KB/10KB/12KB。

（5）STC12C5410AD 系列单片机为 512 字节 RAM，STC12C2052AD 系列单片机为 256 字节 RAM。

（6）通用 I/O 口（27/23/15 个），复位后为：准双向口/弱上拉（普通 8051 传统 I/O 口）。可设置成四种模式：准双向口/弱上拉，推挽/强上拉，输入/高阻，开漏。每个 I/O 口驱动能力均可达到 20mA，但整个芯片最大不得超过 55mA。

（7）ISP（在系统可编程）/IAP（在应用可编程），无需专用编程器，无需专用仿真器。可通过串口（P3.0/P3.1）直接下载用户程序，数秒即可完成一片。

（8）EEPROM 功能。

（9）看门狗。

（10）内部集成 MAX810 专用复位电路（外部晶体频率在 12MHz 以下时，可省外部复位电路）。

（11）时钟源：外部高精度晶体/时钟，内部 R/C 振荡器。用户在下载用户程序时，可选择是使用内部 R/C 振荡器还是外部晶体/时钟。常温下内部 R/C 振荡器频率为 5.2～6.8MHz。精度要求不高时，可选择使用内部时钟，但因为有制造误差和温漂，应认为是 4～8MHz。

（12）6 个 16 位定时器/计数器，2 个专用 16 位定时器 T0 和 T1，再加上 PCA 模块可再实现 4 个 16 位定时器，STC12C2052AD 系列只有 2 路 PCA。

（13）外部中断 2 路，下降沿中断或低电平触发中断，Power Down 模式可由外部中断唤醒。

（14）PWM（4 路）/PCA（可编程计数器阵列，4 路），STC12C5410AD 系列是 4 路，STC12C2052AD 系列只有 2 路。

（15）A/D 转换，10 位精度 ADC，共 8 路。STC12C2052AD 系列只有 8 位精度。

（16）通用全双工异步串行口（UART），由于 STC12 系列是高速的 8051，也可再用定时器软件实现多串口。

（17）SPI 同步通信口，主模式/从模式。

（18）工作温度范围：0～75℃/－40～85℃。

（19）封装：LQFP-32，SOP-32/28/20，SKDIP-28，PDIP-20，TSSOP-20。LQFP/SOP32有27个I/O口，SOP28/SKDIP28有23个I/O口，SOP20/TSSOP20/PDIP20有15个I/O口，I/O口不够时，可用2～3根普通I/O口线外接74HC164/165/595（均可级联）来扩展I/O口，还可用A/D做按键扫描来节省I/O口，或用双CPU，三线通信，还多了串口。

三、STC15F100系列单片机

STC15F100系列单片机是宏晶科技设计生产的单时钟/机器周期的单片机，是高速、低功耗、超强抗干扰的新一代8051单片机，采用宏晶第八代加密技术，加密性超强，指令代码完全兼容传统8051，但速度快6～12倍。内部集成高精度R/C时钟，±1%温漂，常温下温漂5‰，5～35MHz宽范围可设置，可彻底省掉外部昂贵的晶振。内部高可靠复位，8级可选复位门槛电压，可彻底省掉外部复位电路。

主要性能参数：

（1）增强型8051 CPU，单时钟/机器周期，速度比普通8051快6～12倍。

（2）工作电压。

1）STC15F100系列电压：5.5～3.8V（5V单片机）。

2）STC15L100系列电压：3.6～2.4V（3V单片机）。

（3）内部高可靠复位，8级可选复位门槛电压，可彻底省掉外部复位电路。

（4）内部高精度R/C时钟，±1%温漂（－40～85℃），常温下温漂5‰，内部时钟从5～35MHz可选（5.5296MHz，11.0592MHz，22.1184MHz，33.1776MHz）。

（5）工作频率范围：5～35MHz，相当于普通8051的60～420MHz。

（6）低功耗设计：低速模式，空闲模式，掉电模式/停机模式（可由外部中断唤醒）。

（7）支持掉电唤醒的管脚：INT0/P3.2、INT1/P3.3、$\overline{\text{INT2}}$、$\overline{\text{INT3}}$、$\overline{\text{INT4}}$。

（8）0.5KB/1KB/2KB/3KB/4KB/5KB/6KB片内Flash程序储存器，擦写次数10万次以上。

（9）片内集成128字节RAM。

（10）EEPROM功能，擦写次数10万次以上。

（11）ISP（在系统可编程）/IAP（在应用可编程），无需专用编程器，无需专用仿真器。可通过串口直接下载用户程序，数秒即可完成一片。

（12）硬件看门狗（WDT）。

（13）2个16位可重装载定时器，兼容普通8051的定时器T0和T1，并可实现时钟输出和PWM功能。

（14）可编程时钟输出功能，T0在P3.5输出时钟，T1在P3.4输出时钟，在P3.4还可输出内部高精度R/C时钟TRC_CLK。

（15）6个通用I/O口，复位后为：准双向口/弱上拉（普通8051传统I/O口）。可设置成四种模式：准双向口/弱上拉，强推挽/强上拉，输入/高阻，开漏。每个I/O口驱动能力均可达到20mA，但整个芯片最大不要超过70mA。

（16）串口功能可由（P3.0/$\overline{\text{INT4}}$，P3.1）结合定时器实现。

（17）封装：SOP-8，DIP-8。

（18）全部175℃8h高温烘烤，高品质制造保证。

四、STC89 系列单片机

STC89 系列单片机是宏晶科技生产的高速、低功耗、超强抗干扰的新一代 8051 单片机，是 MCS-51 系列单片机的派生产品。它在指令系统、硬件结构和片内资源上与标准 8052 单片机完全兼容，DIP40 封装系列与 8051 为 pin-to-pin 兼容。STC89 系列单片机在系统/在应用可编程（ISP，IAP），不占用户资源。

主要性能参数：

（1）80C51 核心处理器单元。

（2）3V/5V 工作电压，操作频率 0～33MHz（STC89LE516AD 最高可达 90MHz）。

（3）大容量内部数据 RAM：1KB RAM。

（4）64KB/32KB/16KB/8KB 片内 Flash 程序存储器，具有在应用可编程（IAP），在系统可编程（ISP），可实现远程软件升级，无需编程器。

（5）支持 12 时钟（默认）或 6 时钟模式。

（6）双 DPTR 数据指针。

（7）SPI（串行外围接口）和增强型 UART。

（8）PCA（可编程计数器阵列），具有 PWM 的捕获/比较功能。

（9）4 个 8 位 I/O 口，含 3 个高电流 P1 口，可直接驱动 LED。

（10）3 个 16 位定时器/计数器。

（11）可编程看门狗定时器（WDT）。

（12）低 EMI 方式（ALE 禁止）。

（13）兼容 TTL 和 COMS 逻辑电平。

（14）掉电检测和低功耗模式等。

五、STC90C51RC/RD＋系列单片机

STC90C51RC/RD+系列单片机是宏晶科技生产的高速、低功耗、超强抗干扰的新一代 8051 单片机，指令代码完全兼容传统 8051，12 时钟/机器周期和 6 时钟/机器周期可任意选择，内部集成 MAX810 专用复位电路，时钟频率在 12MHz 以下时，复位脚可直接接地。

主要性能参数：

（1）增强型 6 时钟/机器周期，12 时钟/机器周期，8051 CPU。

（2）工作电压：5.5～3.8V（5V 单片机）/3.8～2.4V（3V 单片机）。

（3）工作频率范围：0～40MHz，相当于普通 8051 的 0～80MHz。

（4）片上集成 1280/512/256 字节 RAM。

（5）通用 I/O 口（35/39 个），复位后为：P1/P2/P3/P4 是准双向口/弱上拉（普通 8051 传统 I/O 口），P0 是开漏输出，作为总线扩展用时，不用接上拉电阻；作为 I/O 口用时，需接上拉电阻。

（6）ISP（在系统可编程）/IAP（在应用可编程），无需专用编程器，无需专用仿真器。可通过串口（P3.0/P3.1）直接下载用户程序，数秒即可完成一片。

（7）EEPROM 功能。

（8）看门狗。

（9）内部集成 MAX810 专用复位电路，外部晶体频率 12MHz 以下时，可省外部复位电路，复位脚直接接地。

（10）共 3 个 16 位定时器/计数器，其中定时器 0 还可当做 2 个 8 位定时器使用。

（11）外部中断4路，下降沿中断或低电平触发中断，Power Down 模式可由外部中断低电平触发方式唤醒。

（12）通用异步串行口（UART），也可用定时器软件实现多个UART。

（13）工作温度范围：0～75℃/－40～85℃。

（14）封装：LQFP-44，PDIP-40，PLCC-44。

1.5 计算机的数制及转换

计算机只识别和处理数字信息，数字是以二进制数的形式表示的。它易于物理实现，同时，数据存储、传送和处理简单可靠；运算规则简单，使逻辑电路的设计、分析更为方便。

1.5.1 常用数制简介

一、十进制数 N_D

十个数码：0～9，逢十进一，一般用下脚标D表示（D可以省略）。十进制用于计算机输入输出，人机交互。

一般表达式：

$$N_D = d_{n-1}\times 10^{n-1} + d_{n-2}\times 10^{n-2} + \cdots + d_0\times 10^0 + d_{-1}\times 10^{-1} + \cdots$$

加权展开式以10为基数，各位系数为0～9。

例如：

$$\begin{aligned}1985 &= 1000+900+80+5\\ &= 1\times 10^3 + 9\times 10^2 + 8\times 10^1 + 5\times 10^0\end{aligned}$$

二、二进制数 N_B

两个数码：0、1，逢二进一，一般用下脚标B表示。二进制为机器中的数据表示形式。

一般表达式：

$$N_B = b_{n-1}\times 2^{n-1} + b_{n-2}\times 2^{n-2} + \cdots + b_0\times 2^0 + b_{-1}\times 2^{-1} + \cdots$$

加权展开式以2为基数，各位系数为0、1。

例如：

对于整数，有

$$1001B = 1\times 2^3 + 0\times 2^2 + 0\times 2^1 + 1\times 2^0 = 9D$$

对于小数，有

$$0.101B = 1\times 2^{-1} + 0\times 2^{-2} + 1\times 2^{-3} = 0.625D$$

三、十六进制数 N_H

十六个数码：0～9，A～F，逢十六进一，一般用下脚标H表示。十六进制用于表示二进制数。

一般表达式：

$$N_H = h_{n-1}\times 16^{n-1} + h_{n-2}\times 16^{n-2} + \cdots + h_0\times 16^0 + h_{-1}\times 16^{-1} + \cdots$$

展开式以16为基数，各位系数为0～9，A～F。

例如：

$$327H = 3\times16^2+2\times16^1+7\times16^0$$
$$=807D$$
$$3AB.11H = 3\times16^2+A\times16^1+B\times16^0+1\times16^{-1}+1\times16^{-2}$$
$$=939.0664D$$

不同数制之间的对照表见表 1-2。

表 1-2　　不同数制之间的对照表

十进制	二进制	十六进制	十进制	二进制	十六进制
0	0000	0	8	1000	8
1	0001	1	9	1001	9
2	0010	2	10	1010	A
3	0011	3	11	1011	B
4	0100	4	12	1100	C
5	0101	5	13	1101	D
6	0110	6	14	1110	E
7	0111	7	15	1111	F

1.5.2 数制之间的转换

r 进制计数制的一般表达式：

$$N_r = a_{n-1}r^{n-1}+a_{n-2}r^{n-2}+\cdots+a_1r^1+a_0r^0+a_{-1}r^{-1}\cdots+a_{-m}r^{-m}$$

一个 r_1 进制的数转换成 r_2 进制数的方法：先展开，然后按 r_2 进制的运算法则求和计算。

一、二进制、十六进制数转换成十进制数

方法：先展开，然后按照十进制数运算法则求和。

例如：

$$1011.1010B = 1\times2^3+1\times2^1+1\times2^0+1\times2^{-1}+1\times2^{-3}=11.625$$
$$DFC.8H = 13\times16^2+15\times16^1+12\times16^0+8\times16^{-1}=3580.5$$

二、二进制与十六进制数之间的转换

方法：$2^4=16$，四位二进制数对应一位十六进制数。

例如：

3AF.2H＝0011 1010 1111.0010＝1110101111.001B

　　3　A　F　2

1111101.11B＝0111 1101. 1100＝7D.CH

　　7　D　C

三、十进制数转换成二进制、十六进制数

（1）整数转换法。“除基取余”：十进制整数不断除以转换进制基数，直至商为 0。每除一次取一个余数，从低位排向高位。

例如：

1）39 转换成二进制数。

39＝100111B

$$
\begin{array}{r|l l}
2 & 39 & 1\ (b_0) \\
2 & 19 & 1\ (b_1) \\
2 & 9 & 1\ (b_2) \\
2 & 4 & 0\ (b_3) \\
2 & 2 & 0\ (b_4) \\
2 & 1 & 1\ (b_5) \\
 & 0 &
\end{array}
$$

2）208 转换成十六进制数。

208＝D0H

$$
\begin{array}{r|l l}
16 & 208 & 余\quad 0 \\
16 & 13 & 余\quad 13=DH \\
 & 0 &
\end{array}
$$

（2）小数转换法。“乘基取整”：用转换进制的基数乘以小数部分，直至小数为 0 或达到转换精度要求的位数。每乘一次取一次整数，从最高位排到最低位。

例如：

1）0.625 转换成二进制数。

$$
\begin{array}{r l}
0.625 & \\
\times\quad 2 & \\
\hline
1.250 & 1(b^{-1}) \\
\times\quad 2 & \\
\hline
0.50 & 0(b^{-2}) \\
\times\quad 2 & \\
\hline
1.0 & 1(b^{-3})
\end{array}
$$

0.625＝0.101B

2）0.625 转换成十六进制数。

0.625×16＝10.0

0.625＝0.AH

3）208.625 转换成十六进制数。

208.625＝D0.AH

1.5.3 带符号数的表示方法

机器中，数的符号用“0”、“1”表示。最高位作符号位，“0”表示“＋”，“1”表示“－”。对带符号数而言，有原码、反码、补码之分，计算机内一般使用补码。

一、机器数与真值

机器数：机器中数的表示形式，其位数通常为 8 的倍数。

真值：机器数所代表的实际数值。

例如：

一个 8 位机器数与它的真值对应关系如下

真　值：X1＝＋84＝＋1010100B；X2＝－84＝－1010100B

机器数：$[X1]_{机}$＝01010100；$[X2]_{机}$＝11010100

二、原码

将数“数码化”，原数前“＋”用 0 表示，原数前“－”用 1 表示，数值部分为该数本身，这样的机器数叫原码。例如，X＝＋000 0011，Y＝－000 0011。

设 X 代表原数，则正数和负数的原码分别表示为：

$$[X]_{原}=X$$

$$[-X]_{原}=2^{n-1}-(-X)$$，n 为字长的位数

例如：

$$[+3]_{原}=00000011B$$

$$[-3]_{原}=2^{7}-(-3)=10000011B$$

在原码中，0 有两种表示方法： 00000000—— ＋0

10000000—— －0

原码最大数值、最小数值的表示：＋127、－128。

例如：

8 位原码机器数：

真值： X1＝＋101 0100B；X2＝－101 0100B

机器数： $[X1]_{原}$＝0101 0100；$[X2]_{原}$＝1101 0100

原码的特点是表示简单直观，但 0 的表示不唯一，加减运算复杂。

三、反码

在计算机内规定正数的反码等于原码；负数的反码是将原码的数值位各位取反（符号位除外）。

设 X 代表原数，则正数和负数的反码分别表示为：

$$[X]_{反}=X$$

$$[-X]_{反}=(2^{n}-1)+(-X)$$

例如：

$$[+4]_{反}=[+4]_{原}=0000\ 0100B$$

$$[-4]_{反}=(2^{8}-1)+(-4)=1111\ 1111-0000\ 0100=1111\ 1011B$$

反码表示范围：－128～＋127。

在反码中，0 有两种表示方法：

＋0 —— 0000 0000 B

－0 —— 1111 1111 B

四、补码

补码的运用可使减法变成加法。

在计算机内规定：正数的补码等于原码。负数的补码是在其反码的末位加 1。

负数的补码求法：反码＋1。

公式： $[-X]_{补}=2^{n}+(-X)\ (X>0)$

例如：

设 X＝－010 1110 B，则

$$[X]_{原}=1010\ 1110B$$

则

$$[X]_{补}=[X]_{反}+1=1101\ 0001+0000\ 0001=1101\ 0010B$$

例如：

$$[+6]_{补}=[+6]_{原}=0000\ 0110\ B$$

$$[-6]_{补}=2^8+（-6）=1\ 0000\ 0000-0000\ 0110=1111\ 1010\ B$$

8 位数值补码的范围：－128～＋127。

在补码中，0 的个数只有一个，即 00000000。

原码、反码、补码对照表见表 1-3。

表 1-3　原码、反码、补码对照表

8 位机器数		无符号数	有符号数		
十六进制	二进制		原码	反码	补码
00	00000000	0	+0	+0	+0
01	00000001	1	+1	+1	+1
…	…	…	…	…	…
7F	01111111	127	+127	+127	+127
80	10000000	128	−0	−127	−128
81	10000001	129	−1	−126	−127
…	…	…	…	…	…
FE	11111110	254	−126	−1	−2
FF	11111111	255	−127	−0	−1

五、机器数与真值之间的转换

（1）真值转换成机器数。

【例 1-1】 X1＝＋127，X2＝－127，求$[X]_{原}$、$[X]_{补}$。

解　$[X1]_{原}=[X1]_{补}=0111\ 1111=7FH$

$[X2]_{原}=1111\ 1111=FFH$

$[X2]_{补}=10000001=81H$

【例 1-2】 X1＝＋255，X2＝－255，求$[X]_{原}$、$[X]_{补}$。

解　$[X1]_{原}=[X1]_{补}=0000\ 0000\ 1111\ 1111=00FFH$

$[X2]_{原}=1000\ 0000\ 1111\ 1111=80FFH$

$[X2]_{补}=1111\ 1111\ 0000\ 0001=FF01H$

（2）机器数转换成真值。

转换注意事项：

（1）注意机器数表示（原码、补码）。

（2）注意机器数符号位。

【例 1-3】 $[X1]_{原}=59H$，$[X2]_{原}=D9H$，求真值。

解　$[X1]_{原}=0101\ 1001\ B$

$[X2]_{原}=1101\ 1001\ B$

X1＝＋101 1001B＝＋89，X2＝－101 1001B＝－89

【例 1-4】 $[X1]_{补}=59H$，$[X2]_{补}=D9H$，求真值。

解　X1＝＋101 1001B＝＋89　　　X2＝－010 0111B＝－39

1.5.4 编码的表示

计算机除了可以处理数据，还可以处理字符、图形，用特定的编码表示符号。编码种类有很多，如电报码、格雷码、BCD 码、ASCII 码、汉字编码等。这里我们只介绍常用的 BCD 码、ASCII 码、汉字编码。

一、二进制数编码的十进制数（BCD 码，Binary Coded Decimal）

计算机只能识别和处理二进制数，而日常生活中更常用的是十进制数。计算机中可用二进制数编码表示十进制数称作 BCD 码，也就是用四位二进制数表示一位十进制数，主要有两种表示形式：

（1）非压缩型 BCD 码。用一个字节表示一位十进制数，高四位清零。

（2）压缩型 BCD 码。用一个字节表示两位十进制数。

表 1-4 为十进制数与非压缩型 BCD 码和压缩型 BCD 码的对照。

表 1-4　十进制数与非压缩型 BCD 码和压缩型 BCD 码的对照

十进制数	非压缩型 BCD 码	压缩型 BCD 码
12	0000 0001 0000 0010	0001 0010
285	0000 0010 0000 1000 0000 0101	0000 0010 1000 0101
1470	0000 0001 0000 0100 0000 0111 0000 0000	0001 0100 0111 0000

二、ASCII 码

由于计算机是电器设备，计算机内部用二进制数，这就要求从外部输入给计算机的所有信息必须用二进制数表示，并且对于各种命令、字符等都需要转换为二进制数，这就牵涉到信息符号转换成二进制数所采用的编码问题，国际上统一用美国标准信息编码 ASCII 编码（American Standard Code for Information Interchange，美国信息交换标准码）。ASCII 是用来制定计算机中每个符号对应的代码，这也叫做计算机的内码（Code）。每个 ASCII 码以 1 个字节（Byte）储存，从数字 0～127 代表不同的常用符号，例如大写 A 的 ASCII 码是 65（41H），小写 a 则是 97（61H）。由于 ASCII 字节使用七个二进制位，最高位并不使用，所以后来又将最高的一个位也编入这套内码中，成为八个位的延伸 ASCII(Extended ASCII)码，这套内码加上了许多外文和表格等特殊符号，成为目前常用的内码。表 1-5 为 ASCII 码与字符的对照表。

表 1-5　ASCII 码与字符的对照表

行／列	000	001	010	011	100	101	110	111
0000	NUL	DLE	SP	0	@	P	、	p
0001	SOH	DC1	!	1	A	Q	a	q
0010	STX	DC2	”	2	B	R	b	r
0011	ETX	DC3	#	3	C	S	c	s
0100	EOT	DC4	$	4	D	T	d	t
0101	ENQ	NAK	%	5	E	U	e	u
0110	ACK	SYN	&	6	F	V	f	v
0111	BEL	ETB	’	7	G	W	g	w
1000	BS	CAN	(	8	H	X	h	x
1001	HT	EM	)	9	I	Y	i	y

续表

列＼行	000	001	010	011	100	101	110	111
1010	LF	SUB	*	:	J	Z	j	z
1011	VT	ESC	+	;	K	[	k	{
1100	FF	FS	,	<	L	\	l	¦
1101	CR	GS	—	=	M	]	m	}
1110	SO	RS	·	>	N	↑	n	~
1111	SI	US	/	?	O		o	DEL

三、汉字编码

计算机处理汉字信息的前提条件是对每个汉字进行编码，这些编码统称为汉字编码。汉字信息在系统内传送的过程就是汉字编码转换的过程。在这其中又有以下几种编码形式：

（1）汉字交换码。ASCII 码是针对英文的字母、数字和其他特殊字符进行编码的，它不能用于对汉字的编码。要想用计算机来处理汉字，就必须先对汉字进行适当的编码。这就是“汉字交换码”。我国在 1981 年 5 月对 6000 多个常用的汉字制定了交换码的国家标准，即 GB 2312—1980《信息交换用汉字编码字符集　基本集》，又称为“国标码”。该标准规定了汉字交换用的基本汉字字符和一些图形字符，它们共计 7445 个，其中汉字有 6763 个，一级汉字（常用字）3755 个，按汉字拼音字母顺序排列；二级汉字 3008 个，按部首笔画次序排列。该标准规定了每个字符的二进制数编码，即国标码。

（2）区位码。它是将 GB 2312—1980《信息交换用汉字编码字符集　基本集》的全部字符集组成一个 94×94 的方阵，每一行称为一个“区”的编码方式。在这种编码中的编号为 01～94，每一列称为一个“位”，编号也为 01～94，这样便可得到汉字的区位图。用区位图的位置来表示的汉字编码，称为区位码。

（3）机内码。为了避免 ASCII 码和国标码同时使用时产生二义性问题，大部分汉字系统都采用将国标码每个字节高位置 1 作为汉字机内码。这样既解决了汉字机内码与西文机内码之间的二义性，又使汉字机内码与国标码具有极简单的对应关系。

汉字机内码、国标码和区位码三者之间的关系为：区位码（十进制数）的两个字节分别转换为十六进制数后加 20H 得到对应的国标码；机内码是汉字交换码（国标码）两个字节的最高位分别加 1，即汉字交换码（国标码）的两个字节分别加 80H 得到对应的机内码；区位码（十进制数）的两个字节分别转换为十六进制数后加 A0H 得到对应的机内码。

四、汉字字模

供计算机输出汉字（显示和打印）用的二进制数信息叫汉字字形信息，也称字模。通用汉字字阵规格有 16×16，24×24，32×32，48×48，64×64。每个点在存储器中用一个二进制数存储，如一个 16×16 点阵汉字需要 32 个字节的存储空间。

习　　题

1．填空题

（1）计算机数制中一般有________、________、________和________4 种，分别

用________、________、________和________字符标识。计算机一般都采用________数进行运算、存储和传送，其理由是________。

（2）计算机中的数有________和________两种表示方法。在小型或微型计算机中，最普遍采用的字母与字符编码是________。一种记数制允许选用基本数字符号的个数称为________。八进制数的这个数是________，十进制数的这个数是________，二进制数的这个数是________。

（3）目前常见的机器编码有________、________和________3 种。________的编码规则是：最高位代表________，其余各位是该数的________。________的编码规则是：正数的反码________，负数的反码是将二进制数________。________的编码规则是：正数的补码________，负数的补码是将二进制数________后在最低位加________。

（4）对－0 和＋0 有不同表示方法的机器码是________和________，________只有一种表示方法。8 位寄存器中存放二进制整数，内容全为 1，当它为原码、补码和反码时所对应的十进制数真值分别是________、________、________。

（5）十进制整数转换成二进制数的方法是________，小数转换成二进制数的方法是________。

（6）采用 BCD 码，1 位十进制数要用________位二进制数表示，1 个字节可存放________个 BCD 码。36D 的 8421 码为________。字符串“36”的 ASCII 码为________。

2．选择题（可多选）

（1）下列数中最小的数为（　　）。

A．10101101B　　B．256　　C．ACH　　D．171D

（2）将－33 以单符号补码形式存入 8 位寄存器中，寄存器中的内容为（　　）。

A．DFH　　B．A1H　　C．5FH　　D．DEH

（3）对＋0 和－0 表示形式唯一的机器码是（　　）。

A．原码　　B．补码　　C．反码　　D．真值

（4）8 位补码可表示定点整数的范围是（　　）。

A．－127～＋127　　B．－128～＋128

C．－128～＋127　　D．－127～＋128

（5）原码 1.0101110 所表示的真值为（　　）。

A．－0.0101110　　B．＋0.0101110

C．－0.1010010　　D．＋0.1010010

（6）计算机中可以表示二进制小数的机器码是（　　）。

A．原码　　B．补码　　C．反码　　D．移码

（7）在计算机中当运算结果超出取值范围的最大值时，则发生（　　）。

A．溢出　　B．正溢出　　C．负溢出　　D．中断处理

（8）在计算机加减法运算中，经常使用的是（　　）。

A．原码　　B．补码　　C．反码　　D．ASCII 码

（9）每个字节中可存放（　　）个 BCD 码数码。

A．4　　B．3　　C．2　　D．1

（10）在补码浮点数的运算中，判别运算结果为规格化数的条件是（　　）。

A．尾数最高位为零
B．尾数最高位为1
C．尾数最高位与符号位相同
D．尾数最高位与符号位不同

（11）计算机中字符的编码为（　　）。

A．原码　B．补码　C．反码　D．ASCII码

（12）补码的作用是（　　）。

A．使机器数的码制简单
B．使计算机的运算符合其物理性能
C．能将负数转换为正数
D．能将减法转化为加法

（13）对于两个机器数55H和AAH，运算结果相同的逻辑操作是（　　）。

A．逻辑与　B．逻辑或　C．逻辑非　D．逻辑异或

（14）$[X]_{补}=0.0000$，X的真值为（　　）。

A．1　B．−1　C．+0　D．−0

（15）真值X=−127D，则其真值及8位反码分别为（　　）。

A．$[X]_{反}=11111111$，X=−1000000
B．$[X]_{反}=10000000$，X=−1000000
C．$[X]_{反}=11111111$，X=−1111111
D．$[X]_{反}=10000000$，X=−1111111

（16）若X=10111001，Y=11110011，则X和Y“逻辑与”的值及“逻辑异或”的值分别为（　　）。

A．110101100，000001101
B．001010011，111110010
C．10110001，01001010
D．01001110，11111011

（17）若真值X为负小数，则用n位二进制数（含符号位）表示的原码定义为（　　）。

A．$[X]_{原}=X$
B．$[X]_{原}=1-X$
C．$[X]_{原}=X-1$
D．$[X]_{原}=2^{n-1}-X$

（18）国标码属于（　　）。

A．音码　B．形码　C．音形码　D．数字码

（19）下列叙述中，正确的是（　　）。

A．二进制数正数原码的补码就是原码本身
B．所有十进制小数都能准确地转换为有限位的二进制小数
C．存储器中存储的信息即使断电也不会丢失
D．汉字的机内码就是汉字的输入码

（20）汉字内码又称为机内码，其编码方法为（　　）。

A．每个汉字或字符大多采用2个字节长的ASCII码，最高位为0
B．每个汉字或字符大多采用2个字节长的ASCII码，最高位为1
C．每个汉字或字符不能采用3或4个字节长的ASCII码
D．每个汉字或字符只能采用2个7位ASCII码

（21）汉字字模码是指（　　）。

A．一种汉字的内码
B．一种汉字的输入码
C．一种用点阵表示的汉字字形代码，属于汉字的输出码
D．不采用二进制数代码的编码

（22）对于24×24点的汉字字模码，每个汉字在字库中占（　　）个字节。

A．32　　　B．72　　　C．128　　　D．288

（23）逻辑数据表达的是（　　）。

A．事物的数值关系

B．事物的数值关系，但不能用 0、1 表示

C．事物的逻辑关系

D．事物的逻辑关系，只能用 1 位二进制数表示

3．判断题

（1）正的二进制定点小数的真值与机器码相同。（　　）

（2）十进制整数与十进制小数转换成二进制数的方法相同。（　　）

（3）文字信息分为字符信息和汉字信息，都用 8 位 ASCII 码表示，其中字符信息的最高位为 0，用 8 位 ASCII 码表示，占 1 个字节。（　　）

（4）BCD 码具有二进制数的形式，又具有十进制数的特点。（　　）

（5）8421 码是一种有权码，用其表示的十进制数正好与相应的 4 位二进制数按权展开求和的值相等。（　　）

（6）汉字输入码是指从键盘上输入的代表汉字的编码，简称外码。（　　）

（7）逻辑运算的特点是只在对应的两个二进制数上进行，与相邻的高低位之间不发生关系，不存在进位、借位等。（　　）

（8）在原码、补码、反码中，补码的表示范围最大。（　　）

4．名词解释

原码、反码、补码

5．计算题

（1）将下列数转换成十进制数。

1）$(100110.101)_2$　　2）$(5675)_8$　　3）$(3B)_{16}$

（2）将下列二进制数转换成十进制数。

1）10011101B　　2）10110110B　　3）10000111B　　4）00111000B

（3）将下列十进制数转换成二进制数，再转换成八进制数和十六进制数。

1）234D　　2）1023D　　3）131.5D　　4）27/32

（4）写出下列二进制数的原码、反码和补码。

1）11010100B　　2）0.1010000B　　3）－10101100　　4）－0.0110000

（5）写出二进制数－0.0110110 的原码、反码和补码。

（6）写出 11010101 为原码、反码和补码时所对应的二进制数真值。

（7）将$(143.65)_8$转换成十进制数；将$(25.3125)_{10}$转换为二进制数；将$(29.625)_{10}$转换成八进制数；将$(10100101.01011101)_2$转换成八进制数；将$(302.54)_8$转换成二进制数；将$(1111111000111.100101011)_2$转换成十六进制数；将$(3C.A6)_{16}$转换成二进制数。

（8）$(10100101)_2$与$(00111101)_2$的“与”、“或”和“异或”逻辑运算结果是什么？$(10100101)_2$与$(00111101)_2$各自进行“非”逻辑运算后的结果又是什么？

第 2 章　MCS-51 单片机的硬件结构

本章概要及学习目标

本章介绍了 MCS-51 单片机的硬件结构。熟悉并掌握硬件结构是十分重要的，它是单片机应用系统设计的基础。通过本章的学习，可以使读者对 MCS-51 单片机的硬件结构有较为全面的了解，从单片机应用系统设计的角度，牢记 MCS-51 单片机向用户提供了哪些硬件资源，如何去应用它们。

通过对本章的学习，读者应掌握和了解以下知识：

1. 熟悉 MCS-51 单片机的内部结构及工作原理，掌握各个引脚的功能。
2. 了解中央处理器的内部结构及工作原理。
3. 掌握 MCS-51 的存储器配置及特点，掌握存储器地址空间分配与使用时需要注意的问题以及堆栈的概念。
4. 了解并掌握并行 I/O 端口内部结构。
5. 熟悉单片机的时钟电路，了解 CPU 的时序及单片机的工作过程。
6. 熟悉单片机的复位电路及复位功能。

重点内容：

1. 了解 MCS-51 单片机的内部硬件结构及特性，掌握各个引脚的功能。
2. 了解存储器配置及特点，掌握存储器地址空间分配及使用。
3. 熟悉并掌握单片机的时钟电路以及复位电路。

2.1　MCS–51 单片机的硬件结构概述

2.1.1　MCS-51 单片机的基本组成

MCS-51 系列单片机的内部结构框图如图 2-1 所示。MCS-51 单片机内部结构按功能可分成 8 个部件，即微处理器（CPU）、数据存储器（RAM）、程序存储器（ROM/EPROM）、I/O 口、串行口、定时器/计数器、中断系统、特殊功能寄存器（SFR）。

下面对各功能部件作进一步的说明：

（1）微处理器（CPU）。1 个 8 位 CPU，且含有 1 个 1 位 CPU（位处理器），由运算器和控制器构成，不仅可以处理字节数据，还可以进行位变量的处理。1 位机在开关决策、逻辑电路仿真和实时测控方面非常有用，8 位机在运算处理、数据采集等方面有明显的长处。将 8 位机和 1 位机集成在一个芯片中，是 MCS-51 在芯片设计上的一个突破，使得 MCS-51 在测控领域有着非常广泛的应用。

（2）数据存储器（RAM）。以 8051 为例，8051 单片机内部共有 128 个字节的随机存取存储器 RAM，作为用户处理问题的数据缓冲区。外部最多可外扩至 64KB。

（3）程序存储器（ROM/EPROM）。8031 单片机无此部件；8051 单片机为 4KB ROM；

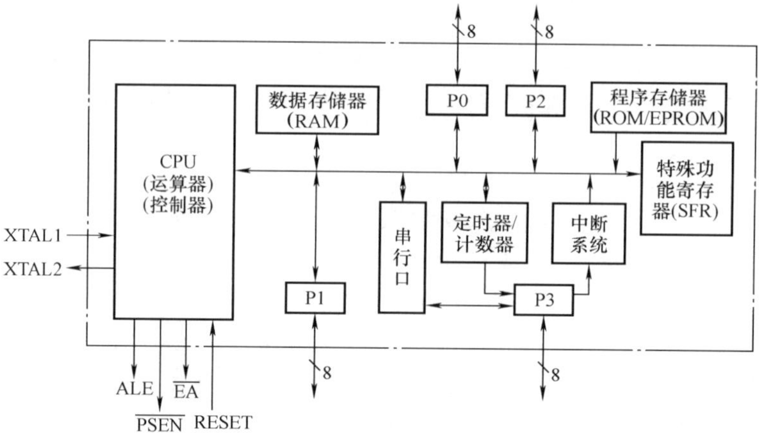

图 2-1 MCS-51 系列单片机内部结构框图

8751 单片机为 4KB EPROM。外部最多可外扩至 64KB。

（4）并行 I/O 口。4 个 8 位并行 I/O 口，P0 口、P1 口、P2 口、P3 口。

（5）串行口。1 个全双工的异步串行口，具有 4 种工作方式。

（6）定时器/计数器。2 个 16 位定时器/计数器，具有 4 种工作方式。

（7）中断系统。具有 5 个中断源，2 级中断优先权。

（8）特殊功能寄存器（SFR）。特殊功能寄存器 SFR 共有 21 个，是用来对片内各部件进行管理、控制和监视的控制寄存器和状态寄存器，是一个具有特殊功能的 RAM 区。

单片机各部件都是通过片内单一总线连接而成，其基本结构依然是通用 CPU 加上外围芯片的结构模式，但在功能部件的控制上却有了重大变化，采用了特殊功能寄存器 SFR 对各功能部件的集中控制方式。

2.1.2 MCS-51 单片机的引脚及片外总线结构

一、MCS-51 单片机的引脚

MCS-51 单片机的封装主要有两种形式：一种是 40 引脚双列直插式封装形式 PDIP（Plastic Dual In-line Package），另一种是 44 引脚方形封装形式 PLCC（Plastic Leaded Chip Carrier），方形封装中 4 只 NC 引脚为无用引脚，如图 2-2 所示。HMOS 制造工艺的 MCS-51 单片机均采用 40 引脚的 PDIP 封装，制造工艺为 CHMOS 的单片机 80C51/80C31，除采用 PDIP 封装外，还采用 PLCC 封装形式。

虽然有不同封装形式的 MCS-51 单片机芯片，但实际使用的引脚都是 40 只。按引脚的功能分类，有下面四类引脚：

（1）电源引脚：U_{CC}、U_{SS}，占用 2 只引脚。

（2）外接晶振引脚：XTAL1、XTAL2，占用 2 只引脚。

（3）控制引脚：$\overline{\text{PSEN}}$、$\overline{\text{EA}}$、ALE、RST，占用 4 只引脚。

（4）I/O 口引脚：P0.0～P0.7、P1.0～P1.7、P2.0～P2.7、P3.0～P3.7，占用 32 只引脚。

下面分别介绍各引脚功能（引脚号以 PDIP40 封装为例）。

（1）电源引脚。

1）U_{CC}（40 脚）：接＋5V 电源，上下偏差 0.5V。

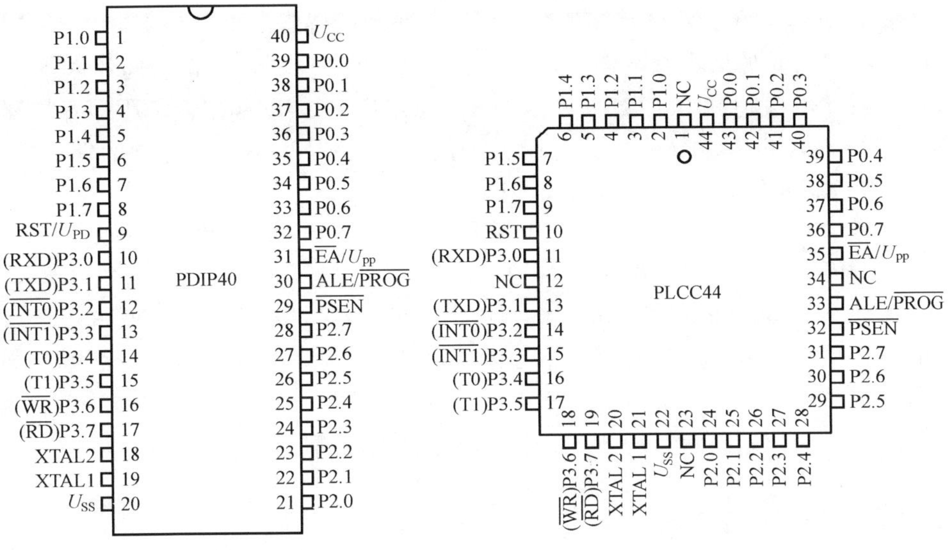

图 2-2 MCS-51 单片机的引脚

2）U_{SS}（20 脚）：接地。

（2）外接晶振引脚。

1）XTAL1（19 脚）：接外部石英晶体的一端。在单片机内部，它是一个反相放大器的输入端，这个放大器构成了片内振荡器。当采用外接晶体振荡器时，该引脚接地。

2）XTAL2（18 脚）：接外部石英晶体的另一端。在单片机内部接至内部反相放大器的输出端。当采用外接晶体振荡器时，该引脚接收时钟振荡信号。

（3）控制引脚。

1）RST/U_{PD}（9 脚）：复位/备用电源。

a．RST（RESET）：复位信号输入端，高电平有效。在该引脚加上 2 个机器周期以上高电平时，单片机将被复位。上电时，考虑到振荡器有一定的起振时间，该引脚上高电平必须持续 10 ms 以上才能保证有效复位。在单片机正常工作时，此引脚应不大于 0.5V 低电平。

b．U_{PD}：备用电源输入端。当主电源 U_{CC} 发生故障，降低到某一规定值的低电平时，该引脚可接上备用电源（＋5V）为内部 RAM 供电，以保证片内 RAM 中的信息不丢失。

2）ALE/$\overline{PROG}$（Address Latch Enable/Programming，30 脚）：地址锁存允许/编程脉冲输入端。

a．ALE：地址锁存允许信号输出端。在访问外部存储器时，ALE 用于锁存出现在 P0 口的低 8 位地址，以实现低位地址和数据的分离；即使不访问外部存储器，ALE 仍以晶振频率 f_{osc} 的 1/6 出现，故可作为外部时钟或外部定时脉冲源使用。但是需要注意在访问外部数据存储器时（即执行 MOVX 指令），在 2 个机器周期中 ALE 要丢失一个脉冲，此时用户不应用 ALE 作时钟源或定时。ALE 端可驱动 8 个 LS 型 TTL 负载（即低功耗肖特基 TTL 负载）。

b．$\overline{PROG}$：编程脉冲输入端。对于片内含有 EPROM 的机型，在编程期间，该引脚用作编程脉冲输入端。

3）$\overline{EA}$/U_{PP}（Enable Address/Voltage Pulse of Programing，31 脚）：内外程序存储器选择控制端/编程电压输入端。

a．$\overline{\text{EA}}$：内外程序存储器选择控制输入端。当$\overline{\text{EA}}$保持低电平时，不管是否有内部程序存储器，单片机只访问外部程序存储器。当$\overline{\text{EA}}$保持高电平时，单片机访问片内程序存储器，但在程序计数器 PC 值超过 0FFFH（对于 8051、8751）时，即超出内部程序存储器的 4KB 地址范围时，将自动转向执行外部程序存储器内的程序。对于片内没有程序存储器的 MCS-51 系列单片机（如 8031）来讲，该引脚必须接地。

b．U_{PP}：编程电压输入端。对于 EPROM 型单片机，在编程期间用于施加编程电压（如＋21V）。对于 89C51，加在 U_{PP} 脚的编程电压为＋12V 或＋5V。

4）$\overline{\text{PSEN}}$（Program Strobe Enable，29 脚）：外部程序存储器读选通信号输出端，低电平有效。一般将该引脚与外部程序存储器的$\overline{\text{OE}}$（输出允许信号）引脚连接。当从外部程序存储器读取指令或常数期间，每个机器周期该信号两次有效，以通过数据总线 P0 口读回指令或常数。在访问外部数据存储器期间，$\overline{\text{PSEN}}$信号将保持高电平。该引脚可以驱动 8 个 LS 型 TTL 负载。

（4）I/O 口引脚。

1）P0 口（P0.0～P0.7，39～32 脚）：8 位双向三态 I/O 口。此口作为地址（低 8 位）/数据总线分时复用口。此外 P0 口可作为通用 I/O 口使用，但使用时需外接上拉电阻。可驱动 8 个 LS 型 TTL 负载。

2）P1 口（P1.0～P1.7，1～8 脚）：8 位准双向 I/O 口。可驱动 4 个 LS 型 TTL 负载。

3）P2 口（P2.0～P2.7，21～28 脚）：8 位准双向 I/O 口。此口可作为高 8 位地址总线使用，此外 P2 口还可作为通用 I/O 口使用。可驱动 4 个 LS 型 TTL 负载。

4）P3 口（P3.0～P3.7，10～17 脚）：8 位准双向 I/O 口，双功能复用口。可驱动 4 个 LS 型 TTL 负载。P3 口的每一只引脚都具有第二功能，如表 2-1 所示。

表 2-1　　P3 口的第二功能

引　脚	第　二　功　能
P3.0	RXD（串行口输入端）
P3.1	TXD（串行口输出端）
P3.2	$\overline{\text{INT0}}$（外部中断 0 请求输入端，低电平有效）
P3.3	$\overline{\text{INT1}}$（外部中断 1 请求输入端，低电平有效）
P3.4	T0（定时器/计数器 0 外部计数输入端）
P3.5	T1（定时器/计数器 1 外部计数输入端）
P3.6	$\overline{\text{WR}}$（外部数据存储器写选通信号输出端，低电平有效）
P3.7	$\overline{\text{RD}}$（外部数据存储器读选通信号输出端，低电平有效）

P1 口、P2 口、P3 口各 I/O 口线内部均有固定的上拉电阻，故称为准双向 I/O 口。P0 口线内无固定上拉电阻，由 2 个 MOS 管串接，既可开漏输出，又可处于高阻的“浮空”状态，故称为双向三态 I/O 口。

二、三总线结构

MCS-51 单片机的引脚除了电源、复位、外部晶振接入、用户 I/O 口以及部分 P3 口外，其余引脚都是为实现系统扩展而设置的。这些引脚构成了三总线形式，如图 2-3 所示。

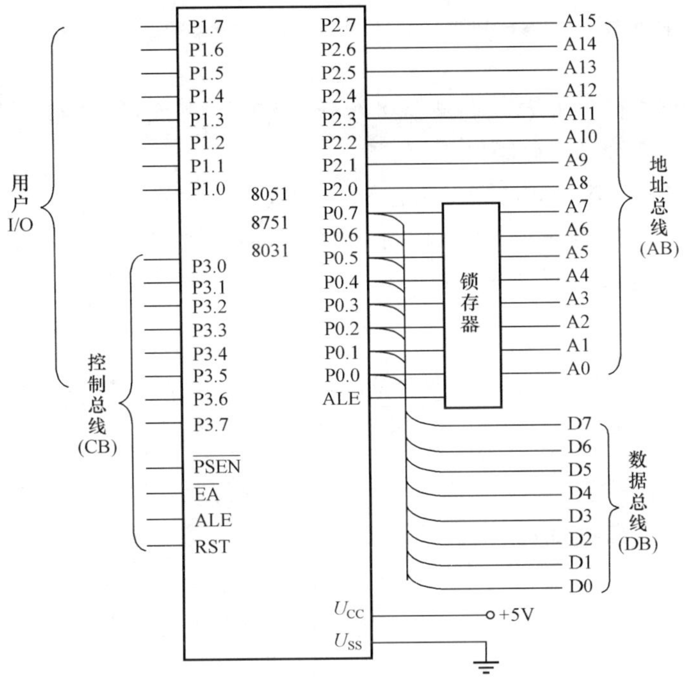

图 2-3　MCS-51 单片机总线结构

（1）地址总线（Address Bus，AB）。地址总线宽度为 16 位，P0 口经地址锁存器提供低 8 位地址 A7～A0，P2 口直接提供高 8 位地址 A15～A8。外部存储器可寻址范围为 64KB。

（2）数据总线（Data Bus，DB）。数据总线宽度为 8 位，由 P0 口提供。

（3）控制总线（Control Bus，CB）。控制总线由 P3 口的第二功能状态和 4 根独立控制线 RST、$\overline{EA}$、ALE、$\overline{PSEN}$ 组成。

2.2　MCS-51 单片机的中央处理器（CPU）

CPU 是单片机的核心，由运算器和控制器两部分组成。

2.2.1　运算器

运算器包括算术逻辑单元 ALU、位处理器、累加器 ACC、寄存器 B、暂存器 TMP1 与 TMP2、程序状态字寄存器 PSW 以及十进制调整电路等。该模块的功能是实现数据的算术运算、逻辑运算、位变量处理和数据传送操作。

一、算术逻辑单元 ALU（Arithmetic Logic Unit）

ALU 是运算器的核心，它不仅能完成 8 位二进制的加、减、乘、除、加 1、减 1 及 BCD 加法的十进制调整等算术运算，还能对 8 位变量进行逻辑与、或、异或、循环移位、求补及清零等逻辑运算。由于 MCS-51 单片机内部带有位处理器，因此，ALU 可对位变量进行位处理，如置位、清零、求补、测试转移以及逻辑操作。

二、累加器 ACC（Accumulator）

累加器 ACC 简称累加器 A，是一个 8 位寄存器，通过暂存器与 ALU 相连。它是 CPU 中使用最频繁的寄存器。进入 ALU 作算术和逻辑运算的操作数多来自累加器 A，运算结果也常送回累加器 A 中保存。

三、寄存器 B

寄存器 B 是一个 8 位寄存器，它是为进行乘、除法运算而设置的。在不作乘除法运算的情况下，它可作为一般通用寄存器来使用。

四、程序状态字寄存器 PSW（Program Status Word）

程序状态字寄存器 PSW 是一个 8 位寄存器，位于单片机片内的特殊功能寄存器区，字节地址为 D0H。PSW 包含了程序运行过程中的状态信息，作为程序查询或判别的条件。其各位的定义如下：

PSW.7	PSW.6	PSW.5	PSW.4	PSW.3	PSW.2	PSW.1	PSW.0	
Cy	Ac	F0	RS1	RS0	OV	—	P	字节地址 D0H

其中，PSW.7 为最高位，PSW.0 为最低位，PSW.1 为保留位，未被使用。

（1）Cy（PSW.7）：进位/借位标志位。在进行加法（或减法）运算时，如果运算结果的最高位 D7 有进位（或借位）时，Cy 将被自动置位（Cy=1）；否则被自动清零（Cy=0）。Cy 也可以被软件置位或清零。此外，在进行移位操作和比较转移指令时也会影响 Cy 标志位。在位处理器中，它是位累加器。

（2）Ac（PSW.6）：辅助进/借位标志位。在进行加法（或减法）运算时，如果低 4 位向高 4 位有进位（或借位）时，Ac 将被自动置位（Ac=1）；否则被自动清零（Ac=0）。Ac 被用于 BCD 码的十进制调整运算。

（3）F0（PSW.5）：用户定义标志位。用户可根据自己的需要对 F0 赋予一定的含义，通过软件对其置位或清零，它可作为用户程序的流向标志。

（4）RS1、RS0（PSW.4、PSW.3）：寄存器区选择控制位。MCS-51 单片机有 4 组工作寄存器区，使用时由用户通过软件对 RS1、RS0 置位或清零，根据这 2 位的值可决定选择哪一组为当前工作寄存器区。RS1、RS0 与 4 组工作寄存器区的选择关系如表 2-2 所示。

表 2-2　　RS1、RS0 与 4 组工作寄存器区的选择关系

RS1　RS0	寄存器组	R0～R7 的地址
0　0	0 组	00H～07H
0　1	1 组	08H～0FH
1　0	2 组	10H～17H
1　1	3 组	18H～1FH

（5）OV（PSW.2）：溢出标志位。在执行有符号数加法和减法运算时，由硬件置位或清零，以指示运算结果是否溢出（补码形式表示的 8 位有符号数范围为－128～＋127）。OV 被置位（OV=1）反映运算结果超出有符号数范围，结果错误；OV 被清零（OV=0）反映运算结果在范围之内，结果正确。在执行加法或减法过程中，如果位 7（最高位）和位 6（次高位）中只有一个位有进位或借位时，OV 被置位，否则被清零，即 $OV=C7 \oplus C6$。

另外，执行乘法运算时（MUL AB）会影响 OV 标志，如果乘积大于 255，OV 被置位，否则被清零。执行除法运算时（DIV AB）也会影响 OV 标志，如果除数为 0，OV 被置位，否则被清零。

（6）P（PSW.0）：奇偶标志位。在执行指令后，单片机根据累加器 ACC 中 1 的个数的奇偶自动给该标志置位或清零。若累加器 ACC 中 1 的个数为奇数，则 P 被置位（P＝1），否则 P 被清零（P＝0）。该标志对串行通信的数据传输非常有意义，在串行通信中，常用奇偶校验方法来检验数据传输的可靠性。

2.2.2　控制器

控制器是单片机的“神经中枢”，包括程序计数器 PC、指令寄存器 IR、指令译码器及定时控制逻辑电路。

控制器的控制过程是取指令→译码→控制，具体过程为：首先从程序存储器中取指令，送入指令寄存器中保存；然后将指令寄存器中的指令送到指令译码器中进行译码；译码结果送定时控制逻辑电路产生定时信号和控制信号，送到单片机的各部件进行相应的操作。这就是执行一条指令的全过程。

一、程序计数器 PC（Program Counter）

程序计数器 PC 是一个 16 位的专用计数器，存放下一条要执行的指令在程序存储器中的地址，可对 64KB（2^{16}＝64K）的程序存储器进行寻址。PC 没有地址，是不可寻址的，因此用户不能对它进行读/写操作，它是通过程序运行自动修正的。

（1）程序计数器 PC 自动加 1。当 CPU 顺序执行指令时，首先根据 PC 所指地址取出指令，然后 PC 内容自动增加，指向下一条指令的地址。

（2）在实际应用中，有时 CPU 还要执行程序的转移、子程序的调用和中断响应等操作，这时 PC 中的内容不再是简单的加 1，而是根据不同情况自动地被置入新的目的地址，从而改变程序的执行顺序。

在单片机复位时，PC 中的内容为 0000H，CPU 从这一固定入口地址开始执行程序。

二、指令寄存器 IR 和指令译码器

指令寄存器 IR 和指令译码器的功能：根据 PC 所指地址，从程序存储器中取出指令，经指令寄存器送指令译码器进行译码，译码结果送定时控制逻辑电路。

三、定时控制逻辑电路

定时控制逻辑电路根据对指令的译码结果，产生相应的控制信号，控制单片机各部件协调工作，完成指令所规定的各种操作。

综上所述，控制器以晶振频率为基准，发出 CPU 的操作时序，对指令进行译码，然后发出各种控制信号，保证单片机各部分能自动协调的工作。在执行指令的过程中，CPU 控制器所发出的一系列特定的控制信号在时间上的相互关系称为 CPU 时序，有关 CPU 时序的内容详见本章 2.5 节。

2.3　MCS-51 单片机存储器

MCS-51 单片机存储器采用哈佛（Harvard）结构，程序存储器和数据存储器在物理空间上是相互独立的。程序存储器用于存放编好的程序和表格常数，数据存储器用作数据缓冲区。

MCS-51 单片机的存储器在物理结构上可分为内部程序存储器、外部程序存储器、内部数据存储器、外部数据存储器 4 个存储空间，而对这些空间的管理，是分为 3 个逻辑地址空间进行的：

（1）统一编址 0000H～FFFFH 的 64KB 内部、外部程序存储器地址空间。

（2）低 128B 内部数据存储器地址空间，其地址为 00H～7FH；高 128B 特殊功能寄存器（SFR）区，其地址为 80H～FFH，两者连续而不重叠。

（3）64KB 外部数据存储器地址空间，其地址为 0000H～FFFFH。

MCS-51 单片机的内部、外部数据存储器是两个独立的地址空间，应分别单独编址。上述 3 个逻辑地址空间存在地址重叠，但不会产生操作混乱，这是因为采用了不同的操作指令及 $\overline{EA}$ 的控制选择。

2.3.1 程序存储器

MCS-51 单片机程序存储器的结构如图 2-4 所示。它以程序计数器 PC 作为地址指针，可以访问 64KB 的地址空间。8031 无内部程序存储器，8051/8751 有 4KB 内部程序存储器（ROM/EPROM），其地址范围为 0000H～0FFFH。它们都可以扩展外部程序存储器，但地址范围不能超过 64KB。

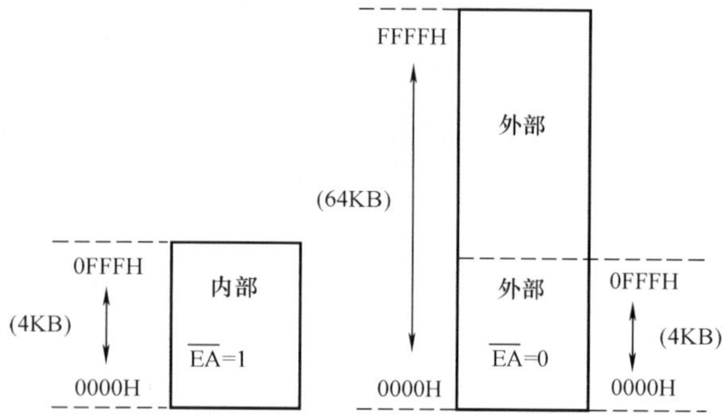

图 2-4 MCS-51 单片机程序存储器结构

MCS-51 单片机的 $\overline{EA}$ 引脚是选择使用内部或外部程序存储器的控制信号。对于有内部程序存储器的 8051/8751，程序存储器的低 4KB 地址空间是内、外部程序存储器公用的，但不能为两者同时使用，$\overline{EA}$ 引脚接高电平时，单片机访问内部程序存储器，当 PC 值超过内部程序存储器容量时会自动转向外部程序存储器空间。$\overline{EA}$ 引脚接低电平时，单片机只能访问外部程序存储器。而对于无内部程序存储器的 8031，$\overline{EA}$ 引脚应固定接低电平。

程序存储器的操作完全由程序计数器 PC 控制，分为查表操作和程序运行控制操作两类。

一、查表操作

在 MCS-51 指令系统中，访问外部程序存储器的指令只有查表指令 MOVC，共有两条：

（1）MOVC A,@A＋PC。

（2）MOVC A,@A＋DPTR。

两条指令的功能将在第 3 章中详细介绍。

二、程序运行控制操作

程序运行控制包括复位控制、中断控制和转移控制。

（1）复位控制。单片机复位后，程序计数器 PC 的内容为 0000H，系统从 0000H 单元开始执行程序，故程序存储器中的 0000H 地址是系统程序的启动地址，一般在该单元存放一条无条件转移指令，转向主程序的入口地址。

（2）中断控制。MCS-51 的中断控制有相应的硬件结构，各中断源中断服务程序的入口地址是固定的，如表 2-3 所示。

表 2-3　　5个中断源中断服务程序的入口地址

中　断　源	入口地址	中　断　源	入口地址
外部中断0（$\overline{INT0}$）	0003H	定时器1中断（T1）	001BH
定时器0中断（T0）	000BH	串行口中断	0023H
外部中断1（$\overline{INT1}$）	0013H		

两个中断入口地址之间只间隔8个字节单元，一般难以存放一个完整的中断服务程序，通常在这些入口地址处存放一条无条件转移指令，转向在其他地址存放的中断服务程序。

（3）转移控制。转移控制由控制转移类指令决定。控制转移类指令共有17条，用于改变程序计数器PC的值，从而改变程序执行方向，所控制的范围为程序存储器空间。关于控制转移类指令的功能将在第3章中详细介绍。

2.3.2　内部数据存储器

MCS-51单片机内部数据存储器的结构如图2-5所示，共有128个字节，地址为00H～7FH。内部数据存储器可分为工作寄存器区、位寻址区及用户RAM区（堆栈、数据缓冲区）。

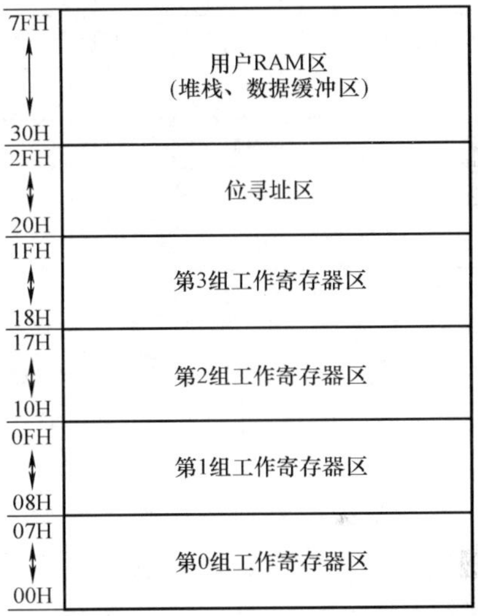

图2-5　MCS-51单片机内部数据存储器结构

一、工作寄存器区

地址为00H～1FH的32个单元是4组通用工作寄存器区，每组都有8个工作寄存器，用R0～R7表示（见表2-2）。在程序运行时，只允许有一组工作寄存器区工作，可通过对特殊功能寄存器中的程序状态字寄存器PSW的RS1、RS0的状态设置，来选择哪一组工作寄存器作为当前工作寄存器区。单片机复位时，由于RS1、RS0均清零，因此当前工作寄存器区默认为第0组。这个特点使MCS-51单片机具有快速现场保护功能，从而对于提高程序效率和响应中断的速度是很有利的。

二、位寻址区

地址为20H～2FH的16个字节单元是位寻址区，它们既可以按字节寻址，也可以对单元中的每一位进行位寻址。当这16个单元用作位寻址时，共有16×8＝128（位），位地址范围为00H～7FH，如表2-4所示。位地址在位操作指令中使用。

位地址有两种表示形式，一种是表2-4中位地址形式，另一种是字节地址和位序相结合的形式。例如，2AH单元中最高位的位地址可表示成57H、2AH.7或（2AH）.7。

表 2-4　　位寻址区的128个位地址

单元地址	位　地　址							
	D7	D6	D5	D4	D3	D2	D1	D0
2FH	7FH	7EH	7DH	7CH	7BH	7AH	79H	78H
2EH	77H	76H	75H	74H	73H	72H	71H	70H
2DH	6FH	6EH	6DH	6CH	6BH	6AH	69H	68H

续表

单元地址	位地址							
	D7	D6	D5	D4	D3	D2	D1	D0
2CH	67H	66H	65H	64H	63H	62H	61H	60H
2BH	5FH	5EH	5DH	5CH	5BH	5AH	59H	58H
2AH	57H	56H	55H	54H	53H	52H	51H	50H
29H	4FH	4EH	4DH	4CH	4BH	4AH	49H	48H
28H	47H	46H	45H	44H	43H	42H	41H	40H
27H	3FH	3EH	3DH	3CH	3BH	3AH	39H	38H
26H	37H	36H	35H	34H	33H	32H	31H	30H
25H	2FH	2EH	2DH	2CH	2BH	2AH	29H	28H
24H	27H	26H	25H	24H	23H	22H	21H	20H
23H	1FH	1EH	1DH	1CH	1BH	1AH	19H	18H
22H	17H	16H	15H	14H	13H	12H	11H	10H
21H	0FH	0EH	0DH	0CH	0BH	0AH	09H	08H
20H	07H	06H	05H	04H	03H	02H	01H	00H

三、用户 RAM 区（堆栈、数据缓冲区）

地址为 30H～7FH 的 80 个单元是用户 RAM 区，只能按字节寻址，用于数据缓冲区或堆栈区。

由于工作寄存器区、位寻址区及用户 RAM 区统一编址，使用同样的指令访问，这三个区的单元既有自己独特的功能，又可统一调度使用。因此，前两个区未使用的单元可作为用户 RAM 使用，使容量较小的片内 RAM 区得以充分利用。

对于 52 子系列单片机，内部数据存储器有真正的 256 个单元，前两个区的单元数与地址都与 51 子系列单片机的一致，而用户 RAM 区却有 208 个单元，地址范围为 30H～FFH，其中 80H～FFH 单元与特殊功能寄存器区地址是重叠的，通过不同的寻址方式（间接寻址）对它们进行访问。

2.3.3 特殊功能寄存器 SFR

MCS-51 单片机采用了特殊功能寄存器（SFR）对各功能部件的集中控制方式。特殊功能寄存器 SFR 是用来对片内各部件进行管理、控制和监视的控制寄存器和状态寄存器，是一个具有特殊功能的 RAM 区，其地址为 80H～FFH。特殊功能寄存器 SFR 共有 21 个，离散的分布在该区域中，如表 2-5 所示。需要特别注意的是，在 128 个字节中仅有 21 个字节被占用，其他未被占用的字节单元访问它们是没有实际意义的。

表 2-5　　MCS-51 特殊功能寄存器 SFR 一览表

特殊功能寄存器符号	字节地址	名称
*ACC（或 A）	E0H	累加器
*B	F0H	B 寄存器
*PSW	D0H	程序状态字寄存器

续表

特殊功能寄存器符号	字　节　地　址	名　　称
SP	81H	堆栈指针
DPL	82H	数据指针低字节
DPH	83H	数据指针高字节
*P0	80H	P0 口
*P1	90H	P1 口
*P2	A0H	P2 口
*P3	B0H	P3 口
*IP	B8H	中断优先级控制寄存器
*IE	A8H	中断允许控制寄存器
TMOD	89H	定时器/计数器方式控制寄存器
*TCON	88H	定时器/计数器控制寄存器
TH0	8CH	定时器/计数器 0（高字节）
TL0	8AH	定时器/计数器 0（低字节）
TH1	8DH	定时器/计数器 1（高字节）
TL1	8BH	定时器/计数器 1（低字节）
*SCON	98H	串行控制寄存器
SBUF	99H	串行数据缓冲器
PCON	87H	电源控制寄存器

MCS-51 单片机的 21 个特殊功能寄存器 SFR，用户既可以对其按字节寻址，也可以对表 2-5 中带*的 11 个寄存器进行位寻址。

按字节寻址时，字节地址有两种表示形式：一种是使用表 2-5 中字节地址形式，另一种是采用表 2-5 中 SFR 符号形式。例如，累加器在指令中可表示成 E0H 或 ACC（A）。这两种方式中普遍采用后一种形式。

在特殊功能寄存器 SFR 中可位寻址的寄存器有 11 个，共有位地址 88 个，其中 5 个未用，其余 83 个位地址离散地分布在 80H～FFH 范围内。从表 2-5 中可知，凡是可进行位寻址的 SFR，其字节地址的低半字节都为 0H 或 8H（即可位寻址的 SFR 字节地址具有能被 8 整除的特点）。SFR 的位地址分布如表 2-6 所示。

表 2-6　　SFR 中的位地址分布

特殊功能寄存器符号	位　地　址								字节地址
	D7	D6	D5	D4	D3	D2	D1	D0	
B	F7H	F6H	F5H	F4H	F3H	F2H	F1H	F0H	F0H
ACC	E7H	E6H	E5H	E4H	E3H	E2H	E1H	E0H	E0H
PSW	D7H	D6H	D5H	D4H	D3H	D2H	D1H	D0H	D0H
IP	—	—	—	BCH	BBH	BAH	B9H	B8H	B8H
P3	B7H	B6H	B5H	B4H	B3H	B2H	B1H	B0H	B0H

续表

特殊功能寄存器符号	位地址								字节地址
	D7	D6	D5	D4	D3	D2	D1	D0	
IE	AFH	—	—	ACH	ABH	AAH	A9H	A8H	A8H
P2	A7H	A6H	A5H	A4H	A3H	A2H	A1H	A0H	A0H
SCON	9FH	9EH	9DH	9CH	9BH	9AH	99H	98H	98H
P1	97H	96H	95H	94H	93H	92H	91H	90H	90H
TCON	8FH	8EH	8DH	8CH	8BH	8AH	89H	88H	88H
P0	87H	86H	85H	84H	83H	82H	81H	80H	80H

下面简单介绍SFR中的某些寄存器。在本章2.2节中对累加器ACC、B寄存器和程序状态字寄存器PSW已经作了介绍，其他没有介绍的SFR将在后面的有关章节进行介绍。

一、堆栈指针SP（Stack Pointer）

堆栈是一个特定的存储区，也就是在片内RAM区中开辟一块区域，专门用来存储某些特别的数据，有其特定的操作方法和特点。堆栈操作的原则是：后进先出，即后入栈的数据先被弹出。它的特点是：一端地址是固定的，另一端地址是活动的，而所有信息存取都在活动的一端进行。堆栈区中固定不变的一端称为栈底；活动的一端称为栈顶，栈顶随栈区中数据量的变化而浮动。

堆栈指针SP是一个8位的特殊功能寄存器，始终指向栈顶，其内容可以由软件赋值或修改，具有自动加1或减1的功能。当数据入栈时，栈顶会自动地向地址增1的方向浮动，即SP自动加1，然后将数据压入SP所指向的地址单元；当数据出栈时，栈顶会自动地向地址减1的方向浮动，即将SP所指地址单元中的数据弹出，然后SP自动减1。MCS-51单片机的这种堆栈结构是属于向上生长型的堆栈。

单片机复位后，SP初始化为07H，即堆栈区实际是从08H单元开始的若干个连续存储单元。由于08H～1FH单元分别是第1、2、3组工作寄存器区，20H～2FH单元为位寻址区，因此通常将堆栈区安排在用户RAM区靠后的位置，一般把SP的初值设置在30H以上为宜。

堆栈的主要功能是为子程序调用和中断操作而设立的，用于保护断点和现场保护。此外堆栈可暂存数据，也可利用堆栈实现数据交换和传输。

二、数据指针DPTR（Data Pointer）

数据指针DPTR是一个16位的特殊功能寄存器，高字节寄存器用DPH表示，低字节寄存器用DPL表示。DPTR专门用来存放16位地址指针，作为间接寻址寄存器使用，可寻址地址范围为64KB。DPTR还可以分成2个8位独立寄存器DPH和DPL使用。

2.3.4 外部数据存储器

当内部数据存储器不够用时，可扩展外部数据存储器。MCS-51单片机外部数据存储器最多可外扩64KB，地址为0000H～FFFFH，并且与扩展的I/O口统一编址。

内部和外部数据存储器低地址空间（00H～7FH）虽然存在重叠，但可通过不同的指令来区别单片机是访问内部RAM还是访问外部RAM。当访问内部数据存储器时，使用MOV指令；当访问外部数据存储器时，则只使用MOVX指令。在MCS-51指令系统中，MOVX指令共有 4 条：

（1）MOVX A,@DPTR。

（2）MOVX A,@Ri。

（3）MOVX @DPTR,A。

（4）MOVX @Ri,A。

这 4 条指令的功能将在第 3 章中详细介绍。

2.3.5 存储器的应用特性

MCS-51 单片机存储器的结构如图 2-6 所示。在使用各类存储器时，一定要注意以下几点：

（1）地址的重叠性。数据存储器与程序存储器全部 64KB 地址重叠；内、外部程序存储器低 4KB 地址重叠；内、外部数据存储器低 128B 地址重叠。虽然有这些重叠，但不会产生操作混乱，这是因为采用了不同的操作指令及 $\overline{EA}$ 的控制选择。

（2）存储器有严格的分工，不同的操作指令不得混用。除了程序的运行控制外，CPU 访问内、外部程序存储器时，只有查表指令 MOVC；访问内、外部数据存储器的指令是不同的，访问外部数据存储器只有传送指令 MOVX。

（3）位地址空间共有 2 个区域，一个是位寻址区 20H～2FH 的 128 位，另一个是特殊功能寄存器 SFR 中的 83 位。这些位寻址单元与位指令集构成了位处理系统。

（4）堆栈指针 SP 的内容可以由软件赋值或修改。复位时 SP 初始化为 07H，通常将堆栈区安排在用户 RAM 区靠后的位置，一般把 SP 的初值设置在 30H 以上为宜。

（5）外部数据存储器与外部扩展的 I/O 端口统一编址。因此，应用系统中所有外围 I/O 端口的地址均占用 RAM 地址单元。MCS-51 单片机在与外部扩展的 I/O 端口进行数据传送时，使用与访问外部数据存储器相同的传送指令 MOVX。

（6）对于 52 子系列单片机，内部 80H～FFH 的存储器只能用间接寻址指令操作，而对这片地址范围内的特殊功能寄存器只能采用直接寻址方式进行操作，特殊功能寄存器中有 11 个还可以进行位寻址。

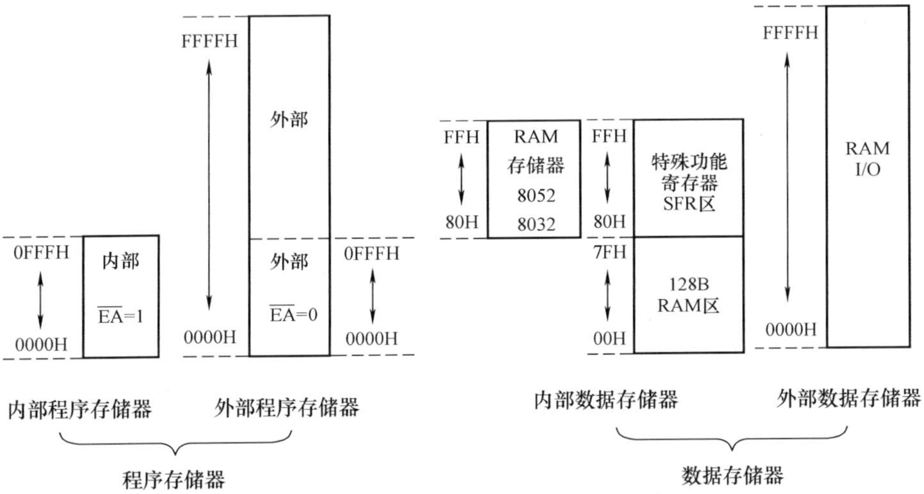

图 2-6 MCS-51 单片机存储器结构

2.4 MCS-51 单片机 I/O 端口

I/O 端口是 MCS-51 单片机对外部实现控制和信息交换的必经之路，用于信息的传送。I/O 端口有串行和并行之分，串行 I/O 端口一次只能传送一位二进制信息，并行 I/O 端口一次可以传送一组二进制信息。

2.4.1 并行 I/O 端口

MCS-51 单片机有 4 个 8 位并行 I/O 端口，分别记作 P0、P1、P2 和 P3，每个端口均有 8 条 I/O 口线，共有 32 条口线。端口的每一位均由锁存器、输出驱动器和输入缓冲器组成。特殊功能寄存器 P0～P3 都是 8 位寄存器，它们分别对应相应 I/O 端口 P0～P3 的锁存器，各端口寄存器可位寻址。

2.4.1.1 P0 口的结构与功能

P0 口是一个 8 位双向三态 I/O 口，可作为地址（低 8 位）/数据总线分时复用口使用，也可作为通用 I/O 口使用。它可驱动 8 个 LS 型 TTL 负载。P0 口的字节地址为 80H，位地址为 80H～87H。P0 口位结构电路原理图如图 2-7 所示，P0 口由 8 个这样的电路组成。

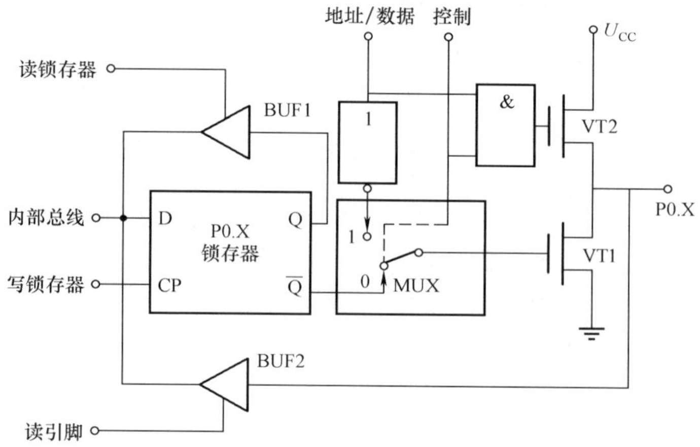

图 2-7 P0 口位结构电路原理图

P0 口的位电路由以下几个部分组成：

（1）1 个输出锁存器，用于进行输出数据的锁存，由 D 触发器组成。

（2）2 个三态输入缓冲器，BUF1 用于读锁存器，BUF2 用于读引脚，读锁存器与读引脚不尽相同，应加以注意。

（3）1 个多路开关 MUX，它的一个输入来自锁存器（0 端），另一个输入是地址/数据信号的反相输出（1 端）。在控制信号的控制下能实现对锁存器输出端和地址/数据线之间的切换。

（4）输出驱动器，由 2 只场效应管（FET）VT1、VT2 组成，以增大带负载能力。场效应管 VT2 构成上拉电路，VT1 构成下拉电路。

一、地址/数据分时复用功能

MCS-51 单片机在访问外部存储器时，P0 口作为地址/数据总线分时传输低 8 位地址和 8

位数据，可分为两种情况，一种是从 P0 口输出地址或数据，另一种是从 P0 口输入数据。

当 P0 口输出地址或数据时，控制信号应为高电平 1，使多路开关 MUX 与地址/数据信号的反相输出端（1 端）连接，使 1 端与场效应管 VT1 接通，同时打开与门。当地址/数据为 1 时，经反相器使 VT1 截止，而经与门使 VT2 导通，P0.X 引脚上出现相应的高电平 1；当地址/数据为 0 时，经反相器使 VT1 导通而 VT2 截止，引脚上出现相应的低电平 0。这样就将地址/数据的信号输出。而当 P0 口输入数据时，数据信号则直接从引脚通过输入缓冲器进入内部总线。

二、通用 I/O 口功能

当 P0 口作为通用 I/O 口使用时，对应的控制信号为低电平 0，多路开关 MUX 与锁存器 $\overline{Q}$ 端（0 端）连接，同时因与门输出为 0 而使 VT2 截止。

（1）P0 口为输出口。当 P0 口作为输出口时，输出电路使漏极开路（VT2 截止）。当 CPU“写锁存器”脉冲信号加在锁存器（D 触发器）的 CP 端时，内部数据总线上的数据写入锁存器。当锁存器置 0 时，VT1 导通，P0.X 引脚上出现相应的低电平 0；当锁存器置 1 时，VT1 截止，此时 P0.X 引脚处于浮空状态，即高阻状态，必须外接上拉电阻才能有高电平 1 输出。

（2）P0 口为输入口。当 P0 口作为输入口时，应区分读锁存器和读引脚两种情况。在位电路中，有 2 个用于读入的三态缓冲器（BUF1、BUF2），BUF1 用于读锁存器，BUF2 用于读引脚。读锁存器是指通过“读锁存器”信号把缓冲器 BUF1 打开，把锁存器 Q 端的状态读入内部总线；而读引脚是指通过“读引脚”信号将缓冲器 BUF2 打开，直接读取引脚上的状态。

此外，当 P0 口作为输入口时，若从 P0 口引脚输入数据，则 VT2 一直处于截止状态，引脚上的外部信号既加在三态缓冲器 BUF2 的输入端，又加在 VT1 的漏极。假定在此之前曾输出数据 0，则 VT1 是导通的，这样引脚上的电位就始终被箝位在低电平，使输入高电平无法读入。因此，在输入数据时，应先向锁存器写 1，使 VT1、VT2 均截止。所以 P0 口作为通用 I/O 口使用时是准双向口，但在作为地址/数据总线分时复用时则是真正的三态双向 I/O 口。

2.4.1.2　P1 口的结构与功能

P1 口是一个 8 位准双向 I/O 口，只能作为通用 I/O 口使用。它可驱动 4 个 LS 型 TTL 负载。P1 口的字节地址为 90H，位地址为 90H～97H。P1 口位结构电路原理图如图 2-8 所示。

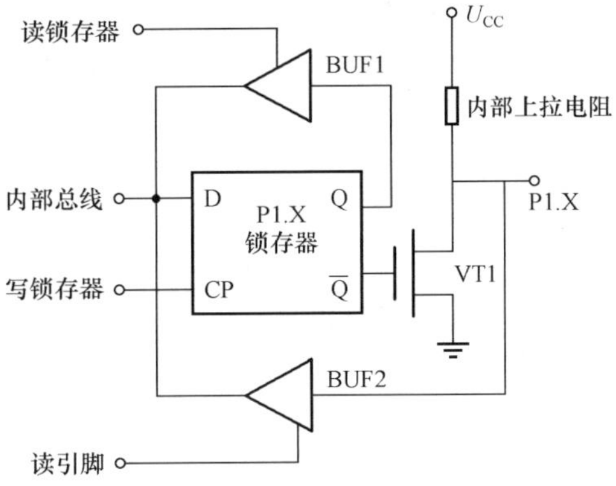

图 2-8　P1 口位结构电路原理图

P1 口输入输出原理特性与 P0 口作为通用 I/O 口使用时类似，P1 口的位电路在结构上与 P0 口的区别主要有以下两点：

（1）P1 口只用于传送数据，因此不需要多路开关 MUX。

（2）P1 口输出驱动器由场效应管 VT1 与内部上拉电阻组成。由于 P1 口有内部上拉电阻，这种电路的输出不是三态的，因此 P1 口是准双向口。当其某位输出高电平时，可以提供拉电流负载，不必像 P0 口那样需要外接上拉电阻。此外，P1 口作为输入口使用时，应先向锁存器写 1，使场效应管 VT1 截止。

2.4.1.3 P2 口的结构与功能

P2 口是一个 8 位准双向 I/O 口，既可作为高 8 位地址总线使用，也可作为通用 I/O 口使用。它可驱动 4 个 LS 型 TTL 负载。P2 口的字节地址为 A0H，位地址为 A0H～A7H。P2 口位结构电路原理图如图 2-9 所示。

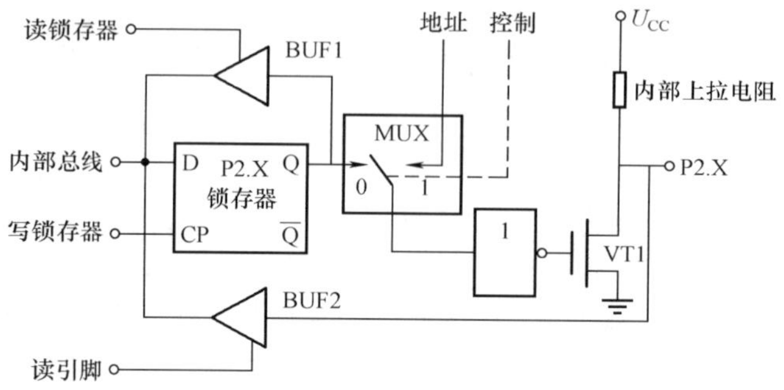

图 2-9 P2 口位结构电路原理图

一、地址总线功能

MCS-51 单片机在访问外部存储器时，P2 口作为高 8 位地址总线使用，与 P0 口输出的低 8 位地址一起构成 16 位地址总线，可以寻址 64KB 地址空间。控制信号使多路开关 MUX 与地址信号的输出端（1 端）连接，地址信号经反相器和场效应管 VT1 输出到相应引脚上。在上述情况下，锁存器原锁存的内容保持不变，所以，访问外部存储器结束后，由于多路开关又接至 0 端，使输出驱动器与锁存器 Q 端相连，引脚上将恢复原来的数据。由于 P2 口只作为地址线使用，口的输出不必是三态的，因此 P2 口是一个准双向口。

二、通用 I/O 口功能

P2 口作为通用 I/O 口使用时，控制信号使多路开关 MUX 与锁存器（0 端）连接，锁存器 Q 端经反相器接场效应管 VT1，其工作原理与 P1 口相同。

2.4.1.4 P3 口的结构与功能

P3 口是一个 8 位准双向 I/O 口、双功能复用口，既可作为通用 I/O 口使用，又可根据需要，使用它的第二功能（见表 2-1）。它可驱动 4 个 LS 型 TTL 负载。P3 口的字节地址为 B0H，位地址为 B0H～B7H。P3 口位结构电路原理图如图 2-10 所示。

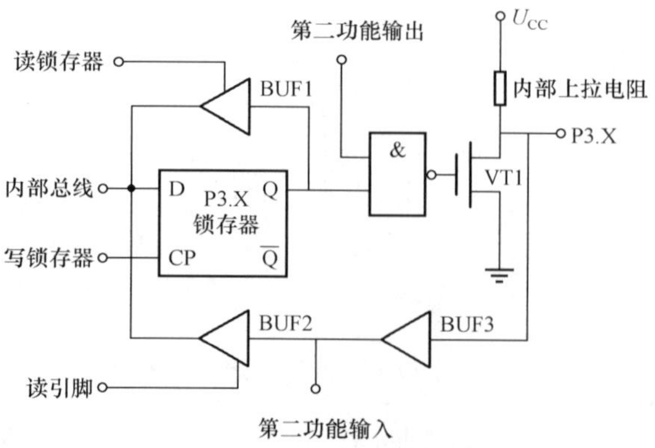

图 2-10 P3 口位结构电路原理图

一、通用 I/O 口功能（第一功能）

P3 口作为通用 I/O 口使用时，第二功能输出控制线应为高电平，与非门的输出取决于锁存器的状态。此时，P3 口的结构、工作原理与 P1 口相同。

二、第二功能

P3 口作为第二功能使用时，相应位的锁存器必须为高电平，与非门的输出状态由第二功能输出控制线的状态确定，反映了第二功能输出电平状态。对于第二功能输入的引脚，内部结构增加了 1 个缓冲器 BUF3，输入的信号就从这个缓冲器的输出端取得。

总的来说，P3 口无论是作为第一功能还是第二功能输入时，锁存器输出和第二功能输出控制线都应保持高电平。

2.4.1.5　I/O 口的读操作

MCS-51 单片机的 4 个 I/O 口 P0～P3 都有两种读入方法，即读锁存器和读引脚，实现这两种读操作分别由相应的指令支持。

读锁存器指令是从锁存器中读取数据进行处理，并把处理后的数据重新写入锁存器中，这类指令称为“读—修改—写”指令。在 ANL、ORL、XRL、JBC、CPL、INC、DEC、DJNZ、MOV、CLR、SETB 等指令中，当目的操作数为某一 I/O 口或 I/O 口的某一位时，这些指令均为“读—修改—写”指令。例如，ANL　P0，#0FH。

读引脚指令一般都是以 I/O 口为源操作数的指令，执行读引脚指令时，打开三态门 BUF2，输入引脚状态。例如，MOV　A，P0。

根据 I/O 口的结构原理图可知，当执行读引脚操作后，各位的锁存器状态与引脚状态应相同。而当给对应的位锁存器写入某状态后，相应的引脚是否呈现锁存器的输出状态与该引脚连接的外部电路有关。例如，图 2-11 所示使用 P1.0 实现独立按键电路，当给锁存器置 1 后使场效应管截止，由于 P1 口内部有上拉电阻，因此 P1.0 引脚的电平应该是高电平 1，假设此时外部电路的按键被按下（按键闭合），P1.0 引脚的实际电平应该是低电平 0，因此如果该口线无读引脚操作时，则锁存器与引脚状态不一致。

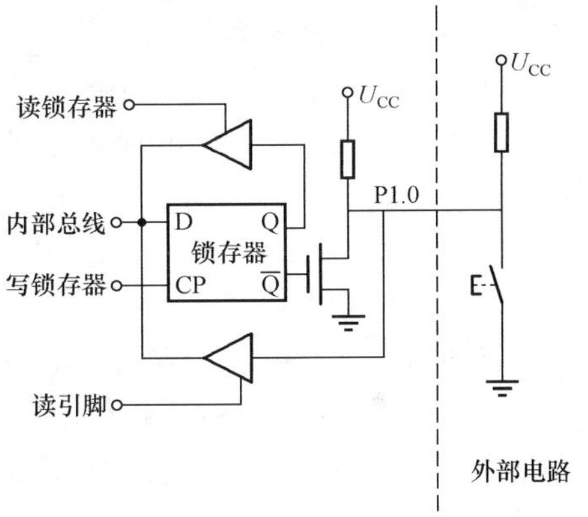

图 2-11　按键电路

2.4.2　串行口

MCS-51 单片机内部有 1 个全双工的异步串行口，具有 4 种工作方式。全双工是指双机之间串行接收、发送数据可同时进行。异步是指收/发双方没有同步时钟来控制同步传送，而是靠双方各自的时钟来控制数据的传送。串行口使用特殊功能寄存器 SFR 中的串行数据缓冲器 SBUF 来存放欲发送或已接收的数据。串行数据缓冲器 SBUF 在特殊功能寄存器 SFR 中只占有一个字节地址 99H，但实际上是由两个独立的寄存器组成，即一个发送缓冲器和一个接收缓冲器，因此可以同时保留接收或发送的数据，可进行单独或同时收/发操作。串行口的控制寄存器有 2 个，即串行控制寄存器 SCON 和电源控制寄存器 PCON，它们均为特殊功能寄存器（有关内容将在第 6 章中详细介绍）。

2.4.3　定时器/计数器

MCS-51 单片机有 2 个可编程的 16 位定时器/计数器 T0 和 T1，都具有定时器和计数器两种工作模式，并有 4 种工作方式。可编程是指它们的工作模式和工作方式可通过程序设定，并且计数或定时的范围也可由程序设置。T0 和 T1 各由 2 个 8 位寄存器组成，即 TH0、TL0、TH1、TL1。4 个 8 位寄存器都可以单独寻址，但不能把 T0 或 T1 当作 1 个 16 位寄存器来寻址访问。定时器/计数器方式控制寄存器 TMOD 用于选择定时器/计数器 T0、T1 的工作模式和工作方式，定时器/计数器控制寄存器 TCON 用于控制 T0、T1 的启动、停止及中断，TMOD 和 TCON 也属于特殊功能寄存器（有关内容将在第 5 章中详细介绍）。

2.4.4 中断系统

中断是指 CPU 暂停正在执行的程序，转入中断服务程序，为申请中断的中断源服务，服务完成后返回被打断的程序处继续执行的过程。能够处理上述过程所需的部件称为中断系统。MCS-51 单片机的中断系统具有 5 个中断源、2 级中断优先权。中断请求源的中断请求标志位分别由特殊功能寄存器 TCON 和 SCON 的相应位锁存。中断允许控制寄存器 IE 用于控制 5 个中断源中哪些中断请求被允许向 CPU 提出，哪些中断请求被禁止。中断优先级控制寄存器 IP 用于控制 5 个中断源的中断请求的优先级。IE 和 IP 也属于特殊功能寄存器，其内容可由程序设置（有关内容将在第 5 章中详细介绍）。

2.5 MCS–51 单片机时钟电路及时序

时钟电路用于产生单片机工作所需要的时钟信号。MCS-51 单片机各功能部件的运行都是以时钟信号为基准有条不紊地进行工作。因此时钟频率直接影响单片机的速度，时钟电路的质量影响单片机系统的稳定性。

MCS-51 单片机的内部电路在时钟信号控制下执行指令。在执行指令时，CPU 首先从程序存储器中取指令，送入指令寄存器中保存，然后将指令寄存器中的指令送到指令译码器中进行译码，译码结果送定时控制逻辑电路产生定时信号和控制信号，再送到单片机的各部件进行相应的操作，这种时间上的相互关系就是单片机时序。

2.5.1 时钟电路

MCS-51 单片机内部有时钟电路，但要形成时钟必须外部附加电路。常用的时钟电路有两种方式，即内部时钟方式和外部时钟方式。MCS-51 单片机有 HMOS 型和 CHMOS 型两种，它们的时钟电路是有区别的，这里仅介绍 HMOS 型的时钟电路。

一、内部时钟方式

在 MCS-51 单片机内部有一个构成振荡器的高增益反相放大器，其输入端为芯片引脚 XTAL1，其输出端为引脚 XTAL2。而在芯片的外部，XTAL1 和 XTAL2 之间跨接石英晶体振荡器（简称晶振）和微调电容，从而构成一个稳定的自激振荡器，这就是单片机的内部时钟方式电路，如图 2-12 所示。

电路中的电容 C_1 和 C_2 典型值通常选择 30pF 左右，晶振的振荡频率范围通常在 1.2～12 MHz 之间。晶振的频率越高，单片机运行速度也就越快。MCS-51 单片机通常应用情况下使用频率为 6 MHz 或 12 MHz。

二、外部时钟方式

外部时钟方式是利用外部振荡信号源直接接入 XTAL2 引脚，而 XTAL1 引脚应接地。由于 XTAL2 的逻辑电平不是 TTL 的，故建议外接一个 4.7～10kΩ 的上拉电阻 R。外部时钟方式电路如图 2-13 所示。外部时钟方式常用于多片 MCS-51 单片机同时工作，以便于同步。

2.5.2 CPU 时序

单片机执行的指令均是在 CPU 控制器的时序控制电路的控制下进行的，CPU 时序就是指在执行指令过程中，CPU 控制器所发出的一系列特定的控制信号在时间上的相互关系。CPU 时序是用时间单位来说明的，MCS-51 的时序时间单位共有 4 个，即时钟周期、状态周期、机器周期和指令周期。

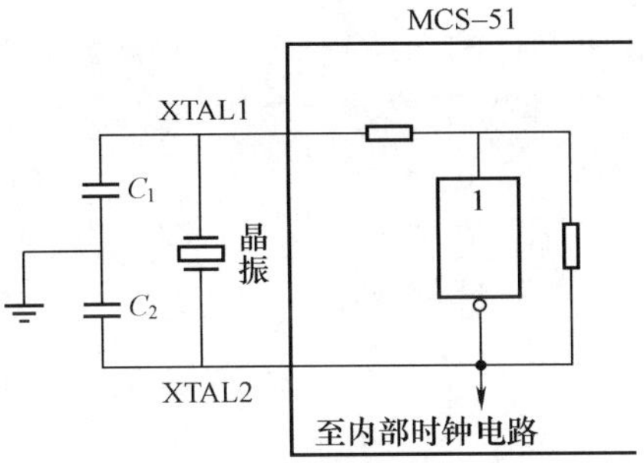

图 2-12　内部时钟方式电路

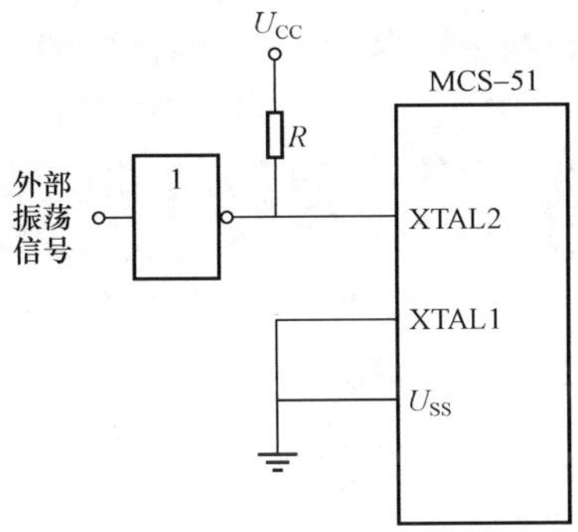

图 2-13　外部时钟方式电路

一、时钟周期（振荡周期）

晶振的振荡频率的倒数称为时钟周期，也称为振荡周期，它是单片机的基本时间单位。若晶振频率为 f_{osc}，则时钟周期 $T_{osc}=1/f_{osc}$。

二、状态周期

两个时钟周期为一个状态周期，用“S”表示。两个时钟周期作为两个节拍分别称为节拍 P1 和节拍 P2。在节拍 P1 有效时，通常完成算术逻辑操作；在节拍 P2 有效时，一般进行内部寄存器之间的传输。

三、机器周期

CPU 完成一个基本操作所需要的时间称为机器周期。MCS-51 单片机一个机器周期由 6 个状态周期（12 个时钟周期）组成，即 $T_{cy}=12/f_{osc}$。6 个状态周期用 S1、S2、…、S6 表示，共 12 个节拍，依次可表示为 S1P1、S1P2、S2P1、S2P2、…、S6P1、S6P2，如图 2-14 所示。单片机中常把执行一条指令的过程分为若干个机器周期，每个机器周期完成一个基本操作，如取指令、读或写数据等。

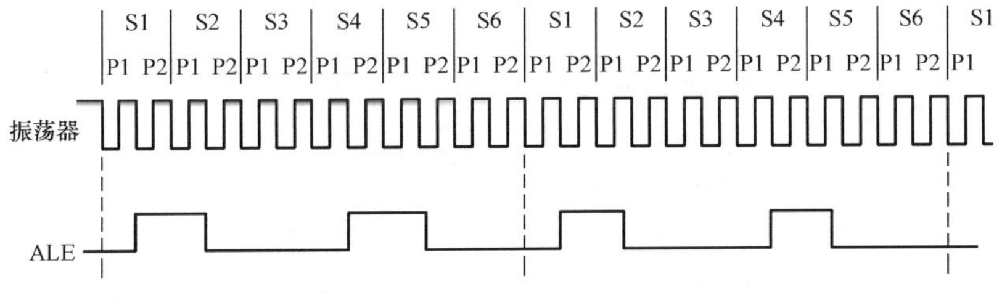

图 2-14　MCS-51 的机器周期

若晶振频率 f_{osc}=6MHz，则一个机器周期 T_{cy}=2μs；若晶振频率 f_{osc}=12MHz，则一个机器周期 T_{cy}=1μs。

四、指令周期

执行一条指令所需要的时间称为指令周期。由于执行不同指令所需时间不同，因此不同指令所包含的机器周期数也不相同。MCS-51 单片机除乘法和除法指令是四周期指令外，其余均为单周期指令和双周期指令。根据指令的周期数可以计算出执行指令所需的时间，若晶体的振荡频率为 12MHz，则单周期指令和双周期指令的指令周期时间分别为 1μs 和 2μs，乘法和除法指令为 4μs。

五、指令的取指、执行时序

MCS-51 单片机每一条指令的执行都可分为取指和执行两个阶段。在取指阶段，PC 中地址送到程序存储器，并从中取出需要执行指令的操作码和操作数。指令执行阶段可对指令操作码进行译码，以产生一系列控制信号完成指令的执行。

由图 2-14 可知，地址锁存允许信号 ALE 在每个机器周期内 2 次有效（但要注意在执行访问外部数据存储器的指令 MOVX 时，将会丢失 1 个 ALE 脉冲），第一次出现在 S1P2 和 S2P1 期间，第二次出现在 S4P2 和 S5P1 期间，有效宽度为一个状态周期。ALE 信号每有效一次，则对应 MCS-51 的一次取指操作。

MCS-51 单片机时钟电路框图如图 2-15 所示。时钟发生器实质上是一个二分频的触发器，其输入来自振荡器，输出为两相时钟信号，即状态周期，其频率为 $f_{osc}/2$；状态周期三分频后为 ALE 信号，其频率为 $f_{osc}/6$；状态周期六分频后为机器周期，其频率为 $f_{osc}/12$。

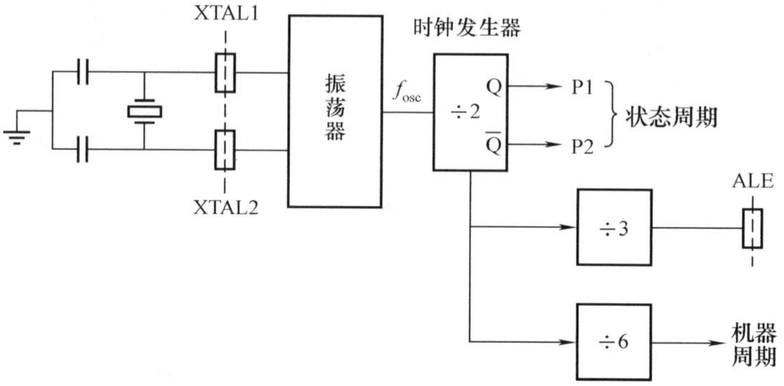

图 2-15　MCS-51 单片机时钟电路框图

2.6　MCS–51 单片机复位状态及复位电路

MCS-51 单片机的复位都是由外部电路实现的，在时钟电路工作后，只需在复位引脚 RST 上保持 2 个机器周期（即 24 个振荡周期）以上的高电平，单片机即复位。复位的主要功能是把 PC 初始化为 0000H，使 MCS-51 单片机从 0000H 地址开始执行程序。只要 RST 引脚保持高电平，单片机就循环复位，直到 RST 引脚由高电平变低电平后，单片机才从 0000H 地址开始执行程序。除了进入系统的正常初始化之外，当由于程序运行出错或操作错误使系统处于死锁状态时，为摆脱困境，也需按复位键重新启动。

2.6.1　复位时各寄存器的状态

MCS-51 单片机复位时，程序计数器 PC 和特殊功能寄存器的复位状态如表 2-7 所示。单片机的复位状态不影响内部低 128B RAM 区状态。在复位有效期间，ALE 引脚和 $\overline{PSEN}$ 引脚均输出高电平。

表 2-7　复位时各寄存器的状态

寄　存　器	复　位　状　态	寄　存　器	复　位　状　态
PC	0000H	B	00H
ACC	00H	PSW	00H

续表

寄　存　器	复　位　状　态	寄　存　器	复　位　状　态
SP	07H	TH0	00H
DPTR	0000H	TL0	00H
P0～P3	FFH	TH1	00H
IP	XXX00000B	TL1	00H
IE	0XX00000B	SCON	00H
TMOD	00H	SBUF	不定
TCON	00H	PCON	0XXX0000B

MCS-51 单片机内部的各功能部件均受特殊功能寄存器控制，程序运行直接受程序计数器 PC 指挥。寄存器的复位状态决定了单片机内相关功能部件的初始状态。

（1）复位后 PC 值为 0000H，故复位后单片机从 0000H 地址开始执行程序。

（2）复位后 PSW 为 00H，使得运行程序使用的工作寄存器区选择第 0 组，用户标志位 F0 为 0 状态。

（3）复位后 SP 为 07H，即堆栈区实际是从 08H 单元开始的若干个连续存储单元。

（4）复位后 P0～P3 均为 FFH，即这些端口的 D 锁存器全为 1 状态，使得这些 I/O 端口均处于输入状态。

（5）复位后 IP 的有效位均为 0，使中断系统的 5 个中断源的优先级别均为低优先级。

（6）复位后 IE 的有效位均为 0，所有中断源都被禁止，且禁止 CPU 响应所有中断请求。

（7）TMOD 为 00H，表明定时器/计数器都工作在方式 0，并设定 T1、T0 为内部定时器方式，定时器不受外部引脚控制。

（8）TCON 为 00H，禁止计数器计数，并表明定时器/计数器无溢出，对于中断系统则表明定时器/计数器无溢出中断，无外部中断请求，外部中断源为电平触发方式。

（9）TH1、TL1、TH0、TL0 均为 00H，表明定时器/计数器复位后初始值均为 0。

（10）SCON 为 00H 使串行口工作在移位寄存器方式（方式 0），并且允许串行移位接收或发送。

2.6.2　复位电路

MCS-51 单片机通常采用上电自动复位和按键手动复位两种方式。

上电自动复位是通过外部复位电路的电容充电来实现的，其电路如图 2-16 所示。RST 引脚加上 2 个机器周期以上高电平时，单片机将被复位。上电时，考虑到振荡器有一定的起振时间，该引脚上高电平必须持续 10ms 以上才能保证有效复位。当晶振频率选用 6MHz 时，C 取 22μF，R 取 1kΩ。

除了上电自动复位外，有时还需要按键手动复位，有时在程序运行时需要通过手动按键强制单片机进入复位状态。按键手动复位有电平方式和脉冲方式两种。其中，按键电平复位是通过使 RST 端经电阻与电源 U_{CC} 接通而实现，其电路如图 2-17 所示，当晶振频率选用 6MHz 时，C 取 22μF，R_K 取 1kΩ，R_S 取 200Ω。而按键脉冲复位则是利用 RC 微分电路产生的正脉冲来实现的，其电路如图 2-18 所示，图中的阻容参数适用于晶振频率为 6MHz。

图 2-19 为上电复位与按键复位组合电路。图 2-19（b）中的电路能输出两种电平的复位

控制信号，以适应外围 I/O 接口电路所要求的不同复位电平信号。

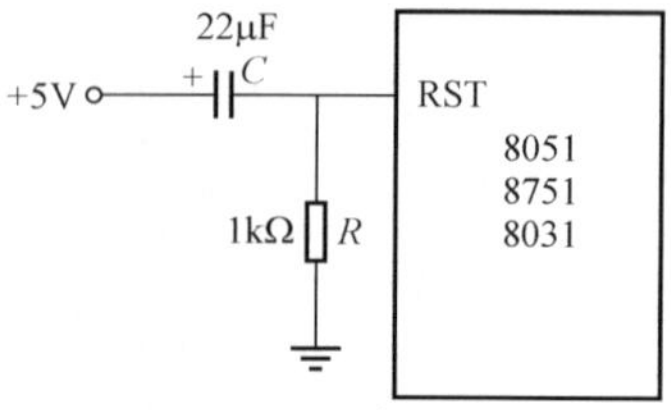

图 2-16　上电复位电路

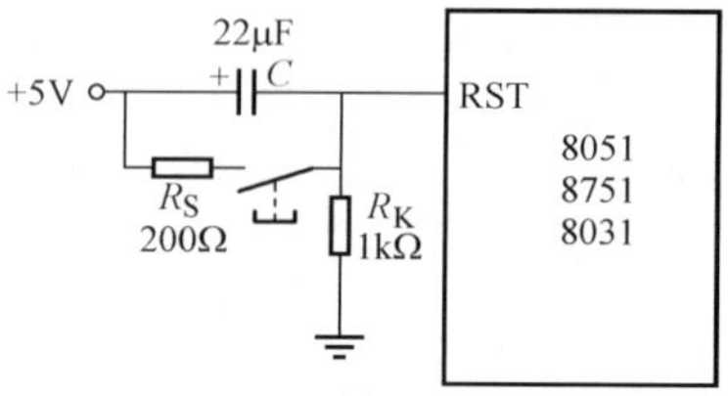

图 2-17　按键电平复位电路

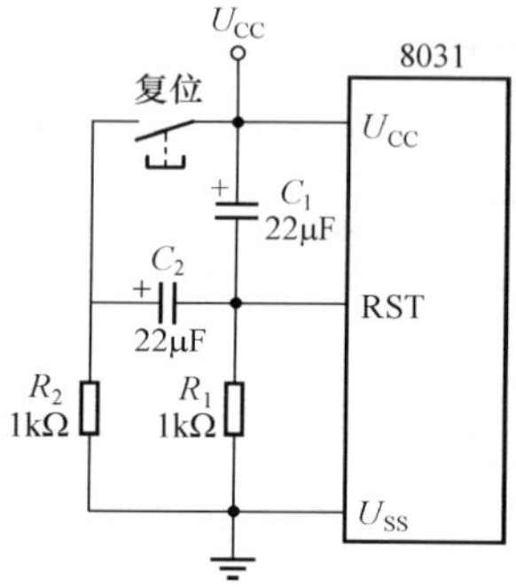

图 2-18　按键脉冲复位电路

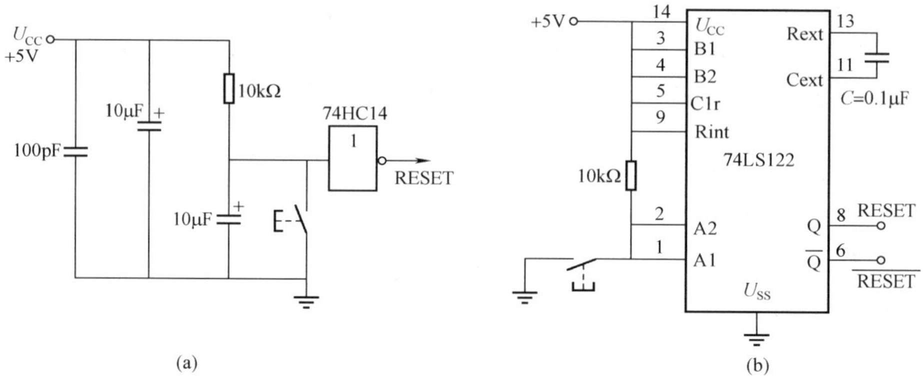

图 2-19　上电复位与按键复位组合电路

（a）电路一；（b）电路二

在实际应用系统设计中，有些外围 I/O 接口电路也需要复位。如果这些复位端的复位电平要求与 MCS-51 单片机的复位要求一致，则可以与之相连；如果外围 I/O 接口电路与 MCS-51 单片机的复位电路与复位时间不完全一致，则外围 I/O 接口电路的复位可采用独立的上电复位电路。为了保证复位电路可靠的工作，常将 RC 电路在接斯密特电路后再接入单片机复位端和外围电路复位端，这样系统有多个复位端时，能保证可靠的同步复位。一般来说，单片机的复位速度比外围电路快些，为保证系统可靠复位，在初始化程序中应安排一定的延迟时间。

习　　题

1．填空题

（1）MCS-51 访问片外存储器时，利用________信号锁存来自________发出的低 8 位地址信号。

（2）使用 8031 单片机时，需将 $\overline{EA}$ 引脚接________电平，因为其片内没有________存储器。

（3）MCS-51 单片机复位时，PSW＝________，这时当前工作寄存器区是第________组，

8 个寄存器的地址为________至________。

（4）8031 内部数据存储器的位寻址区字节地址范围为________，对应的位地址范围为________，外部数据存储器的最大可扩展容量为________。

（5）内部 RAM 中，位地址为 50H 的位，该位所在字节的地址为________。

（6）MCS-51 单片机共有________个特殊功能寄存器 SFR，其中有________个寄存器可进行位寻址。

（7）MCS-51 单片机复位电路通常采用 2 种复位方式，即________和________。

2．选择题

（1）程序计数器 PC 用来存放（　　）。

A．当前正在执行指令的前一条指令的地址

B．当前正在执行指令的地址

C．当前正在执行指令的下一条指令的地址

D．控制器中指令寄存器的地址

（2）MCS-51 单片机有 5 个中断源，外部中断 1 的入口地址是（　　）。

A．0003H　　B．000BH　　C．0013H　　D．001BH　　E．0023H

（3）8031 单片机中既可位寻址，又可字节寻址的单元是（　　）。

A．20H　　B．30H　　C．00H　　D．70H

（4）堆栈指针 SP 的作用是（　　）。

A．指示堆栈的栈底　　B．指示堆栈的栈顶

C．指示下一条将要执行指令的地址　D．指示中断返回的地址

（5）8051 单片机的堆栈区位于（　　）。

A．内部数据存储器　　B．内部程序存储器

C．外部数据存储器　　D．外部程序存储器

（6）MCS-51 单片机在访问外部存储器时，P0 口作为（　　）。

A．高 8 位地址口　　B．低 8 位地址口

C．8 位数据口　　D．低 8 位地址/数据总线口

（7）单片机复位后，SP、PC、I/O 口的内容为（　　）。

A．（SP）＝07H（PC）＝00H　P0＝P1＝P2＝P3＝FFH

B．（SP）＝00H（PC）＝0000H　P0＝P1＝P2＝P3＝00H

C．（SP）＝07H（PC）＝0000H　P0＝P1＝P2＝P3＝FFH

D．（SP）＝00H（PC）＝00H　P0＝P1＝P2＝P3＝00H

3．判断题

（1）MCS-51 单片机中的 PC 是不可寻址的。（　　）

（2）内部 RAM 的位寻址区，既能位寻址，又可字节寻址。（　　）

（3）向堆栈压入一个字节的数据后，SP 中的内容减 1。（　　）

（4）某特殊功能寄存器的字节地址为 80H，它既能字节寻址，也能位寻址。（　　）

（5）MCS-51 单片机程序存储器的寻址范围是由程序计数器 PC 的位数所决定的。（　　）

4．简答题

（1）MCS-51 单片机内部包含哪些主要功能部件？

（2）说明 MCS-51 单片机的 $\overline{EA}$ 引脚的作用，该引脚接高电平和接低电平时各有什么功能？

（3）简述地址锁存允许信号 ALE 引脚的作用。

（4）MCS-51 单片机的核心部件是什么？它由哪些部分组成？各部分的主要功能是什么？

（5）程序状态字寄存器 PSW 的作用是什么？常用的状态标志有哪些？其作用是什么？能否位寻址？

（6）程序存储器的空间里，有 5 个单元是特殊的，这 5 个单元对应 MCS-51 单片机 5 个中断源的中断入口地址，请写出这些单元的地址以及对应的中断源。

（7）MCS-51 单片机片内 RAM 低 128 个字节单元划分为哪三个部分？简述各部分地址空间的分配特点。

（8）MCS-51 单片机的 4 个并行 I/O 口在使用上有哪些分工和特点？

（9）写出 P3 口各引脚的第二功能。

（10）什么是时钟周期、状态周期、机器周期和指令周期？当晶振频率为 12MHz 时，一个机器周期是多少？ALE 引脚的输出频率是多少？

（11）MCS-51 单片机复位时，程序计数器 PC 和特殊功能寄存器的复位状态是什么？

第 3 章　MCS-51 单片机指令系统

本章概要及学习目标

本章从 MCS-51 的基本指令入手，详细阐述了 MCS-51 汇编语言指令系统，并通过许多具体的示例介绍了常用指令的具体用法。

通过对本章的学习，读者应掌握和了解以下知识：

1. 理解指令与指令系统的基本概念，了解 MCS-51 单片机指令分类，掌握汇编语言指令格式。
2. 掌握 MCS-51 单片机指令系统的寻址方式。
3. 熟悉并掌握指令的具体功能及在程序中的应用。

重点内容：

MCS-51 单片机的寻址方式及指令系统。

3.1　MCS–51 单片机指令系统概述

指令是使单片机内部执行一种操作，提供给用户编程的一种命令。单片机能够执行的全部操作所对应的指令集合就是它的指令系统。程序设计语言就其层次可分为三类：机器语言、汇编语言和高级语言。无论人们使用哪种语言编写程序，最终都必须翻译成机器语言，计算机才能理解并执行。

机器语言：用二进制代码表示指令和数据，机器能够直接识别。

汇编语言：用助记符表示的一种面向机器的程序设计语言。

高级语言：通过使用接近人类自然语言的语句、数学表达式以及图形描述等编制程序的语言，是面向过程的语言。

本章所介绍的是 MCS-51 汇编语言的指令系统。

3.1.1　MCS-51 单片机指令分类

MCS-51 的基本指令共有 111 条。

一、按指令所占字节分类

（1）单字节指令 49 条。

（2）双字节指令 45 条。

（3）三字节指令 17 条。

二、按指令的执行时间分类

（1）1 个机器周期指令 64 条。

（2）2 个机器周期指令 45 条。

（3）只有乘法和除法 2 条指令的执行时间为 4 个机器周期。

三、按功能分类

（1）数据传送类指令29条。

（2）算术操作类指令24条。

（3）逻辑运算类指令24条。

（4）控制转移类指令17条。

（5）位操作类指令17条。

3.1.2 指令中操作数的描述符号

Rn	当前选中的寄存器区的8个工作寄存器R0～R7，n＝0～7
Ri	当前选中的寄存器区中可作间接寻址寄存器的2个寄存器R0、R1，i＝0，1
Direct	直接地址，8位内部RAM单元的地址，即内部128B RAM单元地址或特殊功能寄存器SFR的地址
#data	8位立即数
#data 16	16位立即数
addr 11	11位目的地址
addr 16	16位目的地址
rel	8位带符号的偏移地址（－128≤rel≤127）
DPTR	数据指针，可用作16位的地址寄存器
bit	可直接位寻址的位
A	累加器
B	B寄存器
C或Cy	进位/借位标志位，或位处理器中的位累加器
@	间接寄存器寻址或基址寄存器的前缀
/	指定位求反
（x）	x中的内容
（（x））	以x中的内容为地址所寻址的单元中的内容
$	当前指令存放的地址
→	箭头右边的内容被箭头左边的内容所代替

3.1.3 汇编语言指令格式

指令的表示方法称为指令格式。单片机的每一条指令包含两个基本部分，即操作码和操作数。操作码用来规定进行什么操作；而操作数则是指令操作的对象，它表明参与操作的数据或数据所存放的地址。在MCS-51单片机指令系统中，根据机器语言指令编码长短的不同有单字节指令、双字节指令及三字节指令三种格式。

（1）单字节指令。指令只有一个字节，操作码和操作数同在一个字节中。

例如：`CLR  A`　　　　;译成机器码11100100B

（2）双字节指令。指令包括两个字节，一个字节为操作码，另一个字节为操作数。

例如：`MOV  A,#10H`　　　　;译成机器码01110100　00010000B

（3）三字节指令。操作码占一个字节，操作数占两个字节。其中操作数既可能是数据，也可能是地址。

例如：`MOV  40H,#30H`　　　　;译成机器码01110101　01000000　00110000B

用二进制编码表示的机器语言指令由于不便于阅读、理解和记忆，因此在计算机控制系统中常采用汇编语言指令来编写程序。一条汇编语言指令可由四个部分组成：

[标号:] 操作码助记符　[目的操作数] [,源操作数] [;注释]

其中：

（1）方括号中的内容为可有可无，即指令语句中必须有操作码助记符部分，而其他部分不一定都有。

（2）在写指令时不能写方括号。

（3）标号与操作码之间用“：”隔开，操作码与操作数之间用“空格”隔开，目的操作数与源操作数之间用“，”隔开，操作数与注释之间用“；”隔开。

例如：START:　MOV　A,#0A0H　　;立即数 A0H→A

指令格式中，各部分实现的功能如下：

（1）标号。由用户定义的符号组成，必须由英文大写字母开始，以“：”结束。标号区段可缺省。若一条指令中有标号，它代表该指令所存放的第一个字节存储单元的地址，故标号又称为符号地址，在汇编时，把该地址赋值给标号。

（2）操作码助记符。指出指令要实现的功能，不能缺省。

（3）操作数。根据指令的不同功能，操作数可以有3、2、1个或没有。多个操作数之间用“,”隔开。操作数是指令操作的对象，它表明参与操作的数据或数据所存放的地址。

（4）注释。可缺省，以“;”开始的字符段。不影响程序功能，只用来对指令或程序作简要的说明，以便于他人阅读，在调试程序时也会带来很多方便。

3.2　MCS-51单片机指令系统的寻址方式

在带有操作数的指令中，数据可能在指令中，也可能在寄存器或存储器中，还可能在I/O口中。寻找操作数或操作数（所在存储单元）地址的方式就是寻址方式。一般来讲，寻址方式越多，指令系统的功能就越强，灵活性越大。MCS-51单片机的指令系统有以下7种寻址方式：

（1）寄存器寻址方式。

（2）直接寻址方式。

（3）寄存器间接寻址方式。

（4）立即寻址方式。

（5）基址寄存器加变址寄存器间接寻址方式。

（6）位寻址方式。

（7）相对寻址方式。

下面逐一介绍各种寻址方式。

一、寄存器寻址方式

操作数在寄存器中称为寄存器寻址方式。

例如：　MOV　A,Rn　　;(Rn)→A,n=0~7

指令功能是把寄存器Rn的内容送入累加器A。源操作数及目的操作数寻址方式均为寄存器寻址方式。

寄存器寻址方式的寻址范围包括：

（1）4组通用工作寄存器区，共32个工作寄存器，但寄存器寻址只能使用当前工作寄存器区的8个工作寄存器。因此指令中的寄存器名称只能是R0～R7。

（2）部分特殊功能寄存器，如累加器A、寄存器B、数据指针寄存器DPTR以及位处理器中的位累加器Cy。

二、直接寻址方式

操作数直接以单元地址的形式给出称为直接寻址方式。该地址指出了参与操作的数据所在的字节地址或位地址。

例如： `MOV A,40H ;(40H)→A`

指令功能是把内部RAM 40H单元中的内容送入累加器A。源操作数寻址方式为直接寻址方式。

值得注意的是，直接寻址方式只能使用8位二进制数表示的地址，因此，这种寻址方式的寻址范围只限于：

（1）内部RAM的128个字节单元（00H～7FH）。

（2）特殊功能寄存器SFR。特殊功能寄存器除了以字节地址的形式给出外，还可以用寄存器符号的形式给出。例如MOV A，80H与MOV A，P0是等价的。

三、寄存器间接寻址方式

寄存器中存放的是操作数的地址，这种寻址方式称为寄存器间接寻址。这里要注意，在寄存器间接寻址方式中，存放在寄存器中的内容不是操作数，而是操作数所在的存储器单元地址，寄存器起地址指针的作用，在寄存器的名称前面加前缀标志"@"。

访问内部RAM或外部RAM的低256B时，只能采用R0或R1作为间址寄存器。

例如： `MOV A,@Ri ;i=0或1,((R0))→A`

指令功能是把Ri（i=0或1）所指出的内部RAM单元中的内容送累加器A。若Ri内容为60H，而内部RAM 60H单元中的内容是3BH，则指令MOV A，@Ri的执行结果为A=3BH，如图3-1所示。

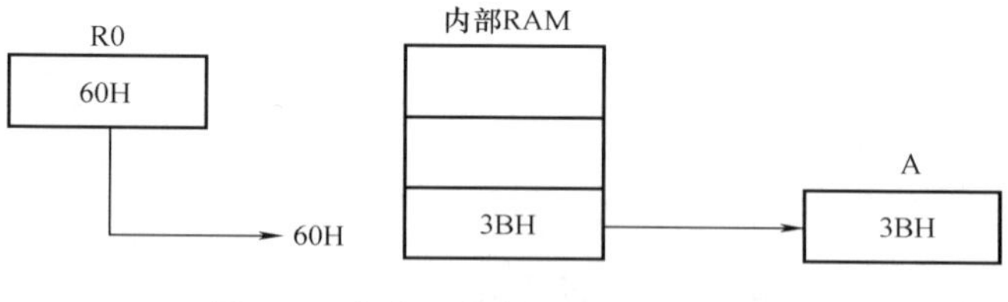

图3-1 寄存器间接寻址方式示意图

寄存器间接寻址方式的寻址范围包括：

（1）对于51子系列，访问内部数据存储器128个字节单元，使用R0或R1作间址寄存器，其通用形式为@Ri。

（2）对于52子系列，除可访问内部低128个字节单元外，也可访问高128个字节单元。

（3）对于外部数据存储器的64KB的间接寻址，只能用DPTR作间址寄存器，其形式为@DPTR。

例如： `MOVX A,@DPTR`

指令功能是把 DPTR 指定的外部 RAM 单元的内容送累加器 A。

（4）外部数据存储器的低 256B，可使用 DPTR、R0 或 R1 作间址寄存器。

例如：　`MOVX A,@Ri`

指令功能是把 Ri 指定的外部 RAM 单元的内容送累加器 A。

（5）堆栈区。堆栈操作指令 PUSH（压栈）和 POP（出栈），使用堆栈指针（SP）作间址寄存器来进行对堆栈区的间接寻址。

注意寄存器寻址方式与寄存器间接寻址方式的区别。例如 MOV　A，R0 与 MOV　A，@R0。前者源操作数的寻址方式为寄存器寻址方式，表示把寄存器 R0 的内容送入累加器 A；而后者源操作数的寻址方式为寄存器间接寻址方式，表示把 R0 所指出的内部 RAM 单元中的内容送入累加器 A。

四、立即寻址方式

操作数在指令中直接给出称为立即寻址方式。指令操作码后面字节的内容就是操作数本身，需在操作数前面加前缀标志“#”。

例如：　`MOV A,#40H　　　;40H→A`

指令功能是将立即数 40H 送入累加器 A。这条指令为双字节指令，机器码为 74 40H。操作数本身 40H 跟在操作码 74H 后面，以指令形式存放在程序存储器内。

在 MCS-51 指令系统中还有一条立即数为双字节的指令。

例如：　`MOV DPTR,#8200H　　;82H→DPH,00H →DPL`

这条指令存放在程序存储器中占三个存储单元 90 82 00H。

注意立即寻址方式与直接寻址方式的区别。例如：MOV　A，#40H 与 MOV　A，40H。前者源操作数的寻址方式为立即寻址方式，表示将立即数 40H 送入累加器 A；而后者源操作数的寻址方式为直接寻址方式，表示把内部 RAM 40H 单元中的内容送入累加器 A。

五、基址寄存器加变址寄存器间接寻址方式

这种寻址方式用于访问程序存储器中的数据表格，该寻址方式是以 DPTR 或 PC 作基址寄存器，以累加器 A 作为变址寄存器，并将两者内容作为无符号数相加形成 16 位地址作为操作数的地址，访问程序存储器中的数据表格。

例如：　`MOVC A,@A+DPTR　　;((DPTR)+(A))→A`

指令功能是 A 的内容和 DPTR 的内容相加得到程序存储器指定存储单元的地址，再把该存储单元中的内容送到 A。若执行该指令前 A 的内容为 05H，DPTR 的内容为 4000H，程序存储器 4005H 单元的内容是 2FH，则该指令的执行结果为 A＝2FH，如图 3-2 所示。

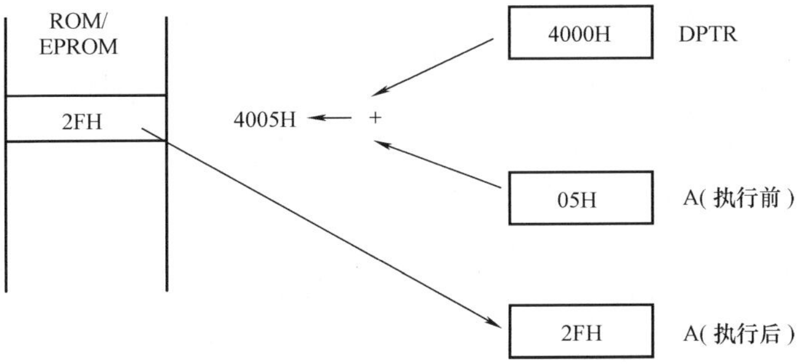

图 3-2　基址寄存器加变址寄存器间接寻址方式示意图

基址寄存器加变址寄存器间接寻址方式只能对程序存储器进行寻址，寻址范围可达64KB。该寻址方式的指令只有 3 条：

```
MOVC  A,@A+DPTR          ;((DPTR)+(A))→A
MOVC  A,@A+PC            ;((PC)+(A))→A
JMP   @A+DPTR
```

其中前两条是程序存储器读指令，最后一条是无条件转移指令。

六、位寻址方式

MCS-51 有位处理功能，可对数据位进行操作，因此就有相应的位寻址方式。

例如：　`MOV C,40H`

指令功能是把位地址 40H 中的值送到进位标志位 Cy。若位 40H 的内容为 1，则该指令的执行结果为 Cy=1，如图 3-3 所示。

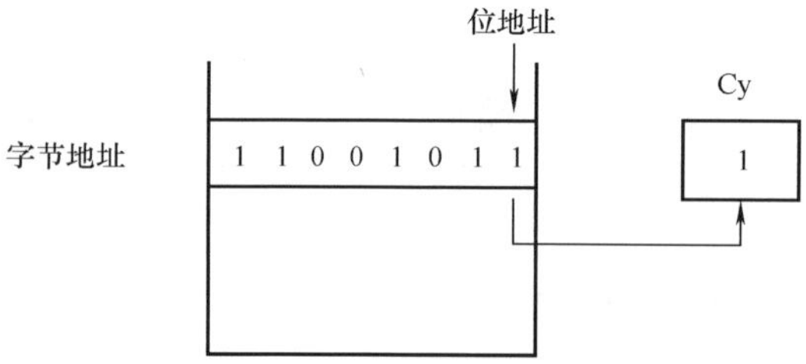

图 3-3　位寻址方式示意图

位寻址的寻址范围包括：

（1）片内 RAM 的位寻址区。在 MCS-51 单片机中，RAM 中的 20H～2FH 字节单元对应的位地址为 00H～7FH，共 128 个位。

（2）特殊功能寄存器中的某些能进行位寻址的寄存器（地址能被 8 整除的单元），位地址为 80H～FFH，可寻址位有 83 位。

可寻址位在指令中有以下 4 种表示方法：

1）直接使用位地址。例如：PSW 寄存器的位 5 的位地址为 0D5H。

2）位名称的表示方法。例如：PSW 寄存器的位 5 是 F0 标志位，可使用 F0 表示该位。

3）字节地址和位序相结合的表示方法。例如：PSW 寄存器的位 5 表示为（0D0 H）.5 或 0D0H.5。

4）特殊功能寄存器符号和位序相结合的表示方法。例如：PSW 寄存器的位 5 表示为 PSW.5。

其中 1）和 3）适用于寻址范围（1）；1）、2）、3）、4）适用于寻址范围（2）。

七、相对寻址方式

相对寻址方式是为了程序的相对转移而设计的，为转移指令所采用。在相对寻址的转移指令中是以 PC 的当前值作为基地址，加上指令中给定的偏移量 rel 所得结果作为程序转移的目的地址，转移的目的地址可参见以下表达式：

目的地址＝转移指令所在的地址＋转移指令的字节数＋偏移量 rel

偏移量 rel 是一带符号的 8 位二进制补码数，所能表示数的范围在－128～＋127 之间。使用时应注意不要超出 rel 的范围。

例如：　`JC rel　　;Cy=1 跳转`

八、寻址方式小结

以上介绍了 MCS-51 单片机指令系统的 7 种寻址方式，表 3-1 概括了各种寻址方式及其对应的寻址空间。

表 3-1　　7 种寻址方式及其对应的寻址空间

序号	寻 址 方 式	寻 址 空 间
1	寄存器寻址	工作寄存器 R0～R7、 A、B、Cy、DPTR
2	直接寻址	片内 RAM 低 128B、特殊功能寄存器 SFR
3	寄存器间接寻址	片内 RAM 低 128B（以@R0、@R1 方式寻址）、SP（仅对 PUSH、POP 指令）
		片外 RAM（以@R0、@R1、@DPTR 方式寻址）
4	立即寻址	程序存储器
5	基址寄存器加变址寄存器间接寻址	程序存储器（以@A＋PC、@A＋DPTR 方式寻址）
6	位寻址	片内 RAM 20H～2FH 单元的 128 个可寻址位、部分特殊功能寄存器 SFR 的 83 个可寻址位
7	相对寻址	程序存储器 256 字节范围（以 PC＋偏移量）

（1）内部数据存储器寻址方式有寄存器寻址、直接寻址、寄存器间接寻址和位寻址。

（2）外部数据存储器只能用寄存器间接寻址方式。以 R0 或 R1 作间址寻址寄存器，可寻址低 256B；以 DPTR 作间址寻址寄存器，可寻址整个外部数据存储器 64KB。

（3）立即寻址只涉及 8 位或 16 位立即数，数据直接在指令中给出。

（4）相对寻址只能解决程序转移问题。

（5）在两个操作数指令中，左边的操作数称为目的操作数，右边的操作数称为源操作数，上述的各种寻址方式都是针对源操作数的，但实际上源操作数和目的操作数均有寻址方式。

例如：　`MOV　45H, R1`

指令中的源操作数寻址方式是寄存器寻址方式，目的操作数寻址方式是直接寻址方式。目的操作数寻址方式包括寄存器寻址、直接寻址、寄存器间接寻址和位寻址。

3.3　MCS-51 单片机指令系统及说明

MCS-51 指令系统共有 111 条指令，按功能可分为 5 类：

（1）数据传送类指令 29 条。

（2）算术操作类指令 24 条。

（3）逻辑运算类指令 24 条。

（4）控制转移类指令 17 条。

（5）位操作类指令 17 条。

3.3.1　数据传送类指令

数据传送类指令是编程时使用最频繁的一类指令，共有 29 条。

数据传送类指令一般的操作是把源操作数传送到目的操作数，指令执行完成后，源操作数不变，目的操作数修改为源操作数。如果要求在进行数据传送时，目的操作数不丢失，则不能用直接传送指令，而采用交换型的数据传送类指令。数据传送类指令不影响标志 Cy、Ac 和 OV，但可能会对奇偶标志 P 有影响。

一般数据传送类指令的助记符是“MOV”，通用格式为：

MOV <目的操作数>,<源操作数>

一、以累加器 A 为目的操作数的指令（4 条）

```
MOV   A,Rn              ;(Rn)→A,n=0~7
MOV   A,@Ri             ;((Ri))→A,i=0,1
MOV   A,direct          ;(direct)→A
MOV   A,#data           ;#data→A
```

这组指令的功能是把源操作数的内容送入累加器 A。源操作数有寄存器寻址、寄存器间接寻址、直接寻址和立即寻址方式。

例如：
```
MOV   A,R4              ;(R4)→A,寄存器寻址
MOV   A,@R0             ;((R0))→A,寄存器间接寻址
MOV   A,30H             ;(30H)→A,直接寻址
MOV   A,#30H            ;30H→A,立即寻址
```

二、以寄存器 Rn 为目的操作数的指令（3 条）

```
MOV   Rn,A              ;(A)→Rn,n=0~7
MOV   Rn,direct         ;(direct)→Rn,n=0~7
MOV   Rn,#data          ;#data→Rn,n=0~7
```

这组指令的功能是把源操作数的内容送入当前一组工作寄存器区的 R0～R7 中的某一个寄存器。源操作数有寄存器寻址、直接寻址和立即寻址方式。

例如：
```
MOV   R2,A              ;(A)→R2
MOV   R6,30H            ;(30H)→R6
MOV   R7,#30H           ;30H→R7
```

三、以直接地址 direct 为目的操作数的指令（5 条）

```
MOV   direct,A          ;(A)→direct
MOV   direct,Rn         ;(Rn)→direct,n=0~7
MOV   direct1,direct2   ;(direct2)→direct1
MOV   direct,@Ri        ;((Ri))→direct,i=0,1
MOV   direct,#data      ;#data→direct
```

这组指令的功能是把源操作数送入直接地址指出的存储单元。direct 指的是内部低 128B RAM 或 SFR 的地址。源操作数有寄存器寻址、直接寻址、寄存器间接寻址和立即寻址方式。

例如：
```
MOV   30H,A             ;(A)→30H
MOV   30H,R6            ;(R6)→30H
MOV   30H,68H           ;(68H)→30H
MOV   30H,@R0           ;((R0))→30H
MOV   30H,#30H          ;30H→30H
```

四、以寄存器间接地址为目的操作数的指令（3 条）

```
MOV   @Ri,A             ;(A)→(Ri),i=0,1
MOV   @Ri,direct        ;(direct)→(Ri),i=0,1
MOV   @Ri,#data         ;#data→(Ri),i=0,1
```

这组指令的功能是把源操作数内容送入 R0 或 R1 指出的存储单元中。在间接地址中，用 R0 或 R1 作地址指针，地址范围为内部 RAM 的 00H～7FH。源操作数有寄存器寻址、直接

寻址和立即寻址方式。

例如：
```
MOV   @R0,A        ;(A)→(R0)
MOV   @R1,30H      ;(30H)→(R1)
MOV   @R0,#70H     ;70H→(R0)
```

五、16位数据传送指令（1条）

```
MOV   DPTR,#data16      ;#data16→DPTR
```

这条指令的功能是把16位立即数送入DPTR。这是整个指令系统中唯一的16位数据的传送指令，用来设置地址指针。地址指针DPTR由DPH和DPL组成。这条指令的执行结果是把立即数的高8位送入DPH，立即数的低8位送入DPL。

例如：`MOV DPTR,#1234H ;执行后,(DPH)=12H,(DPL)=34H`

六、堆栈操作类指令（2条）

MCS-51单片机内部RAM中开辟一块后进先出的区域称作堆栈。特殊功能寄存器中的堆栈指针SP始终指向堆栈的栈顶位置。这类指令只有两条，即入栈操作指令和出栈操作指令。需要指出的是，单片机复位后，SP默认为07H，但一般都需要重新赋值，通常将堆栈区安排在用户RAM区靠后的位置，即把SP的初值设置在30H以上为宜。入栈的第一个数据必须存放于SP＋1所指存储单元，故实际的栈底为SP＋1所指的存储单元。

（1）进栈指令。

```
PUSH  direct
```

这条指令的功能是首先将堆栈指针SP加1，然后把direct中的内容送到堆栈指针SP指示的内部RAM单元中。

例如：当（SP）＝60H，（A）＝30H，（B）＝70H时，执行下列指令：

```
PUSH  A      ;(SP)+1=61H→SP,(A)→61H
PUSH  B      ;(SP)+1=62H→SP,(B)→62H
```

执行结果：(61H)=30H,(62H)=70H,(SP)=62H

（2）出栈指令。

```
POP  direct
```

这条指令的功能是首先将堆栈指针SP指示的栈顶（内部RAM单元）内容送入direct字节单元中，然后堆栈指针SP减1。

例如：当（SP）＝62H，（62H）＝70H，（61H）＝30H时，执行下列指令：

```
POP  DPH     ;((SP))→DPH,(SP)-1→SP
POP  DPL     ;((SP))→DPL,(SP)-1→SP
```

执行结果：(DPTR)=7030H,(SP)=60H

在CPU执行中断服务程序时，除了硬件自动把断点地址压入堆栈外，用户应注意保护有关的工作寄存器、累加器及标志位等信息，即保护现场，通常使用进栈指令PUSH来完成。完成中断服务程序后，恢复有关的工作寄存器、累加器及标志位等内容，即恢复现场，通常使用出栈指令POP来完成。堆栈操作一定要遵循“后进先出”的原则，即后压入的数据先被弹出。

例如：已知（A）＝X，（B）＝Y，执行下列指令：

```
ORG   2000H
MOV   SP, #60H
PUSH  A
PUSH  B
POP   A              ;后压入的数据先被弹出
POP   B
SJMP  $
END
```

执行结果：(A)=Y，(B)=X

七、累加器 A 与外部数据存储器传送指令（4 条）

```
MOVX   A,@DPTR      ;((DPTR))→A,读外部 RAM/IO
MOVX   A,@Ri        ;((Ri))→A,读外部 RAM/IO
MOVX   @DPTR,A      ;(A)→(DPTR),写外部 RAM/IO
MOVX   @Ri,A        ;(A)→(Ri),写外部 RAM/IO
```

这组指令的功能是读外部 RAM 或 I/O 中的一个字节数据到累加器 A 中，或把累加器 A 中的一个字节数据写到外部 RAM 或 I/O 中。前两条的源操作数与后两条的目的操作数均为寄存器间接寻址方式。

采用 16 位的 DPTR 间接寻址，可以寻址整个 64KB 外部数据存储器空间，高 8 位地址（DPH）由 P2 口输出，低 8 位地址（DPL）由 P0 口输出。

采用 Ri（i=0，1）作间接寻址，可寻址片外 256 个单元的数据存储器。8 位地址和数据均由 P0 口输出，可选用其他任何输出口线来输出高于 8 位的地址（一般选用 P2 口输出高 8 位的地址）。

这组指令的助记符是在 MOV 的后面加“X”表示单片机访问的是外部 RAM 或 I/O。

例如：试编写一程序段，实现将外部 RAM 0FAH 单元中的内容传送到外部 RAM 04FFH 单元中。

```
MOV    DPTR,#04FFH    ;设置目的地址指针
MOV    R0,#0FAH       ;设置地址指针
MOVX   A,@R0          ;读入累加器 A 中
MOVX   @DPTR,A        ;写入外部数据存储单元中
```

八、查表指令（2 条）

这组指令共两条，功能是对存放于程序存储器（包括内部、外部程序存储器）中的数据表格进行查找传送，均采用基址寄存器加变址寄存器间接寻址方式。由于对程序存储器只能读不能写，因此都是从程序存储器中读出数据到累加器 A 中。

（1）MOVC　A，@A+PC。这条指令以 PC 作基址寄存器，A 的内容作为无符号整数和 PC 中的内容（下一条指令的起始地址）相加后得到一个 16 位的地址，由该地址指出的程序存储单元的内容送到累加器 A。该条指令为单字节指令。

例如：（A）=30H，执行地址 1000H 处的指令

```
1000H:  MOVC   A,@A+PC
```

本指令占用一个字节单元，下一条指令的地址为 1001H，（PC）=1001H 再加上 A 中的 30H，得 1031H，执行结果将程序存储器中 1031H 的内容送入 A。

（2）MOVC　A，@A+DPTR。这条指令以 DPTR 作为基址寄存器，A 的内容作为无符

号数和DPTR的内容相加得到一个16位的地址，把由该地址指出的程序存储器单元的内容送到累加器A。该条指令也为单字节指令。

例如：（DPTR）=8100H，（A）=40H，执行指令

```
MOVC  A,@A+DPTR
```

执行结果将程序存储器中8140H单元内容送入累加器A。

（3）两条指令的比较。

1）MOVC　A，@A+PC。这条指令的优点是不改变特殊功能寄存器SFR及PC的状态，根据A的内容就可以取出表格中的常数；缺点是表格只能存放在该条查表指令后面的256个单元之内，表格的大小受到限制，而且表格只能被一段程序所利用。

2）MOVC　A，@A＋DPTR。这条指令的执行结果只与指针DPTR及累加器A的内容有关，与该指令存放的地址及常数表格存放的地址无关，因此表格的大小和位置可以在64KB程序存储器中任意安排，一个表格可以为各个程序块公用。

例如：已知累加器A中的内容为一个BCD数（高4位为全0），试用查表法求该数相应的ASCII码。

方法一：

```
BCD_ASC: ADD    A, #01H        ;A加上从基址寄存器PC到表首的距离
         MOVC   A, @A+PC
         RET
TAB:     DB  30H, 31H, 32H, 33H, 34H, 35H    ;数0~5的ASCII码表
```

方法二：

```
BCD_ASC: MOV  DPTR , #TAB
         MOVC  A , @A+DPTR
         RET
TAB:     DB  30H, 31H, 32H, 33H, 34H, 35H
```

这两条指令助记符是在MOV的后面加“C”，“C”是CODE的第一个字母，即代码的意思。

九、字节交换指令（3条）

```
XCH  A,Rn                    ;(A)←→(Rn),n=0~7
XCH  A,direct                ;(A)←→(direct)
XCH  A,@Ri                   ;(A)←→((Ri)),i=0~1
```

这组指令的功能是将累加器A中的内容与源操作数的内容相互交换。源操作数有寄存器寻址、直接寻址和寄存器间接寻址方式。

例如：（A）=80H，（R7）=08H，（40H）=F0H，（R0）=30H，（30H）=0FH，执行下列指令：

```
XCH  A,R7                    ;(A)←→(R7)
XCH  A,40H                   ;(A)←→(40H)
XCH  A,@R0                   ;(A)←→((R0))
```

执行结果：(A)=0FH,(R7)=80H,(40H)=08H,(30H)=F0H

十、半字节交换指令（1 条）

```
XCHD  A,@Ri
```

这条指令的功能是将累加器 A 的低 4 位与内部 RAM 低 4 位交换。

例如：（R0）＝60H，（60H）＝3EH，（A）＝59H，执行下列指令：

```
XCHD  A,@R0
```

执行结果：(A)=5EH,(60H)=39H

十一、累加器半字节交换指令（1 条）

```
SWAP  A
```

这条指令的功能是将累加器 A 的高半字节（Acc.7～Acc.4）和低半字节（Acc.3～Acc.0）互换。

例如：（A）＝0B2H，执行下列指令：

```
SWAP  A
```

执行结果：(A)=2BH

3.3.2 算术操作类指令

算术操作类指令共有 24 条，主要是执行加、减、乘、除四则运算。另外 MCS-51 指令系统中有相当一部分是进行增 1、减 1 操作，以及 BCD 码的运算和调整，我们都归类为算术操作类指令。

算术操作类指令都是针对 8 位二进制无符号数的，如要进行带符号或多字节二进制数运算，可以利用进/借位标志 Cy 和溢出标志 OV 实现。执行算术运算的结果对 PSW 中的进/借位标志 Cy、辅助进/借位标志 Ac 及溢出标志 OV 三种标志位有影响，但增 1 和减 1 指令不影响上述标志。

一、加法指令（4 条）

```
ADD  A,Rn            ;(A)+(Rn)→A,n=0~7
ADD  A,direct        ;(A)+(direct)→A
ADD  A,@Ri           ;(A)+((Ri))→A,i=0,1
ADD  A,#data         ;(A)+#data→A
```

这组指令的功能是实现 8 位二进制加法，一个加数总是来自累加器 A，而另一个加数可由寄存器寻址、直接地址、寄存器间接寻址和立即寻址方式得到。其相加的结果总是放在累加器 A 中。

说明：在使用加法指令时，要注意累加器 A 中的运算结果对各个标志位的影响。

（1）如果位 7 有进位，则进/借位标志 Cy 置 1，否则 Cy 清 0。

（2）如果位 3 有进位，则辅助进/借位标志 Ac 置 1，否则 Ac 清 0。

（3）如果位 6 有进位，而位 7 没有进位，或者位 7 有进位，而位 6 没有进位，则溢出标志位 OV 置 1，否则 OV 清 0。

溢出标志位 OV 的状态，只有在带符号数加法运算时才有意义。当两个带符号数相加时，OV＝1，表示加法运算超出了累加器 A 所能表示的带符号数的有效范围。

例如：（A）＝53H，（R0）＝0FCH，执行下列指令：

```
ADD  A,R0
```

```
      0 1 0 1 0 0 1 1
+     .1 .1 .1 .1 1 1 0 0
--------------------------
    1 0 1 0 0 1 1 1 1
```

执行结果：(A)=4FH,Cy=1,Ac=0,OV=0,P=1

例如：(A) =85H，(R0) =20H，(20H) =0AFH，执行下列指令：

```
ADD  A,@R0
```

```
      1 0 0 0 0 1 0 1
+     .1 0 1 0 .1 .1 .1 .1
--------------------------
    1 0 0 1 1 0 1 0 0
```

执行结果：(A)=34H,Cy=1,Ac=1,OV=1,P=1

二、带进位加法指令（4条）

```
ADDC    A,Rn          ;(A)+(Rn)+Cy→A,n=0~7
ADDC    A,direct      ;(A)+(direct)+Cy→A
ADDC    A,@Ri         ;(A)+(Ri)+Cy→A,i=0,1
ADDC    A,#data       ;(A)+#data+Cy→A
```

这组指令的功能是指令中不同寻址方式所指出的加数、进/借位标志Cy与累加器A三个数相加，结果放在累加器A中。源操作数寻址方式与ADD指令相同。累加器A中的运算结果对各个标志位的影响与ADD指令相同。

例如：(A) =85H，(20H) =FFH，Cy=1，执行下列指令：

```
ADDC  A,20H
```

```
      1 0 0 0 0 1 0 1
     .1 .1 .1 .1 .1 .1 .1 .1
+                   1
--------------------------
    1 1 0 0 0 0 1 0 1
```

执行结果：(A)=85H,Cy=1,Ac=1,OV=0,P=1

三、增1指令（5条）

```
INC  A
INC  Rn          ;n=0~7
INC  direct
INC  @Ri         ;i=0,1
INC  DPTR
```

这组指令的功能是把寄存器寻址、直接寻址和寄存器间接寻址方式所指出的操作数变量加1，结果再送回到原单元，且不影响PSW中的任何标志。对于前四条指令，如果变量原来为FFH，执行加1后，结果就会是00H。第5条指令INC DPTR，是16位数增1指令。指令首先对低8位指针DPL的内容执行加1的操作，当产生溢出时，就对DPH的内容进行加1操作，并不影响标志Cy的状态。

四、十进制调整指令（1条）

```
DA  A
```

这条指令的功能是对累加器A中的内容（压缩的BCD码十进制数加法运算结果）进行十进制调整。

说明：①紧跟加法指令后，对加法结果调整。②仅用于 BCD 码加法运算。

（1）十进制调整问题。用二进制编码表示的十进制数称为 BCD 码。用一个字节表示两位十进制数则称为压缩型 BCD 码。用一个字节表示一位十进制数，高四位清零，称为非压缩型 BCD 码。

十进制数、二进制数与压缩型 BCD 码对照表见表 3-2。

表 3-2　十进制数、二进制数与压缩型 BCD 码对照表

十进制	二进制	BCD 码	十进制	二进制	BCD 码
0	0000	0000	8	1000	1000
1	0001	0001	9	1001	1001
2	0010	0010	10	1010	0001 0000
3	0011	0011	11	1011	0001 0001
4	0100	0100	12	1100	0001 0010
5	0101	0101	13	1101	0001 0011
6	0110	0110	14	1110	0001 0100
7	0111	0111	15	1111	0001 0101

二进制数的加法运算原则并不能适用于十进制数的加法运算，有时会产生错误结果，因此需对结果作有条件的修正——十进制调整。

例如：

1）3＋6＝9，0011＋0101＝1001，运算结果正确。

2）7＋8＝15，0111＋1000＝1111，运算结果不正确，1111 对 BCD 码是非法码。

3）9＋8＝17，1001＋1000＝10001，运算结果不正确，正确结果应为 17，而运算结果是 11。

（2）出错原因和调整方法。出错原因在于 BCD 码必须遵循逢十进一。二进制数 1010、1011、1100、1101、1110 和 1111 对 BCD 码都是无效码，凡结果进入或者跳过无效码编码区时，其结果就是错误的，必须进行调整。一位 BCD 码加法运算出错情况有 2 种：

1）相加结果大于 9，进入无效码编码区。

2）相加结果有进位，跳过无效码编码区。

不管哪种错误，相加结果都比正确值小 6，这是因为出错是由 6 个无效编码造成的，通过对结果加 6，进行调整。

修正方法是：

1）累加器低 4 位大于 9 或辅助进/借位标志 Ac＝1，则进行低 4 位加 6 修正。

```
(A)+06H→A
```

2）累加器高 4 位大于 9 或进/借位标志 Cy＝1，则进行高 4 位加 6 修正。

```
(A)+60H→A
```

3）累加器高 4 位为 9，低 4 位大于 9，则高 4 位和低 4 位分别加 6 修正。

```
(A)+66H→A
```

上述修正方法实际上都是通过执行指令 DA　A 来自动实现的。

例如：（A）＝87H，（R5）＝95H，执行下列指令：

```
ADD  A,R5
DA   A
```

```
          1 0 0 0 0 1 1 1
+        .1 0 0 1 0 .1 .0 .1
---------------------------
1         0 0 0 1 [1 1 0 0]
               +. .0 .1 1 0
---------------------------
1         0 0 1 0 0 0 1 0
    +  0 .1 .1 0
---------------------------
1         1 0 0 0 0 0 1 0
```

（1100是无效码，要+6调整）

（高四位0010有效，但Cy=1 也要+6调整）

结果为：(A)=82H,Cy=1

例如：两个4位压缩型BCD码相加，一个存放在（31H）（30H）中，另一个存放在（33H）（32H）中，相加后的和存回（31H）（30H）中，试编程实现。

```
MOV   R0,#30H          ;设置被加数指针
MOV   R1,#32H          ;设置加数指针
MOV   A,@R0            ;(30H)→A
ADD   A,@R1            ;(A)+(32H)→A
DA    A                ;十进制调整
MOV   @R0,A            ;将低字节和数送30H单元
INC   R0               ;修改被加数地址指针
INC   R1               ;修改加数地址指针
MOV   A,@R0            ;(31H)→A
ADDC  A,@R1            ;(A)+(33H)+Cy→A
DA    A                ;十进制调整
MOV  @R0,A             ;将高字节和数送31H单元
```

五、带借位的减法指令（4条）

```
SUBB   A,Rn            ;(A)-(Rn)-Cy→A,n=0~7
SUBB   A,direct        ;(A)-(direct)-Cy→A
SUBB   A,@Ri           ;(A)-((Ri))-Cy→A,i=0,1
SUBB   A,#data         ;(A)-#data-Cy→A
```

这组指令的功能是实现8位二进制减法，从累加器A中减去指定的变量和进位标志，结果放在累加器A中。源操作数允许有寄存器寻址、直接地址、寄存器间接寻址和立即寻址方式。如要进行不带借位减法运算，只需在"SUBB"指令前用"CLR　C"将Cy清0。

说明：在使用带借位的减法指令时，要注意累加器A中的运算结果对各标志位的影响，

（1）如果位7需借位，则进/借位标志Cy置1，否则Cy清0。

（2）如果位3需借位，则辅助进/借位标志Ac置1，否则Ac清0。

（3）如果位6需借位，而位7不需借位，或者位7需借位，而位6不需借位，则溢出标志位OV置1，否则OV清0。

例如：（A）=C9H，（R2）=54H，Cy=1，执行下列指令：

```
SUBB  A,R2
```

```
    1· 1· 0· 0 1· 0 0 1
    0  1  0  1 0  1 0 0
–                     1
-----------------------
    0  1  1  1 0  1 0 0
```

执行结果：(A)=74H,Cy=0,Ac=0,OV=1

六、减 1 指令（4 条）

```
DEC  A          ;(A)-1→A
DEC  Rn         ;(Rn)-1→Rn,n=0~7
DEC  direct     ;(direct)-1→direct
DEC  @Ri        ;((Ri))-1→(Ri),i=0,1
```

这组指令的功能是把寄存器寻址、直接寻址和寄存器间接寻址方式所指出的操作数变量减 1，结果再送回到原单元，不影响标志位（除 A 减 1 影响 P 标志外）。如果变量原来为 00H，执行减 1 后，结果就会是 FFH。注意只有 DPTR 加 1 指令，没有 DPTR 减 1 指令。

七、乘法指令（1 条）

```
MUL  AB         ;(A)×(B)→BA
```

这条指令的功能是把累加器 A 和寄存器 B 中的 8 位无符号整数相乘，所得到的 16 位乘积的低 8 位存在累加器 A 中，而高 8 位存在寄存器 B 中。如果 OV＝1，说明乘积大于 FFH，否则 OV＝0，但进/借位标志 Cy 总是清 0。

八、除法指令（1 条）

```
DIV  AB         ;(A)/(B),商→A,余数→B
```

这条指令的功能是把累加器 A 中的 8 位无符号整数除以寄存器 B 中的 8 位无符号整数，所得到的商（整数）存在累加器 A 中，而余数存在寄存器 B 中。除法运算总是使溢出标志 OV 和进/借位标志 Cy 清 0。如果 OV＝1，表明寄存器 B 中的内容为 00H，那么执行结果为不确定值，表示除法有溢出。

例如：试将 A 中的二进制数转换为 3 位 BCD 码，其中，百位数存放于 31H 单元，十位数和个位数压缩后存于 30H 单元中。

```
MOV  B,#100
DIV  AB         ;(A)=商=百位数,(B)=余数
MOV  31H,A      ;百位数→31H 单元
MOV  A,#10
XCH  A,B        ;(A)=余数,(B)=10
DIV  AB         ;(A)=商=十位数,(B)=余数=个位数
SWAP A          ;十位数→A 的高半子节
ADD  A,B        ;个位数→A 的低半子节
MOV  30H,A      ;十位数和个位数→30H
```

3.3.3 逻辑运算类指令

逻辑运算类指令共有 24 条，有与、或、异或、求反、左右移位、清零等逻辑操作，允许有直接寻址、寄存器寻址和寄存器间接寻址等方式。这类指令一般不影响程序状态字 PSW 中的标志。

一、仅用于累加器 A 的简单逻辑操作指令（6 条）

（1）CLR　A。这条指令的功能是累加器 A 清 0，不影响 Cy、Ac、OV 等标志。

（2）CPL　A。这条指令的功能是将累加器 A 的内容按位逻辑取反，不影响标志。

（3）左环移指令（1 条）。

```
RL  A
```

这条指令的功能是累加器 A 的 8 个位循环左移 1 位，Acc.7 循环移入 Acc.0，不影响标志位，如图 3-4 所示。

（4）带进位左环移指令（1 条）。

```
RLC  A
```

这条指令的功能是将累加器 A 的 8 个位和 Cy 一起循环左移 1 位，Acc.7 移入 Cy，Cy 移入 Acc.0，不影响其他标志，如图 3-5 所示。

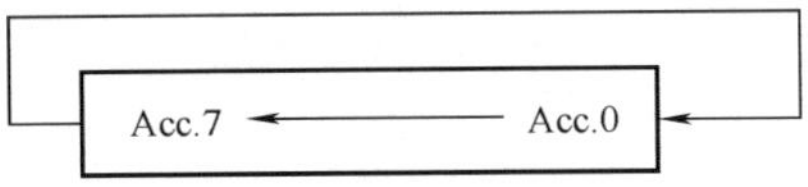

图 3-4　左环移指令

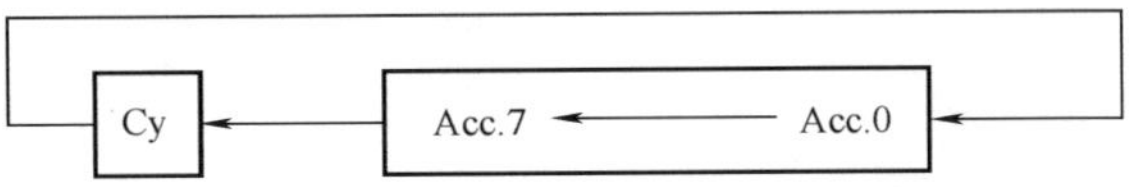

图 3-5　带进位左环移指令

（5）右环移指令（1 条）。

```
RR  A
```

这条指令的功能是累加器 A 的 8 个位循环右移 1 位，Acc.0 移入 Acc.7，不影响标志，如图 3-6 所示。

（6）带进位右环移指令 （1 条）。

```
RRC  A
```

这条指令的功能是累加器 A 的 8 个位和 Cy 一起循环右移 1 位，Acc.0 移入 Cy，Cy 移入 Acc.7，如图 3-7 所示。

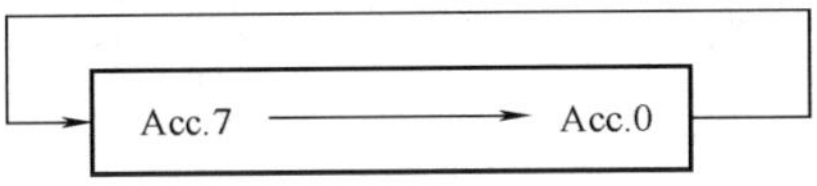

图 3-6　右环移指令

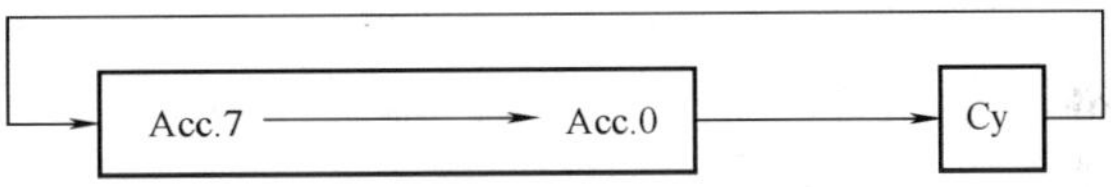

图 3-7　带进位右环移指令

注意执行带进位的循环移位指令之前，必须给 Cy 置位或清零。

例如：利用循环移位指令将累加器 A 的内容乘以 10。

```
MOV  A,#01H
RL   A              ;累加器 A 的内容乘 2
MOV  R2,A
RL   A              ;累加器 A 的内容乘 4
RL   A              ;累加器 A 的内容乘 8
ADD  A,R2
```

二、逻辑与指令（6 条）

```
ANL  A,Rn           ;(A)∧(Rn)→A,n=0~7
ANL  A,direct       ;(A)∧(direct)→A
ANL  A,#data        ;(A)∧#data→A
ANL  A,@Ri          ;(A)∧((Ri))→A,i=0,1
ANL  direct,A       ;(direct)∧(A)→direct
ANL  direct,#data   ;(direct)∧#data→direct
```

这组指令的功能是在指出的变量之间进行按位逻辑与操作，结果存放到目的变量所在的寄存器或存储单元中去。操作数允许有寄存器寻址、直接寻址、寄存器间接寻址和立即寻址方式。逻辑与指令主要用于将某一单元的若干位维持不变、若干位清0的场合，这称为“屏蔽”。

例如：（P1）＝35H，使其高4位输出0，低4位维持不变。

```
ANL  P1,#0FH              ;某位与0相与被清零,与1相与维持不变
```

三、逻辑或指令（6条）

```
ORL  A,Rn                 ;(A)∨(Rn)→A  ,n=0~7
ORL  A,direct             ;(A)∨(direct)→A
ORL  A,#data              ;(A)∨#data→A
ORL  A,@Ri                ;(A)∨((Ri))→A,i=0,1
ORL  direct,A             ;(direct)∨(A)→direct
ORL  direct,#data         ;(direct)∨#data→direct
```

这组指令的功能是在指出的变量之间进行按位逻辑或操作，结果存放到目的变量所在的寄存器或存储单元中去。操作数允许有寄存器寻址、直接寻址、寄存器间接寻址和立即寻址方式。逻辑或指令主要用于将某一单元的若干位维持不变、若干位置1的场合，这称为“数位组合”。

例如：将A中的低3位送入P1中，并且保持P1中高5位不变。

```
ANL  A,#07H
ANL  P1,#0F8H
ORL  P1,A                 ;某位与0相或维持不变,与1相或被置1
                          ;(P1)= P17P16P15P14P13A2A1A0=0FFH
```

四、逻辑异或指令（6条）

```
XRL  A,Rn                 ;(A)⊕(Rn)→A
XRL  A,direct             ;(A)⊕(direct)→A
XRL  A,#data              ;(A)⊕#data→A
XRL  A,@Ri                ;(A)⊕((Ri))→A  ,i=0,1
XRL  direct,A             ;(direct)⊕(A)→direct
XRL  direct,#data         ;(direct)⊕#data→direct
```

这组指令的功能是在指出的变量之间进行按位逻辑异或操作，结果存放到目的变量所在的寄存器或存储单元中去。操作数允许有寄存器寻址、直接寻址、寄存器间接寻址和立即寻址方式。逻辑异或指令主要用于将某一单元的若干位维持不变、若干位求反的场合。

例如：（A）＝99H，（R3）＝0FH，执行下列指令：

```
XRL  A,R3
```

执行结果：（A）＝96H，某位与0相异或维持不变，与1相异或被求反。

在上述ANL、ORL、XRL操作中，如果用于端口操作时，无论P0～P3是第一还是第二操作数，都遵循“读—修改—写”端口锁存器的操作。

3.3.4 控制转移类指令

控制转移类指令共有17条，用于改变程序计数器PC的值，从而改变程序执行方向，所控制的范围为程序存储器空间。MCS-51系列单片机的控制转移指令相对丰富，有可对64KB程序空间地址单元进行访问的长调用、长跳转指令，也有可对2KB进行访问的绝对调用和绝对转移指令，还有相对转移及其他无条件转移指令，这些指令的执行一般都不会对标志位有

影响。

一、无条件转移指令（4条）

（1）绝对转移指令。

```
AJMP  addr11
```

这是2KB范围内的无条件跳转指令，AJMP把MCS-51的64KB程序存储器空间分为32个区，每个区为2KB，转移目标地址必须与AJMP下一条指令的第一个字节在同一2KB范围内（即转移的目标地址必须与AJMP下一条指令的地址的高5位A15～A11相同）。本指令是为了能与MCS-48的JMP指令兼容而设的。

执行指令时，MCS-51单片机自动先将PC加2（AJMP指令是2字节指令），然后把addr11送入程序计数器PC的PC.10～PC.0，同时PC.15～PC.11保持不变，程序转移到目标地址继续执行。

例如：程序中2070H地址单元有绝对跳转指令

```
2070H   AJMP  16AH        ;2字节指令
```

（PC）+2=2072H，保留高5位，剩余11位由16AH代替，因此（PC）=216AH，程序转移到216AH继续执行。

（2）相对转移指令。

```
SJMP  rel                  ;转移目标地址=(PC)+ 2 + rel=当前PC值+rel
```

这是无条件跳转指令，rel为相对偏移量，是一个带符号的8位二进制补码数，取值范围为－128～＋127，因此实现的程序转移是双向的。执行本指令时，MCS-51单片机自动先将PC加2（SJMP指令是2字节指令），然后把有符号偏移量rel加到PC中，并计算目标地址，因此跳转的目标地址可以在这条指令前128字节到后127字节之间。

在编写程序时，直接写上要转向的目标地址标号就可以。程序在汇编时，由汇编程序自动计算和填入偏移量。

例如：

```
LOOP:   MOV  A,R0
             ⋮
        SJMP  LOOP
             ⋮
```

（3）长跳转指令。

```
LJMP  addr16
```

该指令也是一条无条件跳转指令，而且目标地址可以在64KB程序存储器地址空间的任何位置。这条指令占用3字节程序存储器，执行时MCS-51单片机自动将指令的第2和第3字节分别装入PC的高8位和低8位中（addr16→PC），无条件地转向addr16指定的目标地址。

（4）间接跳转指令。

```
JMP   @A+DPTR              ;转移目标地址=(A)+(DPTR)
```

这是一条单字节的转移指令，可以实现无条件跳转，转移的目标地址由累加器A中8位无符号数与数据指针DPTR的16位数内容之和来确定。这条指令以DPTR内容作为基址，A

的内容作变址，因此只要把 DPTR 的值固定，而给 A 赋予不同的值，即可实现程序的多分支转移。显然，将要跳转的目标地址必须位于基址加 256 字节范围内。本指令不改变累加器 A 和数据指针 DPTR 的内容，也不影响标志。

例如：累加器 A 中为 0～6 的偶数，从 JMP_TBL 开始的转移表共有 4 条 AJMP 指令，执行下面指令序列将转向 4 条指令之一。

```
          MOV  DPTR,#JMP_TBL
          JMP   @A + DPTR
JMP_TBL:   AJMP  LABEL0
          AJMP  LABEL1
          AJMP  LABEL2
          AJMP  LABEL3
```

二、条件转移指令（8 条）

条件转移指令是依某种特定条件转移的指令。规定的条件满足则进行转移（相当于一条相对转移指令），条件不满足则顺序执行下一条指令。转移的目标地址在下一条指令的前 128 字节到后 127 字节之间。当条件满足时，PC 装入下一条指令的第一个字节地址，再把带符号的相对偏移量 rel 加到 PC 中，计算出目标地址。

（1）累加器 A 判 0 转移指令。

```
JZ   rel                        ;若(A)=0,则转移,否则顺序执行
JNZ  rel                        ;若(A)≠0,则转移,否则顺序执行
```

例如：将片外 RAM 的一个数据块（首地址为 DATA1）传送到内部 RAM（首地址为 DATA2），遇到传送的数据为零时停止传送，试编制程序。

```
        MOV  R0,#DATA2        ;设置目的地址指针
        MOV  DPTR,#DATA1      ;设置数据块首地址
LOOP1:  MOVX A,@DPTR          ;将数据送入 A 中
        JZ   LOOP2            ;(A)=0,则转移到 LOOP2 停止传送
        MOV  @R0,A            ;(A)≠0,(A)送内部 RAM 的相应地址
        INC  R0               ;修改地址指针
        INC  DPTR             ;修改地址指针
        SJMP LOOP1
LOOP2:  SJMP LOOP2
```

（2）比较不相等转移指令。

```
CJNE   A,direct,rel
CJNE   A,#data,rel
CJNE   Rn,#data,rel          ;n=0~7
CJNE   @Ri,#data,rel         ;i=0,1
```

这组指令的功能是比较前面两个操作数的大小，如果两个操作数不相等则转移，如果相等则顺序执行下一条指令。在 PC 装入下一条指令的起始地址后，把带符号的相对偏移量 rel 加到 PC 上，计算出转移的目标地址。指令执行后不影响任何一个操作数的内容。操作数允许有寄存器寻址、直接寻址、寄存器间接寻址和立即寻址方式。

注意执行这组指令时，会影响进/借位标志 Cy。如果第一操作数（无符号整数）等于第二操作数（无符号整数），则程序顺序执行；如果第一操作数小于第二操作数，则程序转移且

Cy 置 1；如果第一操作数大于第二操作数，则程序转移且 Cy 清 0。

例如：设 P1 口的 P1.0～P1.3 为准备就绪信号输入端，当这四位为全 1 时，说明各项工作已准备好，单片机可顺序执行，否则循环等待。

```
        CLR   A
WAIT:   MOV   A,P1               ;读 P1 口
        ANL   A,#0FH             ;低 4 位维持不变,高 4 位清 0
        CJNE  A,#0FH,WAIT        ;P1.0 ~ P1.3 不全为 1 时返回 WAIT 循环
        MOV   A,R2
        …
```

（3）减 1 不为 0 转移指令（循环转移指令）。

```
DJNZ    Rn,rel                   ;n=0~7
DJNZ    direct,rel
```

这组指令为双功能指令，即减 1 操作和判断转移操作。第一条指令是 2 字节指令，第二条指令是 3 字节指令。其功能是将源操作数（Rn 或 direct）减 1，结果回送到源操作数（Rn 或 direct）中去，如果结果不为 0 则转移。源操作数允许有寄存器寻址和直接寻址方式。

允许程序员把寄存器 Rn 或内部 RAM 的 direct 单元用作程序循环计数器，主要用于控制程序循环。以减 1 后是否为“0”作为转移条件，即可实现按次数控制循环。

例如：将 8031 内部 RAM 的 40H～4FH 单元置初值#0A0H ~ #0AFH，试编制程序：

```
        MOV   R0,#40H            ;设置地址初值
        MOV   R2,#10H            ;设置单元个数
        MOV   A,#0A0H
LOOP:   MOV   @R0,A              ;置初值
        INC   R0                 ;改变地址指向下一单元
        INC   A                  ;改变数据为下一单元初值
        DJNZ  R2,LOOP
        …
```

三、调用子程序指令（2 条）

（1）短调用指令（绝对调用指令）。

```
ACALL   addr11
```

这是一条 2K 字节范围内的调用子程序指令。执行中机器自动完成下列过程：

1）获得返回地址（即下一条指令的地址）。（PC）＋ 2→PC。

2）把返回地址压入堆栈中保护，即保护断点。（SP）＋1→SP，PC 低字节进栈；（SP）＋1→SP，PC 高字节进栈。

3）构建子程序入口地址。把 PC 中的高 5 位 PC.15～PC.11 与 addr11 相连接获得 16 位的子程序入口地址，并送入 PC。

4）转向执行子程序。

所调用的子程序地址必须与 ACALL 指令下一条指令的第一个字节在同一 2KB 范围内（即转移的目标地址必须与 ACALL 下一条指令的地址的高 5 位 A15～A11 相同）。与 AJMP 指令相类似，本指令是为了能与 MCS-48 的 CALL 指令兼容而设的。指令的执行不影响标志。

（2）长调用指令。

```
LCALL  addr16
```

这条指令可以调用 64KB 范围内程序存储器中的任何一个子程序。执行后不影响标志位。执行中机器自动完成下列过程：

1）获得返回地址（即下一条指令的地址）。（PC）+3→PC。

2）把返回地址压入堆栈中保护，即保护断点。（SP）+1→SP，PC 低字节进栈；（SP）+1→SP，PC 高字节进栈。

3）构建子程序入口地址。把指令的第 2 字节和第 3 字节分别装入 PC 的高位和低位字节中（addr16→PC）。

4）转向执行子程序。

四、返回指令（2 条）

（1）子程序的返回指令。

```
RET
```

执行该指令时：

1）（SP）→PC 高字节，然后（SP）−1→SP。

2）（SP）→PC 低字节，然后（SP）−1→SP。

3）从 PC 值开始继续执行程序。

这条指令的功能是从堆栈中退出 PC 的高 8 位和低 8 位字节，把栈指针减 2，从 PC 值开始继续执行程序。不影响任何标志。

（2）中断返回指令。

```
RETI
```

这条指令的功能与 RET 指令相似，不同的是它还要清除 MCS-51 单片机内部的中断优先级寄存器的优先级状态，并开放同级或低级中断。

五、空操作指令（1 条）

```
NOP
```

执行这条指令时 CPU 不做任何实际操作，只消耗 1 个机器周期时间，仅仅使（PC）+ 1→PC，继续执行下一条指令，不影响标志位。它常用于程序的等待或时间的延迟。

3.3.5　位操作类指令

位操作类指令共有 17 条。位操作由 MCS-51 单片机内位处理机来完成，包括数据位传送指令、位运算指令及条件转移指令。位寻址空间为内部 RAM 的位寻址区（位地址为 00H～7FH）以及特殊功能寄存器 SFR 中的某些能进行位寻址的寄存器（位地址为 80H～FFH，128 位中仅有 83 位）。

一、数据位传送指令（2 条）

```
MOV   C,bit
MOV   bit,C
```

这组指令的功能是把由源操作数指出的位变量送到目的操作数指定的单元中去，其中一个操作数必须为进/借位标志 Cy，另一个可以是任何直接寻址位。不影响其他寄存器或标志。

例如：
```
MOV  C, 06H        ;(20 H).6→Cy,06H 是内部 RAM 20H 字节位 6 的位地址
MOV  P1.3, C       ;Cy→P1.3
```

二、位运算指令（10 条）

（1）位变量修改指令

```
CLR   C          ;Cy 清 0
CLR   bit        ;bit 位清 0
CPL   C          ;Cy 求反
CPL   bit        ;bit 位求反
SETB  C          ;Cy 置 1
SETB  bit        ;bit 位置 1
```

这组指令的功能是将操作数指出的位清 0、求反和置 1，操作数是 Cy 或直接寻址位。不影响其他标志。

例如：

```
CLR   C          ;0→Cy
CLR   27H        ;0→(24 H).7
CPL   08H        ;(21H).0→(21 H).0   (源为 (21H).0 取反)
SETB  P1.6       ;1→P1.6
```

（2）位变量逻辑运算指令

```
ANL   C,bit      ;bit ∧Cy→Cy
ANL   C,/bit     ;/bit ∧Cy→Cy   (bit 取反)
ORL   C,bit      ;bit∨Cy→Cy
ORL   C,/bit     ;/bit ∨Cy→Cy   (bit 取反)
```

这组指令都是以 Cy 作为目的操作数，直接寻址位作为源操作数，其功能是，将源操作数与 Cy 进行“逻辑与”或“逻辑或”，结果保存在 Cy 中，并且源操作数保持不变，也不影响别的标志位。如果源操作数前面带有“/”符号，表示执行逻辑运算时，先对源操作数求反，然后再与 Cy 进行“逻辑与”或“逻辑或”，结果保存在 Cy 中，不影响源操作数本身的值。源操作数只有直接位寻址方式。

例如：用软件实现图 3-8 所示的 P1.0～P1.3 间的逻辑运算。

```
MOV   C,P1.1
ORL   C,P1.2
ANL   C,P1.0
MOV   P1.3,C
```

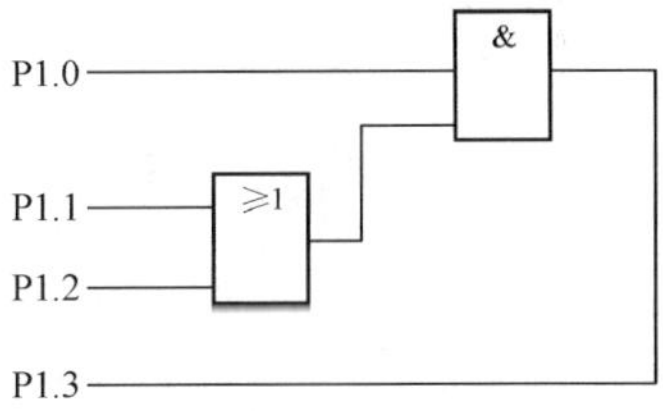

图 3-8　逻辑运算

三、条件转移传送指令（5 条）

```
JC    rel        ;如果 Cy=1,则转移
JNC   rel        ;如果 Cy=0,则转移
JB    bit,rel    ;如果直接寻址位=1,则转移
JNB   bit,rel    ;如果直接寻址位=0,则转移
JBC   bit,rel    ;如果直接寻址位=1,则转移,并清 0 直接寻址位
```

这组指令前 2 条是以 Cy 作为判断条件，而后 3 条是以直接寻址位作为判断条件。除了第 5 条指令外，其他指令执行后都不改变执行前位变量的值。

例如：试判断 A 中值的正负，若为正数存入 20H 单元，若为负数则存入 21H 单元，试编制程序。

```
      JB    ACC.7,LOOP
      MOV   20H,A
      SJMP  $
LOOP: MOV   21H,A
      SJMP  $
```

至此，MCS-51 单片机的所有指令均已介绍完毕，为了读者在使用时方便查找，附录 A 列出了 MCS-51 单片机指令系统的全部指令、功能说明以及指令长度和执行时间。

习　　题

1．填空题

（1）LJMP 的跳转范围是________字节，AJMP 的跳转范围是________字节，SJMP 的跳转范围是________字节。

（2）MCS-51 单片机唯一的 1 条 16 位数据传送指令是________。

（3）如果（DPTR）＝507BH，（SP）＝32H，（30H）＝50H，（31H）＝5FH，（32H）＝3CH，则执行下列指令：

```
POP     DPH;
POP     DPL;
POP     SP;
```

执行结果：(DPH)=________；(DPL)=________；(SP)=________

（4） 如果（A）＝58H，（R1）＝ 49H，（49H）＝ 79H，则执行下列指令：

```
XCH  A, @R1
```

执行结果：(A)=________，(49H)=________

2．选择题

（1）当执行调用指令时，首先将该指令下一条指令的地址压入到堆栈区，保护其下一条指令的地址，然后再将转移的目标地址送（　　）实现转移；当再执行 RET 指令时自动将堆栈中的地址弹入 PC 从而实现返回。

A．DPTR　　B．PC　　C．SP　　D．PSW

（2）在寄存器间接寻址方式中，Ri 是指（　　）。

A．R0～R7　　B．R0，R1　　C．操作码　　D．操作数地址

（3）在下面指令中，属于无条件转移且转移范围为 2KB 的指令是（　　）。

A．LJMP　addr16　　B．ACALL　addr11

C．AJMP　addr11　　D．JB　bit, rel

（4）MCS-51 单片机有 7 种寻址方式，指令 MOV　A，direct 的源操作数属于（　　）寻址。

A．间接　　B．变址　　C．相对　　D．直接

（5）在指令 MOV　30H，#55H 中，30H 是（　　）。

A．指令的操作码　　B．操作数　　C．操作数地址　　D．机器码

（6）在下面指令中，属判位转移的指令是（　　）。

A．AJMP　addr11　　B．CJNE　A，direct，rel

C．DJNZ　Rn, rel　　D．JNC　rel

（7）在程序运行过程中执行 PC＝0200H 的一条指令 LCALL　addr16，实施该调用指令时，压入堆栈保存的程序地址是（　　）。

A．2000H　　B．0102H　　C．0203H　　D．0201H

(8) 有如下程序段:

```
MOV     R0, #30H
SETB    C
CLR     A
ADDC    A, #00H
MOV     @R0,  A
```

执行结果是( )

A. (30H) =00H　　B. (30H) =01H

C. (00H) =00H　　D. (00H) =01H

(9) 执行以下程序后，累加器中的内容为( )。

```
        ORG     0000H
        MOV     DPTR,#TABLE
        MOV     A, #05
        MOVC    A,@A+DPTR
        SJMP    $
TABLE:  DB      0, 1, 4, 9, 16, 25, 36, 49, 64, 81
        END
```

A. 5　　B. 4　　C. 16　　D. 25

(10) 当进行多字节加法运算时，高位字节加法必须使用指令( )。

A. ADD　　B. DA A　　C. SUBB　　D. ADDC

(11) 分析下面程序段，累加器 A 中的内容为( )。

```
ORG   0000H
MOV   30H, #45H
MOV   R0, #30H
MOV   A, #30H
XCHD  A, @R0
SJMP  $
END
```

A. 45H　　B. 35H　　C. 30H　　D. 34H

(12) 分析下面程序段，累加器 A 中的内容为( )。

```
ORG    0000H
MOV    30H,#45H
MOV    R0,#30H
MOV    A,@R0
ANL    A,#0F0H
SWAP   A
ORL    A,#30H
SJMP   $
END
```

A. 45H　　B. 35H　　C. 30H　　D. 34H

3. 判断题(试判断下列指令的正误，如有错误请说明原因)

(1) MOV 28H，@R2。

(2) DEC DPTR。

(3) INC DPTR。

(4) CLR R0。

（5）MOV　R0，R1。

（6）PUSH　DPTR。

（7）MOV　F0，C。

（8）MOVX　A，@R1。

（9）MOV　C，30H。

（10）RLC　R0。

4．简答题

（1）什么是寻址方式？MCS-51 单片机指令系统有哪几种寻址方式？相应的寻址空间在何处？

（2）分别指出下列指令中的源操作数的寻址方式。

1）MOV　A，R0。

2）MOV　A，30H。

3）MOV　A，@R0。

4）MOV　A，#30H。

5）MOVC　A，@A＋DPTR。

（3）若 SP＝60H，标号 LABEL 所在的地址为 3456H，LCALL 指令的地址为 2000H，执行指令 2000H　LCALL　LABEL 后，堆栈指针 SP 和堆栈内容发生了什么变化？PC 的值等于什么？如果将指令 LCALL 直接换成 ACALL 是否可以？如果换成 ACALL 指令，可调用的地址范围是什么？

（4）用软件实现图 3-9 所示的 TTL 组合逻辑电路逻辑功能。

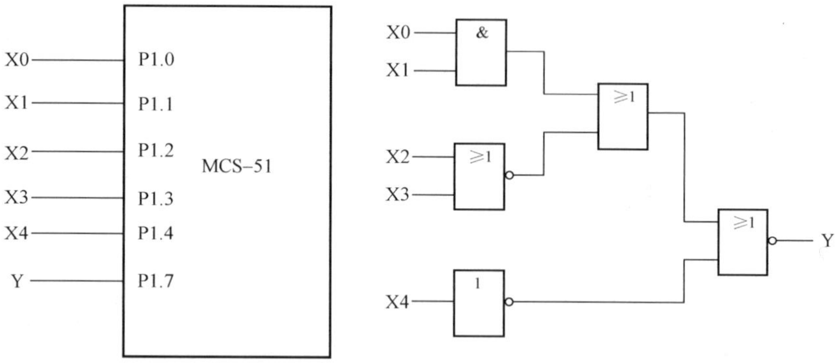

图 3-9　TTL 组合逻辑电路

（5）写出实现下列要求的指令或程序片段。

1）R0 的内容送 R1。

2）内部 RAM 的 20H 单元内容送寄存器 R1。

3）内部 RAM 的 20H 单元的 D7 位和 D3 位清零，其他位保持不变。

4）外部 RAM 的 1000H 单元内容送内部 RAM 的 60H 单元中。

5）累加器高 4 位清零，其他位保持不变。

（6）中断服务子程序返回指令 RETI 和普通子程序返回指令 RET 有什么区别？

第 4 章　汇编语言程序设计

本章概要及学习目标

本章从汇编语言程序结构及应用出发，通过介绍汇编语言程序设计的基本方法及典型程序设计的实例，使读者进一步理解和掌握 MCS-51 单片机的指令系统及应用，熟练并掌握 MCS-51 单片机程序设计的基本方法和技巧。

通过对本章的学习，读者应掌握和了解以下知识：

1. 掌握汇编语言程序设计的步骤、方法和技巧。
2. 熟练掌握顺序结构、循环程序、分支程序和查表程序的设计方法。
3. 熟悉并掌握模块化的程序设计方法。
4. 掌握运算程序的设计方法。
5. 掌握数制和码制转换程序的设计方法。

重点内容：

1. 掌握汇编语言程序设计的步骤、方法和技巧。
2. 熟练掌握顺序结构、循环程序、分支程序和查表程序的设计方法。
3. 熟悉并掌握模块化的程序设计方法。

4.1　汇编语言程序设计概述

程序设计是人们把要解决的问题用计算机能接受的语言，按一定的步骤描述出来。

汇编语言是一种面向机器的程序设计语言，所以，它是一种底层的语言。采用汇编语言编写程序，可以直接操作计算机系统内的很多硬件，且实时性很强，这是很多高级语言不能做到的。采用 MCS-51 系统的汇编语言指令系统，使用者能够很容易地操作单片机内部的数据存储器单元和内部的工作寄存器，这能使用户合理分配和充分利用计算机内部的可用资源，所以，计算机发展到今天，用汇编语言编写程序仍然是实用小型系统中最广泛使用的方法之一。

用于程序设计的语言基本上分为三种：机器语言、汇编语言和高级语言。

一、机器语言

在单片机中，用二进制代码表示的指令、数字和符号简称为机器语言，直接用机器语言编写的程序称为机器语言程序。用机器语言编写的程序，不易看懂，不便于记忆，且容易出错。

二、汇编语言

汇编语言是在机器语言基础上发展起来的一种程序设计语言，为了克服机器语言的缺点，用英文字符来代替机器语言，这些英文字符被称为助记符，用助记符表示的指令称为符号语言或汇编语言。采用汇编语言编写的源程序不能直接在机器上运行，必须经过“汇编程序”翻译成机器语言程序（即目标代码）后才能运行。这个翻译的过程称为“汇编”。

汇编语言具有如下特点：

（1）汇编语言是面向机器的语言，程序设计人员必须对 MCS-51 单片机的硬件结构有相当深入的了解。

（2）助记符指令和机器指令一一对应，所以用汇编语言编写的程序效率高，占用的存储空间小，运行速度快，因此用汇编语言能编写出最优化的程序。

（3）汇编语言程序能直接管理和控制硬件设备（功能部件），它能处理中断，也能直接访问存储器及 I/O 接口电路。

但是，汇编语言和机器语言一样，都脱离不开具体机器的硬件，因此，缺乏通用性。

三、高级语言

各种高级语言不受具体机器的限制，都是参照一些数学语言而设计的，使用了许多数学公式和数学计算上的习惯用语，非常擅长于科学计算。高级语言通用性强，直观、易懂、易学，可读性好。

计算机不能直接识别和执行高级语言，需要将其“翻译”成机器语言才能识别和执行，进行“翻译”的专用程序称为编译程序。

4.2 汇编语言编程步骤、方法、技巧

4.2.1 编程的步骤

根据要实现的目标，如被控对象的功能和工作过程要求，首先设计硬件电路，然后再根据具体的硬件环境进行程序设计。

一、分析问题

首先，要对需要解决的问题进行分析，以求对问题有正确的理解。例如，解决问题的任务是什么？工作过程是什么？现有的条件，已知的数据，对运算的精度和速度方面的要求是什么？设计的硬件结构是否方便编程？

二、确定算法

算法就是如何将实际问题转化成程序模块来处理。解决一个问题，常常有几种可选择的方法。从数学角度来描述，可能有几种不同的算法。在编程以前，先要对不同的算法进行分析、比较，找出最适宜的算法。

三、画程序流程图

程序流程图是使用各种图形、符号、有向线段等来说明程序设计过程的一种直观的表示，常采用以下图形及符号：

椭圆框（）或桶形框（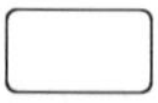）表示程序的开始或结束。

矩形框（）表示要进行的工作。

菱形框（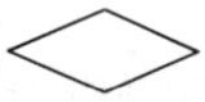）表示要判断的事情，菱形框内的表达式表示要判断的内容。

圆圈（）表示连接点。

指向线（——→）表示程序的流向。

流程图步骤分得越细致，编写程序时也就越方便。

一个程序按其功能可分为若干部分，通过流程图把具有一定功能的各部分有机地联系起来，从而使人们能够抓住程序的基本线索，对全局有完整的了解，这样，设计人员容易发现设计思想上的错误和矛盾，也便于找出解决问题的途径，因此，画流程图是程序结构设计时采用的一种重要手段。有了流程图，可以很容易地把较大的程序分成若干个模块，分别进行设计，最后合在一起联调。一个系统的软件要有总的流程图，即主程序框图，它可以画得粗一点，侧重于反映各模块之间的相互联系，另外，还要有局部的流程图，反映某个模块的具体实际方案。

四、编写程序

根据程序框图所表示的算法和步骤，选择适当的指令排列起来，构成一个有机的整体，即程序。在这一步，设计者应在掌握程序设计的基本方法和技巧的基础上，注意所编程序的可读性和正确性，养成在程序的适当位置上加上注释的好习惯。

五、上机调试

上机调试可以验证程序的正确性。任何程序编写完成后总难免有缺点和错误，只有上机调试和试运行才能比较容易发现和纠正它们。编写完毕的程序在上机调试前必须汇编成机器代码，才能调试和运行。

4.2.2 编程的方法和技巧

4.2.2.1 模块化的程序设计方法

一、模块化程序设计的优点

实际的应用程序一般都由一个主程序（包括若干个功能模块）和多个子程序构成。每一个程序模块都能完成一个明确的任务，实现某个具体功能，如发送、接收、延时、打印等。采用模块化的程序设计方法，有下述优点：

（1）单个模块结构的程序功能单一，易于编写、调试和修改。

（2）便于分工，从而可以使多个程序员同时进行程序的编写和调试工作，加快软件研制进度。

（3）程序可读性好，便于功能扩充和版本升级。

（4）对程序的修改可局部进行，其他部分可以保持不变。

（5）对于使用频繁的子程序可以建立子程序库，便于多个模块调用。

二、划分模块的原则

在进行模块划分时，应首先清楚每个模块的功能，确定其数据结构以及与其他模块的关系。其次是对主要任务进一步细化，把一些专用的子任务交由下一级即第二级模块完成，这时也需要弄清楚它们之间的相互关系，按这种方法一直细分成易于理解和实现的小模块为止。

模块的划分有很大的灵活性，但也不能随意划分。划分模块时应遵守下述原则：

（1）每个模块应具有独立的功能，能产生一个明确的结果，这就是单模块的功能高内聚性。

（2）模块之间的控制耦合应尽量简单，数据耦合应尽量少，这就是模块之间的低耦合性。控制耦合是模块进入和退出的条件及方式，数据耦合是指模块之间的信息交换（传递）方式、交换量的多少及交换的频繁程度。

（3）模块长度适中。模块语句的长度通常在20～100条的范围较适合。模块太长，分析和调试比较困难，失去了模块化程序结果的优越性；模块过短，则链接太复杂，信息交换太频繁，因而也不适合。

4.2.2.2 编程技巧

在进行程序设计时，应注意以下事项及技巧：

（1）尽量采用循环结构和子程序。这样可以使程序的容量大大减少，提高程序的效率，节省内存。在多重循环时，要注意各重循环的初值和循环结束条件。

（2）尽量少用无条件转移指令。这样可以使程序条理更加清楚，从而减少错误。

（3）对于通用的子程序，考虑到其通用性，除了用于存放子程序入口参数的寄存器外，子程序中用到的其他寄存器的内容应压入堆栈（返回前再弹出），即保护现场，一般不必把标志寄存器压入堆栈。

（4）由于中断请求是随机产生的，所以在中断处理程序中，除了要保护程序中用到的寄存器外，还要保护标志寄存器，因为在中断处理过程中，难免对标志位产生影响，而中断处理技术结束后返回主程序时，可能会遇到以中断前的状态标志为依据的条件转移指令，如果标志被破坏，则整个程序就被打乱了。

（5）累加器是信息传递的枢纽，用累加器传递入口参数或返回参数比较方便，即在调用子程序时，通过累加器传递程序入口参数，或反过来通过累加器向主程序传递返回参数。因此，在子程序中，一般不必把累加器内容压入堆栈。

4.3 汇编语言源程序的汇编及伪指令

运用汇编语言编写的源程序，只有经过汇编变成机器语言，才能被计算机识别和执行。完成由汇编语言到机器代码的翻译有两种方法：一是人工汇编；二是机器汇编。为了让机器能够识别和正确进行汇编，编写源程序必须严格遵守汇编语言的格式和语法规则。本节讨论如何实现汇编。

4.3.1 汇编语言源程序的汇编

程序设计者编写的汇编语言源程序翻译成机器代码（指令代码）的过程称为“汇编”。汇编可分为手工汇编和机器汇编两类。

一、手工汇编

在汇编语言源程序设计中，对于简单的程序可用手工编程、键盘输入的编写方式。首先把程序用助记符指令写出，然后通过查指令的机器代码表，逐个把助记符指令翻译成机器代码，再进行调试和运行。通常把这种人工查表翻译指令的方法称为“手工汇编”。

手工编程时都是按绝对地址对指令定位，但在遇到的相对转移指令的偏移量的计算时，要根据转移的目标地址计算偏移量，不但麻烦，且容易出错，通常只有小程序或受条件限制时才使用。在实际的程序设计中，都是采用机器汇编来自动完成的。

二、机器汇编

机器汇编是借助于微计算机来代替手工汇编。首先是在微计算机上用编辑软件进行源程序的编辑，编辑完成后，生成一个 ASCII 码文件，文件的扩展名为“·ASM”，然后在微计算机上运行汇编程序，把汇编语言源程序翻译成机器代码。因此，机器汇编实际上是通过执行汇编程序来对源程序进行汇编的。由于使用微型计算机完成了汇编，而汇编后得到的机器代码却是在另一台计算机（这里是单片机）上运行，故称这种机器汇编为交叉汇编。

交叉汇编后，通过微计算机的串行口（或并行口）把汇编得到的机器代码传送下载到用户样机（或在线仿真器）再进行程序的调试和运行。

MCS-51 单片机的应用程序的完成，步骤如下：

（1）在微计算机上，运行编辑程序进行源程序的输入和编辑。

（2）对源程序进行交叉汇编得到机器代码。

（3）通过微计算机的串行口（或并行口）把机器代码传送到用户样机（或在线仿真器）进行程序的调试和运行。

有时，在分析现成产品的 ROM/EPROM 中的程序时，要将二进制数的机器代码语言程序翻译成汇编语言源程序，该过程称为反汇编。

4.3.2 伪指令

下面讨论构成汇编语言的另外一类语句——指示性语句。

指示性语句又称伪指令语句，简称伪指令。伪指令不是真正的指令，虽然与指令的形式类似，但在汇编时不产生供 CPU 执行的机器代码。伪指令是在机器汇编时提供汇编程序识别和执行的命令，用于在汇编过程中对数据的存储环境或汇编实施一定的控制。

在 MCS-51 单片机系统中，常用的伪指令共有 8 条。

一、ORG 伪指令

ORG 伪指令称为起始汇编伪指令，一般用于汇编语言源程序或某数据块的开头。此伪指令的格式为：

```
[标号]：ORG   16位的地址或标号
```

格式中标号为可选项，一般情况下可省略。汇编过程中，机器检测到该语句时，便确认了汇编的起始地址，然后把 ORG 伪指令下一条指令的首字节机器码存入 16 位的地址或标号所指示的存储单元内，其他的后续指令字节或数据连续依次存入后面的存储单元中，如下面的程序段所示：

```
        ORG 3000H
START:  MOV A,#45H        ;机器码占两个字节，分别为 74H 和 45H
        MOV R0,A          ;机器码为 0F8H
        END
```

ORG 伪指令规定了 START 标号地址为 3000H，则第一条指令及其后续指令汇编后的机器码便从 3000H 单元开始存放，即 3000H 单元存放 74H，3001H 单元存放 45H，3002H 单元存放 0F8H，依次类推。

二、END 伪指令

END 伪指令称为汇编结束伪指令，经常用在汇编源程序的末尾，用来指示源程序结束汇编的位置，即表明程序的结束。一般格式为：

```
[标号]：END
```

格式中标号除非特殊需要，否则一般情况下可省略。汇编程序检测到该语句时，认为汇编语言源程序已经结束，END 后面的指令语句将不被汇编成机器码。因此，一个汇编语言源程序可能由几个程序单位组成，包括主程序和若干个子程序，但只能有一个 END 语句。它在所有程序的最末尾。

三、EQU 伪指令

EQU 伪指令称为赋值伪指令，用于给左边的“字符名”赋值。此伪指令的格式为：

```
字符名   EQU      数据或汇编符号
```

汇编过程中，EQU 伪指令被汇编程序识别，然后自动将 EQU 后面的“数据或汇编符号”赋给左边的“字符名”，即以数据或汇编符号取代字符名称。用 EQU 定义的字符必须先定义后使用，这些被定义的字符名称，在程序中就可以作为一个数据，也可以作为一个地址，因此，被赋的值可以是 8 位的数据或地址，也可以是 16 位的数据或地址。

四、DATA 伪指令

DATA 伪指令称为数据地址赋值伪指令，它用来给左边的“字符名”赋值。此伪指令的格式为：

```
字符名   DATA     数据或表达式
```

此伪指令的功能与 EQU 伪指令的功能类似，可把右边“表达式”的值赋给左边的“字符名”，这里的表达式既允许是一个数据或地址，也可以是包含被定义的“字符名”在内的表达式，但不能汇编符号，如 R0～R7 等。

```
        ORG      2000H
INDAT   DATA     8000H
        LCALL    INDAT          ;调用 8000H 子程序
        END
```

汇编后 INDAT 的值为 8000H。

另外，使用 DATA 伪指令时，还应注意它与 EQU 伪指令的区别：DATA 定义的字符名称作为标号登记在符号表中，故可先使用后定义；而 EQU 定义的字符名必须先定义后使用，其原因是 EQU 不定义在符号表中，因此，DATA 伪指令可以放在源程序的开头或结尾，也可以放在程序的其他位置，比 EQU 伪指令要灵活。

五、BIT 伪指令

BIT 伪指令称为位地址符号伪指令，用来给符号形式的位地址赋值。此伪指令的格式为：

```
字符名   BIT 位地址
```

BIT 伪指令的功能含义是：将右边的位地址赋给左边的“字符名”。

```
例如：A1     BIT     30H
      A2     BIT     P1.7
```

汇编后，位地址 30H、P1.7 分别赋给标号段的字符 A1、A2，在编程中可将字符 A1、A2 当位地址用。

值得注意的是，有些汇编程序不允许使用 BIT 伪指令，用户只能用 EQU 伪指令定义位地址变量 A1、A2，但用这种方式定义时，EQU 语句右边只能是实际的物理地址，而不能是符号位地址。举例来说，上面程序中定义 A2 所代表的位地址，用 EQU 语句只能写成如下形式：

```
A2   EQU    97H
```

六、DB 伪指令

DB 伪指令称为定义字节伪指令，它的功能是从指定单元开始定义（存储）若干个字节的数据或字符，字符若用引号括起来则表示 ASCII 码。此伪指令的格式为：

```
标号:    DB   字节常数或字符
```

格式中标号为可选项，伪指令的含义是把右边的“项或项表”中的数据依次存入左边标号地址起始的程序存储器中。“项或项表”可以是一个8位二进制数，也可以是一串8位二进制数。此时二进制数之间要用逗号隔开，8位二进制数有二、十、十六进制和ASCII码等多种表示形式。

```
例如:   ORG      8000H
TABLE:  DB       78H,100,00110101B, 'A', '9',-1
```

这里的数据块的首地址由ORG命令定义，即TABLE＝8000H，汇编后则有：

（8000H）＝78H

（8001H）＝64H

（8002H）＝35H

（8003H）＝41H

（8004H）＝39H

（8005H）＝0FFH

由DB所确定的单元地址有两种方法：

（1）若干DB命令是在其他源程序之后，则源程序的最后一条指令地址之后就是DB定义的数据或数据表格地址。

（2）由ORG定义数据块首地址。

七、DW伪指令

DW伪指令称为定义字伪指令，其功能是在程序存储器中从指定单元开始，定义若干个字，一个字相当于两个字节。此伪指令的格式为：

```
标号:    DW   字常数或字表
```

格式中标号为可选项。DW伪指令与DB伪指令的功能类似，区别仅在于DB定义的是字节，DW定义的是字，即两个字节。

```
例如: ORG    1000H
TAB:  DW     6754H, 7AH, 12
```

上面的程序汇编后从1000H起始的单元中，依次存放如下数据：

（1000H）＝67H

（1001H）＝54H

（1002H）＝00H

（1003H）＝7AH

（1004H）＝00H

（1005H）＝0CH

八、DS伪指令

DS伪指令称为定义存储空间伪指令，格式为：

```
标号:    DS      表达式
```

格式中标号为可选项。“表达式”一般为一个数值，DS伪指令的含义是指示汇编程序从它的标号地址（或实际物理地址）起留出一定的内存空间。

例如：

```
        ORG     8000H
SPP     DS      10
        DB      30H, 56H
```

上述源程序在汇编过程中，汇编程序遇到DS伪指令时，自动从SPP标号地址开始留出10个地址单元，即8000H～8009H单元保留备用。因此，30H应放在SPP起始的第11个单元，即（800AH）＝30H，（800BH）＝56H。

4.4 汇编语言程序设计基本结构

目前，在单片机的应用程序设计中，广泛使用的方法是结构化的程序设计方法。采用结构化方法设计的程序，具有程序结构清晰、可读性好、调试方便、可靠性高等优点。要设计出高质量的程序需要掌握一定的技巧，需要熟悉指令系统，正确地选择指令，掌握程序设计的基本方法和技巧，以达到提高程序执行效率、减少程序长度、最大限度地优化程序的目的。

根据结构化程序设计的观点，功能复杂的程序一般常采用以下几种基本结构：顺序结构、分支结构、循环结构、子程序结构。

4.4.1 顺序结构

顺序结构程序是最简单、最基本的程序。顺序结构程序是指无分支、无循环结构的程序，其特点是结构比较单一和简单。按程序编写的顺序依次执行，中间没有任何分支，程序流向不变，数据传送指令使用的较多，没有控制转移类指令。

【例4-1】 将一个字节内的两位压缩BCD码拆开并转换成相应的ASCII码，存入两个RAM单元，试编写程序。

解 方法一：设两位压缩BCD码已放在内部RAM的20H单元，转换后的ASCII码放在21H和22H单元。根据ASCII码表，字符0～9对应的ASCII码为30H～39H，因此，转换时，只需把20H单元中两位压缩BCD码拆开后，将BCD的高四位置成“0011”即可。其程序流程图如图4-1所示。

程序清单如下：

```
ORG     1000H
MOV     R0, #20H
MOV     A, @R0          ;两位BCD码送A
PUSH    ACC
ANL     A, #0FH         ;取低位BCD码
ORL     A, #30H         ;完成低位转换
INC     R0
MOV     @R0, A          ;低位BCD码的转换结果存入21H中
POP     ACC
ANL     A, #0F0H        ;取高位BCD码
SWAP    A
ORL     A, #30H         ;完成高位转换
INC     R0
MOV     @R0, A          ;高位BCD码的转换结果存入22H中
SJMP    $               ;结束
END
```

方法二：可用除法指令完成 BCD 码到 ASCII 码的转换。将两位压缩 BCD 码除以 10H 取余，就相当于右移 4 位而得到商，即在 A 中留下高位 BCD 码，而余数低位 BCD 码则进入 B 寄存器，从而完成拆字，然后再在高位添上 0011B，就可完成转换，相应程序如下：

```
ORG     1000H
MOV     A, 20H
MOV     B, #10H
DIV     AB
ORL     A, #30H
MOV     22H, A
ORL     B, #30H
MOV     21H, B
SJMP    $
END
```

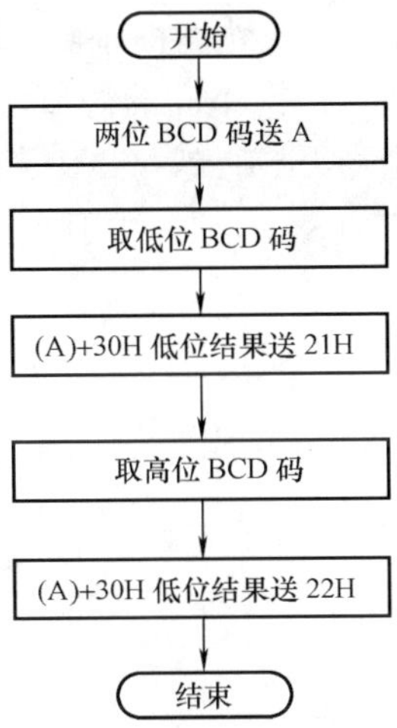

图 4-1 顺序结构程序流程图

4.4.2 分支结构

在一个实际的应用程序中，程序不可能始终是顺序执行的。通常需要根据实际问题中给定的条件，判断条件是否满足，从而产生一个或多个分支，以决定程序的流向。

分支程序的特点就是程序中含有转移指令，根据不同的条件，条件分支程序执行不同的程序段。MCS-51 中直接用来判断分支的指令有 JZ、JNZ、CJNZ、JC、JNC、JB、JNB 等，使用这些指令，可以完成以 0、1，正、负，以及相等、不相等作为各种条件判断依据的程序转移。正确合理地运用条件转移指令是编写条件分支的关键。

根据分支的多少，将分支程序结构分为单分支结构和多分支结构。

（1）单分支结构。程序的判别仅有两个出口，两者选一，称为单分支结构。单分支结构在程序设计中应用很多，根据运算结果的状态标志，用条件判跳指令来选择并转移。如图 4-2 所示。

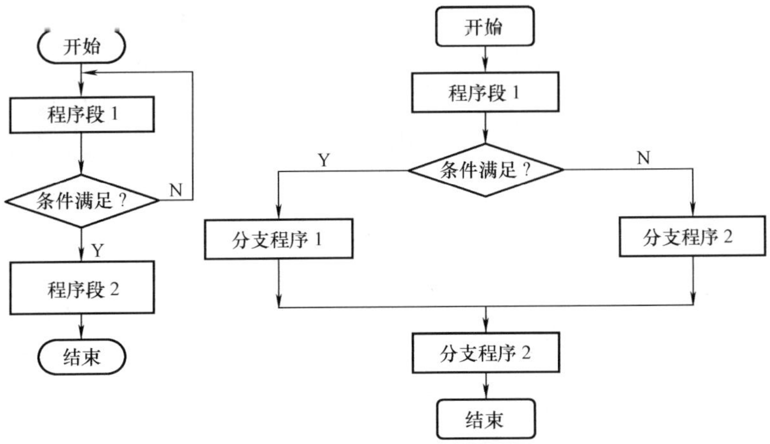

图 4-2 单分支结构程序流程图

（2）多分支结构。当程序的判别部分有 2 个以上的出口流向时，为多分支结构。多分支结构程序流程图，如图 4-3 所示，即在很多应用场合需要根据某一单元的内容是 0，1，2，…，

n 来分别转向处理程序 0，处理程序 1，…，处理程序 n。如键盘按键被按下时，就会得到一个键值，根据不同的键值，程序转向不同的键值处理程序入口。对于这种情况，可以用直接转移指令 LIMP 或 AJMP 组成一个转移表，然后把单元的内容读入累加器 A，转移表首地址放入 DPTR 中，再利用间接转移指令实现分支转移。

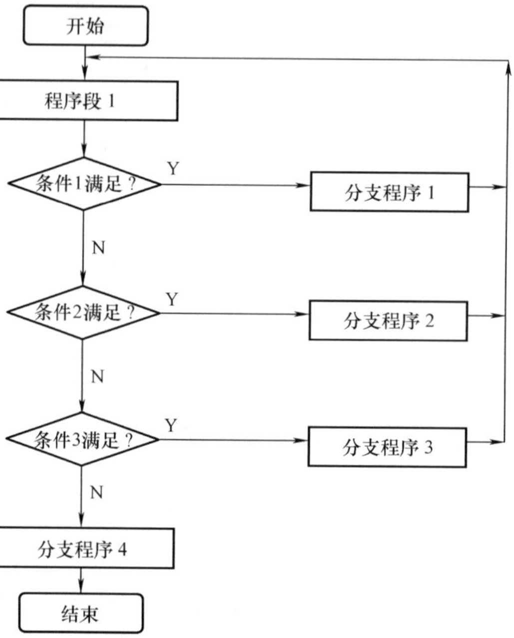

图 4-3 多分支结构程序流程图

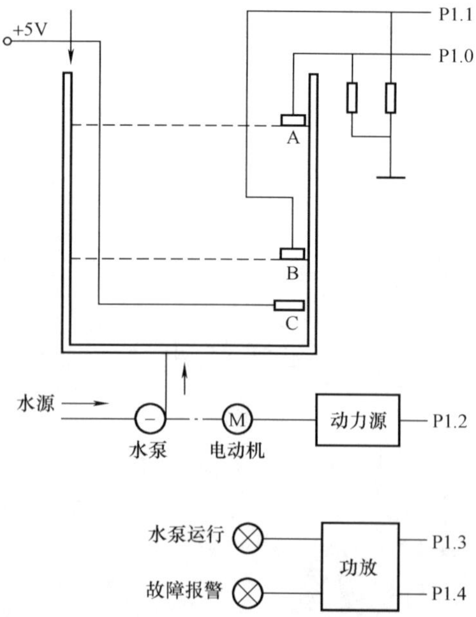

图 4-4 水塔控制系统

【例 4-2】 设计一个水塔水位控制系统，晶振频率 6MHz。设计要求如下：

（1）在水塔内三个不同的高度分别安装了一根固定不动的金属棒，正常情况下，塔内水位应保持在虚线之内，水位控制系统如图 4-4 所示。

（2）A 棒处于水位上限，B 棒处于水位下限。当水位低于水位下限时，自动启动水泵电动机给水塔供水；直到塔内水位达到水位上限，自动停止水泵电动机运转。

（3）塔内水位从水位上限下降到水位下限的过程中，水泵电动机不会自动启动。

（4）水塔进水时，要有信号灯指示；水位检测发生故障时，要有故障灯指示并使水塔水位控制系统停止工作。

试编写水位控制程序。

解 当塔内水位处于水位下限以下时，A、B 棒通过电阻接地。

由于水的导电作用，当塔内水位达到水位上限以下、下限以上时，B 棒接通+5V；当塔内水位达到水位上限时，A 棒也接通+5V。水位上限信号输入至 P1.0，水位下限信号输入至 P1.1，P1.2 输出控制信号以控制水泵电动机启动（P1.2=0）和停止（P1.2=1），P1.3 输出显示信号以指示水泵电动机的运行状态（P1.3=0 时点亮），P1.4 输出故障信号以指示水位检测系统故障状态（P1.4=0 时点亮）。表 4-1 是水位控制信号与水泵电动机运行的状态关系。

表 4-1　水位控制信号与水泵电动机运行状态的关系

P1.1	P1.0	控制状态	P1.2	P1.3	P1.4
0	0	水泵电动机启动	0	0	1
0	1	故障报警	1	1	0
1	0	维持原来状态			1
1	1	水泵电动机停止	1	1	1

为了防止电动机频繁启停，在启动或停止电动机后最少要维持这一状态 20s，这可以采用延时程序来实现。参考程序如下：

```
        ORG  0000H
        LJMP  MAIN
        ORG  0030H
MAIN:   ORL  P1,#03H            ;水位信号输入端做读入准备
        MOV  A,P1               ;读入水位检测信号
        JNB  ACC.1,QDZB         ;P1.1=0,转移至启动准备
        JB  ACC.0,TZDJ          ;P1.0=1,转移至停止电动机
YS:     LCALL  DELAY            ;延时 20s
        SJMP   MAIN
QDZB:   JNB  ACC.0,QDDJ         ;P1.0=0,转移至启动电动机
        SETB  P1.2              ;停止电动机
        SETB  P1.3              ;关闭电动机运行指示
        CLR   P1.4              ;打开水位检测故障指示
        SJMP  $
QDDJ:   CLR  P1.2               ;启动电动机
        CLR  P1.3               ;打开电动机运行指示
        SJMP  YS
TZDJ:   SETB  P1.2              ;停止电动机
        SETB  P1.3
        SJMP  YS
```

延时程序：

```
        ORG  0100H
DELAY:  MOV  R3,#200            ;延时 20s 的循环次数
LP1:    MOV  R7,#200            ;延时 100ms 的循环次数
LP2:    MOV  R6,#123            ;延时 0.5ms 的循环次数
        NOP
LP3:    DJNZ  R6,LP3
        DJNZ  R7,LP2
        DJNZ  R3,LP1
        RET
        END                     ;程序结束
```

4.4.3 循环结构

前面介绍的简单程序和分支程序中，每条指令一般执行一次；而在一些实际应用中，往往某一种操作要重复多次，这种有规可循又反复处理的问题，可采用循环结构程序来解决。通过使用循环程序，重复执行同一条指令多次来完成重复操作，就大大简化了程序，重复次数越多，运行效率高。

一、循环程序的结构

（1）循环初始化。它是进入循环处理前必须要有的一个环节，用于完成循环前的准备工作。循环初始化包括设置循环工作寄存器（或其他存储单元）的初始值、地址指针、数据块长度等。

（2）循环处理。它是需要多次重复执行的程序段。循环处理是循环程序的核心，用于完成主要的计算和操作任务。

（3）循环控制。它是用条件转移指令控制循环是否继续，每循环一次，根据循环结束条件进行一次判断。当满足条件时，停止循环，继续执行其他程序；否则，再作循环，实际上就是对 Rn 计数器的初值，每循环一次对其进行减 1 修改处理。

（4）循环结束。用于存放循环程序的执行结果，同时恢复相关工作单元的初值。

循环程序的关键是对各循环变量的修改和控制，尤其是循环次数的控制。一般在循环次数已知的情况下，用计数方法控制循环的终止。在循环次数未知时，往往需要根据问题给出的某种条件判断是否终止循环。

二、循环程序的控制

根据循环控制部分的不同，有两种控制方式：一是先循环处理后循环控制（即先处理后判断），其流程如图 4-5 所示；二是先循环控制后循环处理（即先判断后处理），其流程如图 4-6 所示。

循环处理和循环控制构成循环体，若循环程序的循环体内不再包含其他循环程序则称为单重循环程序。若循环程序的循环体内包含有其他循环程序，则称为多重循环程序，又称为循环嵌套。

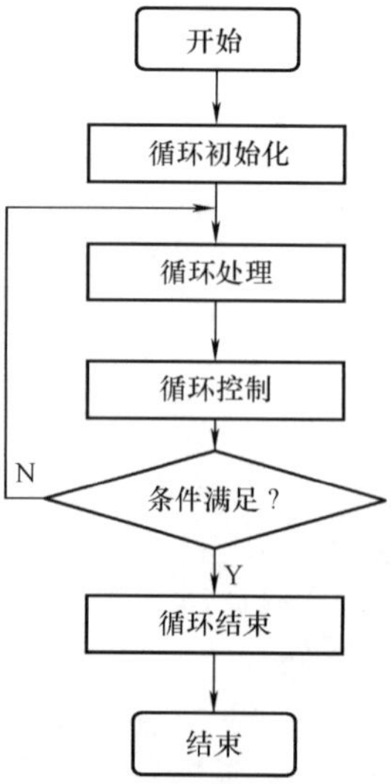

图 4-5 计数循环控制结构

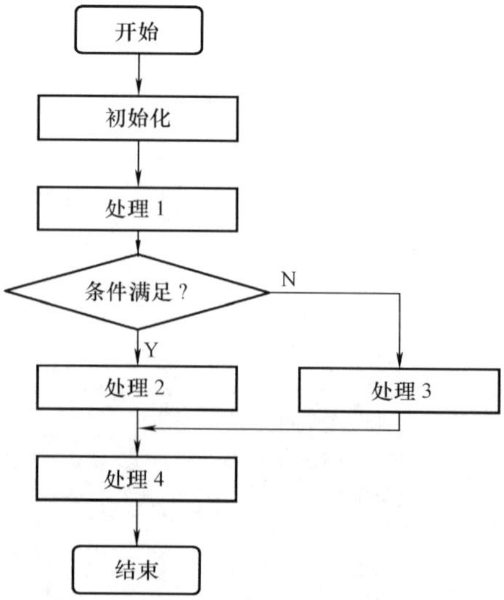

图 4-6 条件控制结构

多重循环程序中的各重循环不能有交叉，不能从外循环跳入内循环，只能外循环嵌套内循环。

循环程序的特点和设计方法，程序结构紧凑，占用存储单元较少，程序中间有分支，循环程序本质上是分支程序的一种特殊形式，DJNZ 指令使用得较多，凡是分支程序中可以使用的控制转移类指令，循环程序一般都可以使用。

循环控制的形式有多种，计数循环是最常用的一种，它先预置计数初值，再用 DJNZ 指令控制循环次数；条件循环也是较常用的一种，它先预置结束循环的条件，再用 CJNE 指令、JZ 指令或 JB 指令控制循环的结束。

【例 4-3】 P1 口作为输出口控制步进电动机的四相绕组，编写程序，控制步进电动机每 2s 正向转动一步。晶振频率为 6MHz。

解 步距角： $\theta_b=360/mZ$ （°）

电动机转速： $n=60f/mZ$ （r/min）

式中：f 为脉冲频率，Hz 或步/s；m 为拍数，$m=4$；Z 为转子齿数，$Z=5$。

拍数 $m=4$，若使用的步进电动机转子齿数 Z 为 5，则步距角 $\theta_b=18°$。题目要求步进电动机每 2s 正向转动一步，即 $T=2s$，则 $f=0.5Hz$，电机转速 $n=1.5r/min$。

用三重循环设计 2s 的循环程序。晶振频率为 6MHz 时，机器周期为 2μs，延时程序的延时时间计算方法如下：

$$\{1+[1+（1+1+2\times123+2）\times200+2]\times20+2\}\times2\mu s$$
$$=2000126\mu s=2.000126s$$

步进电动机控制相序分配表如表 4-2 所示。

表 4-2 **步进电动机控制相序分配表**

控制状态	P1 口控制码	P1.7	P1.6	P1.5	P1.4	P1.3	P1.2	P1.1	P1.0
						D 相	C 相	B 相	A 相
A 相、B 相绕组通电	03H	0	0	0	0	0	0	1	1
B 相、C 相绕组通电	06H	0	0	0	0	0	1	1	0
C 相、D 相绕组通电	0CH	0	0	0	0	1	1	0	0
D 相、A 相绕组通电	09H	0	0	0	0	1	0	0	1

参考程序：

```
        ORG     0030H
MAIN:   MOV     P1,#03H         ;AB 相通电
        LCALL   DELAY
        MOV     P1, #06H        ;BC 相通电
        LCALL   DELAY
        MOV     P1, #0CH        ;CD 相通电
        LCALL   DELAY
        MOV     P1, #09H        ;DA 相通电
        LCALL   DELAY
        SJMP    MAIN            ;重复循环
```

延时程序：

```
        ORG     0100H
DELAY:  MOV     R3,#20          ;延时 2s 的循环次数
LP1:    MOV     R7,#200         ;延时 100ms 的循环次数
LP2:    MOV     R6,#123         ;延时 0.5ms 的循环次数
        NOP
LP3:    DJNZ    R6,LP3
        DJNZ    R7,LP2
        DJNZ    R3,LP1
        RET
        END                     ;程序结束
```

【例 4-4】 P2 口作为输出口，控制 8 盏灯（P2 口输出低电平时灯被点亮），编程使灯按以下规律显示：同一时间只有两盏灯点亮，从 P2.7、P2.6 控制的灯开始，每盏灯闪烁 5 次，再移向下两盏灯，同样闪烁 5 次，循环往复，延时时间 1s。晶振频率为 6MHz。

解 主程序是双重循环程序，循环移位是外循环，灯闪烁 5 次是内循环，内循环程序不能与外循环程序交叉。图 4-7 是 P2 口控制灯电路。

延时 1s 采用三重循环程序。晶振频率为 6MHz 时，机器周期为 2μs，延时程序的延时时间计算方法如下：

$$\{1+[1+(1+(1+1+2)\times125+2)\times200+2]\times5+2\}\times2\mu s=1006036\mu s=1.006036s$$

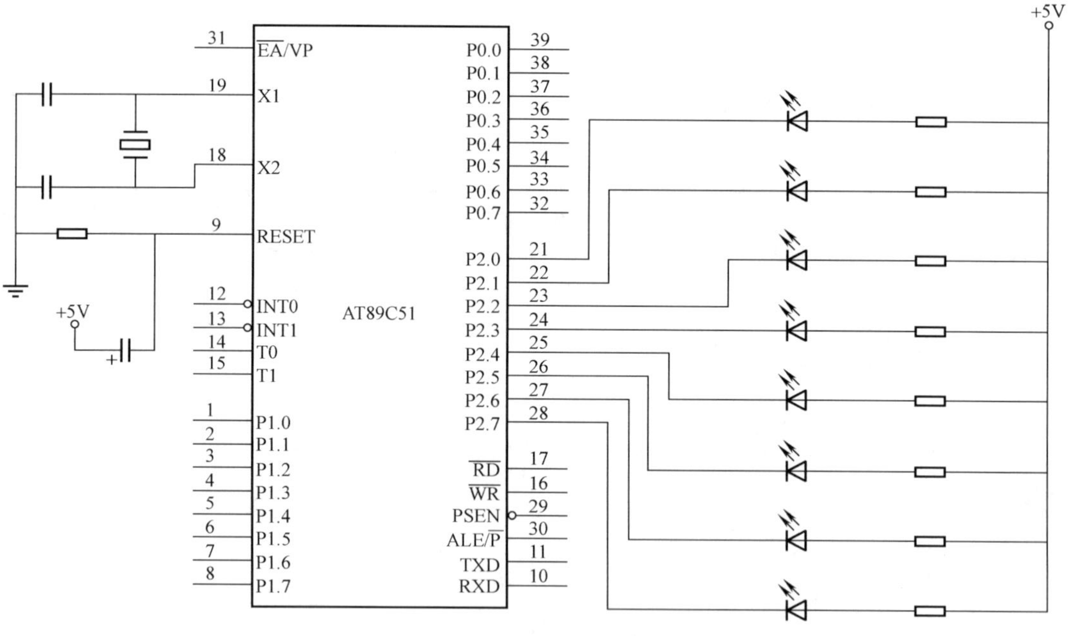

图 4-7 **P2 口控制灯电路**

参考程序：

```
        ORG     0000H
        LJMP    MAIN
        ORG     0030H
MAIN:   MOV     A,#5FH          ;灯点亮初始状态
LP1:    MOV     R1,#5           ;循环闪烁次数
```

```
LP2:    MOV     P2,A
        LCALL   DELAY           ;延时 1s
        MOV     P2,#0FFH
        LCALL   DELAY           ;延时 1s
        DJNZ    R1,LP2          ;循环闪烁次数不够 5 次,继续
        RR      A               ;右移一位
        RR      A               ;再右移一位
        SJMP    $
```

4.4.4 子程序结构

在较复杂的程序设计中，常常遇到这样的问题：在一个程序中往往有许多相同的运算或相同的操作，这时就可以采用子程序的设计方法。子程序是指完成某一确定任务并能被其他程序反复调用的程序段。采用子程序结构，可使程序简化，提高编程效率，而且程序逻辑结构简单，便于阅读和调试，既节省了程序空间，又可实现程序模块化。

一、子程序设计原则

子程序在结构上应具有通用性和独立性，在编写子程序时应注意以下设计原则：

（1）程序第一条指令的地址称为入口地址，该指令前必须有标号，最好以子程序任务名为标号，例如显示程序常以 DIR 作为标号。

（2）调用子程序指令设在主程序中，在子程序的末尾一定要有返回指令。一般来说，子程序调用指令和子程序返回指令要成对使用，子程序应只有一个出口。

（3）子程序调用和返回指令能自动保护和恢复断点地址，但对需要保护的寄存器和内存单元的内容，必须在子程序开始和末尾（RET 指令前）安排保护和恢复它们的指令。

也就是说，在子程序的开始，使用压栈指令把需要保护的内容压入堆栈；在返回主程序前，使用弹出指令把堆栈中保护的内容送回原来的存储单元中。子程序中有可能要使用累加器 A 或工作寄存器，在子程序使用它们之前，把它们中可能存有的主程序的中间结果保存起来，这一过程称为保护现场。在子程序执行完并将返回主程序之前，再将这些中间结果取出，送回到累加器 A 或原来的工作寄存器中，这一过程称为恢复现场。

子程序中应尽量使用相对转移指令而不使用其他转移指令，以便子程序放在内存的任何区域都能被主程序调用。要正确地设置堆栈指针，以避免堆栈区与工作寄存器或其他存储单元发生冲突。

（4）调用子程序时，要了解子程序的“入口信息”和“出口信息”，即进入子程序前应给哪些变量赋值，子程序返回时结果存在何处，以便主程序应用这些结果，这就是所谓的参数传递。一般称传入子程序的参数为入口参数，由子程序返回的参数为出口参数。

在调用汇编语言子程序时会遇到主程序与子程序之间的参数传递问题。参数传递一般采用以下方法：

（1）传递的数据（参数）通过工作寄存器 R0～R7 或者累加器来传送。即在调用子程序之前把数据送入寄存器或者累加器，调用以后就用这些寄存器或者累加器中的数据进行操作，子程序执行后，结果仍由寄存器或累加器送回。

（2）传递地址。数据存放在数据寄存器中，参数传递时只通过 R0、R1、DPTR 传递数据所存放的地址，调用结束时，子程序运算的结果也可以存放在内存单元中，传送回来的也只是放在作指针的寄存器中的地址。

（3）通过堆栈传递参数。在调用前先把要传送的参数压入堆栈，进入子程序后，再将压入堆栈的参数弹出到工作寄存器或者其他内存单元。但要注意，在调用子程序时，断点处的地址也要压入堆栈，占用两个单元。在弹出参数时，注意不要把断点地址传送出去，另外，在返回主程序时，要把堆栈指针指向断点地址，以便能正确地返回。

（4）通过位地址传送参数。

二、子程序的基本结构

典型的子程序的基本结构如下：

主程序或调用程序：

```
MAIN:        .                  ;MAIN 为主程序或调用程序标号
             .
             .
       LCALL     SUB            ;调用子程序 SUB

SUB:   PUSH      PSW            ;现场保护
       PUSH      A
```

子程序处理程序段：

```
       POP       A              ;现场恢复，注意要先进后出
       POP:      PSW            ;
       RET                      ;最后一条必须为 RET 指令
```

上述子程序结构中，现场保护与现场恢复不是必需的，要根据实际情况来定。另外，所需保护的寄存器是哪些，也要根据实际情况来定。

三、子程序设计举例

【例 4-5】 用程序实现 $c=a^2+b^2$。设 a、b、c 分别存放在内部 RAM 30H、31H、32H 单元中。

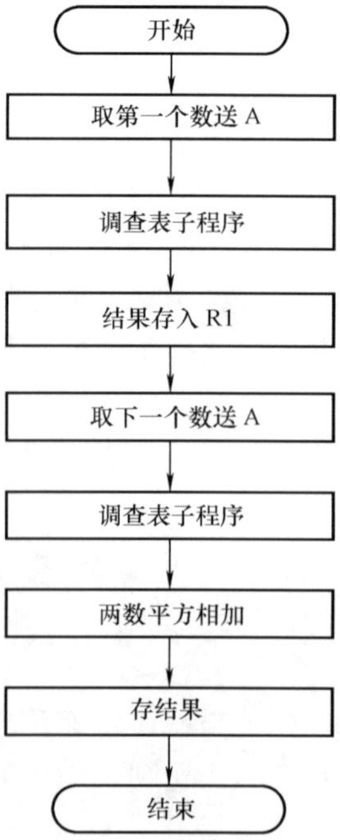

图 4-8 程序流程图

解 这个问题可以用子程序来实现，即通过两次调用子程序查平方表，结果在主程序中相加得到。图 4-8 是其程序流程图。

主程序片段：

```
STAR:MOV     A,30H      ;取第一操作数
     ACALL   SQR        ;调用查表程序
     MOV     R1,A       ;a² 暂存 R1 中
     MOV     A,31H      ;取第二个操作数
     ACALL   SQR        ;第二次调用查表程序
     ADD     A,R1       ;a²+b²
     MOV     32H,A      ;结果存于 32H 单元中
     SJMP    $          ;等待
```

子程序片段：

```
SQR: INC    A           ;偏移量调整(RET 一字节)
     MOVC   A,@ A+PC    ;查平方表
     RET
TAB: DB   0,  1,  4,  9,  16
     DB   25, 36, 49, 64, 81,
     END
```

这种方法是把入口参数放在工作寄存器 Rn 或累加器 A 中。主程序在调用子程序之前要把入口参数放在 Rn 或累加器 A 中，子程序运行后的结果，即出口参数也放在 Rn 或 A 中。

4.5 实用子程序设计

前面以简单的例子说明了几种常用程序的设计方法，本节综合各种编程方法，给出 MCS-51 系列汇编语言的实例，通过对这些程序的分析和说明，使读者掌握编程的特点和技巧，以提高编制单片机应用程序的能力。

4.5.1 查表程序设计

【例 4-6】 在一个以 MCS-51 为核心的温度控制系统中，温度传感器输出的电压与温度为非线性关系，传感器输出的电压已由 A/D 转换为 10 位二进制数。根据测得的不同温度下的电压值数据构成一个表，表中放温度值 y，x 为电压值数据。设测得的电压值 x 放在 R2、R3 中，根据电压值 x，查找对应的温度值 y，仍放入 R2、R3 中（y 和 x 均为双字节无符号数）。试编写程序。

解 程序如下：

```
CBLC:   MOV     DPTR,#TAB1        ;(DPTR)指向表格首地址
        MOV     A,R3              ;(R2R3)×2→(R2R3)
        CLR     C                 ;清进位标志位
        RLC     A
        MOV     R3,A
        XCH     A,R2
        RLC     A
        XCH     R2,A
        ADD     A,DPL             ;(DPTR)←(R2R3)+(DPTR)
        MOV     DPL,A
        MOV     A,DPH
        ADDC    A,R2
        MOV     DPH,A
        CLR     A
        MOVC    A,@A+DPTR         ;查 y 值高字节
        MOV     R2,A
        CLR     A
        INC     DPTR
        MOVC    A,@A+DPTR         ;查 y 值低字节
        MOV     R3,A
        RTE
TAB1:   DW…,…
        END
```

上述程序中，由于使用指令 MOVC A,@A＋DPTR 指令，表 TAB2 可放入 64K 程序存储器空间的任何地方，同时表格的长度可大于 256 个字节。

4.5.2 查关键字程序设计

顺序查表法是针对无序排列表格的一种方法。因为无序表格中所有数据的排列没有什么规律，所以只能按照顺序从第一项开始逐项查找，直到找到所要查找的关键字为止。顺序查表法程序设计如下：

（1）表的起始地址送 PC 或 DPTR。

（2）表格的长度存放在某一个寄存器中。

（3）要查找的关键字存放在某一内存单元中。

（4）用 CJNE A,data，rel 指令进行查找比较。

【例 4-7】 在某系统程序存储器中，有一长度为 256 个字节的无序表格，设要查找的关键字的对应字符存放在片内 RAM 区的 21H 单元，试用软件查找，若找到，则将关键字的地址存于 R2、R3 寄存器中，若未找到，将 R2、R3 清零。试编写程序。

解 程序如下：

```
START:  MOV     20H,21H         ;送关键字
        MOV     R4,#0FFH        ;查找次数送 R4
        MOV     A,#14H          ;查表偏移量
        MOV     DPTR,#TABEL     ;表格首地址送 DPTR
LOOP:   PUSH    ACC             ;A 中内容入栈
        MOVC    A,@A+PC         ;查表取数
        CJNE    A,20H,AG        ;未找到，则转 AG
        MOV     R2,DPH          ;找到，地址送 R2、R3
        MOV     R3,DPL
DONE:   RET                     ;返回主程序
AG:     POP     ACC             ;恢复 A 中内容
        INC     A               ;指向下一个数据地址
        INC     DPTR            ;表地址加 1
        DJNZ    R4,LOOP         ;(R4)-1≠0 继续查找
        MOV     R2,#00H         ;未找到关键字，R2、R3 清零
        MOV     R3,#00H
        AJMP    DONE
TABEL:  DB  data1    data2    data3    data4
        DB  data5    data6    data7    data8
            …
        DB  data253 data254 data245 data256
```

4.5.3 数据排序程序设计

数据排序就是将一批数由小到大（升序）排列，或由大到小（降序）排列。数据排序法很多，常用的有冒泡排序法、插入排序法、快速排序法、选择排序法、堆积排序法、二路归并排序法及基数排序法等。

冒泡法是相邻数互换的排序方法，因类似水中气泡上浮，故称冒泡法。排序时从前向后进行相邻两个数的比较，如果数据的大小、次序与要求的顺序不符时，就将两个数互换，否则不互换。通过这种相邻数互换方法，使小数向前移，大数向后移，就会把这一批数据的最大数排到最后，若再进行一次“冒泡”处理，就会把次大数排在倒数第二的位置，从而实现了这一批数据由小到大的排列。

假设原始数据的排列顺序为：6、4、1、2、5、7、3

第 1 次冒泡的过程是：

6、4、1、2、5、7、3 ；原始数据的排列

4、6、1、2、5、7、3 ；逆序，互换

4、1、6、2、5、7、3 ；逆序，互换

4、1、2、6、5、7、3 ；逆序，互换

4、1、2、5、6、7、3 ；逆序，互换
4、1、2、5、6、7、3 ；正序，不互换
4、1、2、5、6、3、7 ；逆序，互换，第 1 次冒泡结束

如此进行，各次冒泡的结果如下：

第 1 次冒泡结果：4、1、2、5、6、3、7
第 2 次冒泡结果：1、2、4、5、3、6、7
第 3 次冒泡结果：1、2、4、3、5、6、7
第 4 次冒泡结果：1、2、3、4、5、6、7 ；已完成排序
第 5 次冒泡结果：1、2、3、4、5、6、7
第 6 次冒泡结果：1、2、3、4、5、6、7

本例共有 7 个数，按理应当进行 6 次冒泡才行，但实际上进行到 4 次排序时就已经完成排序的任务。由上面的冒泡法可以看出，对于 *n* 个数，理论上应进行（*n*−1）次冒泡才能完成排序，但实际上有时不到（*n*−1）次就已完成排序。如何来判定排序是否已经完成，就是看各次冒泡中是否有互换发生，如果有数据互换，则排序还没完成；否则就表示已经排好序。在程序设计中，常使用设置互换标志的方法，该标志的状态表示在 1 次冒泡中是否有互换进行。下面介绍具体的采用冒泡法的排序程序设计。

【例 4-8】 一批单字节无符号数，以 R0 为首地址指针，R2 中为字节数，将这批数进行升序排列。程序流程图如图 4-9 所示。

解 程序如下：

```
SORT:   MOV     A,   R0
        MOV     R1,  A
        MOV     A,   R2
        MOV     R5,  A        ;字节数送入 R5
        CLR     F0            ;互换标志位 F0 清零
        DEC     R5
        MOV     A,   @R1
LOOP:   MOV     R3,  A
        INC     R1
        CLR     C
        MOV     A,   @R1  ;比较大小
        SUBB    A,   R3
        JNC     LOOP1
        SETB    F0            ;互换标志位 F0 置 1
        MOV     R3,  A
        XCH     A,   @R1  ;两个数互换
        DEC     R1
        XCH     A,   @R1
        INC     R1
LOOP1:  MOV     A,   @R1
        DJNZ    R5,  LOOP
        JB      F0,  SOTR
        RET
```

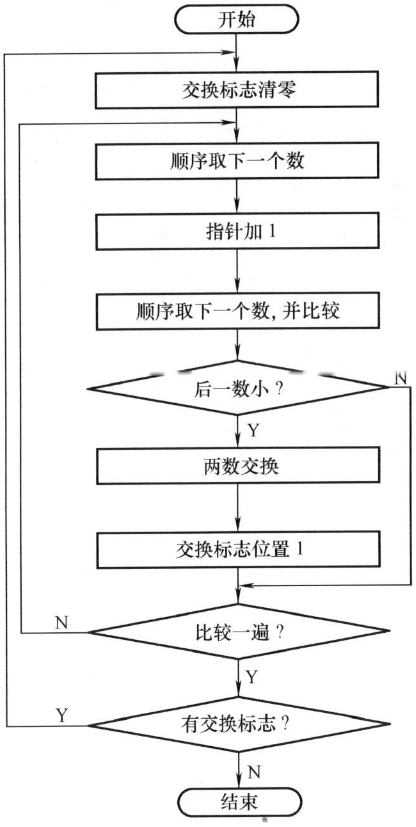

图 4-9 单字节无符号数排序程序流程图

【例 4-9】 片外 RAM BLOCK 开始的单元中有一无符号数据块，其长度存放在片内 RAM

的 LEN 单元中。将这些无符号数按递增顺序重新排列，并存入原存储区。试编写程序。

解 处理这个问题要利用双重循环结构，在内循环中将相邻两单元的数进行比较，符合从大到小的次序则不做任何操作，否则应将两数交换。每次内循环的最小数都沉底，而较大的数一个个冒上来，因此这种排序方法称为“冒泡排序”。程序流程图如图 4-10 所示。

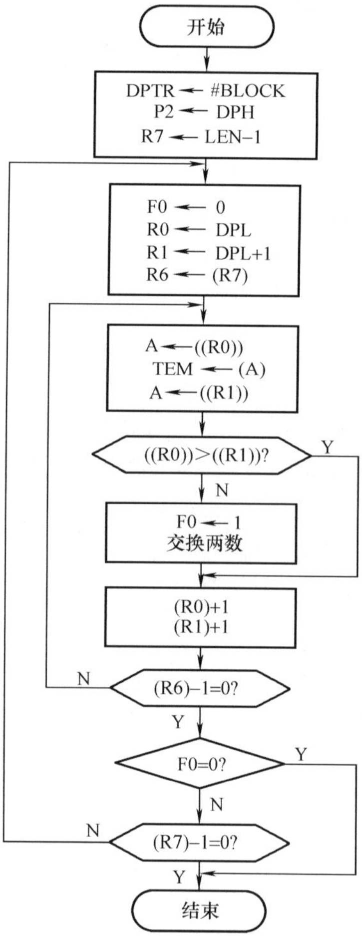

图 4-10 双字节无符号数排序程序流程图

用 P2 口作数据地址指针的高字节地址，用 R0、R1 作相邻两单元的低字节地址，用 R7、R6 作外循环与内循环计数器，用程序状态字 PSW 的 F0 作交换标志。

程序如下：

```
        ORG     1000H
BLOCK   DATA    2200H
LEN     DATA    51H
TEM     DATA    50H
        MOV     DPTR, #BLOCK
                ;置数据块地址指针
        MOV     P2, DPH
                ;P2 作地址指针高字节
        MOV     R7, LEN
                ;置外循环计数初值
        DEC     R7
                ;比较与交换 n−1 次
LOOP0:  CLR     F0
                ;交换标志清 0
        MOV     R0, DPL
        MOV     R1, DPL
                ;置相邻两数地址指针低字节
        INC     R1
        MOV     A, R7
        MOV     R6, A               ;置内循环计数器初
LOOP1:  MOVX    A, @R0              ;取数
        MOV     TEM, A              ;暂存
        MOVX    A, @ R1             ;取下一个数
        CJNE    A, TEM, NEXT        ;两相邻数比较，不等则转
        SJMP    NOCHA               ;相等不交换
NEXT:   JNC     NOCHA               ;CY=0, 不交换
        SETB    F0                  ;置位交换标志
        MOVX    @R0, A
        XCH     A, TEM
        MOVX    @R1, A              ;两数交换
NOCHA:  INC     R0
        INC     R1                  ;修改指针
        DJNZ    R6, LOOP1           ;内循环未完，则继续
        JNB     F0, HAL             ;若上次内循环从未交换，则结束
        DJNZ    R7, LOOP0           ;未完，继续
HAL:    SJMP    $
        END
```

4.5.4 码制转换程序设计

在单片机应用程序的设计中，经常涉及各种码制的转换问题。在单片机系统内部进行数据计算和存储时，经常采用二进制码。二进制码具有运算方便、存储量小的特点。在输入/输出中，按照习惯均采用代表十进制数的BCD码（用4位二进制数表示的十进制数）表示。此外，打印机要打印某数字字符，则需要将该数字的二进制码转换为该字符的ASCII码，才能送到打印机去打印。

一、二进制码到BCD码的转换

十进制数常采用BCD码表示，BCD码是4位有效编码。BCD码有两种形式：一种是1个字节放1位BCD码，它适用于显示或输出；另一种是压缩的BCD码，即1个字节放2位BCD码，可以节省存储单元。

【例4-10】 单字节二进制数转换成BCD码。试编写程序。

解 二进制数转换为BCD码的一般方法是把二进制数除以1000、100、10等10的各次幂，所得的商即为千、百、十位数，余数为个位数。

单字节二进制数在0～255之间，设单字节数在累加器A中，转换结果的百位数存放在R3中，十位和个位则放入A中。本程序用到除法指令，除法指令完成的操作为：A除以B的商放入A中，余数放入B中。

程序如下：

```
BINBCD1:    MOV     B, #100       ;100作为除数送入B中
            DIV     AB            ;十六进制数除以100
            MOV     R3, A         : 百位数送R3，余数在B中
            MOV     A, #10        ;分离十位和个位数
            XCH     A, B          ;余数送入A中，除数10在B中
            DIV     AB            ;分离出十位在A中，个位在B中
            SWAP    A             ;十位数交换到A的高4位
            ADD     A, B          ;十位数与个位数相加送入A中
            END
```

通过两次执行DIV除法指令，从而分离出百位数和十位数，这样的转换方法十分简单。

【例4-11】 双字节二进制码转换为压缩的BCD码。试编写程序。

解 双字节16位二进制数存于（R2R3）中，（R4R5R6）为转换完毕的压缩BCD码。

十进制数B与一个8位二进制数的关系为：

$$B=b_7\times 2_7+b_6\times 2^6+\cdots+b_1\times 2+b_0$$

只要按照十进制运算法则，将$b_i(i=7,6,\cdots,1,0)$按权相加，就可以得到对应的十进制数B。程序流程图如图4-11所示。

程序如下：

```
BINBCD2:    CLR     A
            MOV     R4, A         ;将R4清0
            MOV     R5, A         ;将R5清0
            MOV     R6, A         ;将R6清0
            MOV     R7, #16       ;计数初值
LOOP:       CLR     C
            MOV     A, R3
            RLC     A
```

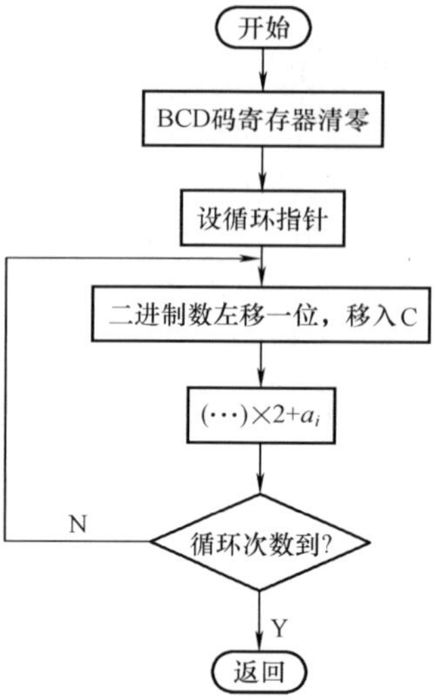

图 4-11　二进制码转换 BCD 码程序流程图

```
        MOV     R3, A
                        ;R3 左移一位并送回
        MOV     A, R2
        RLC     A
        MOV     R2, A
                        ;R2 左移一位并送回
        MOV     A, R6
        ADDC    A, R6
        DA   A
        MOV     R6, A
                        ;(R6)乘 2 并调整后送回
        MOV     A, R5
        ADDC    A, R5
        DA      A
        MOV     R5, A
                        ;(R5)乘 2 并调整后送回
        MOV     A, R4
        ADDC    A, R4
        DA      A
        MOV     R4, A   ;(R4)乘 2 并调整后送回
        DJNZ    R7, LOOP
        RET
```

二、BCD 码到二进制数的转换

【例 4-12】 四位 BCD 码转换成二进制数。试编写程序。

解 （d3d2d1d0）＝（d3×10＋d2）×10＋（d1×10＋d0），d1×10＋d0 运算可编程子程序。程序流程图如图 4-12 所示。

入口：R5（千位，百位）、R4（十位，个位）为 BCD 码。

出口：R5R4（16 位无符号二进制整数）。

程序如下：

```
IDTB:   MOV     R0, # 50H
        MOV     R2, #3
        MOV     R3, #0
        MOV     A, @R0
        MOV     R4, A
LOOP:   MOV     A, R4
        MOV     B, #10
        MUL     AB
        MOV     R4, A
        MOV     A, #10
        XCH     A, B
        XCH     A, R3
        MUL     AB
        ADD     A, R3
        XCH     A, R4
        INC     R0
        ADD     A, @R0
        XCH     A, R4
        ADDC    A, #0
        MOV     R3, A
```

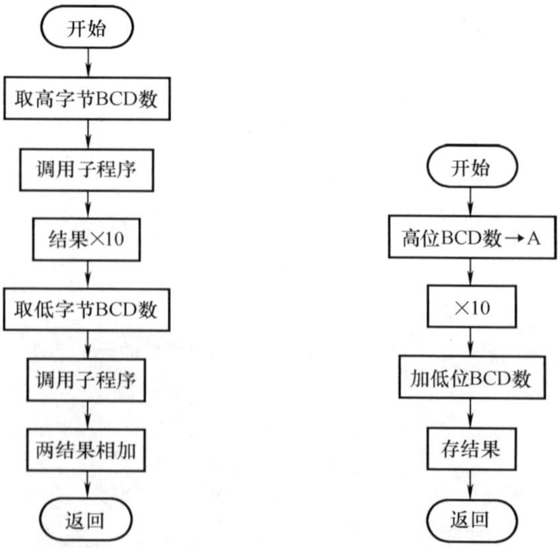

图 4-12　BCD 码转换成二进制数程序流程图

```
        DJNZ    R2, LOOP
        RET
```

三、二进制数与ASCII码之间的转换

【例4-13】 四位二进制数转换为ASCII码。试编写程序。

解 4位二进制数（0～F）存放于R2中，转换完毕的ASCII代码存放于R2中。分析二进制数与ASCII码之间的对应关系，得到：对于小于等于9的4位二进制数加30H得到相应的ASCII代码，对于大于9的4位二进制数（十六进制数A～F）加37H得到相应的ASCII代码。程序流程图如图4-13所示。

程序如下：

```
BTOASC: MOV     A, R2
        ANL     A, #0FH
        ADD     A, #0F6H
        ;加F6H保证大于10的数把进位位置1
        JNC     LOOP0
        ;Cy=0, 数小于10转LOOP0
        ADDC    A,#07H
        ;Cy≠0, 数小于10,先加07H, 然后再加30H
LOOP0:  ADDC    A,#30H   ;小于10 的数加30H
        MOV     R2,A     ;转换结果送R2中
        RET
```

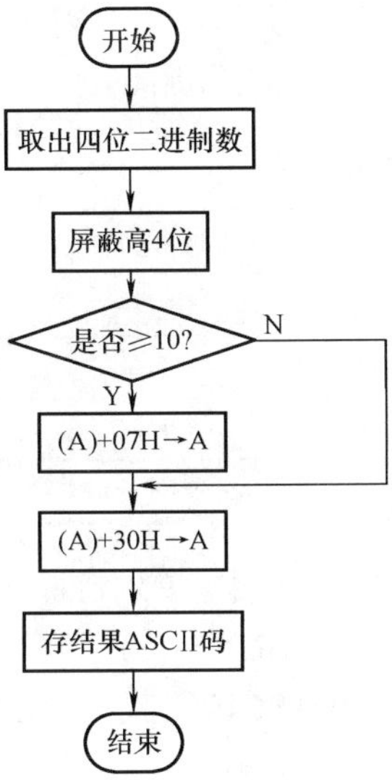

图4-13 二进制转换为ASCII码程序流程图

【例4-14】 单字节的2位十六进制数转换为ASCII码。试编写程序。

解 （R0）为待转换的十六进制数的地址指针，转换结果存于（R0）指向地址单元中。

程序如下：

```
HTA1:   MOV     R0, SP
        DEC     R0
        DEC     R0
        PUSH    A               ,保护累加器内容
        MOV     A, @R0          ;取参数
        ANL     A, #0FH
        ADD     A, #14          ;PC表偏移值
        MOVC    A, @A+PC
        XCH     A, @R0          ;低位十六进制数的ASCII码放入堆栈中
        SWAP    A
        ANL     A, #0FH
        ADD     A, #7           ;PC到表的偏移量
        MOVC    A, @A+PC
        INC     R0
        XCH     A, @R0          ;高位十六进制数的ASCIII码放入堆栈中
        INC     R0
        XCH     A, @R0          ;低位返回地址放入堆栈，并恢复累加器内容
        INC     R0
        XCH     A, @R0
        RET
ASCTAB: DB 30H, 31H, 32H, 33H, 34H, 35H, 36H, 37H;
        DB 38H, 39H 41H, 42H, 43H, 44H, 45H, 46H
```

说明：该程序采用堆栈来传递参数，但这里传到子程序的参数为一个字节，传回到主程序的参数为两个字节，这样堆栈的大小在调用前后是不一样的。在子程序中，必须对堆栈内的返回地址和栈指针进行修改。

四、十六进制数与 ASCII 码间的转换

十六进制数与 ASCII 码的对应关系如表 4-3 所示。当十六进制数在 0～9 之间时，其对应的 ASCII 码值为该十六进制数加 30H；当十六进制数在 A～F 之间时，其对应的 ASCII 码值为该十六进制数加 37H。

表 4-3　　十六进制数与 ASCII 码的对应关系

16 进制数	ASCII 码	16 进制数	ASCII 码	16 进制数	ASCII 码	16 进制数	ASCII 码
0	30H	4	34H	8	38H	C	43H
1	31H	5	35H	9	39H	D	44H
2	32H	6	36H	A	41H	E	45H
3	33H	7	37H	B	42H	F	46H

【例 4-15】 十六进制数（0～F）的 ASCII 码转换成 4 位二进制数。试编写程序。

解　ASCII 代码存放于 R2，转换完毕的 4 位二进制数结果存放于 R2 中。对于小于等于 9 的数的 ASCII 码减去 30H 得 4 位二进制数，对于大于 9 的十六进制数的 ASCII 码减去 37H 即得二进制数。

程序如下：

```
ASCTB:  PUSH    PSW
        PUSH    A
        MOV     A, R2
        CLR     C
        SUBB    A, #30H
        MOV     R2, A
        SUBB    A, #0AH
        JC      SB10
        XCH     A, R2
        SUBB    A, #07I-t
        MOV     R2. A
SB10:   POP     A
        POP     PSW
        RET
```

【例 4-16】 将多位十六进制数转换成 ASCII 码。试编写程序。

解　设地址指针 R0 指向十六进制数低位，R2 中存放字节数，转换后地址指针 R0 指向十六进制数的高位，R1 指向要存放的 ASCII 码的高位地址。

程序如下：

```
HTASC: MOV  A, @R0          ;取低 4 位二进制数
       ANL  A, #0FH         ;
       ADD  A, #15          ;偏移量修正
       MOVC A, @A+PC        ;查表
       MOV  @R1, A          ;存 ASCII 码
```

```
        INC  R1              ;
        MOV  A , @R0         ;取十六进制高 4 位
        SWAP A
        ANL  A, #0FH         ;
        ADD  A, #06H         ;偏移值修正
        MOVC A, @A+PC        ;
        MOV  @R1, A
        INC  R0              ;指向下一单元
        INC  R1
        DJNZ R2, HTASC       ;字节数存于 R2
        RET
ASCTAB: DB  30H, 31H, 32H, 33H, 34H, 35H, 36H, 37H
        DB  38H, 39H, 41H, 42H, 43H, 44H, 45H, 46H
```

4.5.5 算术运算程序

在单片机系统中，要对实际的各种物理参数进行测试和控制，所以，数据的运算是避免不了的，虽然数据运算不是汇编语言的优势，但运用一些编程技巧和方法，对于大部分测控应用中的运算，8051 单片机还是能够胜任的。

一、加法运算

【例 4-17】 多字节无符号数加法。试编写程序。

解 多字节运算一般是按从低字节到高字节的顺序依次进行。程序流程图如图 4-14 所示。

入口：（R0）＝被加数低位地址指针

（R1）＝加数低位地址指针

（R2）＝字节数

出口：（R0）＝和数高位地址指针

程序如下 ：

```
ADDBIN: CLR     C
LOOP1:  MOV     A,@R0     ;取被加数
        ADDC    A,@R1
                ;两数相加, 带进位位
        MOV     @R0,A
        INC     R0      ;修改被加数地址指针
        INC     R1      ;修改加数地址指针
        DJNZ    R2,LOOP1
                ;未加完转 LOOP1
        JNC     LOOP2
                ;无进位转 LOOP2
        MOV     @R0,#01H
        RET
LOOP2:  DEC     R0
        RET
```

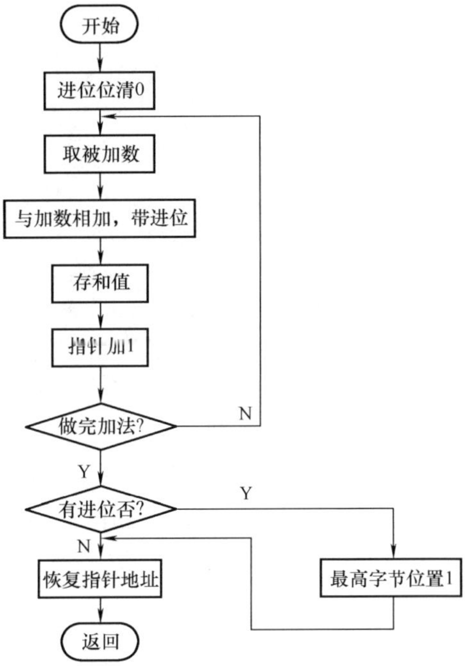

图 4-14 多字节无符号数加法程序流程图

说明：要考虑低字节向高字节的进位情况，最低两字节相加，无低位来的进位，因此，在进入循环之前应对进位标志清 0，最高位两字节相加若有进位，则和数将比加数和被加数多出一个字节。此程序执行后，被加数被冲掉。

【例 4-18】 设有两个 N 字节无符号数分别存放在内部 RAM 的单元中，低字节在前，高字节在后，分别用 R0 指示被减数单元地址，用 R1 指示减数单元地址，其差存放在原被减数

的单元地址中。试编写程序。

解 入口：（R0）＝被减数低位地址指针

（R1）＝减数低位地址指针

（R2）＝字节数

出口：（R0）＝差的位地址指针

（R3）＝差值字节数

07H 单元为符号位

程序流程图如图 4-15 所示。

程序如下：

```
SUBBIN: PUSH    PSW
        CLR     C               ;清进位位
        CLR     07H             ;清结果标志位
        MOV     R3,#00H
LOOP3:  MOV     A,@R0           ;取被减数
        SUBB    A,@R1           ;两数相减
        MOV     @R0,A
        INC     R0              ;修改地址指针
        INC     R1
        INC     R3
        DJNZ    R2,LOOP3        ;是否做完减法?
        JNB     CY,LOOP4        ;有无借位
        SETB    07H             ;差为负置“1”符号位
LOOP4:  POP     PSW             ;恢复标志寄存器内容
        RET
```

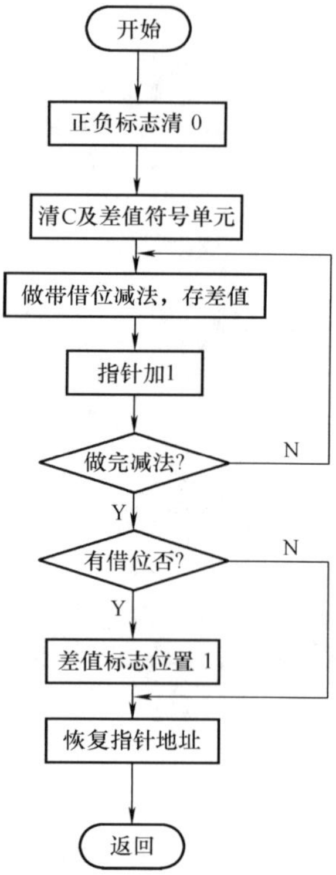

图 4-15 多字节无符号减法程序流程图

说明：差值为负，结果无效

二、乘法运算

【例 4-19】 两个双字节数的乘法运算，RAM 的 R2、R3 和 R6、R7 单元存放两个双字节无符号数（R2、R6 存放高字节），计算两数之积并存入 R4、R5、R6、R7 单元中。试编写程序。

解 8051 指令系统中只有单字节乘法指令，因此，双字节相乘需分解为 4 次单字节相乘。若被乘数（ab）和乘数（cd）分别表示为（$az+ab$）和（$cz+zd$），其中 a、b、c、d 都是 8 位数，z 表示 8 位 0，则其乘积表示为

$$(az+zb)(cz+zd)=\overline{ac}zz+z\overline{ab}z+z\overline{bc}z+zz\overline{bd}$$

式中：$\overline{ac}$、$\overline{ab}$、$\overline{bc}$、$\overline{bd}$ 为相应的两个 8 位数的乘积，占 16 位，可用 4 次乘法指令求出，这 16 位的积分别表示为 $\overline{ac}$H、$\overline{ac}$L、$\overline{ad}$H、$\overline{ad}$L、$\overline{bc}$H、$\overline{bc}$L、$\overline{bd}$H、$\overline{bd}$L，其中，以 H 为后缀的为积的高 8 位，以 L 为后缀的为积的低 8 位，则按下列排序并按列求和，以便得到 4 字节乘积。

$$\left\{\begin{array}{llll}\overline{ac}\mathrm{H} & \overline{ac}\mathrm{L} & & \\ & \overline{ad}\mathrm{H} & \overline{ad}\mathrm{L} & \\ & \overline{bc}\mathrm{H} & \overline{bc}\mathrm{L} & \\ & & \overline{bd}\mathrm{H} & \overline{bd}\mathrm{L}\end{array}\right.$$

入口：R5（高）、R4（低），被乘数

R3（高）、R24（低）乘数

出口：（R1）＝积的低位字节地址指针

程序流程图如图 4-16 所示。

程序如下：

```
MULBIN: MOV     A,R1
        MOV     R6,A
        MOV     R7,#04H
CLEAR:  MOV     @R1,#00H      ;乘积单元清零
        INC     R1
        DJNZ    R7,CLEAR
        MOV     A,R6
        MOV     R1,A
MUL1:   MOV     A,R2          ;(R2)×(R4)
        MOV     B,R4
        MUL     AB
        ACALL   ADDM          ;调用加部分积子程序
        MOV     A,R2          ;(R2)×(R5)
        MOV     B,R5
        MUL     AB
        ACALL   ADDM
        MOV     A,R3          ;(R3)×(R4)
        MOV     B,R4
        MUL     AB
        DEC     R1
        ACALL   ADDM
        MOV     A,R3          ;(R3)×(R5)
        MOV     B,R5
        MUL     AB
        ACALL   ADDM
        MOV     A,R6          ;恢复指针地址
        MOV     R1,A
        RET
```

子程序如下：

```
ADDM:   ADD     A,@R1         ;加部分积
        MOV     @R1,A
        MOV     A,B
        INC     R1
        ADDC    A,@R1
        MOV     @R1,A
        INC     R1
        MOV     A,@R1
        ADDC    A,#00H
        MOV     @R1,A
        DEC     R1
        RET
```

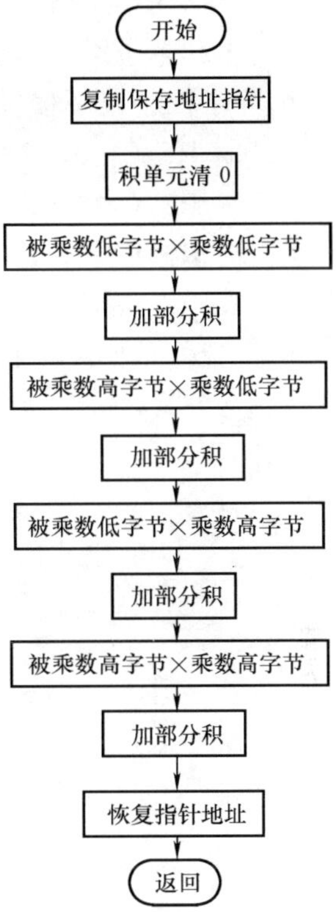

图 4-16　双字节无符号数乘法程序流程图

三、除法运算

【例 4-20】 双字节无符号数除法。试编写程序。

解 本程序采用移位除法的方法，实现双字节无符号数相除，并考虑四舍五入。

入口：R5（高）、R4（低），被除数

　　　R3（高）、R24（低）非零除数

出口：R5（高）、R4（低），商

　　　R7（高）、R6（低），余数

程序流程图如图 4-17 所示。

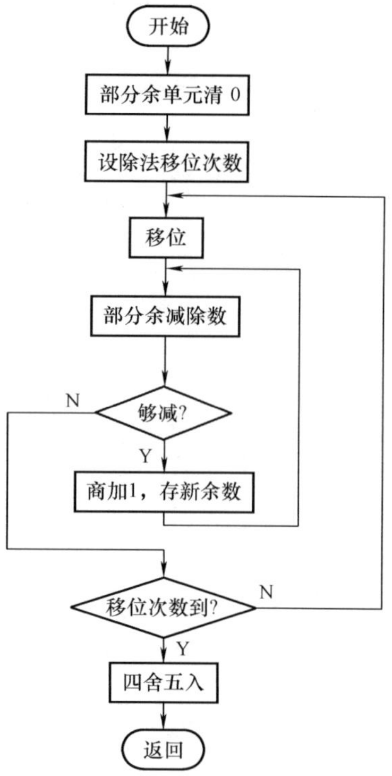

图 4-17　双字节无符号数除法程序流程图

程序如下：

```
BINDIV: CLR     A               ;余数单元清零
        MOV     R7,A
        MOV     R6,A
        MOV     R0,#10H         ;除数移位次数
        CLR     C               ;清进位位
        MOV     A,R4
        RLC     A
        MOV     R4,A
        MOV     A,R5
        RLC     A
        MOV     R5,A
        MOV     A,R6
        RLC     A
        MOV     R6,A
        MOV     A,R7
        RLC     A
        MOV     R7,A
LP1:    MOV     A,R6            ;部分余数减除数
        SUBB    A,R2
        MOV     R1,A
        MOV     A,R7
        SUBB    A,R3
        JC      SMALL
        MOV     R7,A
        MOV     A,R1
        MOV     R6,A
        INC     R4              ;商加 1
        SJMP    LP1
SMALL:  DJNZ    R0,LP
        MOV     20H,R7          ;四舍五入
        JB      07H,ADD1
        CLR     C
        MOV     A,R6
        RLC     A
        MOV     R6,A
        MOV     A,R7
        RLC     A
```

```
        SUBB    A,R3
        JC      RETURN
        JNZ     ADD1
        MOV     A,R6
        SUBB    A,R2
        JC      RETURN
ADD1:   MOV     A,R4            ;商加 1
        ADD     A#01H
        MOV     R4,A
        MOV     A,R5
        ADDC    A,#00H
        MOV     R5,A
RETURN: RET
```

习　　题

1．填空题

（1）用于程序设计的语言基本上分为三种：_________、_________和________。

（2）汇编语言语句一般分为__________和_________两类。其中，__________是采用助记符构成的汇编语言语句，必须符合汇编语言的语法规则。________又称伪指令语句，简称伪指令。伪指令不是真正的指令，虽然与指令的形式类似，但在汇编时不产生__________。

（3）根据结构化程序设计的观点，功能复杂的程序一般常采用以下几种基本结构，即________、_________、__________、_________。

（4）完成由汇编语言到机器代码的翻译有两种方法：一是__________；二是__________。

（5）______伪指令称为起始汇编伪指令，一般用于汇编语言源程序或某数据块的开头。

（6）______伪指令称为汇编结束伪指令，经常用在汇编源程序的末尾。

2．简答题

（1）用于程序设计的语言分为哪几种？它们各有什么特点？

（2）说明伪指令的作用。“伪”的含义是什么？

（3）若 SP＝60H，标号 LABEL 所在的地址为 3456H。LCALL 指令的地址为 2000H，执行如下指令

```
2000H   LCALL LABEL
```

后，堆栈指针 SP 和堆栈内容发生了什么变化？PC 的值等于什么？如果将指令 LCALL 直接换成 ACALL 是否可以？如果换成 ACALL 指令，可调用的地址范围是什么？

（4）下列程序段经汇编后，从 1000H 开始的各有关存储单元的内容将是什么？

```
ORG  0000H
TAB1 EQU  2456H
TAB2 EQU  6500H
DB   "MAIN"
DW   TAB1, TAB, 70H
```

（5）设计子程序时应注意哪些问题？

（6）已知程序执行前有 A＝02H，SP＝42H，（41H）＝FFH，（42H）＝FFH。下述程序

执行后，请问 A=（ ）；SP=（ ）；（41H）=（ ）；（42H）=（ ）。

```
POP    DPH
POP    DPL
MOV    DPTR, #3000H
RL     A
MOV    B, A
MOVC   A, @A+DPTR
PUSH   A
MOV    A,B
INC    A
MOVC   A, @A+DPTR
PUSH   A
RET
ORG    3000H
DB     10H, 80H, 30H, 80H, 50H, 80H
```

（7）分析下列指令，哪些超出寻址范围？

```
1230H   AJMP    1620H
2780H   AJMP    2830H
1230H   LJMP    8FFFH
1750H   ACALL   1A00H
2330H   SJMP    2340H
2800H   SJMP    27FAH
37FEH   SJMP    3730H
```

（8）假定 A=83H，（R0）=17H，（17H）=34H，执行如下指令

```
ANL  A, #17H
ORL  17H, A
XRL  A, @R0
CPL  A
```

后，A 的内容为什么？

3．设计题

（1）若晶振频率为 12MHz，试编写延时 2ms 和 1s 的子程序。

（2）试编写程序，查找在内部 RAM 的 30H～50H 单元中是否有 0AAH 这一数据。若有，则将 51H 单元置为“01H”；若未找到，则将 51H 单元置为“00H”。

（3）试编写程序，查找在内部 RAM 的 20H～40H 单元中出现“00H”这一数据的次数，并将查找到的结果存入 41H 单元。

（4）在内部 RAM 的 21H 单元开始存有一组单字节不带符号数，数据长度为 30H，要求找出最大数存入 BIG 单元。

（5）试编写程序，把累加器 A 中的二进制数变换成 3 位 BCD 码，并将百、十、个位数分别存放在内部 RAM 的 50H、51H、52H 中。

（6）试编写子程序，将 R1 中的 2 个十六进制数转换为 ASCII 码后存放在 R3 和 R4 中。

（7）试编写程序，求内部 RAM 中 50H～59H 十个单元内容的平均值，并存放在 5AH 单元。

（8）在以 2000H 为首地址的存储区中，存放着 20 个用 ASCII 码表示的 0～9 之间的数，试编写程序将它们转换成 BCD 码，并以压缩 BCD 码（即一个单元存放两位 BCD 码）的形式存放在 3000H～3009H 单元中。

（9）试编写多字节 BCD 码加法程序。

（10）从 20H 单元开始有一无负号数据块，其长度在 20H 单元，求出数据块中最小值，并存入 21H 单元。

（11）试编写一个多字节数乘 10 的运算子程序。

第 5 章　单片机的中断系统与定时器/计数器

本章概要及学习目标

本章主要讲解 MCS-51 单片机的中断系统和内部定时器/计数器。MCS-51 单片机内部的中断系统共有 5 个中断源，每个中断源有 2 级中断优先级；共有 2 个 16 位的定时器/计数器，每个定时器/计数器有 2 种工作模式和 4 种工作方式。本章介绍了中断系统和定时器/计数器的基本概念和原理，并在此基础上，列举大量的实例对其应用进行了详细阐述。

通过对本章的学习，读者应掌握和了解以下知识：

1. 相关寄存器的设置。
2. 标志位的使用。
3. 中断的概念。
4. 中断嵌套的定义及实现。
5. 中断系统的应用程序设计。
6. 定时器/计数器的工作方式。
7. 定时器/计数器的初始化编程应用。

重点内容：

1. 中断系统的应用程序设计。
2. 定时器/计数器的工作方式。
3. 定时器/计数器的初始化编程应用。

中断是 CPU 与 I/O 设备间数据交换的一种控制方式，CPU 与外部设备并行工作，以中断方式相联系，可提高工作效率，解决快速 CPU 与慢速外设之间的矛盾。在多项外部设备同时提出中断请求的情况下，CPU 能根据轻重缓急响应外设的中断请求。单片机具有实时处理能力，对外界发生的事件进行及时处理，就是依靠它的中断系统来实现的。MCS-51 单片机有 5 个中断源，每个中断源有 2 级中断优先级。

定时器/计数器是 MCS-51 单片机内部的功能部件，对于单片机的应用系统具有非常重要的使用价值。单片机中的定时器和计数器是复用的，计数器是记录外部脉冲的个数，而定时器则是由单片机提供的一个非常稳定的计数源。定时器是由单片机的晶振经过 12 分频后获得的一个脉冲源。MCS-51 单片机有 2 个 16 位的定时器/计数器 T0 和 T1。

5.1　中　断　系　统

现代计算机中操作系统实现的管理调度，其物质基础就是丰富的中断功能和完善的中断系统。一个 CPU 资源要面向多个任务，出现资源竞争，而中断技术实质上是一种资源共享技术。

实时控制要求计算机能及时完成被控对象随机提出的分析和计算任务。在自动控制系统中，要求各控制参量随机地在任何时刻可向计算机发出请求，CPU 必须作出快速响应、及时处理。依靠中断技术能实现实时控制。

5.1.1　中断系统的基本概念

一、中断

什么是中断？可以从一个生活中的例子引入。例如：你正在寝室看书，突然电话铃响了，于是你放下书本，记下你正在看的书的页数，然后去接电话，接完电话之后，回来继续接着看书。这就是生活中的“中断”现象。而计算机中的中断是指计算机在执行某一程序的过程中，由于计算机系统内、外的某种原因，而必须中止原程序的执行，转去执行相应的处理程序，待处理结束之后，再回来继续执行被中止的原程序的过程。

二、中断请求源

在上述例子中，电话铃响了是引起的中断的事件，因此把能引起中断的事件称为中断源。单片机中也有一些能引起中断的事件，把它称为中断请求源，MCS-51 中一共有 5 个中断请求源：2 个外部中断、2 个计数器/定时器中断、1 个串行口中断。

三、中断响应

如上述例子，当来电话事件产生时，进入中断之前必须先记住现在看书的页数，然后去处理不一样的事情（处理完了还要回来继续看书），接电话要到放电话的地方去，若是有人敲门，则开门要到门那边去，也就是说不一样的中断要在不一样的地点处理，而这个地点常常还是固定的。处理完了事情之后要回到刚才读书的地方接着刚才已记住的页数去继续读书。

计算机中也是采用的这种办法，当有中断请求源发出中断请求时，中断响应能分为以下几个步骤：首先，保护断点，即保存下一条将要执行的指令的地址，就是把这个地址送入堆栈保护起来。相当于记住书的页数。然后，寻找中断入口地址，每个中断产生后都到一个固定的地方去找处理这个中断的程序，这个固定的地方称为中断入口地址，5 个中断源对应 5 个中断入口地址。相当于寻找处理事情的地点。以上工作是由计算机自动完成的。在这 5 个入口地址处存放有中断处理程序，接着执行中断处理程序。最后，中断返回即执行完中断程序后，返回到主程序断点处继续执行。相当于从被中断的页数继续读书。图 5-1 是中断响应过程示意图。

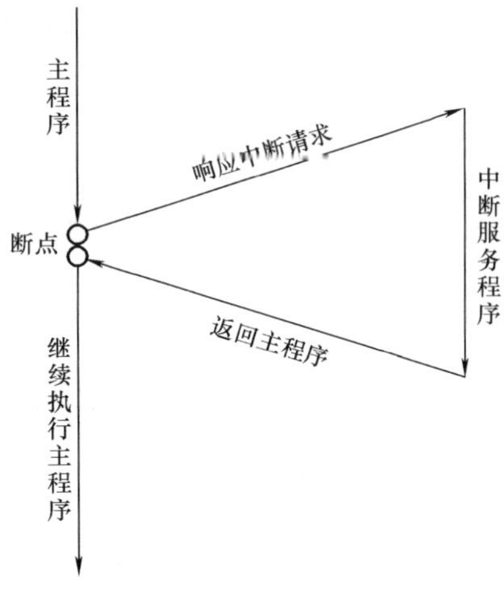

图 5-1　中断响应过程示意图

四、中断嵌套及优先级处理

还是继续上面中断的例子，设想一下，如果你在看书的过程中接了电话，此时又有人敲门，那么此时在接电话的过程中又去接待门外来客，也就是在执行中断的过程中又响应了另一次中断。这就叫中断嵌套。但是如果你在看书的过程中，电话铃响了，同时又有人敲门，你该先处理哪一个呢？如果你正是在等待一个很重要的电话，自然就会去接电话，反之如果你正在等待一个重要的客人，那么就会先接待门外来客。这里就存在一个优先级的问题。单片机中也是如此，也有优先级的问题。优先级的问题不仅发生在两个中断同时产生的情况，也发生在一个中断已产生，期间又有一个中断产生的情况。

MCS-51 单片机共有 2 级中断优先级，优先级越高则响应优先权就越高。当 CPU 正在执行中断服务程序时，又有中断优先级更高的中断申请产生，这时 CPU 就会暂停当前的中断服务转而处理高级中断申请，待高级中断程序处理完毕再返回原中断程序断点处继续执行，这一过程称为中断嵌套。

5.1.2 中断系统结构及相关控制寄存器

5.1.2.1 中断系统结构

MCS-51 提供 5 个中断请求源，即外部中断请求 $\overline{\text{INT0}}$、外部中断请求 $\overline{\text{INT1}}$、定时/计数器溢出中断请求 T0、定时/计数器溢出中断请求 T1 与串行口中断请求 RI/TI；2 个中断优先级，可两级嵌套。由片内特殊功能寄存器中的中断允许寄存器 IE 控制 CPU 是否响应中断请求；由中断优先级寄存器 IP 安排各中断源的优先级；同一中断优先级内各中断同时提出中断请求时，由内部的查询顺序确定其响应次序。

MCS-51 单片机的中断系统由中断请求标志位（在相关的特殊功能寄存器中）、中断允许寄存器 IE、中断优先级寄存器 IP 及内部硬件查询电路组成，如图 5-2 所示。

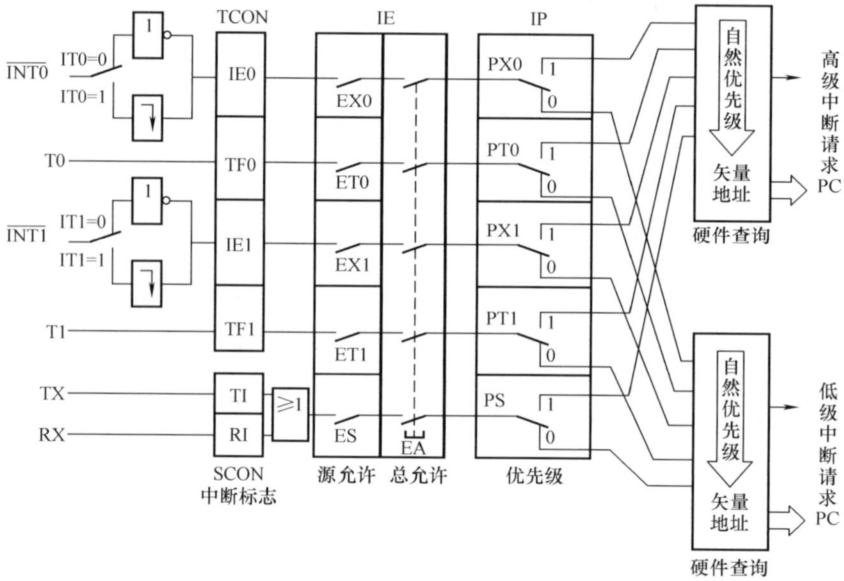

图 5-2 中断系统结构图

5.1.2.2 与中断请求源相关的控制寄存器

MCS-51 单片机共有 5 个中断请求源，每个中断请求源都有自己的标志。某一个中断源申请中断，相应中断标志位置 1。5 个中断源及其中断标志位为：

（1）外部中断请求 0，由引脚 $\overline{\text{INT0}}$ 输入，中断请求标志为 IE0。

（2）外部中断请求 1，由引脚 $\overline{\text{INT1}}$ 输入，中断请求标志为 IE1。

（3）定时器/计数器 T0 溢出中断请求，中断请求标志为 TF0。

（4）定时器/计数器 T1 溢出中断请求，中断请求标志为 TF1。

（5）串行口中断请求，中断请求标志为 TI 或 RI。

在中断系统中，中断标志位及触发方式由定时器/计数器的控制寄存器 TCON 和串行口控制寄存器 SCON 的相应位进行规定。

一、定时器/计数器的控制寄存器 TCON

TCON 包含 T0 和 T1 的溢出中断请求标志位 TF0 和 TF1，以及外部中断请求标志位 IE0 与 IE1。与中断有关的各位定义如图 5-3 所示。

	D7	D6	D5	D4	D3	D2	D1	D0	
TCON	TF1	TR1	TF0	TR0	IE1	IT1	IE0	IT0	88H
位地址	8FH	—	8DH	—	8BH	8AH	89H	88H	

图 5-3　TCON 中的中断请求标志位

（1）IT0：选择外部中断请求 0 为跳沿触发方式还是电平触发方式。IT0＝0，为电平触发方式；IT0＝1，为跳沿触发方式。可由软件置“1”或清“0”。

（2）IE0：外部中断请求 0 的中断请求标志位。IE0＝0，无中断请求；IE0＝1，外部中断 0 有中断请求。当 CPU 响应该中断，转向中断服务程序时，由硬件清“0”IE0。

（3）IT1：外部中断请求 1 为跳沿触发方式还是电平触发方式，意义与 IT0 类似。

（4）IE1：外部中断请求 1 的中断请求标志位，意义与 IE0 类似。

（5）TF0：T0 溢出中断请求标志位。T0 计数溢出时，由硬件置“1”TF0，向 CPU 申请中断，CPU 响应 TF0 中断时，硬件自动清“0”TF0，TF0 也可由软件清 0。

（6）TF1：T1 的溢出中断请求标志位，功能和 TF0 类似。

TR1、TR0 2 个位与中断无关。当 MCS-51 复位后，TCON 被清 0。

二、串行口控制寄存器 SCON

SCON 包含串行口的发送中断和接收中断的中断请求标志 TI 和 RI，如图 5-4 所示。

	D7	D6	D5	D4	D3	D2	D1	D0	
SCON	—	—	—	—	—	—	TI	RI	98H
位地址	—	—	—	—	—	—	99H	98H	

图 5-4　SCON 中的中断请求标志位

（1）TI：发送中断请求标志位。串口每发送完一帧串行数据后，硬件自动置“1”TI。必须在中断服务程序中用软件对 TI 标志清“0”。

（2）RI：接收中断请求标志位。串口接收完一个数据帧，硬件自动置“1”RI 标志。必须在中断服务程序中用软件对 RI 标志清“0”。

5.1.2.3　中断允许寄存器 IE

CPU 对 5 个中断源的开放或屏蔽，由片内的中断允许寄存器 IE 控制。IE 对中断的开放和关闭为两级控制：总的开关中断控制位 EA 为 0，所有中断请求被屏蔽；EA 为 1，CPU 开放中断。但 5 个中断源的中断请求是否最终被允许，还要由 IE 中的 5 个中断请求允许控制位决定。相关各位定义如图 5-5 所示。

	D7	D6	D5	D4	D3	D2	D1	D0	
IE	EA	—	—	ES	ET1	EX1	ET0	EX0	A8H
位地址	AFH	—	—	ACH	ABH	AAH	A9H	A8H	

图 5-5　中断允许寄存器 IE 的格式

（1）EA：中断允许总控制位。EA＝0 时，CPU 屏蔽所有的中断请求（CPU 关中断）；EA＝1 时，CPU 开放所有中断（CPU 开中断）。

（2）ES：串行口中断允许位。ES＝0 时，禁止串行口中断；ES＝1 时，允许串行口中断。

（3）ET1：定时器/计数器 T1 的溢出中断允许位。ET1＝0 时，禁止 T1 溢出中断；ET1＝1 时，允许 T1 溢出中断。

（4）EX1：外部中断 1 中断允许位。EX1＝0 时，禁止外部中断 1 中断；EX1＝1 时，允许外部中断 1 中断。

（5）ET0：定时器/计数器 T0 的溢出中断允许位。ET0＝0 时，禁止 T0 溢出中断；ET0＝1 时，允许 T0 溢出中断。

（6）EX0：外部中断 0 中断允许位。EX0＝0 时，禁止外部中断 0 中断；EX0＝1 时，允许外部中断 0 中断。

MCS-51 复位后，IE 清 0，所有中断请求被禁止。

5.1.2.4　中断优先级寄存器 IP

CPU 同一时间只能响应一个中断请求。若同时来了两个或两个以上中断请求，就必须有先有后。MCS-51 单片机共有 2 级中断优先级，可实现两级中断嵌套。每个中断源的中断优先级都是由中断优先级寄存器 IP 中相应位的状态来规定。相关各位定义如图 5-6 所示。

	D7	D6	D5	D4	D3	D2	D1	D0	
IP	—	—	—	PS	PT1	PX1	PT0	PX0	B8H
位地址	—	—	—	BCH	BBH	BAH	B9H	B8H	

图 5-6　中断优先级寄存器 IP 的格式

（1）PS：串行口中断优先级控制位。PS＝1 时，高优先级中断；PS＝0 时，低优先级中断。

（2）PT1：定时器 T1 中断优先级控制位。PT1＝1 时，高优先级中断；PT1＝0 时，低优先级中断。

（3）PX1：外部中断 1 中断优先级控制位。PX1＝1 时，高优先级中断；PX1＝0 时，低优先级中断。

（4）PT0：定时器 T0 中断优先级控制位。PT0＝1 时，高优先级中断；PT0＝0 时，低优先级中断。

（5）PX0：外部中断 0 中断优先级控制位。PX0＝1 时，高优先级中断；PX0＝0 时，低优先级中断。

单片机复位后，IP 内容为 0，各中断源均为低优先级。

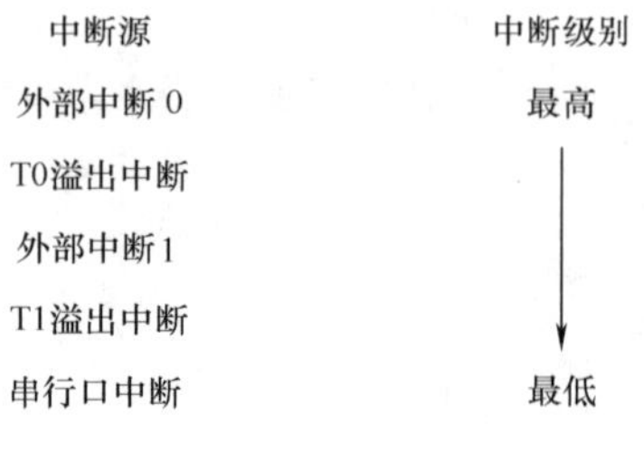

图 5-7　查询顺序

若单片机同时收到几个同一优先级的中断请求时，优先响应哪一个中断，取决于内部的查询顺序。查询顺序如图 5-7 所示。

MCS-51 单片机的中断优先级处理具有以下基本规则：低优先级可被高优先级中断，反之则不能；同级中断不会被它的同级中断源所中断。若 CPU 正在执行高优先级的中断，则不能被任何中断源所中断。MCS-51 单片机中断嵌套如图 5-8 所示。

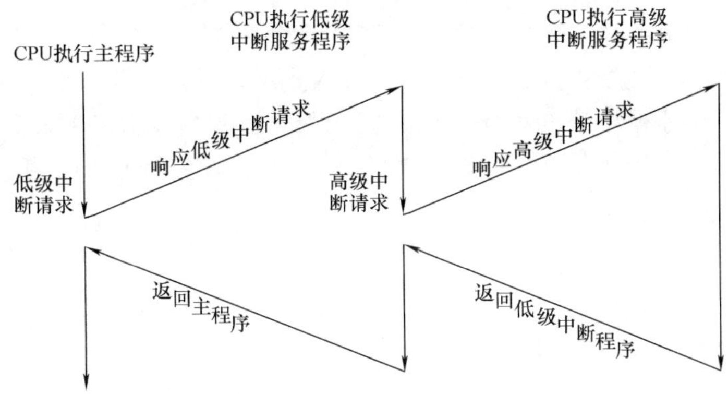

图 5-8 MCS-51 单片机中断嵌套

5.1.3 中断处理过程

中断处理过程分为三个阶段：中断响应、中断处理（又称中断服务）、中断返回。

一、中断响应

一个中断是否被响应是有条件的，首先 IE 寄存器中的中断总允许位 EA＝1，且该中断源的中断允许位为 1，即该中断没有被屏蔽。另外该中断源发出中断请求，即该中断源对应的中断请求标志为“1”。

但是如果遇到下列三种情况之一时，中断响应被封锁（受阻）：

（1）CPU 正在处理同级的或更高优先级的中断。

（2）所查询的机器周期不是当前正在执行指令的最后一个机器周期，只有在当前指令执行完毕后，才能进行中断响应。

（3）正在执行的指令是 RETI 或是访问 IE 或 IP 的指令。需要再去执行完一条指令，才能响应新的中断请求。

如果存在上述三种情况之一，CPU 将丢弃中断查询结果，不能对中断进行响应。

发出中断请求的中断一旦满足了响应条件，该中断将被 CPU 响应，首先置“1”对应的中断优先级状态触发器，以便封锁低级和同级中断。由硬件自动生成一条长调用指令 LCALL addr16，由 CPU 执行该指令，将 PC 的内容压入堆栈以保护断点，再将中断入口地址装入 PC，进入中断服务子程序，进行中断处理。5 个中断源服务程序的入口地址见表 5-1。

表 5-1　　5 个中断源服务程序的入口地址

外部中断 0	T/C0	外部中断 1	T/C1	串口
0003H	000BH	0013H	001BH	0023H

二、中断处理

中断服务子程序从中断子程序入口地址开始执行，直到返回指令 RETI 为止，这个过程称为中断处理。中断服务子程序一般包括两部分内容，一是保护和恢复现场，二是处理中断源的请求。

所谓保护现场一般是用堆栈指令将原程序中用到的寄存器推入堆栈。恢复现场是指用堆栈指令将保护在堆栈中的数据弹出来，以确保一些参数不受子程序或中断服务子程序的影响。

三、中断返回

中断返回指中断服务程序完成后，CPU 将推入到堆栈的断点地址弹回到程序计数器，从而使 CPU 继续执行刚才被中断的程序。由专门的中断返回指令 RETI 来实现。RETI 指令功能：把断点地址取出，送回到程序计数器 PC 中去。另外，它还通知中断系统已完成中断处理，将清除优先级状态触发器。

【例 5-1】 编写 T0 中断服务子程序。

解 程序如下：

```
        ORG   0000H
        AJMP  MAIN
        ORG   000BH
        AJMP  INT_T0
        ORG   0200H
MAIN:   SETB  EA
        SETB  ET0
            …
            …
            …
INT_T0: PUSH  A
        PUSH  B
            …
            …
            …
        POP  B
        POP  A
        RETI
        END
```

【例 5-2】 MCS-51 单片机的 P1 口接 8 个 LED，如图 5-9 所示，通过外部中断 1 接一个按键，即在 INT1 引脚接一个按钮开关到地，每按一次按键 8 个 LED 变换一次，效仿霓虹灯点亮效果，第一次按键按下是奇数个数的 LED 点亮，第二次按键按下是偶数个数的 LED 点亮，依次轮流变换。每按一下按钮就申请一次中断，在中断服务程序中对 P1 口输出的值进行变换，并通过 P1 口输出点亮 LED。已知寄存器（B）＝55H，要求采用边沿触发，低优先级。试编写程序。

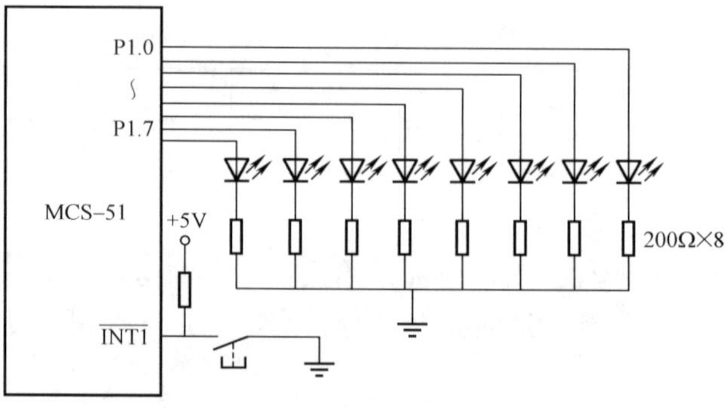

图 5-9 ［例 5-2］的电路图

解 程序如下：

```
        ORG   0000H
        LJMP  MAIN
        ORG   0013H           ;外中断 1 中断入口地址
        LJMP  INT
MAIN:   SETB  EA              ;开总中断允许
        SETB  EX1             ;开外中断 1 中断允许
        CLR   PX1             ;设置外中断 1 为低优先级
        SETB  IT1             ;设置外中断 1 的触发方式为边沿触发
        MOV   B,#55H          ;给 B 寄存器赋初值
HERE:   SJMP  HERE            ;等待中断申请
INT:    MOV   A,B             ;进入外中断 1 中断服务程序，从 B 寄存器中取数
        RL    A               ;左环移一次
        MOV   B,A             ;存回 B,备下次取用
        MOV   P1,A            ;输出到 P1 口
        RETI                  ;中断返回
        END
```

四、中断的执行过程与调用子程序的异同

中断服务程序又称为中断服务子程序，当中断源向 CPU 发出中断请求信号并被响应时，单片机会自动调用中断服务程序，执行完中断服务程序后，又会返回到断点处继续执行原程序。中断服务程序的执行过程和子程序的调用过程是相似的，既有相同之处，又有不同之处。

（1）两者的相同之处：

1）都是中断当前正在执行的程序，转去执行子程序或中断服务程序。

2）都是由硬件自动地把断点地址压入堆栈，然后通过软件完成现场保护。

3）执行完子程序或中断服务程序后，都要通过软件完成现场恢复，并通过执行返回指令重新返回到断点处，继续往下执行程序。

4）两者都可以实现嵌套，如中断嵌套和子程序嵌套。

（2）两者的不同之处：

1）中断请求信号可以由外部设备发出，是随机的，例如故障产生的中断请求，而子程序调用却是由软件编排好的。

2）中断响应后由固定的中断入口地址转入中断服务程序，而子程序地址由软件设定。

3）中断响应是受控的，其响应时间会受一些因素影响，而子程序响应时间是固定的。

4）中断只能嵌套二级，而子程序可以嵌套多级。

5.1.4　中断请求的撤销

中断响应后，必须及时清除 TCON、SCON 中的已响应中断请求标志，否则会引起中断的重复查询和响应。

对于 T0、T1 的溢出中断和采用跳变触发方式的外部中断请求，在 CPU 响应中断后，由内部硬件自动清除中断标志位 TF0 和 TF1、IE0 和 IE1，而自动撤销中断请求。对于串行接收/发送中断请求，在 CPU 响应中断后，必须在中断服务程序中应用软件清除 RI 和 TI 中断标志位，才能撤销中断。对于采用电平触发方式的外部中断请求，中断标志位的撤销是自动的，但中断请求信号的低电平可能继续存在，在以后机器周期采样时又会把已清“0”的 IE0、IE1 标志重新置“1”，再次申请中断。

为了保证在中断响应后把中断请求信号从低电平强制改变为高电平，采用外加硬件结合

软件清除中断请求。其中外中断请求的撤销将在 5.2.3 中介绍。

一、定时器/计数器中断请求的撤销

定时器/计数器中断请求被响应后，硬件会自动清定时器/计数器 T0 和 T1 的中断标志位 TF0 或 TF1，因此定时器/计数器中断请求的撤销是自动的。

二、串行口中断请求的撤销

串行口的中断请求被响应后，CPU 无法知道是接收中断还是发送中断，还需测试这两个中断标志位的状态，以判定是接收操作还是发送操作，然后才能清除。因此串行口中断请求的撤销只能用软件清除。

```
CLR  TI          ;清 TI 标志位
CLR  RI          ;清 RI 标志位
```

5.2 外部中断的使用

MCS-51 单片机共有 2 个外部中断 $\overline{INT0}$ 和 $\overline{INT1}$，用于响应来自 CPU 外部的事件中断请求，外部事件的中断请求信号必须以低电平或下降沿两种方式通过 $\overline{INT0}$ 和 $\overline{INT1}$ 引脚输入到 CPU 内部。CPU 在每个机器周期采样外部中断输入线的电平，置位相应的外部中断标志位，向 CPU 发出中断请求。

5.2.1 外部中断请求信号的采样过程

MCS-51 单片机的外部中断有两种触发方式可以选择，即电平触发和边沿触发。

一、电平触发方式中断请求信号的采样过程

选择电平触发方式时，单片机在每个机器周期采样中断源口线，采样到低电平，即置位中断标志位，向 CPU 发出中断请求。采用电平触发方式时，外部中断请求信号引脚（$\overline{INT0}$ 和 $\overline{INT1}$）的电平状态在 CPU 的每个机器周期将影响 CPU 内部的中断请求标志位一次，即中断请求不被锁存。当中断请求被阻塞而没有得到及时响应时，将被丢失。要使电平触发的中断被 CPU 响应并执行，必须保证外部中断源口线的低电平维持到中断被执行为止。因此当 CPU 正在执行同级中断或更高级中断期间，产生的外部中断源（产生低电平）如果在该中断执行完毕之前撤销（变为高电平）了，那么将得不到响应。同时，由于中断请求不被锁存，当外部中断请求标志位被置位后，在满足中断响应的条件下，CPU 立即转到中断服务程序入口执行中断服务程序，而在中断服务程序返回之前，相应的外部中断请求信号必须变为无效（高电平状态），否则 CPU 退出中断服务程序后将再次转入中断服务程序，在大多数应用中是不希望发生这种情况的。

二、边沿触发方式中断请求信号的采样过程

选择边沿触发方式时，单片机在上一个机器周期检测到中断源口线为高电平，下一个机器周期检测到低电平，即置位中断标志位，向 CPU 发出中断请求。边沿触发方式时，CPU 外部中断申请触发器能够锁存外部中断请求信号输入脚（$\overline{INT0}$ 和 $\overline{INT1}$）的负跳变（下降沿）。一旦标志位被置位后将一直保持有效状态，直到 CPU 响应此中断请求后才被清 0，即中断请求被锁存。 即使 CPU 不及时响应该中断，该中断请求标志也不会丢失。虽然边沿触发方式不会丢失中断请求信号，但由于 CPU 需要至少两个机器周期采样才能检测到下降沿，因此输入的“负脉冲”宽度至少保持 12 个时钟周期才能被 CPU 采样到。

5.2.2 外部中断的响应时间

从中断标志位置 1 到进入相应的中断服务程序，需要经历一定的时间。中断控制系统对各中断标志位进行查询需要 1 个机器周期，若满足响应条件，该中断将被响应，CPU 执行长调用指令 LCALL 转到相应的中断服务程序入口，需要 2 个机器周期。那么外部中断的最短的响应时间为 3 个机器周期。

如果中断响应过程受阻，就要增加等待时间。若同级或高级中断正在进行，所需要的附加等待时间取决于正在执行的中断服务程序的长短，等待的时间不确定。若没有同级或高级中断正在进行，所需要的附加等待时间在 3～5 个机器周期之间。这是因为：

（1）如果查询周期不是正在执行指令的最后机器周期，附加等待时间不会超过 3 个机器周期（因为执行时间最长的指令 MUL 和 DIV 也只有 4 个机器周期）。

（2）如果查询周期恰逢 RET、RETI 或访问 IE、IP 指令，则需把当前指令执行完再继续执行一条指令后，才能响应中断，而这类指令之后如果又紧跟着 MUL 或 DIV 指令，则由此引起的附加等待时间不会超过 5 个机器周期（1 个机器周期完成正在进行的指令再加上 MUL 或 DIV 的 4 个机器周期）。

因此，对于没有嵌套的单级中断，响应时间为 3～8 个机器周期。

5.2.3 外部中断请求的撤销

MCS-51 单片机 CPU 在每个机器周期采样一次外部中断输入线 $\overline{\text{INT0}}$、$\overline{\text{INT1}}$ 引脚的电平。在中断服务程序返回之前，外部中断请求输入必须无效（即变为高电平），否则 CPU 返回主程序后会再次响应中断。

在跳沿触发方式中，单片机连续两次采样，一个机器周期采样到外部中断输入为高，下一个机器周期采样为低，则置“1”中断请求标志位 IE0 和 IE1，直到 CPU 响应此中断时，该标志才清 0。但输入的负脉冲宽度至少保持 1 个机器周期。中断标志位 IE0 和 IE1 的清 0 在中断响应后由硬件自动完成。外中断信号的撤销，由于跳沿信号过后也就消失了，所以是自动撤销，不会产生多次中断动作。

电平触发方式适于外中断以低电平输入且中断服务程序能清除外部中断请求（即外部中断输入电平又变为高电平）的情况。中断标志位 IE0 和 IE1 的撤销虽然是自动的，但中断请求信号的低电平可能继续存在，需在中断响应后把中断请求信号引脚从低电平强制改为高电平。解决办法可采用在单片机之外加一个触发器作为中断请求标志，并在软件中采取一定措施解决。

【例 5-3】 系统选用 8031 为控制器，采用电平触发方式，单外部中断源每发出一个选通信号（正脉冲），使 D 触发器 $\overline{Q}$ 端清 0，向 $\overline{\text{INT0}}$ 送入一个低电平中断请求信号，在没有从 CLR 脚输入复位脉冲前，$\overline{Q}$ 一直保持低电平，只有当中断被响应，转入中断服务时，才由 P3.0 来的复位信号（负脉冲）使 $\overline{Q}=1$，清除中断信号，如图 5-10 所示。试编写程序。

解 程序如下：

```
          ORG  0000H
          LJMP  MAIN
          ORG  0003H
          LJMP  INT_T0
          ORG  0100H
MAIN:     SETB  P3.0              ;在主程序中使 P3.0=1
```

```
          CLR   IT0               ;设外中断 0 为电平触发方式
          SETB  EA
          SETB  EX0
               …
               …
               …
          ORG  0200H
INT0_T0:PUSH  A                   ;进入中断服务程序
               …
               …
               …
          CLR   P3.0              ;使 P3.0 发出负脉冲，清除中断请求
          NOP
          NOP
          SETB  P3.0              ;中断返回前 P3.0=1
          POP   A
          RETI
          END
```

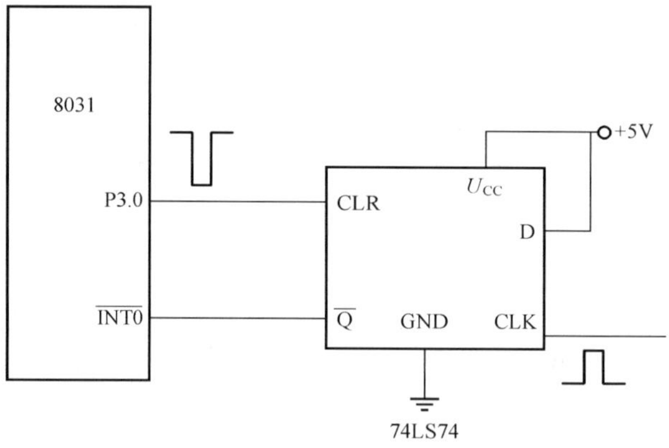

图 5-10　单外部中断源示例

5.2.4　多外部中断源系统设计

MCS-51 单片机内部有 5 个中断源，其中外部中断只有 2 个，即外部中断 0 和外部中断 1。而一个实际的应用系统，需要采集的外部信号很多，通常 2 个外部中断是不够用的，这时候就需要扩展外部中断源。可采取不同方法增加外中断源，一般有两种方法，即中断和查询相结合的方法以及利用定时器/计数器作为外部中断源的方法。

一、中断和查询相结合的方法

若系统中有多个外部中断请求，可以通过增加“OC 门” 结合软件来扩展，结合芯片本身的外部中断请求输入端（$\overline{\text{INT0}}$、$\overline{\text{INT1}}$）就可很方便地扩展多个外部中断源。若外扩的多个中断源（中断源都是电平触发方式）中有一个或几个有效，引起$\overline{\text{INT0}}$低电平触发中断。当满足外部中断请求条件时，则 CPU 响应中断，转入相应的中断入口地址开始执行中断服务程序。

而外扩的多个中断源可按照它们的轻重缓急进行排队，除了用“线或”的办法连到 MCS-51 的外中断源输入端，同时还连接到单片机的 I/O 口上。在单片机进入中断服务程序后，按照外部扩展中断源的中断优先级顺序查询外中断哪一位有效，然后进入该中断处理程序。

【例 5-4】 4 个外部中断源 XI1～XI4 高电平有效输入端经或非门接单片机的外中断 0，同时接单片机的 P1.3～P1.0。4 个外部中断源的优先级为 XI1～XI4，电路如图 5-11 所示。试编写程序。

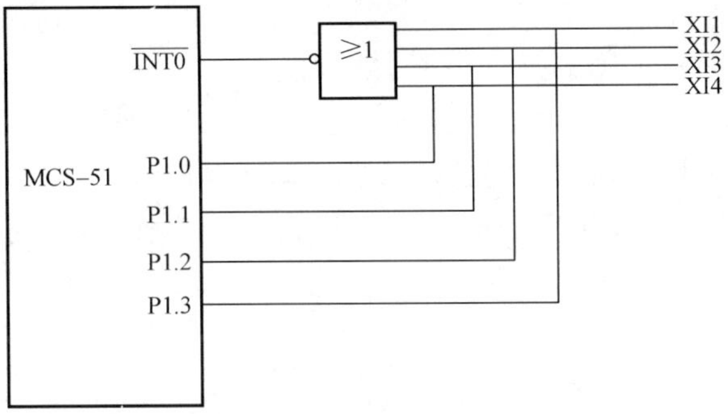

图 5-11　利用中断和查询相结合的方法扩展外中断源示例

解　程序如下：

```
        ORG  0000H
        AJMP MAIN                        ;转向主程序
        ORG  0003H
        AJMP INT_T0                      ;转向中断服务程序
MAIN:   SETB IT0                         ;选取外中断 0 为脉冲触发方式
        SETB EX0                         ;允许外中断 0 中断
        SETB EA                          ;开 CPU 中断
LOOP:   SJMP LOOP                        ;等待中断
INT_T0:                                  ;进入外中断 0 中断服务程序
        JB   P1.3,XI1                    ;P1.3 高, XI1 有请求
        JB   P1.2, XI2                   ;P1.2 高, XI2 有请求
        JB   P1.1, XI3                   ;P1.1 高, XI3 有请求
        JB   P1.0, XI4                   ;P1.0 高, XI4 有请求
INTIR:  RETI                             ;中断返回
XI1:    …                                ;XI1 的中断处理程序
        …
        …
        AJMP  INTIR
XI2:    …                                ;XI2 的中断处理程序
        …
        …
        AJMP  INTIR
XI3:    …                                ;XI3 的中断处理程序
        …
        …
        AJMP  INTIR
XI4:    …                                ;XI4 的中断处理程序
        …
        …
        AJMP  INTIR
        END
```

二、利用定时器/计数器作为外部中断源的方法

MCS-51 单片机内部有两个定时器/计数器，具有两个内部中断标志位和外部计数输入引

脚 T0（P3.4）、T1（P3.5）。这两个定时器/计数器可工作在定时模式和计数模式两种模式，同时具有 4 种工作方式。当定时器/计数器工作在计数模式时，可将计数初值设置为最大值，此时一旦外部信号从计数器引脚输入一个负跳变信号，定时器/计数器即产生加 1 操作，由于计数初值为最大值，因此进行加 1 操作后将产生溢出，向 CPU 发出中断请求信号，一旦响应此中断请求，即可转去处理此扩展的外部中断。

因此当定时器/计数器闲置的时候，可利用定时器/计数器来扩展外部中断源。将外部中断源作为边沿触发输入信号，接至定时器/计数器的 T0（P3.4）或 T1（P3.5）引脚上，该定时器/计数器的溢出中断标志位及中断服务程序作为扩展的外部中断源的中断标志位和中断服务程序。

5.3 定时器/计数器

在单片机应用系统中，常会有定时控制需求，如定时输出、定时检测等，有时也要对外部事件进行计数。MCS-51 单片机有 2 个可编程的定时器/计数器 T0、T1，可工作于定时模式，也可工作于外部事件计数模式，另外，T1 还可作为串行口的波特率发生器。

5.3.1 定时器/计数器结构

定时器/计数器的结构框图如图 5-12 所示，MCS-51 单片机的定时器/计数器为加 1 计数器，由高 8 位和低 8 位两个寄存器组成（T0 由 TH0、TL0 构成；T1 由 TH1、TL1 构成）。TMOD 是定时器/计数器的工作方式寄存器，用于选择定时器/计数器 T0、T1 的工作模式和工作方式。TCON 是定时器/计数器的控制寄存器，用于控制 T0、T1 的启动和停止计数，同时包含了 T0、T1 的状态。单片机复位时，两个寄存器的所有位都被清 0。

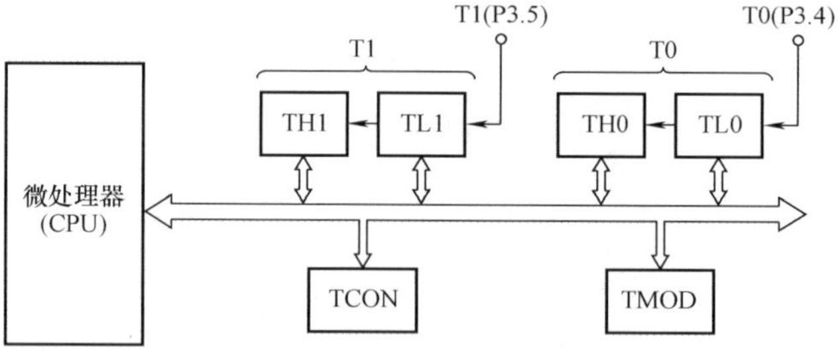

图 5-12　定时器/计数器的结构框图

一、工作方式控制寄存器 TMOD

工作方式控制寄存器 TMOD 的格式如图 5-13 所示。

	D7	D6	D5	D4	D3	D2	D1	D0	
TMOD	GATE	$C/\overline{T}$	M1	M0	GATE	$C/\overline{T}$	M1	M0	89H
	T1方式字段				T0方式字段				

图 5-13　工作方式控制寄存器 TMOD 的格式

工作方式控制寄存器 TMOD 共 8 位，分为 2 组，高 4 位控制 T1，低 4 位控制 T0。

（1）GATE：门控位。GATE＝0 时，以 TRx（x＝0,1）来启动定时器/计数器运行；GATE＝1 时，用外中断引脚（$\overline{INT0}$ 或 $\overline{INT1}$）上的高电平和 TRx 来启动定时器/计数器运行。

（2）M1、M0：工作方式选择位。M1M0＝00 时，工作于方式 0，为 13 位定时器/计数器；M1M0＝01 时，工作于方式 1，为 16 位定时器/计数器；M1M0＝10 时，工作于方式 2，为 8 位常数自动重新装载的定时器/计数器；M1M0＝11 时，工作于方式 3，仅适用于 T0，此时 T0 分成 2 个 8 位计数器，T1 停止计数。

（3）$C/\overline{T}$：计数器模式和定时器模式选择位。$C/\overline{T}=0$ 时，定时器/计数器工作于定时器模式，通过计数器的计数来实现定时功能，不过此时的计数脉冲来自单片机内部，即每个机器周期产生 1 个计数脉冲，也就是每经过 1 个机器周期的时间，计数器加 1。这样可根据计数值计算出定时时间，也可根据定时时间的要求计算出计数器的初值。$C/\overline{T}=1$ 时，定时器/计数器工作于计数器模式，对外来脉冲进行计数，T0（P3.4）、T1（P3.5）为 2 个计数器的计数输入端。每当计数输入引脚的脉冲发生负跳变时，计数器加 1。

二、定时器/计数器控制寄存器 TCON

定时器/计数器控制寄存器 TCON 的格式如图 5-14 所示。

	D7	D6	D5	D4	D3	D2	D1	D0	
TCON	TF1	TR1	TF0	TR0	IE1	IT1	IE0	IT0	88H

图 5-14　定时器/计数器控制寄存器 TCON 的格式

（1）TF1、TF0：计数溢出标志位。当计数器计数溢出时，该位置 1。使用查询方式时，应以软件方法将该位清 0。使用中断方式时，此位作为中断请求标志位，进入中断服务程序后由硬件自动清 0。

（2）TR1、TR0：计数运行控制位。TRx＝1 时，启动定时器/计数器工作；TRx＝0 时，停止定时器/计数器工作。由软件置 1 或清 0。

5.3.2　定时器/计数器的工作方式

定时器/计数器 T0 和 T1 共有 4 种工作方式，由工作方式控制寄存器 TMOD 中的 M1、M0 决定。

5.3.2.1　方式 0

TMOD 的 M1M0 为 00 时，定时器/计数器工作于方式 0，如图 5-15 所示。

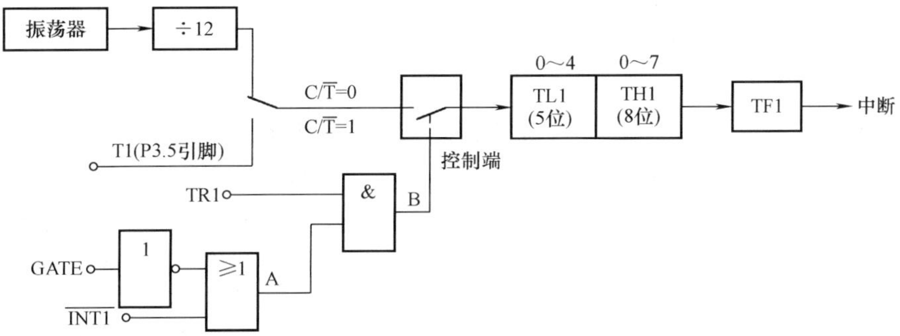

图 5-15　定时器/计数器方式 0 逻辑结构框图

方式 0 为 13 位的计数器，由 TLx（x=0，1）的低 5 位（高 3 位未用）和 THx（x=0，1）的高 8 位所构成。TLx（x=0，1）低 5 位溢出则向 THx（x=0，1）进位，THx（x=0，1）计数溢出则置位 TCON 中的溢出标志位 TFx（x=0，1），向 CPU 发出中断请求。

当定时器/计数器工作于定时模式时，以系统时钟振荡器 12 分频后的信号作为计数信号，有

$$N=\frac{t}{T_{cy}}$$

式中：t 为定时时间；T_{cy} 为机器周期。

$$X=2^{13}-N$$

X 为计数初值，计数个数为 1 时，初值 X 为 8191；计数个数为 8192 时，初值 X 为 0。即初值在 8191～0 范围时，计数范围为 1～8192。在定时器/计数器应用中要将计数初值 X 送入 THx（x=0，1）、TLx（x=0，1），以完成其定时功能。

当定时器/计数器工作于计数模式时，计数脉冲是 P3.4、P3.5 引脚上的外部脉冲，当引脚上发生负跳变时，计数器加 1。

门控位 GATE 具有特殊作用，当 GATE=0 时，A 点（见图 5-15）是否计数，仅取决于 TRx 的状态。当 GATE=1 时，B 点电位由 $\overline{\text{INTx}}$（x=0，1）的输入电平和 TRx 的状态这两个条件来决定。当 TRx=1，且 $\overline{\text{INTx}}$=1 时，控制端控制电子开关闭合，允许定时器/计数器计数，是否计数由 TRx 和 $\overline{\text{INTx}}$ 两个条件来决定。

方式 0 采用 13 位计数器是为了与早期的产品兼容，计数初值的高 8 位和低 5 位的确定比较麻烦，因此在实际应用中很少使用。

5.3.2.2 方式 1

TMOD 的 M1M0 为 01 时，定时器/计数器工作于方式 1，如图 5-16 所示。

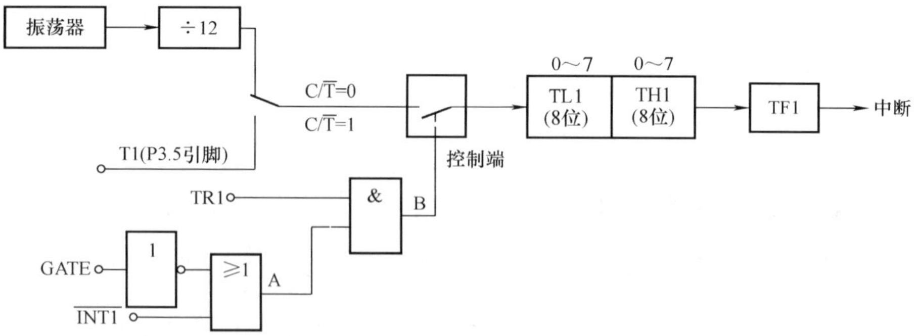

图 5-16 定时器/计数器方式 1 逻辑结构框图

方式 1 和方式 0 的差别仅仅在于计数器的位数不同，方式 1 为 16 位的计数器，由 THx 作为高 8 位和 TLx 作为低 8 位构成（x=0，1），有关控制状态位的含义（GATE、C/$\overline{\text{T}}$、TFx、TRx）与方式 0 相同。

当定时器/计数器工作于定时模式时，以系统时钟振荡器 12 分频后的信号作为计数信号，有

$$N=\frac{t}{T_{cy}}$$

式中：t 为定时时间；T_{cy} 为机器周期。计数初值 $X=2^{16}-N$，可见，计数个数为 1 时，初值 X 为 65535；计数个数为 65536 时，初值 X 为 0。即初值在 65535～0 范围时，计数范围为 1～65536。

【例 5-5】 时钟频率采用 6MHz，定时器/计数器采用定时模式，工作于方式 1 实现 1ms 定时，求定时初值。

解　机器周期＝12/6MHz＝2×10^{-6}s＝2μs

设初值为 X，则有

$$(2^{16}-X)\times2\times10^{-6}=1\times10^{-3}$$
$$2^{16}-X=500$$
$$X=65036$$

X 化为 16 进制，即 X＝FE0CH＝1111111000001100B。

因此，T0 的初值为

TH0＝0FEH；TL0＝0CH

5.3.2.3　方式 2

方式 0 和方式 1 的最大特点是计数溢出后，计数器为全 0。因此在循环定时或循环计数应用时就存在反复装入计数初值的问题。这不仅影响定时精度，而且也给程序设计带来不便。方式 2 就是针对此问题而设置的。当 TMOD 的 M1M0 为 10 时，定时器/计数器工作于方式 2，如图 5-17 所示。

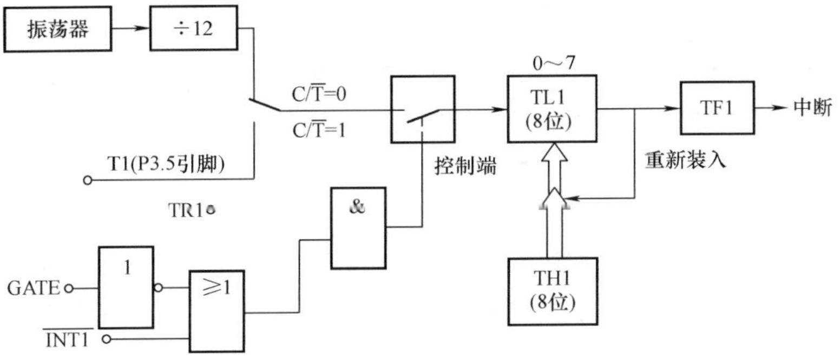

图 5-17　定时器/计数器方式 2 逻辑结构框图

方式 2 为自动恢复初值的（初值自动装入）8 位定时器/计数器。TLx 作为常数缓冲器，当 TLx 计数溢出时，在置“1”溢出标志 TFx 的同时，还自动地将 THx 中的初值送至 TLx，使 TLx 从初值开始重新计数。计数个数与计数初值的关系为 $X=2^{8}-N$，可见，计数个数为 1 时，初值 X 为 255；计数个数为 256 时，初值 X 为 0。即初值在 255～0 范围时，计数范围为 1～256。

由于工作方式 2 省去用户软件中重装初值的程序，因此特别适合于用作精确的定时。

5.3.2.4　方式 3

当 TMOD 的 M1M0 为 11 时，定时器/计数器工作于方式 3。方式 3 只适用于定时器/计数器 T0。T1 不能工作在方式 3，T1 为方式 3 时相当于 TR1=0，停止计数（此时 T1 可用来作串行口波特率产生器）。定时器/计数器工作于方式 3，增加 1 个附加的 8 位定时器/计数器，从而具有 3 个定时器/计数器。

一、工作方式 3 下的 T0

T0 分为 2 个独立的 8 位计数器：TL0 和 TH0。TL0 使用 T0 的状态控制位 $C/\overline{T}$、GATE、TR0、$\overline{INT0}$，其逻辑结构框图如图 5-18、图 5-19 所示。

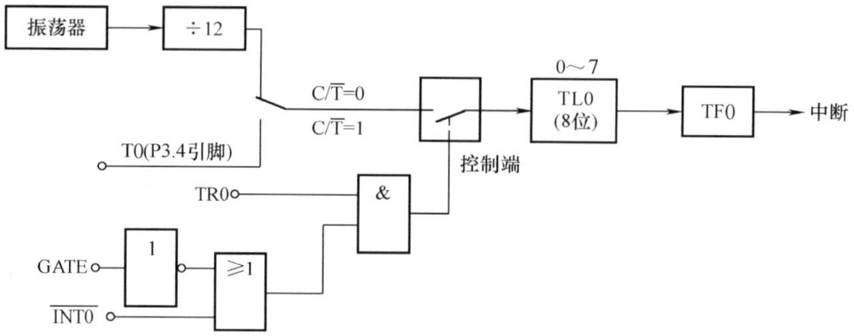

图 5-18　TL0 作为 8 位定时器/计数器的逻辑结构框图

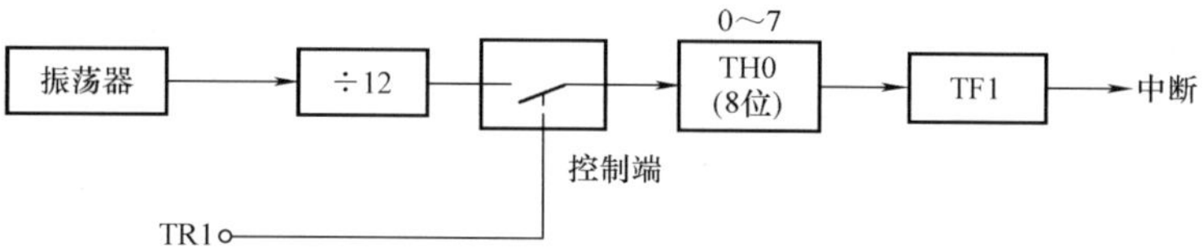

图 5-19　TH0 作为 8 位定时器的逻辑结构框图

TH0 被固定为一个 8 位定时器（不能作外部计数模式），并使用定时器 T1 的状态控制位 TR1 和 TF1，同时占用定时器 T1 的中断请求源 TF1。

二、T0 工作在方式 3 下 T1 的各种工作方式

当 T1 用作串行口的波特率发生器时，T0 才工作在方式 3。相反当 T0 处于方式 3 时，T1 可定为方式 0、方式 1 和方式 2，用来作为串行口的波特率发生器，或不需要中断的场合。

T1 的溢出信号作为波特率发生器使用时，无需启动和停止，也不需要中断处理。图 5-20～图 5-22 分别为 T1 作为波特率发生器工作于方式 0～2 的逻辑结构框图，从图中可以看出，当 T0 工作在方式 3 时，TR1 和 TF1 被 TH0 构成的 8 位定时器占用，而 T1 仍然可工作于方式 0～2，但 T1 的有效控制位仅有 $C/\overline{T}$ 和 M1、M0。其中 $C/\overline{T}$ 控制 T1 作为定时器或计数器（选择定时时钟来自内部分频器或者外部 T1 引脚）使用，M1 和 M0 选择方式 0～2 控制位。

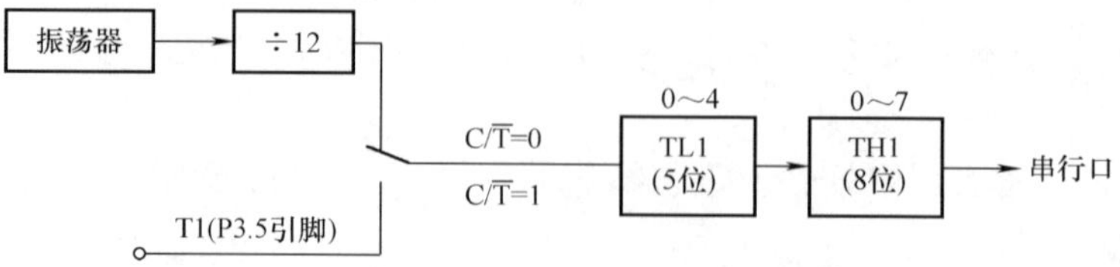

图 5-20　T1 作为波特率发生器工作于方式 0 的逻辑结构框图

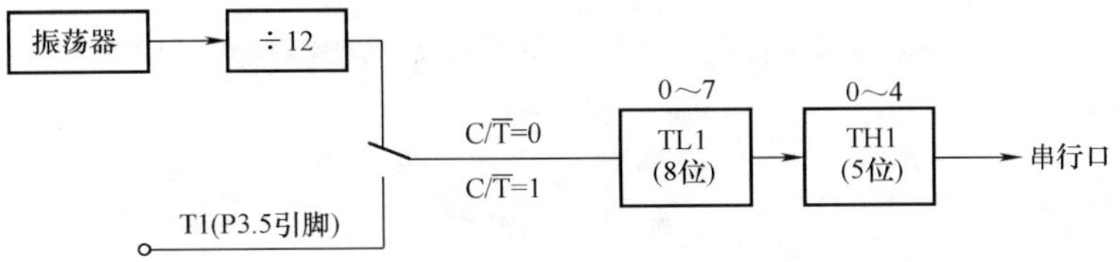

图 5-21　T1 作为波特率发生器工作于方式 1 的逻辑结构框图

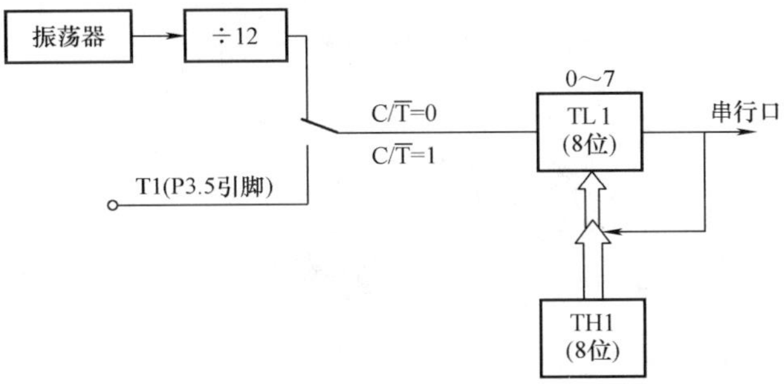

图 5-22　T1 作为波特率发生器工作于方式 2 的逻辑结构框图

5.3.3　定时器/计数器对输入信号的要求

当定时器/计数器被选定为定时器工作模式时，计数输入信号是内部时钟脉冲，每个机器周期产生 1 个脉冲使计数器增 1，因此，定时器/计数器的输入脉冲的周期与机器周期一样，为时钟振荡频率的 1/12。当采用 12MHz 频率的晶振时，计数速率为 1MHz，输入脉冲的周期间隔为 1μs。由于定时的精度决定于输入脉冲的周期，因此当需要高分辨率的定时时，应尽量选用频率较高的晶振。

当定时器/计数器用作计数器时，计数脉冲来自相应的外部输入引脚 T0 或 T1。当输入信号产生由 1～0 的跳变（即负跳变）时，计数器的值增 1。每个机器周期的 S5P2 期间，对外部输入引脚进行采样。若在第一个机器周期中采得的值为 1，而在下一个机器周期中采得的值为 0，则在紧跟着的下一个机器周期 S3P1 的期间，计数器加 1。由于确认 1 次负跳变要花 2 个机器周期，即 24 个振荡周期，因此外部计数脉冲的最高频率为系统振荡器频率的 1/24，例如选用 12MHz 频率的晶体，则可输入 500kHz 的外部脉冲。对于外部输入信号的占空比并没有什么限制，但为了确保某一给定的电平在变化之前能被采样 1 次，则这一电平至少要保持 1 个机器周期（输入信号的高、低电平至少要保持一个机器周期）。图 5-23 中 T_{cy} 为机器周期。

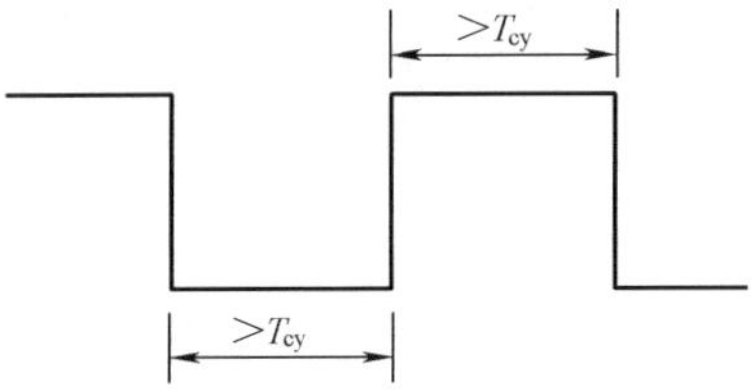

图 5-23　对外部输入信号的基本要求示意图

5.3.4　定时器/计数器的编程

定时器/计数器 T0、T1 的 4 种工作方式中，方式 0 与方式 1 基本相同，由于方式 0 是为兼容 MCS-48 而设，初值计算复杂，因此在实际应用中，一般不用方式 0，而采用方式 1。

一、方式 1 编程应用

【例 5-6】 编写软件程序，使用 T1 的方式 1，设定 1ms 的定时。在 P1.0 引脚上产生周期为 2ms 的方波输出。晶体振荡器的频率为 f_{osc}＝6MHz。

解　首先计算定时常数：

$$\text{机器周期}=\frac{12}{f_{osc}}=\frac{12}{6\text{MHz}}=2\times10^{-6}\text{s}=2\mu\text{s}$$

定时常数计算　　　　　　$(2^{16}-X)\times2\times10^{-6}=1\times10^{-3}$

定时常数 X＝65036，转换成十六进制为 FE0CH。

给定时器 T1 赋予初值：TH1＝0FEH，TL1＝0CH。

TMOD 设定为 10H，如图 5-24 所示。

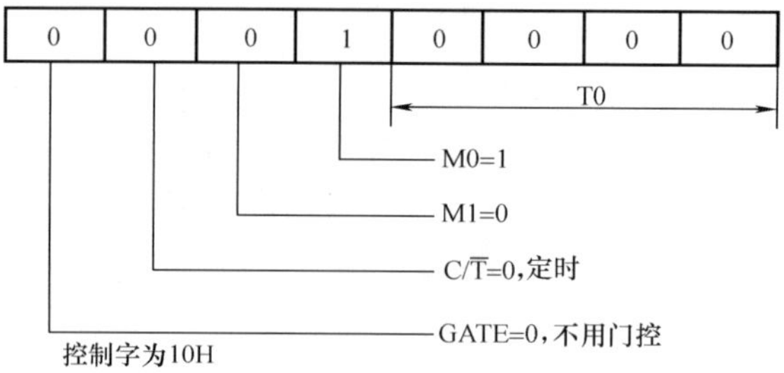

图 5-24　TMOD 设定值

程序如下：

```
        ORG   0000H
        AJMP  MAIN
        ORG   001BH          ;T1 中断入口地址
        AJMP  INT1ms
        ORG   0100H          ;主程序入口
MAIN:   MOV   SP,#60H
        MOV   TMOD,#10H      ;T1 为定时器方式 1 定时模式
        MOV   TH1,#0FEH      ;写定时常数 , 定时 1ms
        MOV   TL1,#0CH
        SETB  TR1            ;启动 T1
        SETB  ET1            ;允许 T1 中断
        SETB  EA             ;开放 CPU 中断
        AJMP  $
        ORG   0200H          ;T1 中断服务程序
INT1ms: MOV   TH1,#0FEH      ;重写定时常数
        MOV   TL1,#0CH
        CPL   P1.0           ;P1.0 变反输出
        RETI                 ;中断返回
        END
```

【例 5-7】 在 MCS-51 单片机的 P1.0 引脚接 1 个发光二极管的阳极，使用定时器 T0 实现 1s 的定时。编写软件程序，使发光二极管闪烁，闪烁周期为 3s，亮 2s、灭 1s。选择晶体振荡器的频率为 f_{osc}＝6MHz。

解　(1) 定时器 T0 工作方式的确定。在 4 种工作方式中，假设系统时钟为 6MHz，哪种工作方式定时时间较长？由各种工作方式的特性可得：

1）工作方式 0：13 位定时器/计数器方式。

计数器的初值 N 的范围为：0～8192。

计数值 X 为：X＝8192－N。

定时器常数计算公式：$T=(8192-N)\,T_{cy}$。

2）工作方式1：16位加法计数器方式。

计数器的初值 N 的范围为：0～65536。

计数值X为：X＝65536－N。

定时器常数计算公式：T＝（65536－N）T_{cy}。

3）工作方式2：8位自动重装入定时器/计数器方式。

计数器的初值 N 的范围为：0～256。

计数值X为：X＝256－N。

定时器常数计算公式：T＝（256－N）T_{cy}。

可计算出：方式0最长可定时16.384ms；方式1最长可定时131.072ms；方式2最长可定时512μs。

选方式1，每隔100ms中断一次，中断10次为1s。

（2）计算计数初值。

因为　$(2^{16}-X)\times 2\times 10^{-6}=10^{-1}$

所以　X＝15536＝3CB0H

则　TH0＝3CH，TL0＝B0H

（3）采用循环程序法实现10次计数。

（4）程序设计。中断服务程序除实现功能外，还要注意将计数初值重新装入定时器中，为下一次中断作准备。

```
         ORG   0000H
         LJMP  MAIN           ;转主程序入口 MAIN
         ORG   000BH          ;T0 的中断入口地址
         LJMP  INT100ms       ;转 T0 中断处理程序 INT 100ms
         ORG   0100H
MAIN:    MOV   SP,#60H        ;设堆栈指针
         MOV   R0,#0AH        ;设循环次数 10 次
         MOV   R1,#0          ;存储 1s 计数次数
         MOV   TMOD,#01H      ;设 T0 工作在方式 1
         MOV   TL0,#0B0H      ;给 T0 设初值
         MOV   TH0,#3CH
         SETB  TR0            ;启动 T0
         SETB  ET0            ;开 T0 分中断
         SETB  EA             ;开 CPU 总中断
         SJMP  $              ;等待中断
INT100ms:MOV   TL0,#0B0H      ;T0 中断服务子程序，重装初值
         MOV   TH0,#3CH
         DJNZ  R0,LOOP
         MOV   R0,#0AH        ;重设循环次数为 10 次
         INC   R1
         CJNE  R1,#2,PANL
MIE:     CLR   P1.0           ;LED 点亮 2s 后，熄灭 LED
         AJMP  LOOP
PANL:    CJNE  R1,#3,LOOP
         SETB  P1.0           ;LED 熄灭 1s 后，点亮 LED
         MOV   R1,#0          ;1s 计数次数清 0
LOOP:    RETI
         END
```

二、方式 2 编程应用

方式 2 为自动恢复初值的（初值自动装入）8 位定时器/计数器。由 TLx（x=0，1）构成 8 位计数器，THx（x=0，1）仅用来存放时间常数。启动定时器/计数器前，TLx（x=0，1）和 THx（x=0，1）装入相同的时间常数，当 TLx（x=0，1）计满后，除定时器回零标志 TFx（x=0，1）置位，具有向 CPU 请求中断的条件外，THx（x=0，1）的时间常数还会自动地装入 TLx（x=0，1），并重新开始定时或计数。因此，工作方式 2 是一种自动装入时间常数的 8 位计数器方式。由于这种方式不需要指令重装时间常数，因而操作方便，并可产生相当精确的定时时间。在允许的条件下，应尽量使用这种工作方式。当然，这种方式的定时/计数范围要小于方式 0 和方式 1。

当计数溢出后，不是像前两种工作方式那样通过软件方法，而是由 THx（x=0，1）以硬件方法自动给计数器 TLx（x=0，1）重新加载。变软件重赋定时常数为硬件重赋定时常数。这种自动重新加载工作方式非常适用于循环定时或循环计数应用，例如用于产生固定脉宽的脉冲。

另外，对于定时器/计数器的应用，可以采用定时的方法，也可采用查询的方法，但是采用查询的方法，只能采用软件的方法重置定时常数，且中断标志位必须软件清 0。

【例 5-8】 编写软件程序，使用定时器 0 以工作方式 2 产生 100μs 定时，在 P1.0 输出周期为 200μs 的连续正方波脉冲。晶振频率 f_{osc}=6MHz。

解 计算计数初值：6MHz 晶振下，一个机器周期为 2μs，设计数初值为 X，则

$$(2^8-X)\times 2\times 10^{-6}=100\times 10^{-6}$$

求解得： X=206D=11001110B=0CEH

把 0CEH 分别装入 TH0 和 TL0 中，有 TH0=0CEH，TL0=0CEH。

TMOD 设定为 02H，如图 5-25 所示。

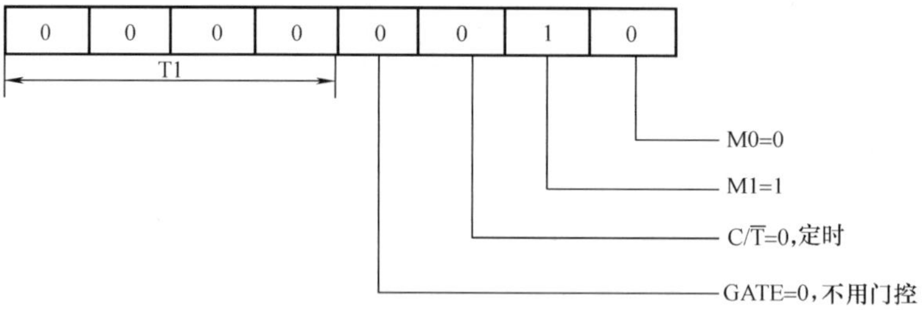

图 5-25 TMOD 设定值

程序如下：

（1）采用中断方式。

```
        ORG   0000H
        LJMP  MAIN              ;转主程序入口 MAIN
        ORG   000BH             ;T0 的中断入口地址
        LJMP  INT100            ;转 T0 中断处理程序 INT100
        ORG   0100H
MAIN:   MOV   SP,#60H           ;设堆栈指针
        MOV   TMOD,#02H         ;定时器 0 工作方式 2，定时模式
        MOV   TH0,#0CEH         ;保存定时初值
```

```
        MOV     TL0,#0CEH           ;设置定时初值
        SETB    EA                  ;开总中断
        SETB    ET0                 ;开定时器 0 分中断
        SETB    TR0                 ;启动 T0
HERE:   SJMP    $                   ;等待 T0 中断
INT100:                             ;T0 中断服务程序
        CPL     P1.0                ;输出方波
        RETI                        ;中断返回
        END
```

（2）采用查询方式。

```
        ORG     0000H
        LJMP    MAIN                ;转主程序入口 MAIN
        ORG     0100H
MAIN:   MOV     IE,#00H             ;禁止中断
        MOV     TMOD,#02H           ;设置定时器 0 为方式 2，定时模式
        MOV     TH0,#0CEH           ;保存定时初值
        MOV     TL0,#0CEH           ;设置定时初值
        SETB    TR0                 ;启动 T0
LOOP:   JBC     TF0,LOOP1           ;查询 T0 的中断标志位 TF0
        AJMP    LOOP
LOOP1:  CPL     P1.0                ;输出方波
        AJMP    LOOP
        END
```

定时器/计数器 T0、T1 的工作模式有两种，除了工作在定时模式实现定时功能外，还可以工作在计数模式，对计数器外部引脚上的脉冲计数。

【例 5-9】 用定时器/计数器 1 以工作方式 2 实现计数，每计 100 次进行累加器加 1 操作。试编写程序。

解 （1）计算计数初值：$2^8-100=156D=09CH$，则 TH1＝09CH，TL1＝09CH。

（2）TMOD 寄存器初始化：M1M0＝10，$C/\overline{T}=1$，GATE＝0，因此 TMOD＝60H。

（3）程序设计：

```
        ORG     0000H
        LJMP    MAIN                ;转主程序入口 MAIN
        ORG     001BH               ;T1 的中断入口地址
        LJMP    INTT                ;转 T1 中断处理程序 INTT
        ORG     0100H
MAIN:   MOV     TMOD,#60H           ;设置 T1 为方式 2 ，计数模式
        MOV     TH1, #9CH           ;保存计数初值
        MOV     TL1, #9CH           ;设置计数初值
        SETB    EA                  ;开总中断
        SETB    ET1                 ;开 T1 分中断
        SETB    TR1                 ;启动 T1 计数
        SJMP    $                   ;查询计数溢出
INTT:   INC     A                   ;累加器加 1
        RETI
        END
```

三、方式 3 编程应用

T0 方式 3 时，TL0 和 TH0 被分成 2 个独立的 8 位定时器/计数器。其中，TL0 为 8 位定

时器/计数器；TH0 为 8 位定时器。一般只有当 T1 作为串行口波特率发生器时，T0 才设置为方式 3。

【例 5-10】 用 MCS-51 单片机产生两个方波，一个方波周期为 200μs，另一个方波周期为 400μs，该单片机同时使用串行口，用定时器/计数器作为波特率发生器。晶振频率 f_{osc}=6MHz。试编写程序。

解 （1）分析。这时 T0 采用方式 3 工作，其中，TL0 产生 100μs 定时，由 P1.0 输出方波 1；TH0 产生 200μs 定时，由 Pl.1 输出方波 2；T1 设置为方式 2，作波特率发生器用。

（2）定时常数计算。6MHz 晶振下，一个机器周期为 2μs。

TL0 定时常数 X_1：$(2^8-X_1)\times 2\times 10^{-6}=100\times 10^{-6}$

$$X_1=206D=11001110B=0CEH$$

把 0CEH 装入 TL0 中，TL0＝0CEH

TH0 定时常数 X_2：$(2^8-X_2)\times 2\times 10^{-6}=200\times 10^{-6}$

$$X_2=156D=10011100B=9CH$$

把 9CH 装入 TH0 中，TH0＝9CH

（3）工作方式控制寄存器 TMOD 设定为 23H。

（4）波特率常数计算。T1 作为波特率发生器，工作在方式 2，串行口工作在方式 1，设 SMOD＝1，波特率为 2400，定时常数为 X_3。

$$X_3=256-\frac{2^{SMOD}\times f_{osc}}{384\times 波特率}=256-\frac{2\times 6\times 10^6}{384\times 2400}=242.98\approx 243=F3H$$

把 0F3H 分别装入 TH1 和 TL1 中，TH1＝0F3H，TL1＝0F3H，详细计算见串行口部分。

（5）程序设计：

```
        ORG     0000H
        AJMP    MAIN
        ORG     000BH               ;TL0 的中断入口(T0 中断入口)
        AJMP    ITL0
        ORG     001BH               ;TH0 的中断入口(T1 中断入口)
        AJMP    ITH0
        ORG     0100H
MAIN:   MOV     SP,#60H             ;重设栈指针
        MOV     TMOD,#23H           ;设 T0 为方式 3,TI 为 2
        MOV     PCON,#80H           ;SMOD=1
        MOV     SCON,#50H           ;REN=1;方式 1, 波特率可变
        MOV     TL0,# 0CEH          ;设 TL0 初值(100μs 定时)
        MOV     TH0,# 9CH           ;设 TH0 初值(200μs 定时)
        MOV     TL1,# 0F3H          ;设 TL1 初值(波特率为 2400)
        MOV     TH1,# 0F3H          ;设 TH1 初值
        SETB    TR0                 ;启动 TL0
        SETB    TR1                 ;启动 TH0
        SETB    ET0                 ;允许 TL0 中断
        SETB    ET1                 ;允许 TH0 中断
        SETB    EA                  ;CPU 中断开放
        AJMP    $

        ORG     0200H
```

```
ITL0:   MOV     TL0, # 0CEH        ;重装定时常数
        CPL     P1.0               ;输出方波 1(200μs)
        RETI
        ORG     0300H
ITH0:   MOV     TH0, #9CH          ;重装定时常数
        CPL     P1.1               ;输出方波 2(400μs)
        RETI
        END
```

5.3.5　读取运行中的定时器/计数器

MCS-51 单片机可以随时读写计数寄存器 TLx 和 THx（x=0，1），用于实时显示计数值。但是在定时器/计数器运行过程中对其定时/计数值进行读取，需注意：若恰好出现 TLx 溢出向 THx 进位的情况，则读得的（TLx）值就完全不对。同样，先读（THx）再读（TLx）也可能出错。

正确的读取运行中的定时器/计数器的正确方法是：先读 THx，后读 TLx，再重读 THx，若两次读得的 THx 值是一样的，则可以确定读入的数据是正确的；若两次读得的 THx 值不一致，则必须重读。

下面是有关的程序，读取的（TH0）和（TL0）放置在 R1 和 R0 内。

```
READTC: MOV   A,TH0              ;读取(TH0)
        MOV   R0,TL0             ;读取(TL0), 存入 R0
        CJNE  A,TH0, READTC      ;比较 2 次读得的(TH0),不相等则重复读取
        MOV   R1,A               ;(TH0)存入 R1
        RET
```

5.4　单片机外部中断与定时器/计数器的应用训练

定时器/计数器最常用的功能就是作定时器来实现定时功能，作计数器来测量计数引脚上的外部脉冲信号的个数。除此之外，还可以巧妙利用它的某些特性实现与中断相关联的某些功能。

5.4.1　利用定时器/计数器的门控位 GATE 测量外部中断引脚上正脉冲的宽度

首先回忆一下对定时器/计数器中门控位 GATE 的定义：GATE=0 时，以 TRx（x=0，1）来启动定时器/计数器运行；GATE=1 时，用外中断引脚（$\overline{\text{INTx}}$）上的高电平和 TRx（x=0，1）来共同启动定时器/计数器运行。一般情况下，设定门控位 GATE 为 0。

因此可利用门控位 GATE 的这个特性，对 $\overline{\text{INTx}}$（x=0，1）引脚上的高电平持续时间进行计量。当 GATE 位为“1”，且定时器/计数器的启动位 TRx（x=0，1）也为“1”时，此时定时器/计数器的启动运行完全取决于 $\overline{\text{INTx}}$（x=0，1）引脚，仅当 $\overline{\text{INTx}}$（x=0，1）引脚电平为“1”时，定时器/计数器才启动运行。因此，定时器/计数器实际测量的就是相应 $\overline{\text{INTx}}$（x=0，1）引脚上高电平的持续时间，即 $\overline{\text{INTx}}$（x=0，1）引脚上正脉冲的宽度。同理，通过反相器可测得相应 $\overline{\text{INTx}}$（x=0，1）引脚上负脉冲的宽度。正负脉冲的宽度和即为 $\overline{\text{INTx}}$（x=0，1）引脚上输入波形的周期，其倒数即为 $\overline{\text{INTx}}$（x=0，1）引脚上输入波形的频率。

【例 5-11】 利用内部定时器/计数器测量外部中断 1 引脚上的正脉冲的宽度，其示意图如图 5-26 所示。试编写程序。

图 5-26　正脉冲宽度测量原理示意图

解　程序如下：

```
        ORG     0000H
        LJMP    START
        ORG     0013H
        LJMP    INTX1
        ORG     0100H
START:  MOV     SP,#60H
        MOV     TMOD,#90H    ;设置 T1 为方式 1 定时，且 GATE 位置 1
        MOV     TL1,#00H
        MOV     TH1,#00H
        SETB    EA
LOP1:   JB      P3.3,LOP1    ;为了计量准确，等待 INT1 引脚电平变低
        SETB    TR1          ;当 INT1 引脚电平为低电平时，置 TR1 位为 1
LOP2:   JNB     P3.3,LOP2    ;当 INT1 引脚电平为低电平时，T1 并不运行，等待电平变高
        SETB    EX1
HERE:   SJMP    HERE
INTX1:  CLR     TR1          ;当 INT1 引脚电平为低电平时，T1 停止运行
        CLR     EA
        MOV     A,TH1
        MOV     B,TL1
        RETI
        END
```

这里测量的正脉冲的宽度是以正脉冲持续的机器周期数来体现的。

5.4.2　利用定时器/计数器扩展外部中断源

当定时器/计数器在系统中有空余时，可以通过对计数器计数长度的巧妙设置，使定时器/计数器的外部输入脚（T0 或 T1） 成为外部中断请求输入端。单片机内部有 2 个 16 位的定时器/计数器，若选为计数器工作模式，T0 （或 T1）引脚上发生负跳变时，T0（或 T1）计数器加 1，利用该特性，可以把 T0（或 T1）引脚作为外部中断请求输入引脚。

【例 5-12】 利用单片机内部的定时器/计数器扩展一个外部中断源，定时器/计数器 T1 设置为方式 2（自动恢复常数方式）外部计数工作模式，计数器 TH1、TL1 初值均设为 FFH，TF1 作为外部中断请求标志。试编写程序。

解　程序如下：

```
        ORG     0000H
        AJMP    MAIN         ;跳到初始化程序
        ORG     0013H
        AJMP    INT_T1       ;转向中断服务程序
        ORG     0100H
MAIN:   MOV     TMOD,#60H    ;设置 T1 的工作方式
        MOV     TL1,#0FFH    ;设置计数器 T1 初值
        MOV     TH1,#0FFH
        SETB    TR1          ;启动 T1，开始计数
```

```
        SETB    ET1
        SETB    EA
        SJMP    $
INT_T1: …
        …
        …
        RETI
        END
```

当T1引脚的电平发生负跳变时，TL1加1，产生溢出，置“1”TF1，向CPU发出中断请求，同时TH1的内容0FFH送TL1。T1脚相当于边沿触发的外部中断源输入线。

习　　题

1．填空题

（1）MCS-51 单片机有________个中断源，只有________个外部中断，有________级中断优先级。

（2）MCS-51 单片机内部的定时器/计数器为________位。

（3）单片机中的定时器和计数器是复用的，其中计数器是记录外部脉冲的________。

（4）MCS-51 的5个中断请求源分别为________、________、________、________与________。

（5）同一优先级内各中断同时提出中断请求时，由________确定其相应次序。

（6）CPU对中断源的开放或屏蔽，由片内的寄存器________控制。

（7）中断处理过程分为三个阶段：________、________、________。

（8）TMOD是定时器/计数器的工作方式寄存器，用于选择定时器/计数器T0、T1的________和________。

（9）定时器/计数器方式2为自动恢复初值的（初值自动装入）8位定时器/计数器。当TLx（x=0，1）计满后，除定时器回零标志TFx（x=0，1）置位，具有向CPU请求中断的条件外，________的时间常数还会自动地装入________，并重新开始定时或计数。

（10）T0方式3时，TL0和TH0被分成2个独立的8位定时器/计数器。其中，TL0为8位定时器/计数器；TH0为8位________。

2．选择题（可多选）

（1）MCS-51单片机的中断系统中，中断标志位存储在（　　）里。

A．TCON　　B．IE　　C．SCON　　D．IP

（2）MCS-51单片机中的定时器/计数器的工作模式可通过（　　）进行设置。

A．TCON　　B．IE　　C．SCON　　D．TMOD

（3）外部中断1所对应的中断入口地址为（　　）。

A．0003H　　B．000BH　　C．0013H　　D．001BH

（4）在MCS-51单片机中，需要外加电路实现中断撤销的为（　　）。

A．定时器中断　　B．外部串行中断

C．电平方式的外部中断　　D．脉冲方式的外部中断

（5）下列说法正确的是（　　）。

A．各中断源发出的中断请求信号都标记在 IE 寄存器里

B．各中断源发出的中断请求信号都标记在 IP 寄存器里

C．各中断源发出的中断请求信号都标记在 SCON 和 TCON 寄存器里

D．各中断源发出的中断请求信号都标记在 TCON 寄存器里

（6）定时器/计数器的（　　）为自动恢复初值的（初值自动装入）8 位定时器/计数器。

A．方式 0　　B．方式 1　　C．方式 2　　D．方式 3

（7）（　　）寄存器用来选择定时器/计数器的工作方式。

A．TMOD　　B．TCON　　C．SCON　　D．IE

（8）（　　）寄存器用来选择各个中断的中断优先级。

A．IP　　B．TCON　　C．TMOD　　D．IE

（9）TMOD 中的（　　）为 0 时，仅以 TRx 来启动定时器/计数器的运行。

A．GATE　　B．M1、M0　　C．M0　　D．M1

（10）定时器/计数器工作于方式 3 时，方式 3 只适用于定时器/计数器 T0。TH0 使用定时器 T1 的资源，其中不占用 T1 的（　　）。

A．TR1　　B．TF1　　C．M1、M0　　D．GATE

3．判断题

（1）MCS-51 单片机有 6 个中断源。（　　）

（2）MCS-51 单片机有 3 级中断优先级。（　　）

（3）MCS-51 单片机有 2 个 8 位的定时器/计数器。（　　）

（4）MCS-51 单片机若正在执行某个中断，其余中断将全部被屏蔽。（　　）

（5）MCS-51 单片机上电复位时，所有中断均被屏蔽。（　　）

（6）同样的时钟频率下，MCS-51 单片机的定时器/计数器在方式 2 下，定时时间最长。（　　）

（7）MCS-51 单片机共有 3 个外部中断源。（　　）

（8）MCS-51 单片机的定时器/计数器的中断标志位只能硬件清零，不可软件清零。（　　）

4．简答题

（1）当同一优先级别的中断源同时提出中断请求时，CPU 该如何响应中断？

（2）MCS-51 单片机的中断系统中，每个中断源都有对应的中断入口地址，写出 5 个中断源的中断入口地址。

（3）中断的执行过程与调用子程序的相同之处和不同之处是什么？

（4）简述 MCS-51 单片机中定时器/计数器对输入信号的要求。

5．编程及计算题

（1）MCS-51 单片机时钟频率采用 12MHz，定时器/计数器采用定时模式，工作于方式 1 实现 1ms 定时，请计算定时初值。

（2）编程实现：利用 MCS-51 单片机的定时器/计数器 T0 和 T1 各扩展一个外部中断源，要求 T1 扩展的外部中断源要比 T0 扩展的外部中断源的优先级高。

第 6 章　单片机的串行通信

本章概要及学习目标

本章主要讲解 MCS-51 单片机的串行口，在阐述通信方式的基础上，引出串行通信，介绍其概念及优势，并介绍同步通信和异步通信两种方式。MCS-51 单片机内部有一个全双工的串行口，共有 4 种工作方式，其中方式 0 主要用于扩展 I/O 口，并不用于真正的串行通信。

通过对本章的学习，读者应掌握和了解以下知识：

1. 串行通信的概念。
2. 与串行口相关的寄存器的设置。
3. 波特率的概念。
4. 串行口的 4 种工作方式。
5. 波特率的计算。
6. 串行口的编程应用。

重点内容：

1. 串行口的 4 种工作方式。
2. 波特率的计算。
3. 串行口的编程应用。

6.1　串行通信概念

控制领域中，在一个控制系统内部或在多个控制系统之间，由于某种需要，往往需要进行主从或互相通信，才能达到数据处理或信息共享的目的，所以作为一个控制系统来说，通信是必不可少的。所谓的通信，是指计算机与外界的数据传送。

单台仪器仪表或控制器往往会带有不止一个的单片机，单片机和单片机之间的数据传送是依靠单片机的串行口来实现的；而多个智能仪器仪表或控制器在单片机应用系统中又常常会构成一个分布式采集控制系统，上层由 PC 进行集中管理，下层由单片机进行数据的采集和控制等，上层和下层之间的数据传送依靠单片机的串行口来实现，也就是依靠串行通信来实现的。

在微型计算机中，最基本的通信方式可以分为串行通信和并行通信两种方式。串行通信方式是指计算机与 I/O 设备之间仅通过一条传输线交换数据，数据的各位是按顺序依次一位接一位进行传送。串行传送方式的物理信道为串行总线，占用口线数目少，但数据传送是按位传送的，速度较慢。并行通信方式是指计算机与 I/O 设备之间通过多条传输线交换数据，数据的各位同时进行传送。并行传送方式要求物理信道为并行内总线或者并行外总线，数据传送速度较串行通信方式要快得多，但占用数据口线数据较多。

计算机与外界的数据传送大多是串行的，其传送距离可以从几米直到几千千米。串行通信方式和并行通信方式相比较，串行通信的速度慢，但使用的传输设备成本低，可利用现有的通信手段和通信设备，适合于计算机的远程通信；并行通信的速度快，但使用的传输设备成本高，适合于近距离的数据传送。图 6-1 是并行与串行通信示意图。

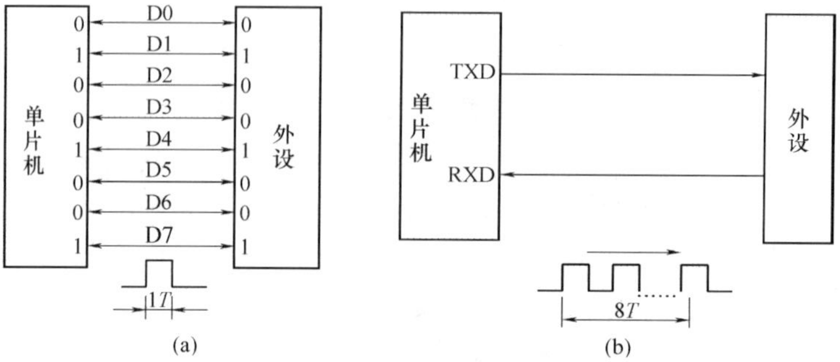

图 6-1　并行与串行通信示意图

（a）并行通信；（b）串行通信

对于串行通信，它可从数据传送方式和数据传送方向来进行分类。从数据传送方式它可分为同步通信和异步通信两种方式。从数据传送方向它可分为单工方式、半双工方式和全双工方式。

6.1.1　同步通信和异步通信

一、同步通信

在同步通信方式中，发送设备时钟等于接收设备时钟。在对数据块进行传送时，一个数据块中包含着许多连续的字符，在字符之间没有空闲。同步传送可以方便地实现某一通信协议要求的帧格式。发送和接收双方不但传送格式和传送每个字符的时间相同，且传送每位所占用的时间也相同。

在同步通信方式中，需要传送的数据开始传送前用同步字符来指示，同步字符通常为 1～2 个。数据传送时由时钟系统实现发送端和接收端同步，即检测到规定的同步字符后，就连续按顺序传送数据，直到通信告一段落。传送的字符之间没有间隙，不用起始位和停止位，仅在数据块开始时用同步字符来指示。因此同步通信方式的速度较高，但对硬件的结构要求高。图 6-2 为同步通信方式的数据传送格式示意图。

校验字符2	校验字符1	数据n	…	数据2	数据1	同步字符2	同步字符1

图 6-2　同步通信方式的数据传送格式示意图

二、异步通信

在异步通信方式中，发送时钟不一定等于接收时钟。发送和接收双方的传送数据格式是相同的，在传送字符或数据时，在开始和末尾加上起始位和停止位来识别每个字符。

在异步通信方式中，传送的数据或字符是一帧一帧传送的，即以帧为传送数据单位。帧是指从起始位开始到停止位结束的全部内容，是一个字符的完整的通信格式，也称为帧格式。在帧格式中，一个字符由 4 部分组成：起始位、数据位、奇偶校验位、停止位。其中，起始位“0”表示字符的开始；数据位由 5～8 位数据组成，低位在前，高位在后；奇偶校验位用于对字符传送作正确性检查，是可选择的，共有 3 种可能，即奇校验、偶校验、无校验，由可用户根据需要选定；最后的停止位“1”，表示字符结束，可以是 1、1.5、2 位，不同计算机规定有所不同。图 6-3 为异步通信方式的数据传送格式示意图。

空闲位	停止位	奇偶校验位	5～8位数据	起始位	空闲位

图 6-3　异步通信方式的数据传送格式示意图

6.1.2　单工方式、半双工方式和全双工方式

一、单工方式

对于单工方式，信号（不包括联络信号）在信道中只能沿一个方向传送，即数据传送方向为单向，因此单工方式只需一根数据线，如图 6-4 所示。

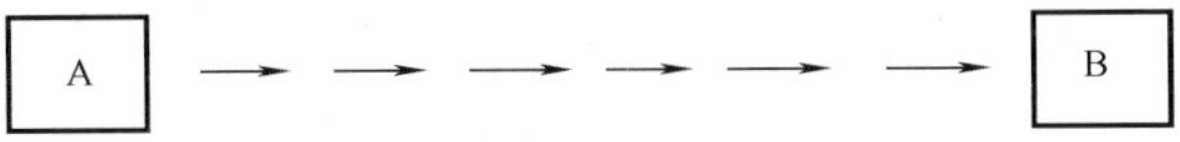

图 6-4　单工方式示意图

二、半双工方式

对于半双工方式，通信的双方均具有发送和接收信息的能力，信道也具有双向传输性能，通信的任何一方在指定的时刻，只能沿某一个方向传送信息，即数据传送是双向的，但任何时刻只能由一方发送数据，另一方接收数据，因此半双工方式可使用一条或两条数据线，如图 6-5 所示。

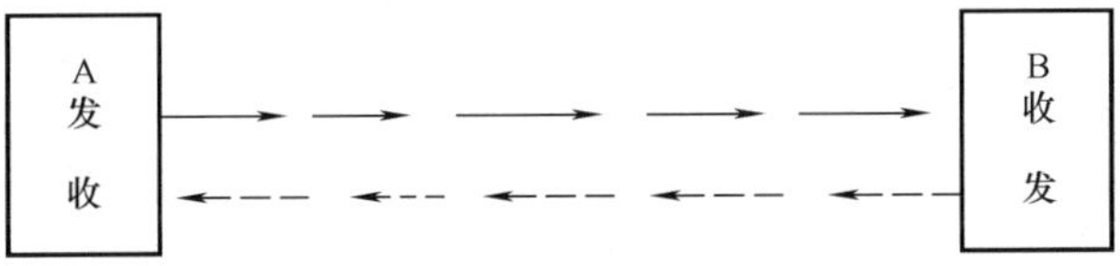

图 6-5　半双工方式示意图

三、全双工方式

对于全双工方式，信号在通信双方之间沿两个方向同时传送，任何一方在同一时刻既能发送又能接收信息，即数据传送是双向的，且可同时发送和接收数据，因此全双工方式需要两条数据线，如图 6-6 所示。

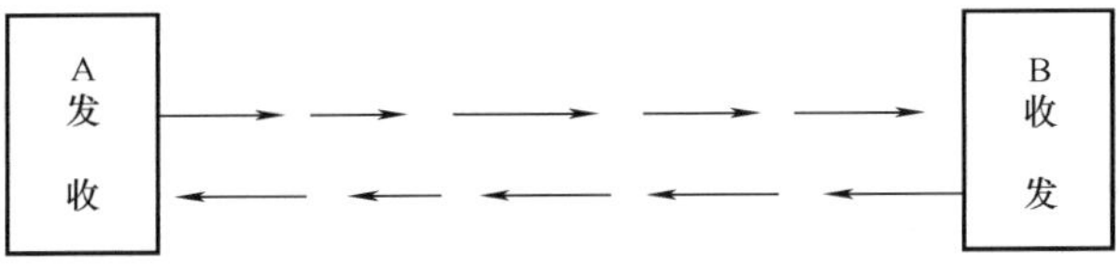

图 6-6　全双工方式示意图

6.1.3　波特率

在串行通信中，用“波特率”来描述数据的传送速率。所谓波特率，即每秒钟传送的二进制位数，其单位为 bps（bits per second）、b/s 或 bits/s。它是衡量串行数据速度快慢的重要指标，有时也用“位周期”来表示传送速率，位周期是波特率的倒数。国际上规定了一个标准波特率系列：110bps、300bps、600bps、1200bps、1800bps、2400bps、4800bps、9600bps、14.4kbps、19.2kbps、28.8kbps、33.6kbps、56kbps…

假设有一帧信息，1 个起始位、8 个数据位、1 个停止位，传输速率为每秒 240 个字符。根据波特率的定义，即波特率为每秒钟传送的二进制位数，因此波特率为（1+8+1）×240=2400（bps）。

6.2 串行通信的结构及工作方式

MCS-51 单片机中的串行口是一个全双工的异步串行通信接口，它可作为 UART（通用异步接收和发送器）用，也可作为同步移位寄存器用，共有 4 种工作方式。串行口内的接收缓冲器和发送缓冲器虽然共用一个地址，但是在物理上却是隔离的，可以通过访问特殊功能寄存器 SBUF，来访问接收缓冲器和发送缓冲器。

6.2.1 串行口的结构

MCS-51 单片机内部串行口的结构如图 6-7 所示。

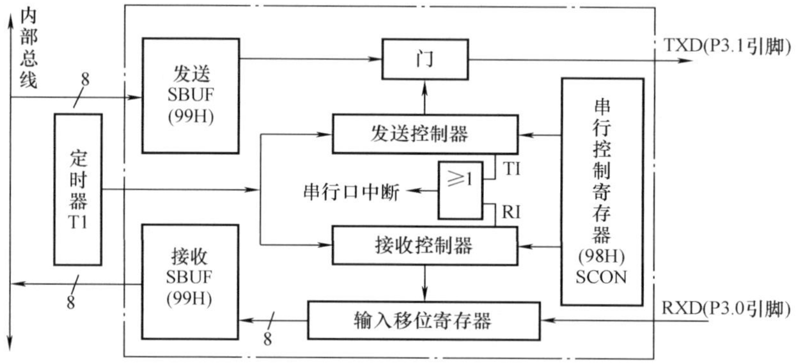

图 6-7 MCS-51 单片机内部串行口的结构

一、波特率发生器

波特率发生器由定时器/计数器 T1 及内部的一些控制开关和分频器组成。它提供串行口的时钟信号。

当定时器/计数器 T1 用作串行口的波特率发生器时，T1 可作为方式 0、方式 1 和方式 2。T1 的溢出信号作为波特率发生器使用时，无需启动和停止，也不需要中断处理。

MCS-51 单片机的串行口以方式 1 或方式 3 工作时，波特率与定时器/计数器 T1 的溢出率有关；而串行口以方式 0 和方式 2 工作时，波特率为固定值。

二、串行口内部结构

MCS-51 单片机内部有两个物理上独立的接收和发送缓冲器 SBUF，可同时收、发数据。MCS-51 串行口能以全双工方式通信，即两个缓冲器可同时接收和发送数据，但对于单片机内部总线来说，发送和接收是不能同时进行的，所以给这两个缓冲器指定相同的名称（SBUF），且占用同一个地址 99H。

串行口控制寄存器 SCON 字节地址为 98H，SCON 用来选择串行口的工作方式，存储串行口中断标志位、接收和待发送的第九位数据，对串行口的接收和多级通信进行控制。

串行口控制逻辑电路分为发送控制器和接收控制器两部分，串行口控制逻辑电路接收来自波特率发生器的时钟信号，控制串行口接收和发送数据。当串行口工作于接收方式时，串行口接收控制器控制内部的输入移位寄存器将外部的串行数据转换为并行数据，送入接收缓冲器 SBUF，并置位串行接收中断标志位 RI。串行口的接收是一个双缓冲结构，即在接收缓冲器 SBUF 之前还有一个输入移位寄存器，以避免在数据接收过程中出现的帧重叠错误。在接收完第一个数据字节之后，还能接收第二个数据字节，但是在接收完第二个数据字节后，若第一个数据字节还未取走，那么第一个数据字节就会被第二个数据字节覆盖，即第一个数据字节将丢失。当串行口工作于发送方式时，串行口发送控制器控制内部的输出移位寄存器将内部发送缓冲器 SBUF 中的并行数据转换为串行数据输出，并置位串行发送中断标志位 TI。与接收数据情况不同，在发送数据时，由于 CPU 是主动的，不会发生帧重叠错误，因此发送电路不需要双缓冲结构，以保持最大的传送速率。

三、串行数据输入/输出引脚

MCS-51 单片机的串行口共有两个外部引脚 RXD 和 TXD。

若串行口工作在异步通信方式，在接收数据时，串行数据从 RXD 引脚输入单片机内部，串行口内部在接收缓冲器之前还有移位寄存器，从而构成了串行接收的双缓冲结构，可以避免在数据接收过程中出现帧重叠错误；在发送数据时，串行数据通过 TXD 引脚将单片机内部的数据输出。而当单片机工作在同步通信方式时，无论是接收数据还是发送数据都是通过 RXD 引脚完成的，而 TXD 引脚的功能是产生同步通信方式所需要的同步移位脉冲信号。

6.2.2 串行口的控制寄存器

与 MCS-51 单片机的串行口相关的寄存器共有三个，为两个控制寄存器：串行口控制寄存器 SCON 和电源管理寄存器 PCON，以及串行口接收/发送缓冲器 SBUF。

6.2.2.1 串行口控制寄存器 SCON

串行口控制寄存器 SCON 控制串行通信的工作方式选择、接收，并指示串行口的中断状态。

串行口控制寄存器 SCON 的字节地址为 98H，共 8 位。

D7	D6	D5	D4	D3	D2	D1	D0
SM0	SM1	SM2	REN	TB8	RB8	TI	RI

一、最高两位 SM0、SM1 为工作方式选择位

MCS-51 单片机的串行口共有 4 种工作方式，由 SM0、SM1 来选择，如表 6-1 所示。

表 6-1　串行口工作方式选择

SM0	SM1	工作方式	功能说明
0	0	0	同步移位寄存器方式（用于扩展 I/O 口）
0	1	1	8 位异步收发器，波特率可变（由定时器控制）
1	0	2	9 位异步收发器，波特率为 $f_{osc}/64$ 或 $f_{osc}/32$
1	1	3	9 位异步收发器，波特率可变（由定时器控制）

二、多机通信控制位 SM2

多机通信控制位 SM2 是用来控制串行口在方式 2 和方式 3 中的多机通信的，常与 RB8 配合，决定是否置位串行接收中断标志位 RI。

多机通信是在方式 2 和方式 3 下进行，所以当串行口工作于方式 2 或方式 3，并接收数据时：如果 SM2 为“1”，则只有当接收到的第 9 位数据（RB8）为“1”时，才将接收到的

前 8 位数据送入串行口的接收缓冲器 SBUF，并置 RI 为“1”，向 CPU 发出中断请求；当接收到的第 9 位数据（RB8）为“0”时，则将接收到的前 8 位数据丢弃。如果 SM2 为“0”，则不论接收到的第 9 位数据（RB8）是“1”还是“0”，都将前 8 位数据送入接收缓冲器 SBUF 中，并置 RI 为“1”，向 CPU 发出中断请求。

当串行口工作于方式 1 时，如果 SM2 为“1”，则收到有效的停止位时才会置位串行接收中断标志位 RI。当串行口工作于方式 0 时，SM2 必须为“0”。

三、允许串行接收位 REN

允许串行接收位 REN 用来控制串行口是否允许接收数据，由软件置“1”或清“0”。当 REN 为“1”时，允许串行口接收数据；当 REN 为“0”时，禁止串行口接收数据。

四、发送的第 9 位数据 TB8

当串行口工作于方式 2 和方式 3 时，TB8 中存储的是要发送的第 9 位数据。在进行双机通信时，TB8 可作为奇偶校验位使用；在进行多机通信时，它可作为地址帧或数据帧的标志。TB8 为“1”时表示传送的是地址帧，TB8 为“0”时表示传送的是数据帧。

五、接收到的第 9 位数据 RB8

当串行口工作于方式 2 和方式 3 时，RB8 存储的是接收到的第 9 位数据。当串行口工作于方式 1 时，如果 SM2 为“0”，RB8 接收到的是停止位。当串行口工作于方式 0 时，不使用 RB8 这一位。

六、发送中断标志位 TI

当串行口工作于方式 0 时，串行发送第 8 位数据结束时由硬件置 TI 为“1”，工作于其他工作方式时，在串行口发送停止位的开始时置 TI 为“1”，发送中断标志位 TI 是由硬件置“1”的。TI 为“1”表示一帧数据发送结束，可供软件查询，也可向 CPU 发出中断请求。在 CPU 响应中断后，在中断服务程序中向发送缓冲器 SBUF 写入要发送的下一帧数据。TI 由硬件置“1”，但必须由软件清“0”。

七、接收中断标志位 RI

当串行口工作于方式 0 时，若接收完第 8 位数据，RI 由硬件置“1”，工作于其他工作方式时，若接收到停止位，RI 由硬件置“1”，接收中断标志位 RI 是由硬件置“1”的。RI 为“1”表示一帧数据接收完毕，可供软件查询，也可向 CPU 发出中断请求，请求 CPU 从接收缓冲器 SBUF 中读取数据。RI 由硬件置“1”，但必须由软件清“0”。

6.2.2.2 电源管理寄存器 PCON

电源管理寄存器 PCON 的最高位 SMOD 与串行口控制有关，其他位与串行口无关，在此不作介绍。

电源管理寄存器 PCON 的字节地址为 87H，其格式如下：

D7	D6	D5	D4	D3	D2	D1	D0
SMOD							

PCON 的最高位 SMOD 为波特率选择位，当 SMOD 为“1”时，表示波特率要加倍；当 SMOD 为“0”时，表示波特率不加倍。如串行口工作于方式 1 时的波特率计算公式为

$$波特率=\frac{2^{SMOD}}{32}\times 定时器T1的溢出率$$

SMOD 位用来决定波特率是否加倍，复位后，SMOD 被清“0”。

6.2.2.3　串行口接收/发送缓冲器 SBUF

MCS-51 单片机内部有两个物理上隔离的串行口接收缓冲器和发送缓冲器 SBUF，它们共用同一个字节地址 99H。它用来存储接收到的数据和将要发送的数据，通过指令可实现对接收缓冲器和发送缓冲器 SBUF 的读取和写入。通过指令 MOV　A，SBUF 可实现对接收缓冲器 SBUF 的读取；通过指令 MOV　SBUF，A 可实现对发送缓冲器 SBUF 的写入。

6.2.3　串行口的工作方式

MCS-51 单片机的串行口共有 4 种工作方式。方式 0 为同步移位寄存器，方式 1 为 8 位异步收发器，方式 2 和方式 3 为 9 位异步收发器，区别为波特率不同，方式 3 的波特率是可变的。

可通过串行口控制寄存器 SCON 中的 SM0 和 SM1 这两位来选择串行口的工作方式。

一、方式 0：同步移位寄存器

当串行口控制寄存器 SCON 中的 SM0＝0、SM1＝0 时，串行口工作于方式 0，即同步移位寄存器方式。数据传输的波特率固定为 $f_{osc}/12$。RXD 引脚接收或发送数据，TXD 引脚输出同步移位脉冲。当串行口工作于方式 0 时，常外接移位寄存器，用于扩展并行 I/O 口。当串行口工作于方式 0 时，接收/发送的是 8 位数据，传输时低位在前。

当串行口工作于方式 0 时的数据发送过程如图 6-8 所示。

CPU 执行一条写 SBUF 的指令（如 MOV SBUF，A）时，就启动了串行口数据的发送过程。指令执行期间送来的写信号将经内部总线送来的 8 位并行数据写入发送数据缓冲器 SBUF，经过一个机器周期后，发送缓冲器 SBUF 中的 8 位数据以 $f_{osc}/12$ 的固定波特率从 RXD 引脚串行输出，TXD 引脚则输出同步移位脉冲。一个字节的 8 位数据发送完毕后，发送控制器硬件置串行口发送中断标志位 TI 为“1”，向 CPU 发出中断请求，若 CPU 响应中断，则执行从程序存储器的 0023H 地址开始执行串行口发送中断服务程序。如果想要再次发送数据，必须用软件将 TI 清“0”，并再次执行写 SBUF 指令，从而通过串行口再次发送数据。

当串行口工作于方式 0 时的数据接收过程如图 6-9 所示。

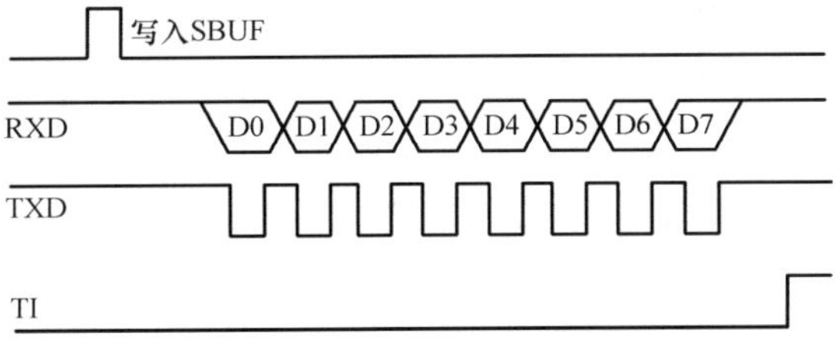

图 6-8　方式 0 的发送时序

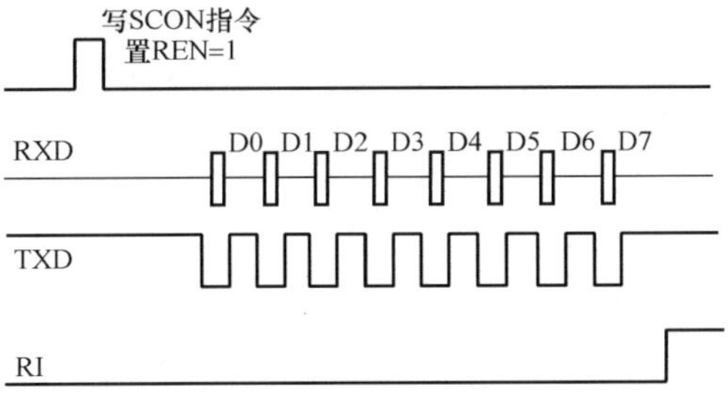

图 6-9　方式 0 的接收时序

在串行口接收中断标志位 RI 为“0”的条件下，将允许串行接收位 REN（SCON.4）置“1”就启动一次接收过程。此时 RXD 引脚为串行数据接收端，TXD 引脚依然输出同步移位脉冲，控制外接芯片逐位输入数据，波特率为 $f_{osc}/12$。在内部移位脉冲作用下，RXD 引脚上的串行数据逐位移入输入移位寄存器，当一个字节 8 位数据全部移入移位寄存器后，输入移位寄存器中的数据将被并行送入接收数据缓冲器 SBUF 中保存，同时接收控制器硬件置接收中断标志 RI 为“1”，向 CPU 发出中断请求。若 CPU 响应中断，则执行从程序存储器 0023H 地址开始执行串行口接收中断服务程序，通过读接收缓冲器的指令，如“MOV A，SBUF”，读取接收缓冲器 SBUF 中的数据，串行口接收中断标志位 RI 要软件清“0”，使移位寄存器开始接收下一帧信息。

二、方式 1：8 位 UART（通用异步接收/发送器）

当串行口控制寄存器 SCON 中的 SM0＝0、SM1＝1 时，串行口工作于方式 1，即 8 位的通用异步接收/发送器。数据传输的波特率是可设的，由

$$波特率=\frac{2^{SMOD}}{32}\times 定时器T1的溢出率$$

来确定，采用 T1 作为串行口接收和发送的波特率发生器，波特率与波特率选择位 SMOD 和定时器 T1 的溢出率有关，可由程序设定。RXD 引脚接收数据，TXD 引脚发送数据。发送或接收的数据以帧为单位，一帧信息为 10 位：1 位起始位（低电平有效）、8 位数据位（低位在先）和 1 位停止位（高电平有效）。发送完一帧数据后由硬件置位 TI；接收完一帧数据后，置位 RI 是有条件的，满足条件时，数据装载接收缓冲器 SBUF，停止位送入 RB8，RI 由硬件置“1”。若不满足这两个条件，接收的信息将被丢弃。

当串行口工作于方式 1 时的数据发送过程如图 6-10 所示。

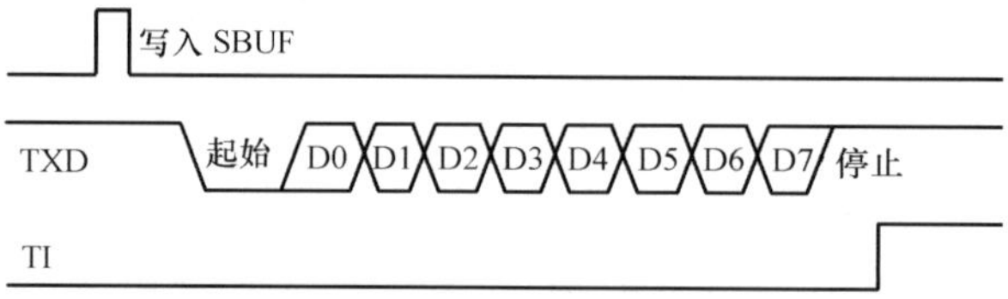

图 6-10 方式 1 的发送时序

CPU 执行一条写 SBUF 指令便启动了串行口发送，将并行数据送入 SBUF。在执行写入 SBUF 指令时，也将 1 写入发送移位寄存器的第 9 位（由 SBUF 和 1 个独立的 D 触发器构成），并启动发送控制器，数据从 TXD 输出。首先发送的是起始位，接下来是数据信号，发送移位寄存器将数据由低位到高位顺序输出至 TXD 引脚。一帧信息发送完毕后，发送控制器硬件置发送中断标志 TI 为“1”，向 CPU 发出中断请求，若 CPU 响应中断，则从程序存储器 0023H 地址开始执行串行口发送中断服务程序。发送中断标志 TI 必须用软件清“0”。

当串行口工作于方式 1 时的数据接收过程如图 6-11 所示。

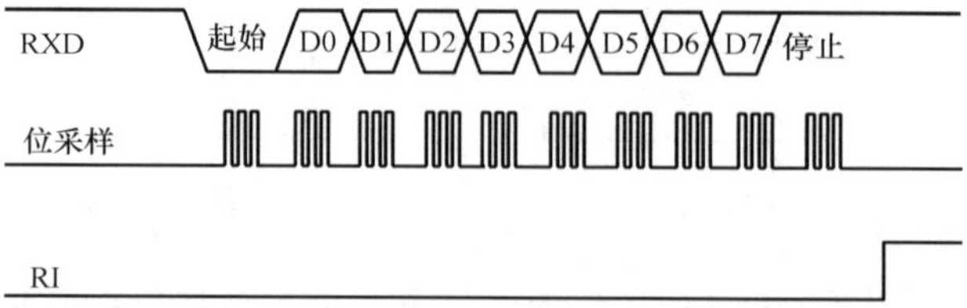

图 6-11 方式 1 的接收时序

当允许接收控制位 REN 被置“1”且清除 RI 后，数据从 RXD 引脚输入，跳变检测器以所选波特率的 16 倍速率采样 RXD 引脚上的电平。当采样到 RXD 引脚上的电平从高电平到低电平的负跳变时，接收控制器启动，开始接收数据。由于发送端和接收端各自使用自己的

时钟，两者的频率总有少许差异。为了避免这种影响，控制器将 1 位的传送时间分成 16 等份，位检测器在 7、8、9 三个状态，对 RXD 引脚采样三次，这三个状态理论上对应于每一位的中央值。若发送端与接收端的波特率有差异，就会发生偏移，只要这种差异在允许范围内，就不至于发生错位或漏码。在上述三个状态下，取得三个采样值，其中至少有两个值是一致的，即采用三取二的多数表决法，可抑制噪声、减少干扰的影响。

如果在第 1 个时钟周期中接收到的不是 0，则起始位无效，说明它不是一帧数据的起始位，则复位接收电路，继续检测 RXD 引脚上 1 到 0 的跳变。如果起始位为 0，则开始接收本帧其他各位数据。控制器发出内部移位脉冲将 RXD 上的数据逐位移入移位寄存器，直到 8 位数据及停止位全部移入移位寄存器。接收完一帧数据后，必须同时满足以下两个条件，接收才真正有效。

条件一：REN 为“1”，RI 为“0”，即上一帧数据接收完成时，RI＝1 发出的中断请求已被响应，SBUF 中数据已被取走。

条件二：SM2 为“0”或 SM2 为“1”，但是接收到的停止位为“1”（方式 1 时，停止位已经送入 RB8），则将接收到的数据装入接收缓冲器 SBUF，停止位送入 RB8，且由硬件置位中断标志位 RI。

若以上两个条件中有一个不满足，则收到的数据不能装入接收缓冲器 SBUF，即将不可恢复地丢失接收到的这一帧信息。

三、方式 2、方式 3：9 位 UART（通用异步接收/发送器）

当串行口控制寄存器 SCON 中的 SM0＝1、SM1＝0 时，串行口工作于方式 2；当 SM0＝1、SM1＝1 时，串行口工作于方式 3。串行口工作在方式 2 和方式 3，均为 9 位的通用异步接收/发送器，不同之处在于波特率不同。方式 2 的波特率是固定的，为振荡器频率的 1/32 或 1/64；而方式 3 的波特率是可调的，由

$$波特率=\frac{2^{SMOD}}{32}\times 定时器T1的溢出率$$

来确定。采用 T1 作为串行口接收和发送的波特率发生器，波特率与波特率选择位 SMOD 和定时器 T1 的溢出率有关，可由程序设定。RXD 引脚接收数据，TXD 引脚发送数据。发送或接收的数据以帧为单位，一帧信息为 11 位：1 位起始位（低电平有效）、8 位数据位（低位在先）、1 位可编程的第 9 位数据和 1 位停止位（高电平有效），发送时发送的第 9 位数据 TB8 可设置为 1 或 0，接收时接收的第 9 位数据进入 SCON 寄存器的 RB8 位。发送完一帧数据后，由硬件置位 TI；接收完一帧数据后，置位 RI 是有条件的，满足条件时，数据装载接收缓冲器 SBUF，第 9 位数据送入 RB8 ，RI 由硬件置“1”。 若不满足这两个条件，接收的信息将被丢弃。方式 2 和方式 3 多用于串行口的双机通信和多机通信。

当串行口工作于方式 2、方式 3 时的数据发送过程如图 6-12 所示。

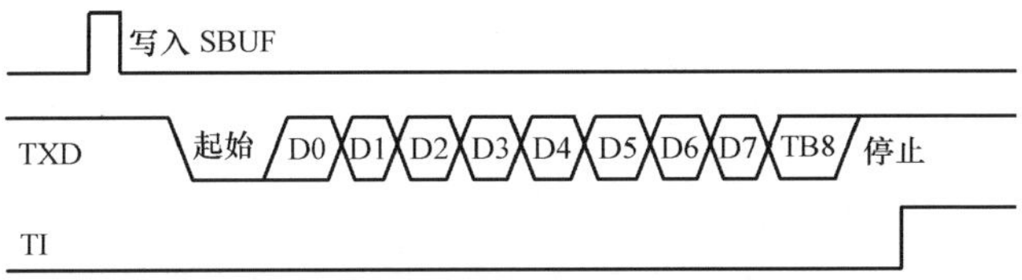

图 6-12　方式 2、方式 3 的发送时序

CPU 执行一条写 SBUF 指令便启动了串行口发送，将并行数据送入 SBUF，串行口自动将事先写入到 TB8 中的数据装入到第 9 位数据位的位置，再逐一将数据从 TXD 输出。一帧信息发送完毕后，发送控制器硬件置发送中断标志 TI 为“1”，向 CPU 发出中断请求，若 CPU 响应中断，则从程序存储器 0023H 地址开始执行串行口发送中断服务程序。发送中断标志 TI 必须用软件清“0”。

当串行口工作于方式 2、方式 3 时的数据接收过程如图 6-13 所示。

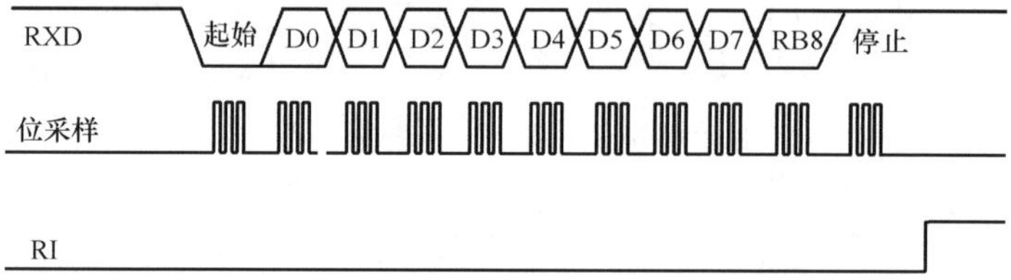

图 6-13 方式 2、方式 3 的接收时序

当允许接收控制位 REN 被置“1”且清除 RI 后，数据从 RXD 引脚输入，跳变检测器以所选波特率的 16 倍速率采样 RXD 引脚。当采样到 RXD 引脚上的电平从高电平到低电平的负跳变时，接收控制器启动，开始从 RXD 引脚接收数据。接收完一帧数据后，必须同时满足以下两个条件，接收才真正有效。

条件一：REN 为“1”，RI 为“0”，即上一帧数据接收完成时，RI=1 发出的中断请求已被响应，SBUF 中数据已被取走。

条件二：SM2 为“0”或 SM2 为“1”，但是接收到的第 9 位数据为“1”，则将接收到的数据装入接收缓冲器 SBUF，第 9 位数据送入 RB8，且由硬件置位中断标志位 RI。

若以上两个条件中有一个不满足，则收到的数据将被丢弃。

6.3 串行通信的应用

6.3.1 波特率的设定

一、方式 0、方式 2 的波特率是固定的

串行口工作在方式 0 时的波特率为晶振频率的 1/12，即 $f_{osc}/12$。

串行口工作在方式 2 时的波特率为晶振频率的 1/32 或 1/64，即

$$波特率=\frac{2^{SMOD}}{64}\times f_{osc}$$

二、方式 1、方式 3 的波特率是可设的

串行口工作在方式 1 和方式 3 时的波特率是可变的，可根据

$$波特率=\frac{2^{SMOD}}{32}\times 定时器T1的溢出率$$

来确定。采用 T1 作为串行口接收和发送的波特率发生器，波特率与波特率选择位 SMOD 和定时器 T1 的溢出率有关，可由程序设定。

T1 的溢出率为单位时间内的溢出次数，也就是 T1 溢出周期的倒数，即 T1 的定时时间的倒数。T1 作为波特率发生器时可工作在方式 0、方式 1 和方式 2，其中以工作在方式 2（8

位自动重装初值）最为常用，避免了重装初值造成的定时误差。当定时器/计数器 T1 工作于方式 2 时，设定时器初值为 X，波特率与定时初值 X 之间的关系为

$$波特率=\frac{2^{SMOD}}{32}\times 定时器T1的溢出率$$

$$T1的定时时间=(2^8-X)\times\frac{12}{f_{osc}}=(256-X)\times\frac{12}{f_{osc}}$$

$$T1的溢出率=\frac{f_{osc}}{12\times(256-X)}$$

$$波特率=\frac{2^{SMOD}}{32}\times\frac{f_{osc}}{12\times(256-X)}$$

若已设定了波特率，则可求出 T1 的初值 X

$$X=256-\frac{2^{SMOD}\times f_{osc}}{32\times 12\times 波特率}=256-\frac{2^{SMOD}\times f_{osc}}{384\times 波特率}$$

【例 6-1】 若 $f_{osc}=12MHz$，波特率为 9600bps，设 SMOD＝0，求定时/计数器 T1 的计数初值，并进行初始化编程。

$$X=256-\frac{2^{SMOD}\times f_{osc}}{384\times 波特率}=256-\frac{1\times 12\times 10^6}{384\times 9600}=252.745\approx 253=FDH$$

解 程序如下：

```
MOV   SCON,#0C0H          ;串行口工作于方式 3，波特率可变
MOV   TMOD,#20H           ;定时器工作于定时模式方式 2
MOV   TH1,#0FDH           ;设定时初值
MOV   TL1,#0FDH
SETB  TR1
```

为了保证不同串行通信设备之间的数据可靠传输，波特率一般要选择标准值，如 1200、2400、4800bps 等，如表 6-2 所示。

表 6-2 常用波特率、晶振频率以及定时器 T1 重装初值 X 之间的关系

波特率（bps）	晶振频率（MHz）	SMOD	定时器 T1 初始化参数	
			工作方式	初值 X
19200	11.0592	1	2	FDH
9600	11.0592	1	2	FAH
		0		FDH
4800	11.0592	1	2	F4H
		0		FAH
2400	11.0592	1	2	E8H
		0		F4H
1200	11.0592	1	2	F4H
		0		E8H

不难看出，如果选定的波特率对应的 T1 的初值不是整数，则实际波特率与标准值就会存在偏差，例如当晶振频率为 12MHz 时，则标准波特率 9600bps 对应的初值为 252.745（SMOD

为“0”），由于初值只能取最接近的计算值的整数，因此取初值为 253（FDH）。而当初值为 253 时，实际波特率为 10417bps，与理论值的相对误差为 5.7%。实践表明：当两个串行通信设备之间的波特率误差超过 2.5%时，串行通信将无法进行，且通信速率越高，发送、接收波特率的允许误差范围就越小。因此，当单片机控制系统需要与 PC 机通信时，单片机控制系统的晶振频率往往不是整数（如 6、12MHz），而是某一特定值，如表 6-2 中的 11.0592MHz 就是常用的一种晶振频率。

6.3.2 串行口方式 0 应用编程

方式 0 时移位寄存器工作方式，波特率为固定的 $f_{osc}/12$。这种工作方式并不用于串行通信，而是主要用于扩展 I/O 口。与“并行输入串行输出”芯片相互配合，如 74LS165，通过串行口扩展并行输入口；与“串行输入并行输出”芯片相互配合，如 74LS164，通过串行口扩展并行输出口。

一、利用 74LS165 芯片扩展并行输入口

74LS165 是 8 位并入串出移位寄存器，CP 为移位脉冲输入端，用来引入同步移位脉冲；$S/\overline{L}$ 为移位装入端，当 $S/\overline{L}$ 为“0”时，并行输入端的数据被置入寄存器，当 $S/\overline{L}$ 为“1”时，允许串行移位，数据沿 A 到 H 方向移动；Q_H 为串行数据输出端；SIN 为串行数据输入端。

【例 6-2】 利用串行口扩展 16 位并行输入口，读入 16 位数据，存入 MCS-51 单片机内部 RAM 的 30H 和 31H 单元，电路如图 6-14 所示。试编写程序。

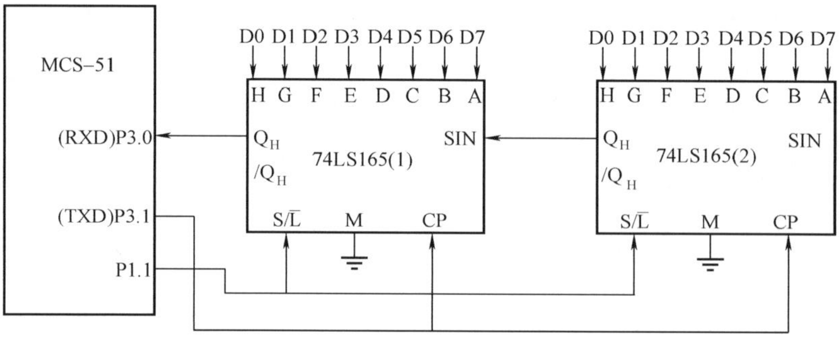

图 6-14 利用 74LS165 芯片扩展并行输入口电路

由于通过串行口扩展的并行输入口为 16 位，因此需要两片 74LS165，这两片 74LS165 在硬件连接上要首尾相连，即 Q_H 与 SIN 相连。

解 程序如下：

```
        ORG  0000H
        LJMP START
        ORG  0023H
        LJMP RXDCX
        ORG  0100H
START:  MOV  SP,#60H
        MOV  R0,#30H          ;设置内部 RAM 数据区首址
BZC:    MOV  R1,#2            ;共 16 位数据，即 2 个字节
        MOV  SCON,#10H        ;串行口工作于方式 0，允许接收
        SETB EA               ;开总中断
        SETB ES               ;开串行口中断
        CLR  P1.1             ;并行输入第一字节数据
```

```
        SETB  P1.1                 ;允许串行移位
WAIT:   CJNE  R1,#2,WAIT1
        SJMP  WAIT                 ;等待接收第一字节数据的串行口中断
WAIT1:  CLR   P1.1                 ;并行输入第二字节数据
        SETB  P1.1                 ;允许串行移位
        SJMP  $                    ;等待接收第二字节数据的串行口中断
RXDCX:  CLR   RI                   ;清 RI 标志位，准备下次接收
        MOV   A,SBUF               ;读取数据
        MOV   @R0,A                ;存储数据
        INC   R0
        DJNZ  R1,RXDTUI            ;未读完 2 字节数据，继续读取
        CLR   ES                   ;16 位数据读取完毕，屏蔽串行口中断
RXDTUI:
        RETI
        END
```

二、利用 74LS164 芯片扩展并行输出口

74LS164 是 8 位串入并出移位寄存器，CP 为移位脉冲输入端；CLR 为清除端，CLR 为“0”时输出端清 0，CLR 为“1”时允许数据串行移位，数据沿 A 到 H 方向移动；AB 为串行数据输入端。由于 74LS164 没有输出控制端，故在串行输入的过程中输出端会不断变化。因此，一般应在 74LS164 和输出装置之间接输出可控的缓冲器，以保证串行输入结束后再输出数据。

【例 6-3】 用串行口扩展 8 位并行输出口，在 8 位并行输出口的每一位都接一个发光二极管，编程使 8 个发光二极管隔一亮一，循环 3 次后 8 个发光二极管全部熄灭，电路如图 6-15 所示。

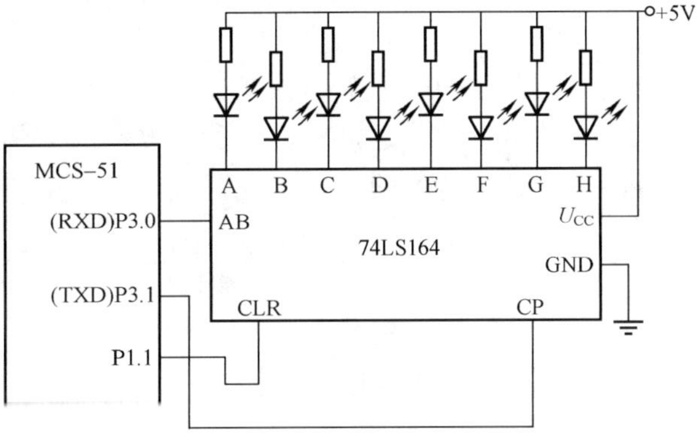

图 6-15 利用 74LS164 芯片扩展 8 位并行输出口电路

解 程序如下：

```
        ORG   0100H
CX:     MOV   A, #55H
        MOV   R0, #06H
        CLR   P1.1
        SETB  P1.1
        MOV   SCON, #00H           ;将串口设为方式 0
LOOP:   MOV   SBUF, A
LOOP1:  JNB   TI, LOOP1
        CLR   TI
        LCALL DELAY
        RL    A
        DJNZ  R0,  LOOP
        MOV   A, #0FFH
        MOV   SBUF, A
LOOP2:  JNB   TI, LOOP2
        CLR   TI
        RET
DELAY:  MOV   R2, #60H
K3:     MOV   R3, #80H
K2:     MOV   R4, #20H
```

```
K1:     DJNZ   R4, K1
        DJNZ   R3, K2
        DJNZ   R2, K3
        RET
        END
```

如果想扩展 16 位并行输出口，就要用到 2 片 74LS164，首尾相接。利用 74LS164 芯片扩展 16 位并行输出口的电路如图 6-16 所示。

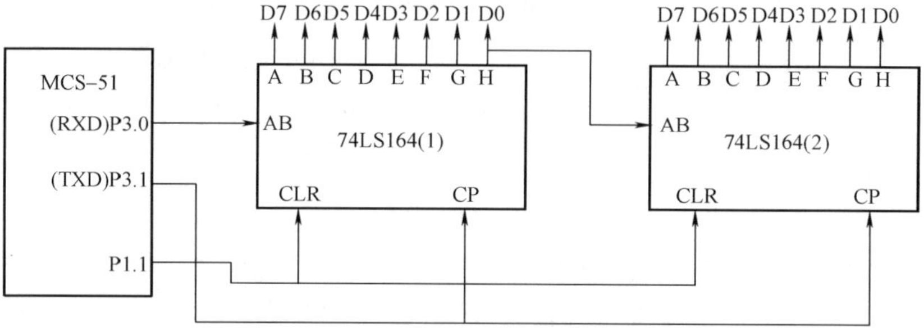

图 6-16　利用 74LS164 芯片扩展 16 位并行输出口电路

6.3.3　串行口方式 1 应用编程

【例 6-4】 编写双机通信程序。甲、乙双机的串行口均工作于方式 1，并以定时器 T1 为波特率发生器，T1 工作于初值可自动重装的方式 2，波特率设定为 2400bps，晶振为 6MHz。甲机向乙机发送两个字节的 ASCII 码，ASCII 码由 7 位组成，其最高位可作为奇偶校验位用。数据块通过串行口传送，乙机负责接收，数据传送正确则接收，传送错误则丢弃。

解　（1）波特率的计算。设置 SMOD 为“0”，定时器 T1 的计数初值 X 为

$$X=256-\frac{2^{SMOD}\times f_{osc}}{32\times 12\times 波特率}=256-\frac{2^{0}\times 6000000}{384\times 2400}=249.5\approx 250=0FAH$$

（2）甲机发送。将片内 RAM 中的 50H 和 51H 单元内存储的 ASCII 码通过串行口发送给乙机，ASCII 码由 7 位组成，其最高位作为所传送 ASCII 码的奇偶校验位。甲机以查询方式进行发送。

程序如下：

```
        ORG     0000H
        AJMP    MAIN
        ORG     0030H
MAIN:   MOV     TMOD,#20H        ;设置 T1 工作于定时器模式，方式 2
        MOV     TL1,#0FAH        ;设置 T1 定时初值为 250
        MOV     TH1,#0FAH
        CLR     TI               ;清发送中断标志位
        MOV     SCON,#40H        ;设置串行口工作于方式 1
        SETB    TR1
        MOV     R0,#50H
        MOV     R1,#2            ;共 2 个字节
LOOP:   MOV     A,@R0            ;取第一个 ASCII 码
        INC     R0
        MOV     C,P              ;取奇偶校验位
        MOV     ACC.7,C
```

```
        MOV     SBUF,A          ;发送第一个ASCII码
WAIT:   JNB     TI, WAIT        ;查询等待发送结束
        CLR     TI              ;软件对TI清0
        DJNZ    R1,LOOP
        SJMP    $
        END
```

（3）乙机接收。乙机通过串行口接收甲机发送来的2个字节的ASCII码，ASCII码由7位组成，其最高位作为所传送ASCII码的奇偶校验位。若接收的数据传送正确则接收并存储于内部RAM的40H和41H单元，传送错误则丢弃所接收的数据。乙机以中断方式进行接收。

程序如下：

```
        ORG     0000H
        AJMP    MAIN
        ORG     0023H
        AJMP    RTXD            ;串行口中断
        ORG     0030H
MAIN:   MOV     TMOD,#20H       ;设置T1工作于定时器模式，方式2
        MOV     TL1,#0FAH       ;设置T1定时初值为250
        MOV     TH1,#0FAH
        SETB    EA              ;开总中断
        SETB    ES              ;开串行口分中断
        CLR     RI              ;清接收中断标志位
        MOV     SCON,#50H       ;设置串行口工作于方式1，允许接收
        SETB    TR1
        MOV     R0,#40H
        MOV     R1,#2           ;共2个字节
HERE:   CJNE    R1,#0,HERE      ;等待串行口中断
        CLR     ES              ;屏蔽串行口分中断
        CLR     EA              ;屏蔽总中断
        SJMP    $

        ORG     0100H
RTXD:   CLR     RI              ;软件对RI清0
        MOV     A,SBUF          ;通过串行口接收数据
        DEC     R1
        MOV     C,ACC.7         ;C存储接收到的奇偶校验位
        ANL     A,#7FH          ;屏蔽奇偶校验位
        JC      L1
        JNB     P,STORE         ;C为“0”
        AJMP    ERROR           ;数据传送错误，不接收
L1:     JB      P,STORE         ;C为“1”
        AJMP    ERROR           ;数据传送错误，不接收
STORE:  MOV     @R0,A
        INC     R0
ERROR:  RETI                    ;数据传送错误，不接收
        END
```

6.3.4 串行口方式2和方式3应用编程

串行口方式3和方式1的不同之处在于接收/发送的信息位数不同，而与方式2的不同之处在于波特率设置不同，方式3的波特率要由用户决定，即波特率是可变可调的；而方式2

的波特率是固定的，为晶振频率的1/32或1/64，方式2和方式3的使用基本一样。

【例6-5】 以双机通信为例，编写软件程序。串行口以方式3进行接收和发送，以T1为波特率发生器，选择定时器方式2。甲机用查询方式发送，乙机采用中断方式接收。甲、乙机均使用11.0592MHz的晶振频率，波特率为9600bps。

解 （1）甲机发送程序。甲机首先发送数据存放地址，地址的高位存放在78H中，地址的低位存放在77H中；然后发送255个字节的数据，分别为00H，01H，…，FEH。

程序如下：

```
        ORG     0000H
        LJMP    TRAN
        ORG     0100H
TRAN:   MOV     TMOD,#20H          ;置T1工作于定时模式，方式2
        MOV     TL1,#0FDH          ;置T1定时初值
        MOV     TH1,#0FDH
        SETB    EA                 ;CPU允许总中断
        CLR     ES                 ;禁止串行口中断
        CLR     ET1                ;禁止定时器T1中断
        MOV     SCON,#0E0H         ;串行口工作于方式3，SM2=1
        SETB    TR1
        SETB    TB8                ;表示发送地址帧
        MOV     SBUF,78H           ;发送高位地址
        JNB     TI,$
        CLR     TI
        MOV     SBUF,77H           ;发送低位地址
        JNB     TI,$
        CLR     TI
        CLR     TB8                ;表示发送数据帧
        MOV     A,#00H
LOOP:   MOV     SBUF, A
        JNB     TI, $
        CLR     TI
        INC     A
        CJNZ    A,#0FFH,LOOP       ;判断数据是否发送结束
HERE:   AJMP    HERE               ;可执行其他任务
        END
```

（2）乙机接收程序。把接收到的头两个字节作为存放数据的首地址，再接收到的255个字节的数据存放入以首地址开始的单元中。

程序如下：

```
        ORG     0000H
        LJMP    RECEIVE
        ORG     0023H
        AJMP    SINT               ;串行口中断
        ORG     0100H
RECEIVE:MOV     SP, #60H
        MOV     TMOD,#20H          ;置T1工作于定时模式，方式2
        MOV     TL1,#0FDH          ;置T1定时初值
        MOV     TH1,#0FDH
        SETB    EA                 ;CPU允许总中断
```

```
         SETB    ES              ;允许串行口中断
         CLR     ET1             ;禁止定时器 T1 中断
         MOV     SCON,#0F0H      ;串行口工作于方式 3，允许接收，SM2=1
         SETB    TR1
         MOV     R0, #0FEH
WAIT:    AJMP    WAIT            ;等待串行口中断
SINT:    MOV     C,SM2
         JNC     PD1             ;判断接收的是地址还是数据
         INC     R0              ;接收的是地址
         MOV     A,R0
         JZ      PD
         MOV     DPH,SBUF        ;接收的是高位地址
         AJMP    PD2
PD:      MOV     DPL,SBUF        ;接收的是低位地址
         CLR     SM2             ;下一次将接收数据，SM2=0
         AJMP    PD2
PD1:     MOV     A,SBUF          ;接收的是数据
         MOVX    @DPTR, A
         INC     DPTR
         CJNZ    A,#0FEH, PD2    ;判断数据接收是否结束
         CLR     ES              ;接收结束，禁止串行口中断
PD2:     CLR     RI
         RETI
         END
```

串行口的方式 2 和方式 3 多用于多机通信，因此介绍一下基于 MCS-51 单片机的多机通信。MCS-51 单片机可利用串行口进行多机通信，若要保证主机与所选择的从机实现可靠的通信，就必须先保证串行口具有识别功能。串行口控制寄存器 SCON 中的 SM2 位就是满足这一条件而设置的多机通信控制位。

当串行口以方式 2（或方式 3）接收时，若 SM2＝1，只有当接收到的第 9 位数据 RB8 为“1”时，才将数据装入接收缓冲器 SBUF，并置 RI 为“1”，向 CPU 发出中断请求，否则数据将丢失；若 SM2＝0，则无论接收的第 9 位数据 RB8 是“1”还是“0”，都将数据装入接收缓冲器 SBUF，置位 RI，发出中断请求。

利用这一特性，并保证每台从机在系统中的编号是唯一的，便可实现主机与多个从机之间的串行通信。这里所研究是主从式的多机系统，由主机控制多机之间的通信，从机和从机的通信只能经主机才能实现。多机通信示意图如图 6-17 所示。

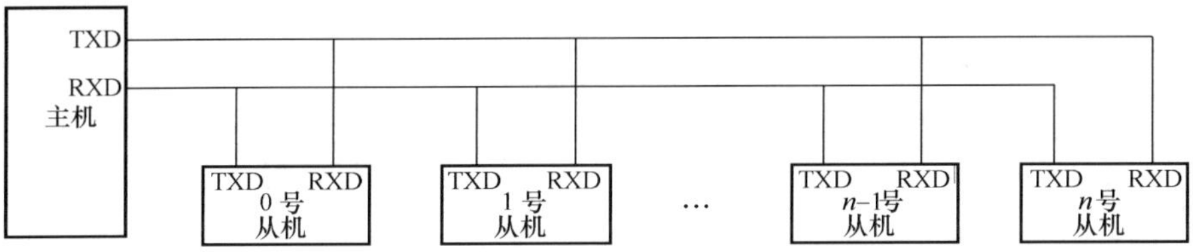

图 6-17　多机通信示意图

系统初始化时，将所有从机设置为方式 2 或方式 3 接收，将 SM2 位和 REN 位均设置为“1”，使从机处于多机通信且接收地址帧的状态。主机如果想与某从机通信，首先向所有从机发出所选从机的地址，接着才传送数据或命令。第 9 位数据用来标志是地址帧还是数据

帧。对于从机而言，只有地址相符的从机才可以接收数据或命令，其余地址不符的从机则不能接收。

首先主机发送所选的从机地址，即主机发送地址帧，从机接收地址帧。主机发送地址帧时，发送的前 8 位数据为所选的从机地址，第 9 位数据（TB8）为“1”，表示主机发送的是地址帧。由于各从机的多机通信控制位 SM2 被预先置“1”，而接收的第 9 位数据（RB8）为 1，则置“1”中断标志位 RI，各从机响应中断，执行中断服务程序，判断接收到的地址是否与本从机地址相符。若地址不相符，则该从机将继续维持 SM2 为“1”的状态，从而拒绝接收主机后面发来的命令或数据信息，等待主机的下一次通信。若地址相符，则该从机清“0”SM2 位，继续接收主机发来的命令或数据。

接着主机传送数据或命令，主机发送数据帧时，发送的前 8 位数据为数据或命令，第 9 位数据（TB8）为“0”，表示主机发送的是数据帧。此时各从机串行口接收到的第 9 位数据（RB8）为 0，只有地址相符合的从机（即已清“0”SM2 位的从机）才能置位中断标志位 RI，执行中断服务程序，接收主机发送的数据或命令；其他的从机因其 SM2 仍保持为“1”，而 RB8 为“0”不能置位 RI，所接收的数据将丢失不作处理，从而保证主机和从机间通信的正确性。

【例 6-6】 编写多机通信程序。设多机通信系统中有 1 个主机和 3 个从机，均由 MCS-51 单片机构成，如图 6-18 所示。主机的 RXD 与所有从机的 TXD 端相连，主机的 TXD 与所有从机的 RXD 端相连。从机的地址分别为 00H、01H 和 02H。主机先发送所要通信的从机地址，接着发送数据；从机接收到主机发送的地址后，将接收的地址与本机地址进行比较，地址相符则接收数据，否则不接收数据。主机、从机的晶振均为 11.0592MHz，串行口均工作于方式 3，并以定时器 T1 为波特率发生器，T1 工作于方式 2，波特率设定为 9600bps。

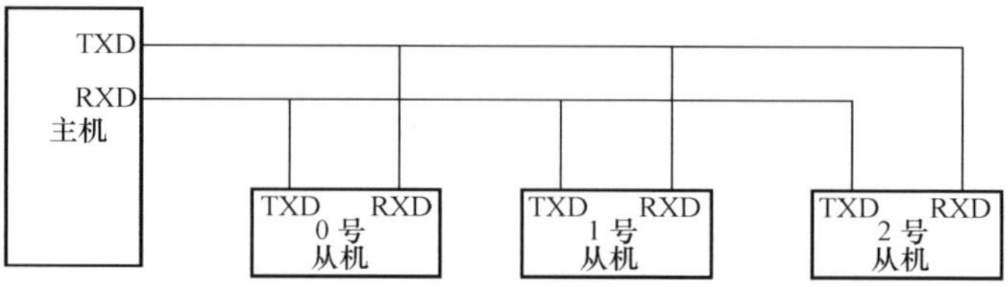

图 6-18 1 个主机 3 个从机构成的多机通信系统示意图

解 （1）主机程序。主机首先发送从机地址，然后发送数据。

程序如下：

```
        ORG     0000H
        LJMP    MAIN
        ORG     0100H
MAIN:   MOV     TMOD,#20H       ;置 T1 工作于定时模式，方式 2
        MOV     PCON,#80H       ;SMOD=1
        MOV     TL1,#0FAH       ;置 T1 定时初值
        MOV     TH1,#0FAH
        SETB    EA              ;CPU 允许总中断
        CLR     ES              ;禁止串行口中断
        CLR     ET1             ;禁止定时器 T1 中断
        MOV     SCON,#0E0H      ;串行口工作于方式 3， SM2=1
```

```
        SETB    TR1
SEND:   SETB    TB8             ;表示发送地址帧
        MOV     SBUF,#addr      ;发送从位地址
        JNB     TI,$
        CLR     TI
        CLR     TB8             ;表示发送数据帧
        MOV     SBUF,#data      ;发送数据
        JNB     TI,$
        CLR     TI
        AJMP    SEND
        END
```

（2）从机程序。从机初始化时使 SM2 为 1，首先接收主机发送来的地址，并将此地址与本机地址进行比较，若相同，则使 SM2 为 0，否则保持为 1。

```
        ORG     0000H
        LJMP    MAIN
        ORG     0100H
MAIN:   MOV     TMOD,#20H       ;置 T1 工作于定时模式，方式 2
        MOV     PCON,#80H       ;SMOD=1
        MOV     TL1,#0FAH       ;置 T1 定时初值
        MOV     TH1,#0FAH
        SETB    EA              ;CPU 允许总中断
        CLR     ES              ;禁止串行口中断
        CLR     ET1             ;禁止定时器 T1 中断
        MOV     SCON,#0F0H      ;串行口工作于方式 3，允许接收，SM2=1
        SETB    TR1
        CLR     F0              ;清用户标志位，表示主机发送的地址与本机地址不符
WAIT:   JNB     RI,$            ;等待串口接收
        MOV     C,F0
        JC      DATTA           ;判断接收的是地址还是数据
        MOV     A,SBUF          ;接收地址
        CJNE    A,#addr, EXIT   ;接收地址和本机地址比较
        CLR     SM2             ;接收地址和本机地址相同
        SETB    F0              ;F0=1，地址相符，接收数据
        AJMP    EXIT
DATTA:  MOV     A,SBUF          ;接收数据
        MOV     R0,A            ;存储接收数据
        SETB    SM2             ;SM2=1
        CLR     F0              ;F0=0，为下次通信做准备
EXIT:   CLR     RI
        AJMP    WAIT
        END
```

习　　题

1. 填空题

（1）在微型计算机中，最基本的通信方式可以分为________和________两种方式。

（2）对于串行通信，可从数据传送方式和数据传送方向来进行分类。从数据传送方式可分为________和________两种方式。

（3）在同步通信方式中，需要传送的数据开始传送前用________来指示。

（4）MCS-51 单片机的串行口共有两个外部引脚________和________。

（5）位________用来控制串行口是否允许接收数据，由软件置“1”或清“0”。

（6）MCS-51 单片机内部有两个物理上隔离的串行口接收缓冲器和发送缓冲器 SBUF，它们共用同一个字节地址________。

（7）MCS-51 单片机的 CPU 一旦响应串行口的中断请求，则执行从程序存储器的__________地址开始执行串行口发送中断服务程序。

（8）MCS-51 单片机的串行口工作在方式 0 时的波特率为________。

2．选择题（可多选）

（1）MCS-51 单片机的串行通信从数据传送方向可分为（　　）。

A．单工方式　　B．半双工方式　　C．双工方式　　D．全双工方式

（2）串行口内的接收缓冲器和发送缓冲器虽然共用一个地址，但是在物理上却是隔离的，可以通过访问特殊功能寄存器（　　）来访问接收缓冲器和发送缓冲器。

A．TCON　　B．SBUF　　C．SCON　　D．TMOD

（3）串行口中断所对应的中断入口地址为（　　）。

A．000BH　　B．001BH　　C．0013H　　D．0023H

（4）MCS-51 单片机的串行口共有（　　）种工作方式。

A．2　　B．3　　C．4　　D．5

（5）当串行口工作于方式 2 和方式 3 时，（　　）存储的是接收到的第 9 位数据。

A．TB8　　B．M1　　C．RB8　　D．M0

（6）当串行口控制寄存器 SCON 中的 SM0=0、SM1=1 时，串行口工作于方式 1，即（　　）位的通用异步接收/发送器。

A．8　　B．9　　C．10　　D．12

（7）（　　）寄存器控制串行通信的工作方式选择、接收，并指示串行口的中断状态。

A．SCON　　B．PCON　　C．TCON　　D．SBUF

（8）多机通信控制位（　　）是用来控制串行口在方式 2 和方式 3 中的多机通信的，常与 RB8 配合，决定是否置位串行接收中断标志位 RI。

A．SM0　　B．SM1　　C．SM2　　D．SM3

（9）PCON 的（　　）位 SMOD 为波特率选择位。

A．D5　　B．D2　　C．D7　　D．D0

（10）串行口工作在（　　）时的波特率是可变的，可根据公式 $\frac{2^{SMOD}}{32}\times$定时器T1的溢出率来确定。

A．方式 0　　B．方式 1　　C．方式 2　　D．方式 3

（11）通过串行口发送或接收数据时，在程序中应使用（　　）。

A．MOVC 指令　　B．MOVX 指令。

C．MOV 指令　　D．XCHD 指令

3．判断题

（1）对于半双工方式，信号在通信双方之间沿两个方向同时传送，任何一方在同一时刻

既能发送又能接收信息，即数据传送是双向的，且可同时发送和接收数据。（ ）

（2）当串行口工作于方式2和方式3时，RB8中存储的是要发送的第9位数据。（ ）

（3）MCS-51单片机的串行口的中断标志位只能软件清零。（ ）

（4）MCS-51单片机的串行口的方式3的波特率是可变的。（ ）

（5）MCS-51单片机的串行口工作于方式1时，常外接移位寄存器，用于扩展并行I/O口。（ ）

（6）串行口工作在方式2时的波特率为晶振频率的1/32或1/64。（ ）

（7）当SMOD为“0”时，表示波特率要加倍；当SMOD为“1”时，表示波特率不加倍。（ ）

（8）MCS-51单片机内部有两个物理上隔离的串行口接收缓冲器和发送缓冲器SBUF，它们共用同一个字节地址90H。（ ）

4．简答题

（1）基本通信方式有哪几种？各有什么优缺点？

（2）简述异步通信方式中的数据传送格式。

（3）什么是单工、半双工、全双工？

（4）串口有哪几种工作方式？

（5）简述什么是波特率？

（6）波特率如何设置？T1的计数初值如何确定？

（7）简述如何利用MCS-51单片机的串行口实现多机通信。

5．编程题

（1）利用“并行输入串行输出”74LS165，通过MCS-51单片机的串行口扩展24位并行输入口，读入24位数据。画出电路图，编写软件程序。

（2）编写多机通信程序。要求主机和从机的串行口接收和发送程序均采用中断方式实现。

第 7 章　I/O 接口扩展设计及应用

本章概要及学习目标

本章主要介绍 MCS-51 系列单片机接口电路、简单 I/O 接口和可编程接口芯片 8155 及 8255 的结构原理和应用。

通过对本章的学习，读者应掌握和了解以下知识：

1. I/O 口扩展的原因，掌握简单 I/O 接口的扩展方法。
2. 使用可编程芯片 8155、8255 进行接口扩展。

重点内容：

1. 可编程芯片 8155 的功能、输入/输出口扩展的基本方法及软件设计。
2. 可编程芯片 8255 的功能、输入/输出口扩展的基本方法及软件设计。

7.1　I/O 接口概述

单片机的并行 I/O 接口用于并行传输数据，如打印机、键盘、A/D、D/A 等器件都可以通过并行 I/O 与 CPU 进行接口。MCS-51 系列单片机内部有 4 个双向的并行 I/O 端口 P0～P3，共占 32 只引脚。P0 口的每一位可以驱动 8 个 TTL 负载，P1～P3 口的负载能力为 4 个 TTL 负载。有关 4 个端口的结构及详细说明，在前面的有关章节中已作过介绍。在无片外存储器扩展的系统中，这 4 个端口都可以作为准双向通用 I/O 口使用。我们知道，在具有片外扩展存储器的系统中，P0 口分时地作为低 8 位地址线和数据线，P2 口作为高 8 位地址线，这时 P0 口和部分或全部的 P2 口一般无法再作通用 I/O 口，同时 P3 口的某些位要作第二功能使用，因此这种情况下如果需要更多 I/O 口就需要扩展并行口。

7.1.1　I/O 接口应具有的功能

虽然单片机本身的 I/O 口能实现简单的数据输入输出操作，但其功能毕竟十分有限，因为在单片机的电路中，只有数据锁存和缓冲功能，而没有控制功能，因此难以满足复杂的 I/O 操作要求。单片机本身的 I/O 功能有限，除了结构及功能上的原因之外，还有数量上的原因。单片机虽然号称有 4 个 8 位双向 I/O 口，但在实际应用中，这些口并不能全部用于 I/O 目的，真正能作为数据 I/O 使用的就只有 P1 口和部分 P3 口了。由于单片机的 I/O 资源比较有限，因此在实际应用中不得不使用扩展的方法，来增加 I/O 口的数量，增强 I/O 扩展的功能。

MCS-51 系列单片机扩展的 I/O 接口电路应具有以下功能：

（1）实现和不同外设的速度匹配。不同外设的工作速度差别很大，但大多数外设的速度很慢，无法和微秒量级的单片机速度相比。MSC-51 和外设的数据传送方式有同步、异步、中断三种。无论采用哪种数据传送方式来设计 I/O 接口电路，只能在确认外设已为数据传送做好准备的前提下，才能进行 I/O 操作，而要知道外设是否准备好，就需要 I/O 接口电路与外设之间传送状态信息，以实现单片机与外设之间的速度匹配。

（2）输出数据锁存。由于单片机的工作速度快，数据在数据总线上保留时间十分短暂，无法满足慢速外设的数据接收，因此，在扩展的 I/O 接口电路中应具有数据锁存，以保证输出数据能为接收设备所接收。可见数据输出锁存应成为 I/O 接口电路的一项重要功能。

（3）输入数据三态缓冲。输入设备向单片机输入数据时，要经过数据总线，但数据总线上面可能“挂”有多个数据源，为了传送数据时不发生冲突，只允许当前时刻正在进行数据传送的数据源使用数据总线，其余的数据源应处于隔离状态，为此要求接口电路能为数据输入提供三态缓冲功能。

7.1.2　I/O 端口的编址

首先要弄清 I/O 接口和 I/O 端口的概念。I/O 端口是指 I/O 接口电路中具有端口地址的寄存器或缓冲器。I/O 接口是指单片机与外设之间的 I/O 接口芯片。一个 I/O 接口芯片可以有多个 I/O 端口，传送数据的端口称为数据口，传送命令的端口称为命令口，传送状态的端口称为状态口。然而，并不是所有的外设都需要三种端口齐全的 I/O 接口。I/O 端口的编址实际上是给所有 I/O 接口中的端口编址，以便 CPU 通过端口地址和外设交换信息。常用的 I/O 端口编址有两种方法，一是独立编址方式，二是统一编址方式。

一、独立编址方式

独立编址方式就是 I/O 地址空间和存储器地址空间分开编址。独立编址的优点是 I/O 地址空间和存储器地址空间相互独立，界限分明；但是，却需要设置一套专门的读写 I/O 的指令和控制信号。

二、统一编址方法

统一编址方法是把 I/O 端口的寄存器与数据存储器单元同等对待，统一进行编址。统一编址的优点是不需要专门的 I/O 指令，直接使用访问数据存储器的指令进行 I/O 操作，简单、方便且功能强。

MCS-51 单片机使用的是 I/O 端口和外部数据存储器 RAM 统一编址的方式，用户可以把外部 64KB 的数据存储器 RAM 空间的一部分作为 I/O 端口的地址空间。每一接口芯片中的 1 个功能寄存器（端口）的地址就相当于 1 个 RAM 存储单元，CPU 可以像访问外部存储器 RAM 那样访问 I/O 接口芯片，对其功能寄存器进行读写操作。

7.1.3　I/O 数据的几种传送方式

为了实现和不同外设的速度匹配，I/O 接口必须根据不同外设选择恰当的 I/O 数据传送方式，I/O 数据传送的方式有同步传送方式、异步传送方式和中断传送方式。

一、同步传送方式

同步传送又称无条件传送。当外设速度可与单片机速度相比拟时，常常采用同步传送方式，最典型的同步传送就是单片机和外部数据存储器之间的数据传送。

二、查询传送方式

查询传送又称为有条件传送，也称为异步传送。单片机通过查询得知外设准备好后，再进行数据传送。异步传送的优点是通用性好，硬件连线和查询程序十分简单，但是效率不高。为了提高单片机的工作效率，通常采用中断传送方式。

三、中断传送方式

中断传送方式是利用 MSC-51 本身的中断功能和 I/O 接口的中断功能来实现 I/O 数据的传送。单片机只有在外设准备好后，发出数据传送请求，才中断主程序，而进入与外设进行数据传送的中断服务程序，进行数据的传送。中断服务完成后又返回主程序继续执行。因此，采用中断方式可以大大提高单片机的工作效率。

7.1.4 扩展 I/O 接口电路

MCS-51 系列单片机常用的扩展方法有：

（1）简单的 I/O 接口扩展。

（2）利用串行口扩展并行口。

（3）可编程通用并行 I/O 接口芯片。

Intel 公司常用的外围接口芯片有：

（1）8255A。可编程的通用并行接口电路（3 个 8 位 I/O 口）。

（2）8155H。可编程的 RAM/I/O 扩展接口电路（256 个 RAM 字节单元，2 个 8 位 I/O 口，1 个 6 位 I/O 口，1 个 14 位的减法定时器/计数器）。

（3）8279。可编程键盘、显示接口。

它们都可以和 MCS-51 单片机直接相接，且接口逻辑十分简单，另外 74LS 系列的 LSTTL 电路也可以作为 MCS-51 单片机的简单 I/O 接口芯片，如 74LS373、74LS377、74LS244 等。

7.2 简单输入/输出接口扩展

在一些应用控制系统中，如果其输入输出是一些简单的开关量，若采用可编程的专用接口芯片往往价格比较高，因此常采用 TTL 或 CMOS 常规的逻辑电路的锁存器进行扩展。这一类的外围芯片一般价格较低且种类较多，常用的有 74LS377、74LS245、74LS373、74LS244、74LS273、74LS577、74LS573。这些芯片结构简单，配置灵活方便，比较容易扩展，使系统降低了成本、缩小了体积，因而在单片机应用系统中经常采用。

7.2.1 简单输入接口扩展

简单输入接口扩展只能解决数据输入的缓冲问题。由于数据总线要求挂在它上面的所有数据源必须具有三态缓冲功能，因此简单输入接口扩展实际上就是扩展数据缓冲器。其作用是当输入设备选通时，数据源能与数据总线直接沟通；而当输入设备处于非选通状态时，把数据源与数据总线隔离，即缓冲器输出高阻状态。

常用的扩展输入口的 TTL 芯片有 74LS373、74LS244 等。

74LS244 是一个三态输出八缓冲器及总线驱动器，以 $\overline{1G}$ 和 $\overline{2G}$ 作选通信号。其负载能力较强，可直接驱动小于 130Ω 的负载。它可以作为 8051 外部的一个扩展输入口，接口电路如图 7-1 所示。8 位并行输入口 74LS244，由 P2.6 和 $\overline{RD}$ 两项逻辑“或”控制，地址为 0BFFFH（管脚 P2.6＝0），执行 MOVX　A，@DPTR 指令可产生 $\overline{RD}$ 信号，随之将数据读入单片机累加器 A 中，编程如下：

```
MOV     DPTR, #0BFFFH          ;指向 244 输入口
MOVX    A, @DPTR               ;输入数据
```

74LS373 是一个带三态门的 8D 锁存器，它可以作为 8051 外部的一个扩展输入口，接口电路如图 7-2 所示。外部设备向单片机传送数据时，产生一个选通信号 XT 连接到 74LS373 的输入端 G 上，在选通信号的下降沿将数据锁存，同时向单片机发中断请求。此时单片机响应中断，通过 P0 口在 74LS373 锁存器中读取数据。74LS373 的输出由 P2.7 和 $\overline{RD}$ 相“或”

控制。74LS373 的口地址为 7FFFH（即 P2.7=0）。

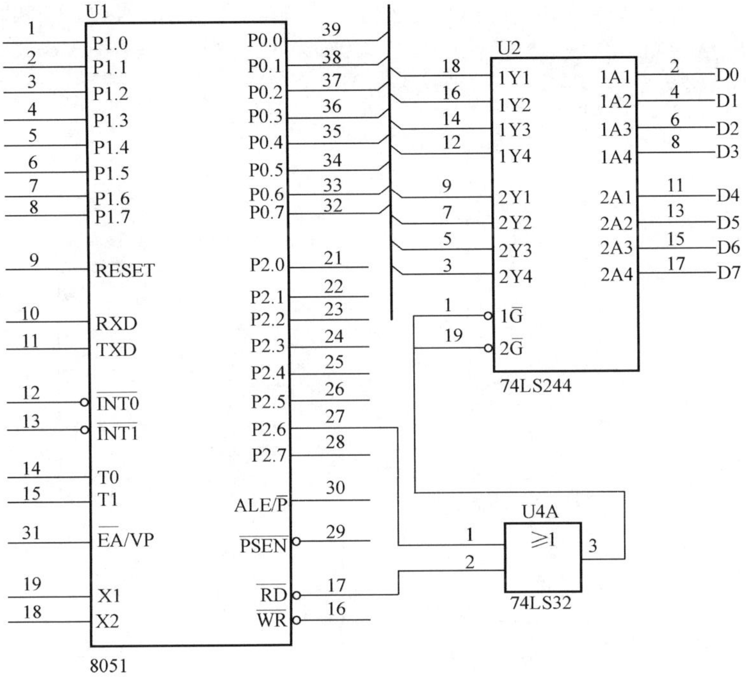

图 7-1　8051 和 74LS244 的接口电路

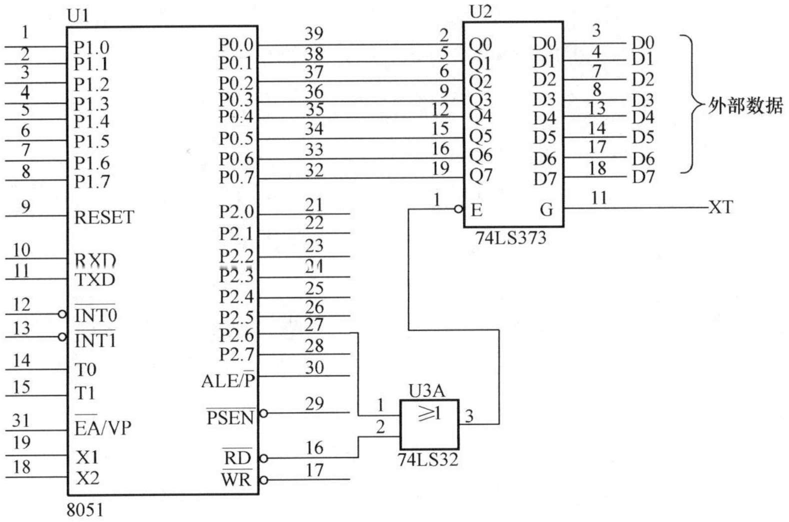

图 7-2　8051 和 74LS373 的接口电路

从上面的例子可见，74LS373 和 74LS244 作输入口的区别是 74LS244 只有三态缓冲的功能，而 74LS373 还有一个接收控制端。因此，当外设的数据是暂态数据时，采用 74LS373 作输入扩展更方便。

7.2.2　简单输出接口扩展

输出接口的主要功能是进行数据保持(即数据锁存)。简单输出接口扩展的电路是锁存器，通常使用 74LS377、74LS373 芯片等。74LS377 为带有允许输出端的 8D 锁存器，有 8 个 D

输入端，8 个 Q 输出端，1 个时钟输入端 CLK，1 个锁存允许信号 $\overline{E}$ 。当 $\overline{E}$ =0 时，在 CLK 端信号的上升沿，把 8D 输入端的数据打入 8 位锁存器。利用 74LS377 这些特性，通过 8051 的 P0 口扩展一片 74LS377 锁存器作输出口，该锁存器被看作 8051 的一个外部 RAM 单元。使用 MOVX @DPTR，A 指令访问，输出控制信号为 $\overline{WR}$ ，接口电路如图 7-3 所示。74LS 377 的口地址为 7FFFH（即 P2.7＝0），编写输出程序如下：

```
MOV     DPTR, #7FFFH          ;指向扩展输出口地址
MOV     A, #DATA              ;取数
```

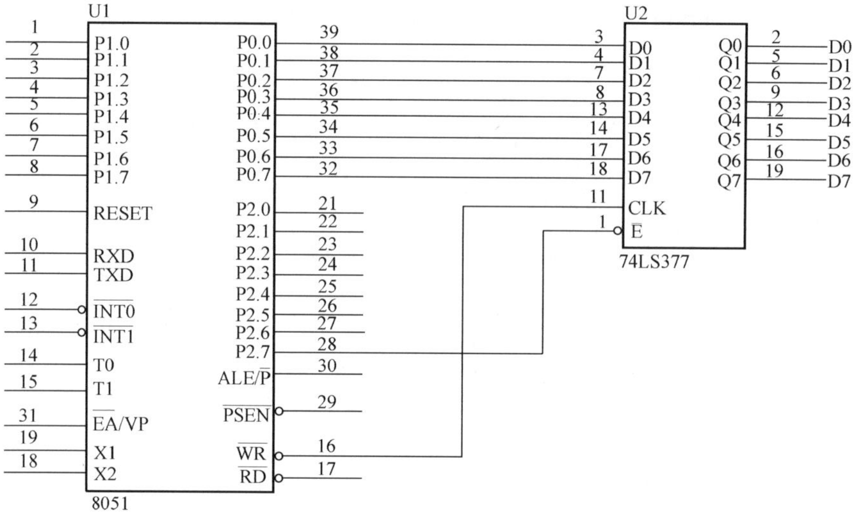

图 7-3 8051 与 74LS377 的接口电路

7.2.3 简单 I/O 接口扩展

将 P0 口扩展成简单的输入、输出口电路，在有些场合能降低成本、缩小体积。由于 P0 口只能分时复用，故构成输出口时，接口芯片应具有锁存功能；构成输入口时，接口芯片应具有三态缓冲或锁存选通功能，数据的输入、输出由单片机的读/写信号控制。

如图 7-4 所示接口电路采用 74LS244 作为扩展输入，74LS273 作为扩展输出。74LS244 是一个三态输出八缓冲器及总线驱动器，带负载能力强，其输入端分别接 8 个按钮开关。74LS273 是 8D 锁存器作为扩展输出，它们直接挂在 P0 口线上，输出端接 8 个发光二极管 LED，以显示 8 个按钮开关状态，当 74LS273 某位输出为低电平时二极管发光。74LS273 和 74LS244 的工作受 8051 的 P2.0、$\overline{RD}$ 、$\overline{WR}$ 三条控制线控制。

电路的工作原理如下：P0 口作为双向 8 位数据线，既能够从 74LS244 输入数据，又能够从 74LS273 输出数据。输入控制信号由 P2.0 和 $\overline{RD}$ “或”形成。当两者都为 0 时，74LS244 的控制端有效，选通 74LS244，外部的信息输入到 P0 数据总线上。当与 74LS244 相连的按键都没有按下时，输入全为 1，若按下某键，则所在线输入为 0。输出控制信号由 P2.0 和 $\overline{WR}$ “或”形成。当两者都为 0 后，74LS273 的控制端有效，选通 74LS273，P0 上的数据锁存到 74LS273 的输出端，控制发光二极管 LED；当某线输出为 0 时，相应的 LED 发光。

可见，输入和输出都是在 P2.0 为“0”时有效，74LS244 和 74LS273 的地址都为 FEFFH（只要保证 P2.0＝0，与其他地址位无关），但由于分别是由 $\overline{RD}$ 和 $\overline{WR}$ 信号控制，因此，不会发生冲突。

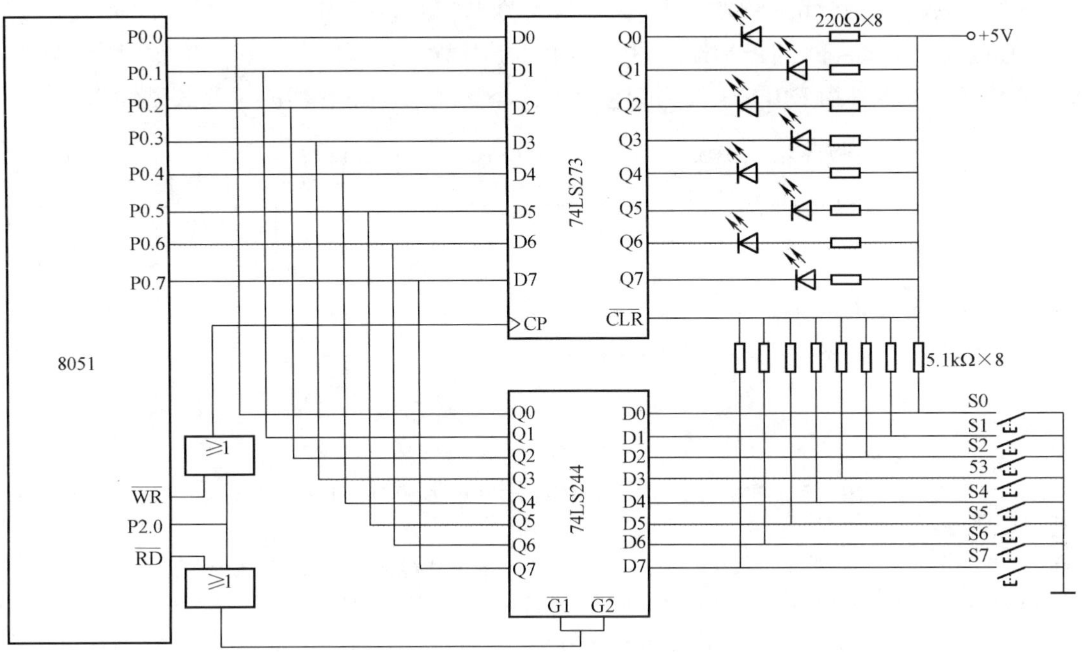

图 7-4　简单 I/O 扩展接口电路

图 7-4 所示电路可实现的功能是：按下任意键，对应的 LED 发光。其程序如下：

```
LOOP:   MOV     DPTR,#0FEFFH      ;数据指针指向扩展 I/O 口地址
        MOV     A,@DPTR           ;向 74LS244 读入数据，检测按钮
        MOV     @DPTR,A           ;向 74LS273 输出数据，驱动 LED
        SJMP    LOOP              ;循环
```

由此可见，对于接口的输入、输出就像从外部 RAM 读/写数据一样方便。图 7-4 仅仅扩展两片，如果仍不够用，还可扩展多片 74LS244、74LS273 之类的芯片。但作为输入口时，一定要有三态功能，否则将影响总线的正常工作。

7.3　用串行口扩展并行的 I/O 口

MCS-51 单片机串行口的方式 0 可用于 I/O 口扩展，如果在应用系统中，串行口未被占用，那么可将它用来扩展并行 I/O 口。使用移位寄存器芯片可以扩展一个或多个 8 位并行 I/O 口。用移位寄存器作为锁存或输入信号的接口，可以方便地扩展并行输入、输出口。这种方法的优点是不占用片外 RAM 地址，而且可节省单片机的硬件开销；缺点是操作速度较慢，扩展芯片越多，速度越慢。

在方式 0 时，串行口为同步移位寄存器工作方式，其波特率是固定的，为 $f_{osc}/12$（f_{osc} 为系统的振荡器频率）。数据由 RXD 端（P3.0）输出，同步移位时钟由 TXD 端（P3.1）输出，发送、接收的数据是 8 位，低位在先。

7.3.1　用 74LS164 扩展并行输出口

图 7-5 是使用 74LS164 扩展 *N* 个 8 位并行输出口的接口电路。74LS164 为 8 位串入并出移位寄存器，可以级联使用。A、B 为串行数据输入端，Q_A～Q_H 为并行数据输出端，CLK 为

同步时钟输入端，$\overline{CLR}$ 为清除端。图 7-5 中要注意数据和数位输出的顺序。输出的 N 个数据 Data0～Data$N$−1，Data0 在最远端。输出的 8×N 个数位，低位在先，高位在后，输出一帧数据（8 位）后，3 脚为 D0，13 脚为 D7，D0 为下一个移位寄存器的级联数据输入端。

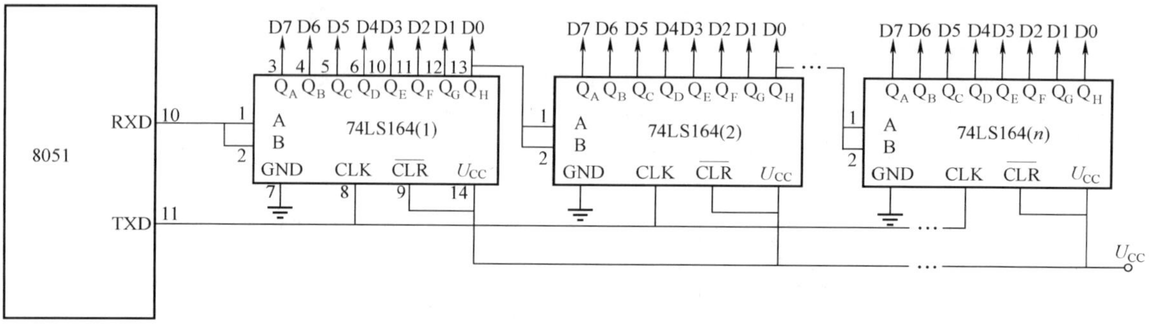

图 7-5 使用 74LS164 扩展 N 个 8 位并行输出口的接口电路

当 MCS-51 单片机串行口工作在方式 0 的发送状态时，串行数据由 P3.0（RXD）送出，移位时钟由 P3.1（TXD）送出。在移位脉冲的作用下，串行口发送缓冲器数据一位一位地移入 74LS164 中。需要指出的是，由于 74LS164 无并行输出控制端，因而在串行输入过程中，其输出端的状态会不断变化，故在某些应用场合，在 74LS164 的输出端应加接输出三态门控制，以便保证串行输入结束后再输出数据。

74LS164 的扩展方式，可以使用 UART，也可使用虚拟 UART 方式 0 接口。前者占用 UART 资源，后者只需使用两个 I/O 端口，视应用系统情况选择。

实例中分别编写了 UART 和虚拟 UART 方式 0 接口的子程序，设子程序名分别为 UART 和 VUATN。

（1）将 RAM 缓冲区 30H～37H 的内容经串行口由 74LS164 并行输出的子程序。

```
STAT:   MOV     R7,#08H         ;发送的字节个数
        MOV     R0,#30H         ;设置地址指针
        MOV     SCON,#00H       ;串行口工作在方式 0
SEND:   MOV     A,@R0
        MOV     SBUF, A         ;启动串行口发送过程
WAIT:   JNB     TI,WAIT         ;一帧数据未发送完，循环等待
        CLR     TI              ;清发送标志位
        INC     R0              ;修改地址指针，取下一个数
        DJNZ    R7,SEND
        RET
```

（2）虚拟 UART 方式 0 接口发送 N 个字节子程序为 VUATN。设发送缓冲区 MTD＝30H，虚拟端口为 P1.5、P1.4。

```
        VRXD    EQU  P1.5       ;定义数据输出脚
        VTXD    EQU  P1.4       ;定义时钟脚
STAT1:  MOV     R7,#08H         ;发送的字节个数
        MOV     R0,#30H         ;设置数据地址指针
        CLR     C               ;清进位 C
        CLR     VTXD            ;将时钟端置“0”
LOOP2:  MOV     A,@R0           ;发送数据送累加器 A 中
```

```
        MOV     R2,#08H         ;发送字节位数
LOOP1:  RLC     A
        SETB    VTXD            ;置时钟引脚为“1”
        NOP
        MOV     VRXD,C          ;将位数据送输出引脚
        CLR     VTXD            ;置时钟引脚为“0”
        NOP
        DJNZ    R2,LOOP1        ;一帧数据是否输出完毕?
        INC     R0              ;修改数据地址指针
        DJNZ    R7,LOOP2        ;8 个字节数据是否输出完毕?
        RET
```

7.3.2　用 74LS165 扩展并行输入口

如图 7-6 所示的扩展方式，可以使用 UART，也可以使用虚拟 UART 方式 0 接口。前者使用归一化子程序 UARTN1，后者使用归一化子程序 VUARTN1。使用 UARTN1 和 VURTN1 时，应将其中的符号单元定义，并将他们装入程序存储器中。

下面分别给出 UART 接口和虚拟 UART 方式 0 的子程序清单，子程序名分别为 UARN 和 VUARN。

（1）UART 接收 *N* 个字节子程序 UARN，设接收缓冲区 MRD＝40H。

```
        MRD     EQU  40H
        SL      EQU  P1.0
UARN:   MOV     R0,# MRD        ;设置地址指针
        CLR     SL              ;并行数据置入 74165
        SETB    SL              ;允许串行口移位
        MOV     R2, #N          ;设置发送的字节数
        LCALL   UARTN1          ;调用归一化子程序
        RET
UARTN1: MOV     SCON,#10H       ;设串口方式 0, 允许接收, 启动接收过程
WAIT:   JNB     RI,WAIT         ;未接受完一帧数据, 循环等待
        CLR     RI              ;清接收标志位, 准备下次接收
        MOV     A,SBUF          ;读入数据
        MOV     @R0,A           ;送数据到 RAM 缓冲区
        INC     R0              ;指向下一个地址
        DJNZ    R2,UARTIN1      ;调用归一化子程序
        RET
```

（2）虚拟 UART 方式 0 接口接收 *N* 个字节子程序 VUARN，设接收缓冲区 MRD＝40H，虚拟端口用 P1.5、P1.4，SL 用 P1.0。

```
        MRD     EQU  40H
        VRXD    EQU  P1.5
        VTXD    EQU  P1.4
        SL      EQU  P1.1
WARN:   MOV     R0,#MRD         ;设置内部 RAM 数据区首地址
        CLR     SL              ;并行数据置入 74165
        SETB    SL              ;允许串行口移位
        MOV     R2,#N           ;设置发送的字节数
        LCALL   VUARTN1
        RET
UARTN1: MOV     SCON,#10H       ;设串口方式 0, 允许接收, 启动接收过程
```

```
         CLR    C           ;清进位 C
         CLR    VTXD        ;将时钟端置"0"
UARTN2:  MOV    A,@R0       ;发送数据送累加器 A 中
         MOV    R2,#08H     ;发送字节位数
LOOP1:   RLCA
         SETB   VTXD        ;置时钟引脚为"1"
         NOP
         MOV    VRXD,C      ;将位数据送输出引脚
         CLR    VTXD        ;置时钟引脚为"0"
         NOP
         DJNZ   R2,LOOP1    ;一帧数据是否输出完毕?
         INC    R0          ;修改数据地址指针
         DJNZ   R7,LOOP2    ;8 个字节数据是否输出完毕?
         RET
```

图 7-6 为使用 74LS165 扩展 *N* 个 8 位并行输入口的接口电路。74LS165 为 8 位并入串出移位寄存器，可以级联使用。Q_H 和 $\overline{Q_H}$ 是一对逻辑电平相反的串行数据输出端，SER 为级联时的串行数据输入端，A、B、C、D、E、F、G、H 为并行数据输入端，A 为最高位 D7，H 为最低位 D0，CLK 和 CLKIN 是两个时钟输入端。SH/$\overline{LD}$ 端为预置控制端，在 SH/$\overline{LD}$ 为低电平时，并行数据端 D0～D7 的数据置入 74LS165 内部寄存器；SH/$\overline{LD}$ 为高电平时，可以进行串行移位操作。因此在电路中需用一个输出口（SL）来控制并行数据的置入。

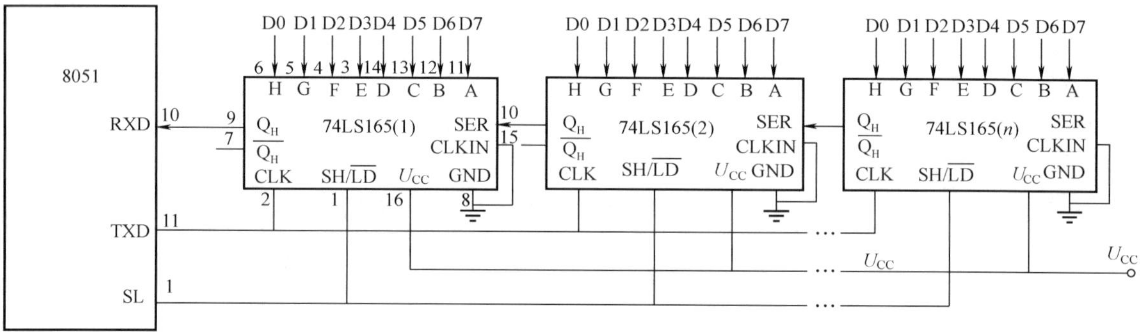

图 7-6 使用 74LS165 扩展 N 个 8 位并行输入口的接口电路

7.4 MCS–51 与可编程芯片 8155 的接口

Intel 8155/8156 是资源丰富的可编程 RAM 和 I/O 口扩展芯片。片内具有 256B 静态 RAM，2 个 8 位、1 个 6 位的 I/O 口，1 个 14 位减法定时/计数器，最大存取时间为 400ns。它可以与各种微处理器、单片机直接接口，是单片机应用系统中广泛使用的芯片之一。

MCS-51 单片机和 8155 的接口非常简单，因为 8155 内部有一个 8 位地址锁存器，故无需外接锁存器。在两者的连接中，8155 的地址译码即片选端可以采用线选法、全译码等方法。在整个单片机应用系统中要考虑与片外 RAM 及其他接口芯片的统一编址。

7.4.1 MCS-51 单片机与可编程并行 I/O 芯片 8155H 的接口

7.4.1.1 8155 的结构和引脚

8155 有 40 个引脚，采用双列直插封装，其引脚排列和内部结构如图 7-7 所示。

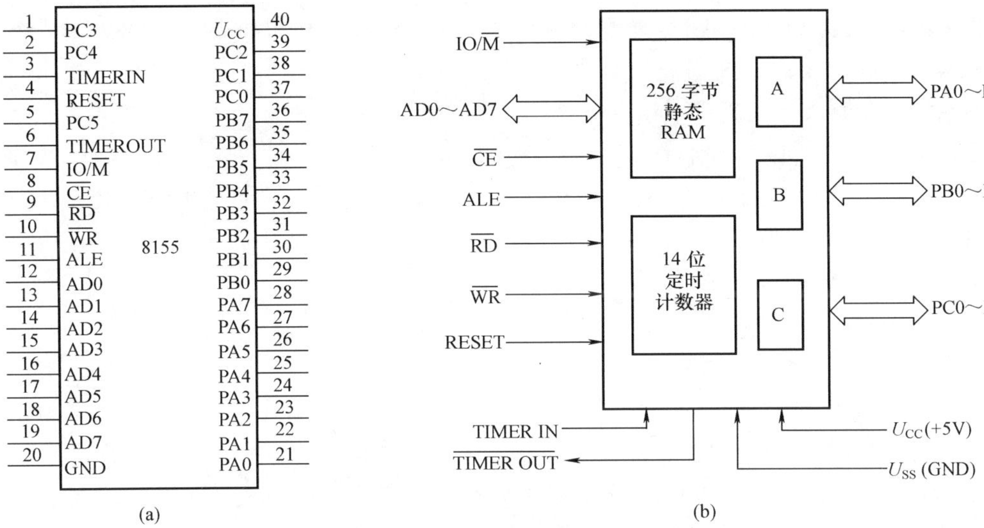

图 7-7　8155 引脚排列和内部结构

（a）引脚排列；（b）内部结构

各引脚功能如下所述：

（1）AD0～AD7：三态地址/数据线。它与 8051 地址、数据总线相接。它的分时复用功能与 8051 的 P0 口完全一样。地址可以是 8155 内部 RAM 单元地址或是 I/O 口地址。AD0～AD7 上的地址由 ALE 的下降沿锁存到 8155 内部地址锁存器，也就是由 ALE 信号来区别 AD0～AD7 上出现的是地址信息还是数据信息。

（2）ALE：地址锁存允许信号。在 ALE 信号的下降沿把 AD0～AD7 上的 8 位地址信息、片选信号及 IO/$\overline{M}$（IO 端口/RAM 选择）信号都锁存到 8155 内部锁存器中。

（3）IO/$\overline{M}$：I/O 端口和 RAM 选择信号。当 IO/$\overline{M}$ =1 时，AD0～AD7 的地址为 8155 I/O 口地址，选择 I/O 端口；当 IO/$\overline{M}$ =0 时，AD0～AD7 的地址为 8155 内部 RAM 单元地址，选择 RAM 存储单元。

（4）$\overline{CE}$：片选信号线，低电平有效。由 ALE 信号的下降沿锁存到 8155 内部锁存器。

（5）$\overline{RD}$：读选通信号，低电平有效。当 $\overline{RD}$ =0，且 $\overline{CE}$ =0 时，开启 AD0～AD7 的缓冲器，被选中的内部 RAM 单元（IO/$\overline{M}$ =0）或 IO 口（IO/$\overline{M}$ =1）的内容送到 AD0～AD7 上。

（6）$\overline{WR}$：写选通信号，低电平有效。当 $\overline{WR}$、$\overline{CE}$ 都有效时，CPU 输出到 AD0～AD7 上的信息写到 8155 内部 RAM 单元或 I/O 端口。

（7）RESET：复位线。通常与单片机的复位端相连，复位后，8155 的 3 个端口都为输入方式。

（8）PA0～PA7：A 口的 I/O 线（8 位）。由程序控制的命令寄存器选择输入/输出方向。

（9）PB0～PB7：B 口的 I/O 线（8 位）。由程序控制的命令寄存器选择输入/输出方向。

（10）PC0～PC5：C 口的 I/O 线或可作为 A、B 口的控制信号线（6 位）。用作控制信号线时，其功能如下：

1）PC0：AINTR（A 口中断信号线）。

2）PC1：ABF（A 口缓冲器满信号线）。

3）PC2：$\overline{ASTB}$（A 口选通线）。

4）PC3：BINTR（B 口中断信号线）。

5）PC4：ABF（B 口缓冲器满信号线）。

6）PC5：$\overline{\text{BSTB}}$（B 口选通线）。

（11）TIMERIN、$\overline{\text{TIMEROUT}}$：定时/计数器的脉冲输入、输出线。TIMERIN 为脉冲输入线，其输入脉冲对 8155 内部的 14 位定时/计数器减 1；$\overline{\text{TIMEROUT}}$ 为输出线，当计数器计满回 0 时，8155 从该线输出脉冲或方波，波形形状由计数器的工作方式决定。

（12）U_{CC}：+5V 电源。

（13）U_{SS}：接地。

7.4.1.2 8155 的 RAM 和 I/O 口寻址

8155H 在 8051 单片机应用系统中的 RAM 和 I/O 口是按外部数据存储器统一编址的，为 16 位地址。其高位提供 $\overline{\text{CE}}$ 和 IO/$\overline{\text{M}}$ 的输入信号，低 8 位地址由 8051 的 P0 口确定。

当 $\overline{\text{CE}}$ =0、IO/$\overline{\text{M}}$ =0 时，单片机对 8155 RAM 进行读/写，共 256B。其寻址范围由 AD0～AD7 的接法决定，这和前面讲到的片外 RAM 扩展时讨论的完全相同。当系统同时扩展片外 RAM 芯片时，要注意两者的统一编址。对这 256B RAM 的操作使用片外 RAM 的读/写指令“MOVX”。

当 $\overline{\text{CE}}$ =0、IO/$\overline{\text{M}}$ =1 时，单片机可以对 8155 片内 3 个 I/O 端口以及命令/状态寄存器和定时/计数器进行操作。与 I/O 端口和计数器使用有关的内部寄存器共有 6 个，需要三位地址来区分。8155 内部 I/O 及定时器的低 8 位编址如表 7-1 所示。

表 7-1　　8155 内部 I/O 及定时器的低 8 位编址

地　址	引脚	功　能
×××××000	内部	指令寄存器（仅写）
×××××000	内部	状态寄存器（仅读）
×××××001	PA0～PA7	通用 I/O 接口
×××××010	PB0～PB7	通用 I/O 接口
×××××011	PC0～PC5	通用 I/O 接口或控制联络
×××××100	内部	定时器/计数器的低 8 位寄存器
×××××101	内部	定时器/计数器的高 6 位寄存器以及定时器/计数器输出波形工作方式

7.4.1.3 8155H 的寄存器

8155 可编程接口芯片内部共有 7 个寄存器，分别为命令寄存器、状态寄存器、PA 寄存器、PB 寄存器、PC 寄存器、定时器/计数器寄存器（2 个 8 位寄存器）。其中，命令（指令）寄存器（仅写）与状态寄存器（仅读）共用一个地址×××××000，所以有时称其为命令/状态寄存器，它们由读/写指令来区分。定时器的高 8 位寄存器（其中的最高 2 位用以决定各种方式）和低 8 位寄存器各有自己的地址为×××××101 和×××××100。

一、命令（指令）寄存器

芯片 8155 I/O 口的工作方式的确定也是通过对 8155 的命令寄存器写入控制字来实现的。8155 控制字的格式如图 7-8 所示。命令寄存器只能写入不能读出，也就是说，控制字只能通过指令 MOVX @DPTR, A 或 MOVX @Ri, A 写入命令寄存器。将一个 8 位控制字写入命令寄存器（地址为×××××000），就确定了 PA 口、PB 口、PC 口和定时器的工作方式及功能。

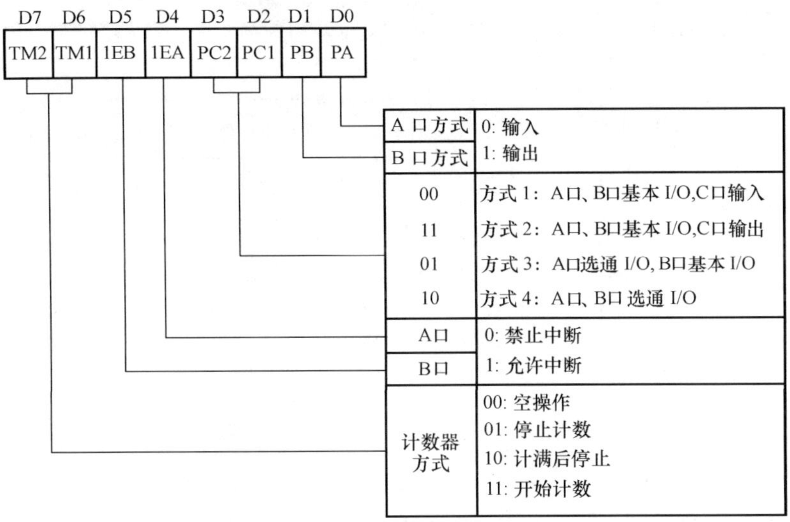

图 7-8　8155 控制字格式

命令寄存器是一个 8 位锁存器，四位（D0～D3）用来确定 I/O 口的工作方式。当 PC 口变为控制信号工作方式时，两位（D4、D5）用来确定允许/禁止从 C 口输出终端申请信号；最后两位（D6、D7）是确定定时器/计数器的工作方式控制位。当由命令寄存器的 D2、D3 两位确定 PC 口为 ALT1～ALT4 四种工作方式时，其 PC 口的工作方式如表 7-2 所示。

表 7-2　　PC 口 工 作 方 式

控 制 信 号	输 入 方 式	输 出 方 式
BF	低	低
INTR	低	高
TB	输入	输入

当 PC 口工作于 ALT3 或 ALT4 方式时，PC 口线用作外设与 CPU 间的联络信号。PA 口和 PB 口的控制信号的初始状态见表 7-3（在没进行数据传送时的控制信号状态）。

表 7-3　　PC 口工作于联络时的初始状态

命　令 / 引脚	ALT1（方式 1）	ALT2（方式 2）	ALT3（方式 3）	ALT4（方式 4）
PC0	输入线	输出线	AINTR（A 口中断）	AINTR（A 口中断）
PC1	输入线	输出线	ABF（B 口缓冲器满）	ABF（A 口缓冲器满）
PC2	输入线	输出线	$\overline{\text{ASTB}}$（A 口选通）	$\overline{\text{ASTB}}$（A 口选通）
PC3	输入线	输出线	输出线	BINTR（B 口中断）
PC4	输入线	输出线	输出线	BBF（B 口缓冲器满）
PC5	输入线	输出线	输出线	$\overline{\text{BSTB}}$（B 口选通）

二、状态寄存器

状态寄存器由 7 位锁存器组成，每位是一个状态。其中 6 位用于表示 PA 口和 PB 口的状态（0～5），1 位表示定时器/计数器的状态。该寄存器是只读寄存器，在对 8155 读操作时，能从 I/O 地址×××××000B 读出，8155 状态寄存器格式如图 7-9 所示。

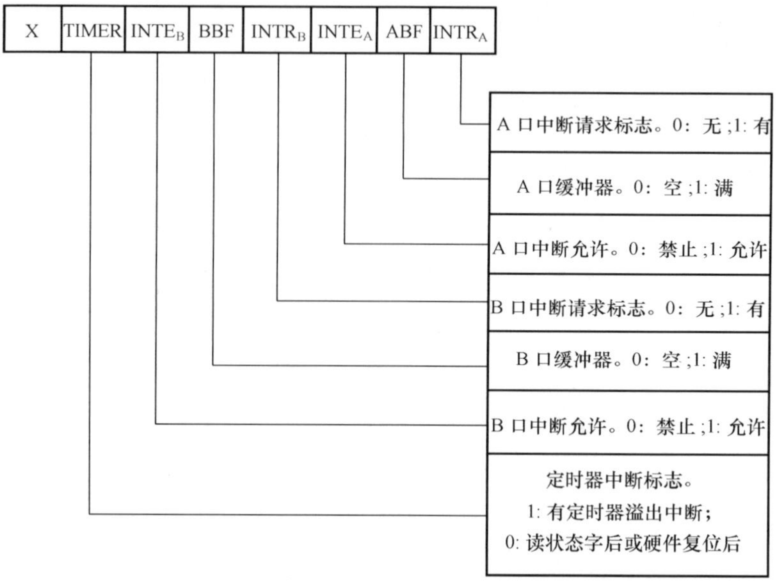

图 7-9　8155 状态寄存器格式

三、PA 寄存器

PA 寄存器可以按照命令寄存器的内容确定是输入还是输出寄存器，也可按照命令使这个口既可在基本方式（不带联络线，无条件传送）下工作，也可以带联络线（如中断传送）的选通方式工作。

PA 寄存器的引脚是 PA0～PA7，I/O 地址为×××××001B。

四、PB 寄存器

PB 寄存器与 PA 寄存器的功能相同，其引脚是 PB0～PB7，I/O 地址为×××××010B。

五、PC 寄存器

PC 寄存器的 I/O 地址是×××××011B。它仅有 6 位，由命令寄存器的第 2 位和第 3 位确定。这 6 位为输入口、输出口或作为 PA 和 PB 接口的控制信号。

当 PC0～PC5 用作控制口时，PC0～PC2 位分配给 PA 口，PC3～PC5 位分配给 PB 口。具体功能见表 7-2。

六、定时器/计数器寄存器

由于 8155 的定时器/计数器是 14 位计数器，另外还有两位用于确定输出方式，因此，它有两个 8 位寄存器，其低位字节的 I/O 地址为×××××100B，高位字节地址为×××××101B。定时器/计数器寄存器格式如图 7-10 所示。

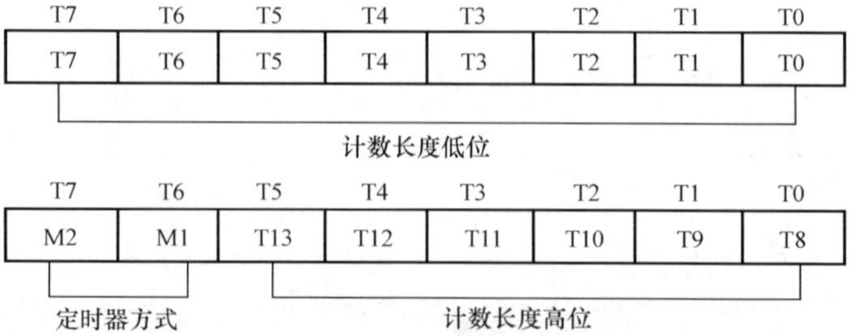

图 7-10　定时器/计数器寄存器格式

这两个寄存器具有双重作用：在写操作时，可送入 14 位定时常数以及输出方式的指令；在读操作时，可把定时器/计数器的当前值和输出方式位读出。定时/计数寄存器的读/写要分两次进行。

对定时器的编程，首先将计数常数及定时器方式字(2 位)送入定时器地址口 04H 及 05H。定时常数的范围可以是 2H～3FFFH 之间的任何数值。定时器的启动和停止命令送命令寄存器（00H）的最高位。

定时器/计数器是递减计数器，在（定时）TIMERIN 端输入计数脉冲，当计数器达到终点时由 TIMEROUT 端输出脉冲或方波。输出定时方式由高字节寄存器中的 M1、M2 两位确定。8155 定时器输出波形如表 7-4 所示。

表 7-4　　8155 定时器输出波形

M2	M1	方　式	定时器输出波形	M2	M1	方　式	定时器输出波形
0	0	单方波		1	0	单脉冲	
0	1	连续方波	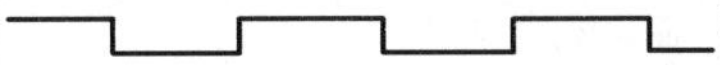	1	1	连续脉冲	

7.4.1.4　I/O 口的工作方式

当使用 8155 的三个 I/O 端口时，它们可以工作于不同的方式，工作方式的选择取决于写入的控制字，如图 7-8 所示。其中，A、B 口可以工作于基本 I/O 方式或选通 I/O 方式，C 口可工作于基本 I/O 方式，也可以作为 A、B 选通方式时的控制信号线。

7.4.2　8155 芯片的使用

8155 可作为 8051 单片机外扩 I/O 口、片外 256BRAM 及定时器使用。

7.4.2.1　作片外 256BRAM 使用

这种工作方式时，8155 的 IO/$\overline{M}$ 引脚接低电平，这时 8155 只能作片外数据存储器 RAM 使用，其地址高 8 位接 8155 片选端 $\overline{CE}$ 和 IO/$\overline{M}$ 端，低 8 位为 00H～0FFH，与应用系统中其他片外数据存储器统一编址，使用与片外数据存储器相同的读/写操作指令 MOVX。

7.4.2.2　作扩展 I/O 口使用

8155 作扩展 I/O 口使用时，IO/$\overline{M}$ 引脚必须置高电平，这时 PA、PB、PC 的口地址的低 8 位分别为 01H、02H、03H（设地址无关位为 0 时）。

8155 的工作方式选择，是通过对 8155 内部命令寄存器（命令口）设定命令字来实现的。命令寄存器的低 8 位地址为 00H。

8155 的 A 口和 B 口都可以工作在输入方式或输出方式，但 A 口和 B 口是工作在基本方式还是选通方式却不是由 A 口和 B 口的方式决定，而是由 C 口的方式决定。

8155 的 C 口可以设置成四种工作方式，即输入方式、输出方式、A 口的控制端口（用 C 口三条线为输出方式），以及作为 A 口和 B 口的控制端口。

一、I/O 口的工作方式选择

（1）基本 I/O 口的工作方式。当 8155 被编程为 ALT1、ALT2 时，A、B、C 口均为基本输入/输出方式，而用命令寄存器的 D0 和 D1 位选定 A 口和 B 口为输出还是输入方式；由 D2 和 D3 位选定 C 口为输出还是输入工作方式。

（2）选通 I/O 工作方式。当 8155 被编程为 ALT3 时，A 口定义为选通 I/O，B 口定义为基本 I/O。编程为 ALT4 时，A 口和 B 口均定义为选通 I/O 工作方式。

选通输入/输出逻辑结构（ALT4 时）如图 7-11 所示。

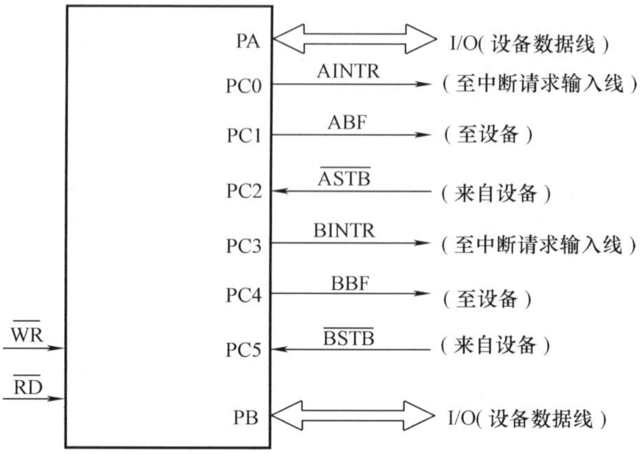

图 7-11　选通输入/输出逻辑结构

1）$\overline{STB}$：设备选通信号输入线，低电平有效。数据输入时，STB 是外设送来的选通信号；数据输出时，它是外设送来的应答信号。

2）INTR：中断请求输出线，作为 CPU 的中断源，高电平有效。当 8155 的 A 口（或 B 口）缓冲器接收到设备输入的数据或设备从缓冲器中取走数据时，中断请求线 INTR 升高（仅当命令寄存器中相应中断允许位为 1 时），向 CPU 申请中断，CPU 对 8155 相应的 I/O 进行一次读/写操作，INTR 变为低电平。

3）BF：I/O 口缓冲器状态标志输出线。缓冲器存有数据（满）时，BF 为高电平，否则为低电平。

数据输入操作时，当$\overline{STB}$有效后，把输入数据装入 8155H，然后 BF 信号变高电平，以反映 8155H 的缓冲器装满；在$\overline{STB}$信号恢复为高电平时，INTR 信号变高电平，向 CPU 申请中断；当 CPU 开始读取输入数据时，INTR 信号恢复低电平；读取数据完毕后，使 BF 信号恢复低电平，一次数据输入结束。

数据输出操作时，$\overline{STB}$是外设的应答信号。当外设接收并处理完数据后，发出$\overline{STB}$负脉冲，在$\overline{STB}$变高电平之后使 INTR 有效，开始申请中断，即要求 CPU 发送下一个数据。CPU 在中断服务中把数据写入 8155H，并使 BF 变高电平，以通知外设可以开始接收和处理数据，外设处理完数据后，再以$\overline{STB}$信号来应答。

8155H 选通 I/O 口时序波形如图 7-12 所示。

二、I/O 的状态查询

8155 用状态寄存器锁存 I/O 口和定时器的当前状态，供单片机查询用。因为状态寄存器和命令寄存器共有一个地址，所以可以认为 8155 的 00H 口是命令/状态寄存器。对其写入时，作为命令寄存器，写入命令；而对其读出时，作为状态寄存器，读出的是当前 I/O 口和定时器的状态。

状态寄存器的格式如图 7-9 所示，表示了 I/O 口作为选通输入/输出时的状态以及定时器的工作状态。

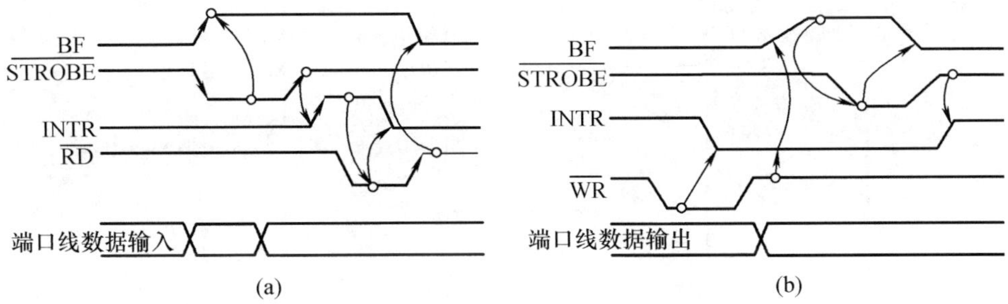

图 7-12　8155H 选通 I/O 时序波形
（a）输入时序波形；（b）输出时序波形

7.4.2.3　作定时器扩展使用

8155 片内有一个 14 位减法计数器，可对输入脉冲进行减 1 计数。外部有两个定时器引脚端 TIMERIN 和 $\overline{\text{TIMEROUT}}$ 。TIMERIN 为定时器时钟输入端，由外部输入时钟脉冲；$\overline{\text{TIMEROUT}}$ 为定时器输出端，输出各种信号脉冲波形。定时器的高 6 位、低 8 位计数器和定时器输出方式由 04H 和 05H 口寄存器确定，其格式如图 7-10 所示。

定时器的输出有四种波形，可由定时器方式（M2M1）位编程选择。

对定时器进行编程时，首先将计数常数及定时器方式选择送入定时器口（定时器低 8 位及高 6 位、定时器方式 M2M1）的 04H 和 05H，计数常数在 0002H～3FFFH 之间选择。定时器的启动和停止由命令寄存器（D6、D7）的最高两位控制（如图 7-8 所示）。

任何时候都可以设置定时器的长度和工作方式，然后必须启动命令写入命令寄存器（00H）。即使定时器/计数器已经计数，在写入启动命令后仍可改变定时器的工作方式。

如果定时器的计数常数为奇数，则方波输出不对称。

例如：计数常数为 9 时，定时器输出的方波在 5 个脉冲周期内为高电平，4 个脉冲周期内为低电平。

8155 复位后并不预置定时器方式和计数常数。另外，8155 的定时器是“减 1”计数器，因此在计数过程中计数器的值并不直接表示外部输入脉冲的个数。计数器终止为 2，初值为 2H～3FFFH 之间的任意值。

若作为外部事件计数，由计数器的状态求输入脉冲的方法如下：

（1）停止计数器计数。

（2）分别读出计数器的两个字节。

（3）取低 14 位的计数值。

（4）若为偶数，右移一位即得输入脉冲数；若为奇数，则右移一位加上计数初值 1/2 的整数部分。

7.4.3　MCS-51 单片机和 8155 的接口及应用

7.4.3.1　8051 单片机与 8155 的硬件接口电路

MCS-51 和 8155 的接口非常简单，因为 8155 内部有一个 8 位地址锁存器，所以无需外接锁存器，因此两者的连接不需要任何外围逻辑电路，可以直接为系统增加 256B 片外 RAM、22 位 I/O 口线及一个 14 位定时器。8051 单片机与 8155 的连接方法如图 7-13 所示。

由此我们得到 8155 的地址编码如下：

假定把没用到的地址位以“1”表示，则 RAM 字节地址范围是 F900H～F9FFH。

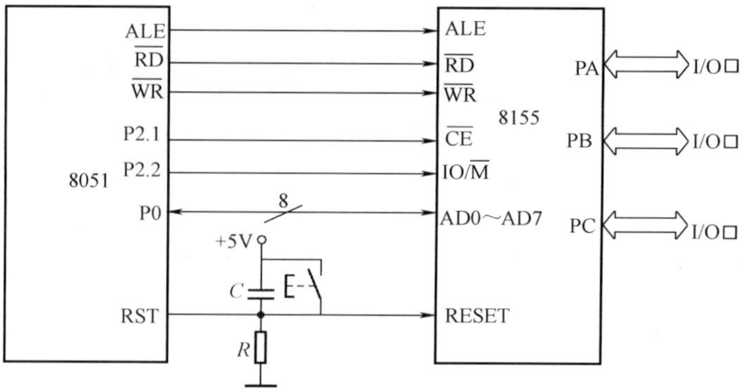

图 7-13 8051 单片机与 8155 的连接方法

I/O 口地址范围是

命令/状态口：FD00H；

PA 口：FD01H；

PB 口：FD02H；

PC 口：FD03H；

定时器低 8 位：FD04H；

定时器高 8 位：FD05H。

7.4.3.2 8155H 的编程举例

根据图 7-13 所示的接口电路，按照所给的地址编号进行操作。

一、初始化程序设计

若 A 口定义为基本输入方式，B 口定义为基本输出方式，对输入脉冲进行 16 分频，则 8155 的 I/O 初始化程序如下：

```
START:  MOV    DPTR, #0FD04H       ;指向定时器低 8 位
        MOV    A,  #10H            ;计数常数 10H
        MOVX   @DPTR, A            ;计数常数低 8 位装入
        INC    DPTR                ;指向定时器高 8 位
        MOV    A, #40H             ;设定时器连续方波输出
        MOVX   @DPTR, A            ;定时器高 8 位输入
        MOV    DOTR, #0FD00H       ;指向命令/状态口
        MOV    A, #0C2H            ;命令控制字设定 A 口为基本输入方式
                                   ;B 口为基本输出方式
        MOV    @DPTR, A            ;开启定时器
```

二、8155 RAM 编程

（1）读 8155H RAM 的 F1H 单元内容。程序如下：

```
MOV     DPTR, #0F9F1H        ;指向 8155 的 F1H 单元
MOVX    A,  @DPTR            ;F1H 单元内容→A
```

（2）将立即数 41H 写入 8155H RAM 的 20H 单元。程序如下：

```
MOV    A, #41H               ;立即数→A
MOV    DPTR, #0F920H         ;指向 8155 的 20H 单元
MOVX   @DPTR, A              ;立即数 41H 送到 8155RAM 的 20H 单元
```

三、8155 定时器/计数器的应用

将 8155 设计为计数器，利用 IC74121 的 $\overline{Q}$ 脚按键时产生下降沿脉冲送入。

每按键 5 次使 8155 的 $\overline{TIMEROUT}$ 脚产生一个下降沿脉冲，此下降沿脉冲使 8051 产生中断。

送电时 8051 P1 口的 8 个 LED 做单一灯循环左移，中断时 P1 口的 8 个 LED 闪烁 5 次。

8155 计数器设置如表 7-5 和表 7-6 所示。

表 7-5　　　　**低位字节：04H**

T7	T6	T5	T4	T3	T2	T1	T0
0	0	0	0	0	1	0	1

表 7-6　　　　**高位字节：05H**

M2	M1	T13	T12	T11	T10	T9	T8
1	1	0	0	0	0	0	0

工作在模式 3（自动载入）。

8155 定时器/计数器与 8051 接口电路如图 7-14 所示。

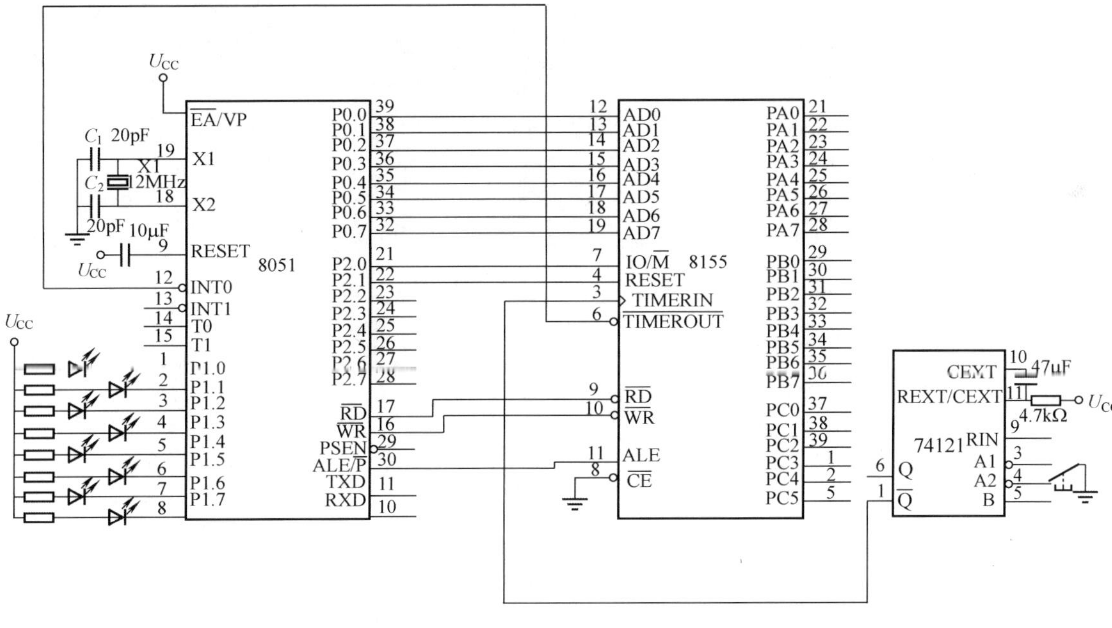

图 7-14　8155 定时器/计数器与 8051 接口电路

程序如下：

```
        ORG     0000H
        JMP     START          ;主程序
        ORG     0003H
        JMP     EXT0           ;INT0 中断子程序
START:  MOV     SP, #70H       ;设置堆栈
        MOV     IE, #81H
```

```
        MOV     TCON, #01H
        CLR     P2.1            ;8155 RESET
        SETB    P2.1
        CLR     P2.0
        SETB    P2.0            ;IO/M = 1
        MOV     R0,#04H         ;8155 计数器低字节地址
        MOV     A, #05          ;计数 5 次
        MOVX    @R0, A
        MOV     R0,#05H         ;8155 计数器高位字节地址
        MOV     A, #0C0H        ;计数 00 次，且 M1=1、M2=1 工作在模式 3
        MOVX    @R0, A
        MOV     R0,#00H         ;8155 命令/状态寄存器地址
        MOV     A, #0C0H        ;TM1=1、TM2=1，启动计时器
        MOVX    @R0, A
        MOV     A, #0FEH        ;8051 左移初值
LOOP:   MOV     P1,A            ;输出至 P1
        RL      A               ;左移 1 位
        CALL    DELAY           ;延时 200ms
        JMP     LOOP
EXT0:   PUSH    ACC             ;将 PSW 压入堆栈
        PUSH    PSW             ;将 PSW 压入堆栈
        SETB    RS0             ;设寄存器组 1
        MOV     R2,#10          ;闪烁 5 次
        MOV     A, #0FFH        ;P1 初值为全熄灭
LOOP1:  MOV     P1,A            ;输出至 P1
        CPL     A               ;反相
        CALL    DELAY           ;延时 200ms
        DJNZ    R2, LOOP1
        POP     PSW             ;取回 PSW
        POP     ACC             ;取回 ACC
        RETI
DELAY:  MOV     R4, #02
D2:     MOV     R5, #200
D1:     MOV     R6, #248
        DJNZ    R6, $
        DJNZ    R5, D1
        DJNZ    R4, D2
        RET
        END
```

在同时需要扩展 RAM 和 I/O 的应用系统中，选用 8155H 特别经济，8155H 既有 RAM，又有 I/O 口，还有定时器，因此，8155H 芯片是单片机应用系统中常用的外围接口芯片之一。8156H 芯片除片选端 $\overline{CE}$ 高电平有效外，其他功能及引脚与 8155H 完全相同。

7.5 MCS-51 与可编程芯片 8255 的接口

8255 和 MCS-51 相连，可以为外设提供三个 8 位的 I/O 端口，即 A 口、B 口和 C 口，三个端口的功能完全由编程来决定。

7.5.1 8255 芯片介绍

8255A 是 Intel 公司生产的可编程输入输出接口芯片，它具有三个 8 位的并行 I/O 口，分别

为 PA 口、PB 口、PC 口，其中 PC 口又分别为高 4 位口（PC7～PC4）和低位口（PC3～PC0），它们都可以通过软件编程来改变 I/O 口的工作方式。8255A 可以与 MCS-51 单片机直接接口。8255A 的引脚排列与内部结构如图 7-15 所示。

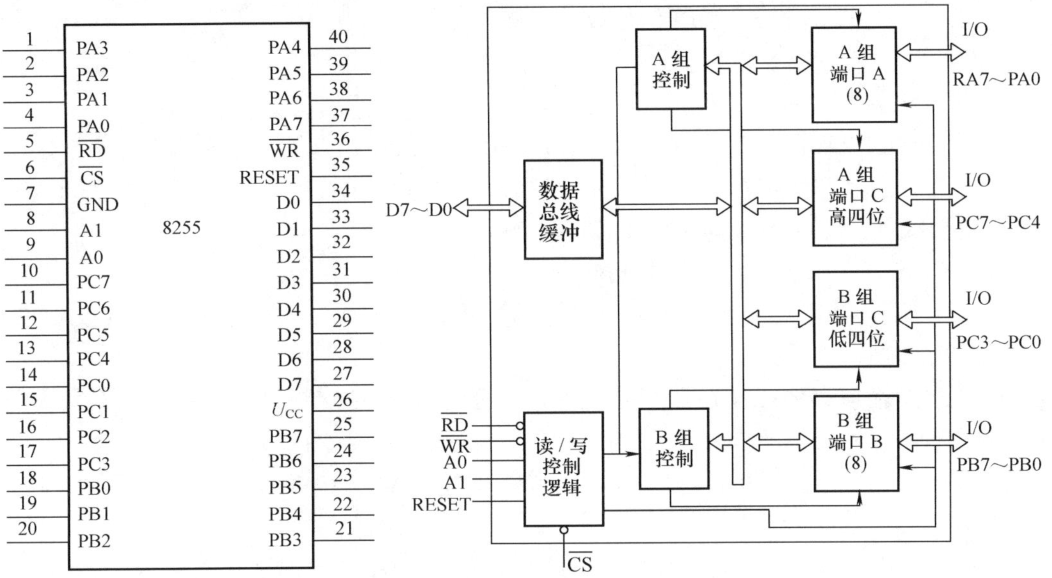

(a)　　　　　　　　(b)

图 7-15　8255A 的引脚排列和内部结构

（a）引脚排列；（b）内部结构

8255A 的结构及功能：

（1）三个 8 位的 I/O 口 A 口、B 口、C 口。A 口、B 口、C 口均为 8 位 I/O 数据口，但结构上略有差别。三个端口都可以和外设相连，分别传送外设的输入/输出数据或控制信息。

A 口由一个 8 位的数据输出缓冲/锁存器和一个 8 位的数据输入缓冲/锁存器组成，可编程为 8 位输入/输出或双向寄存器。

B 口由一个 8 位的数据输出缓冲/锁存器和一个 8 位的数据输入缓冲器组成，可编程为 8 位输入或输出寄存器，但不能双向输入/输出。

C 口由一个 8 位的数据输出缓冲/锁存器和一个 8 位的数据输入缓冲器组成，可分为两个 4 位口使用。它除了作为输入/输出口外，还可以作为 A 口、B 口选通方式工作时状态控制信号。

（2）A、B 组控制电路。这是两组根据 CPU 的命令字控制 8255 工作方式的电路。A 组控制 A 口及 C 口的高 4 位，B 组控制 B 口及 C 口的低 4 位。

（3）数据缓冲器。这是一个双向三态 8 位的驱动口，用于和单片机的数据总线相连，传送数据或控制信息。

（4）读/写控制逻辑。这部分电路接收 MCS-51 送来的读/写命令和选口地址，用于控制对 8255 的读/写。

（5）数据线（8 条）。D0～D7 为数据总线，用于传送 CPU 和 8255 之间的数据、命令和状态字。

（6）控制线和寻址线（6 条）。

1）RESET：复位信号，输入高电平有效。它一般和单片机的复位相连，复位后，8255 所有内部寄存器清 0，所有口都为输入方式。

2）$\overline{RD}$ 和 $\overline{WR}$：读/写信号线，输入，低电平有效。

3）$\overline{CS}$：片选线，输入，低电平有效。

4）A0、A1：地址输入线。当 $\overline{CS}$ 为 0，芯片被选中时，这两位的 4 种组合 00、01、10、11 分别用于选择 A 口、B 口、C 口和控制寄存器。

（7）I/O 口线（24 条）。PA0～PA7、PB0～PB7、PC0～PC7 为 24 条双向三态 I/O 总线，分别与 A 口、B 口、C 口相对应，用于 8255 和外设之间传送数据。

（8）电源线（2 条）。U_{CC} 为＋5V，GND 为地线。

7.5.2 8255A 的 3 种工作方式及选择

8255A 有 3 种基本工作方式：方式 0—基本输入输出；方式 1—选通输入输出；方式 2—双向传送（仅 PA 口）。

8255 的三个端口具体工作在什么方式下，是通过 CPU 对控制口的写入控制字来决定的。8255 有两个控制字：方式选择控制字和 C 口置/复位控制字。用户通过程序把这两个控制字送到 8255 的控制寄存器（A0A1＝11），这两个控制字以 D7 位来作为标志加以区别。

7.5.2.1 方式选择控制字

8255A 的工作方式可由 CPU 送出一个控制字到 8255A 的控制字寄存器来选择。这个控制字的格式如图 7-16 所示，可以分别选择端口 A 和端口 B 的工作方式，端口 C 分成两部分，

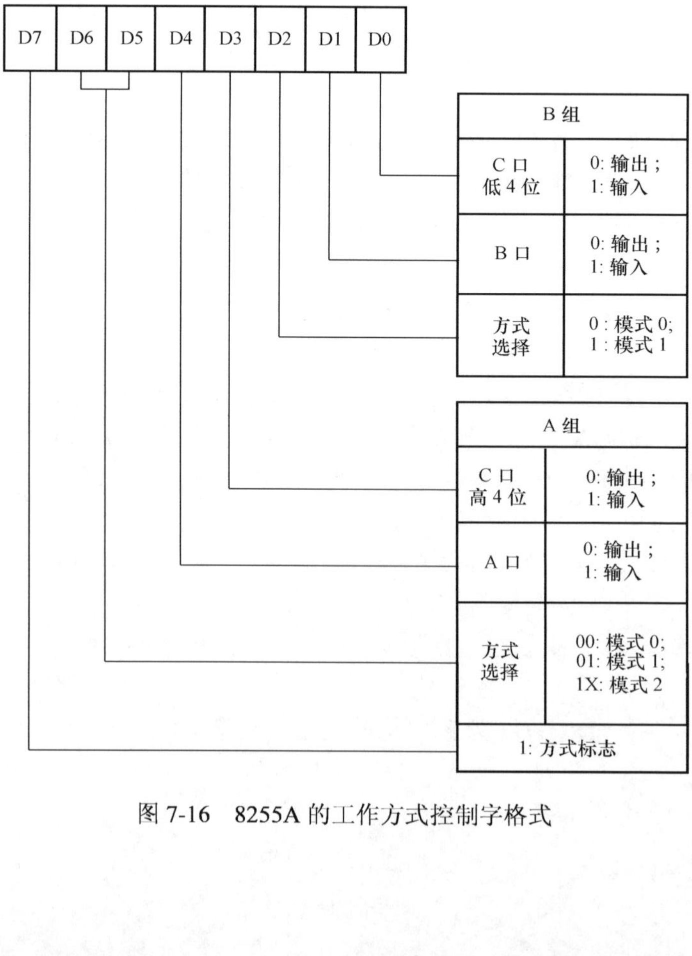

图 7-16 8255A 的工作方式控制字格式

上半部分随端口 A，下半部分随端口 B。端口 A 有方式 0、方式 1 和方式 2 三种，而端口 B 只能工作于方式 0 和方式 1。最高位 D7 是该控制字的标志位，其状态固定为 1，用于表明本字节是方式控制字。

【例 7-1】 若对 8255A 作如下设置：A 口方式 0 输入，B 口方式 1 输出，C 口的高 4 位部分为输出，低 4 位部分为输入。设控制寄存器地址为 0FFFBH。试编写程序。

解　按各口的设置要求，工作方式控制字为 10010101B，即 95H。初始化程序段为：

```
MOV DPTR,#0FFFBH              ;指向 8255A 的命令口
MOVX  A, #95H                 ;将控制字 95H 送累加器 A 中
MOVX  @DPTR, A                ;命令字送命令口
```

7.5.2.2　C 口置/复位控制字

端口 C 的 8 位中的任意一位，可用一个写入 8255A 的控制口的置/复位控制字来置位或复位，这个功能主要用于控制。C 口置/复位控制字格式如图 7-17 所示。D7 是该控制字的标志，其状态固定为 0。

C 口具有位操作功能，把一个置/复位控制字送入 8255 的控制寄存器，就能将 C 口的某一位置 1 或清 0 而不影响其他位的状态。

【例 7-2】 如果想把 8255A 的 C 口的 PC1 置 1，PC7 复位，对 8255A 编程。其操作方法是将 03H 写入控制口，置“1”PC1；0EH 写入控制口，清“0”PC7。设控制寄存器地址为 0FFFBH。试编写程序。

解　程序如下：

```
MOV      DPTR, #0FFFBH
MOV      A, #03H
MOVX     @DPTR, A
MOV      A, #0EH
MOVX     @DPTR, A
```

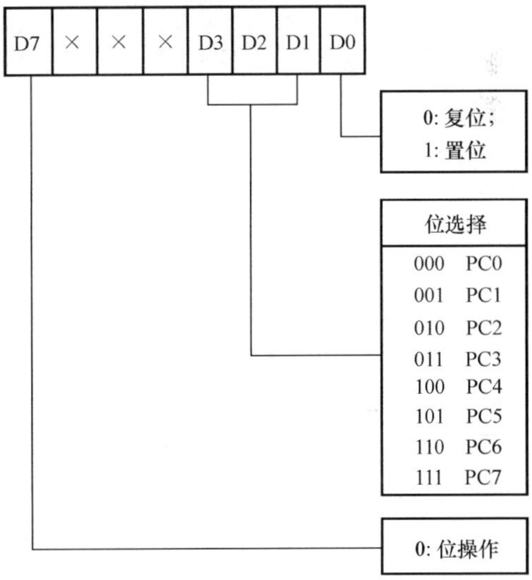

图 7-17　C 口置/复位控制字格式

7.5.2.3　方式 0（基本输入/输出方式）

方式 0 是一种基本的输入或输出方式。在这种工作方式下，三个端口的每一个都可由程序选定作为输入或输出，这种方式适用于无条件的传送数据的设备。例如，读一组开关的状态，控制一组指示灯的亮与灭，并不需要联络信号，CPU 可随时读入开关的状态，可随时把一组数据送到指示灯显示。

作为输出口时，输出数据被锁存；作为输入口时，输入数据不锁存。在这种工作方式下，由于是无条件的传送，因此不需要状态端口，三个端口都可作为数据端口。在 MCS-51 系统中，只要执行 MOVX 类指令，便可完成输入输出操作。

7.5.2.4　方式 1（选通输入/输出方式）

在这种工作方式下，A、B、C 三个口分别为两组：A 组包括 A 口和 C 口的高 4 位，A 口可由编程设定为输入或输出，C 口的高 4 位用来作为输入/输出操作的控制和同步信号；B 组包括 B 口和 C 口的低 4 位，B 口同样可由编程设定为输入或输出，C 口的低 4 位用来作为输入/输出操作的控制和同步信号。见表 7-7。

表 7-7 端口 C 的联络信号分布

C口位线	方式 1		方式 2	
	输入	输出	输入	输出
PC7		$\overline{OBF_A}$		$\overline{OBF_A}$
PC6		$\overline{ACK_A}$		$\overline{ACK_A}$
PC5	IBF_A		IBF_A	
PC4	$\overline{STB_A}$		$\overline{STB_A}$	
PC3	$INTR_A$	$INTR_A$	$INTR_A$	$INTR_A$
PC2	$\overline{STB_B}$	$\overline{ACK_B}$		
PC1	IBF_B	$\overline{OBF_B}$		
PC0	$INTR_B$	$INTR_B$		

一、方式 1 输入

当任意一个端口工作于方式 1 输入时，其输入组态如图 7-18 所示。其各个控制信号的意义为：

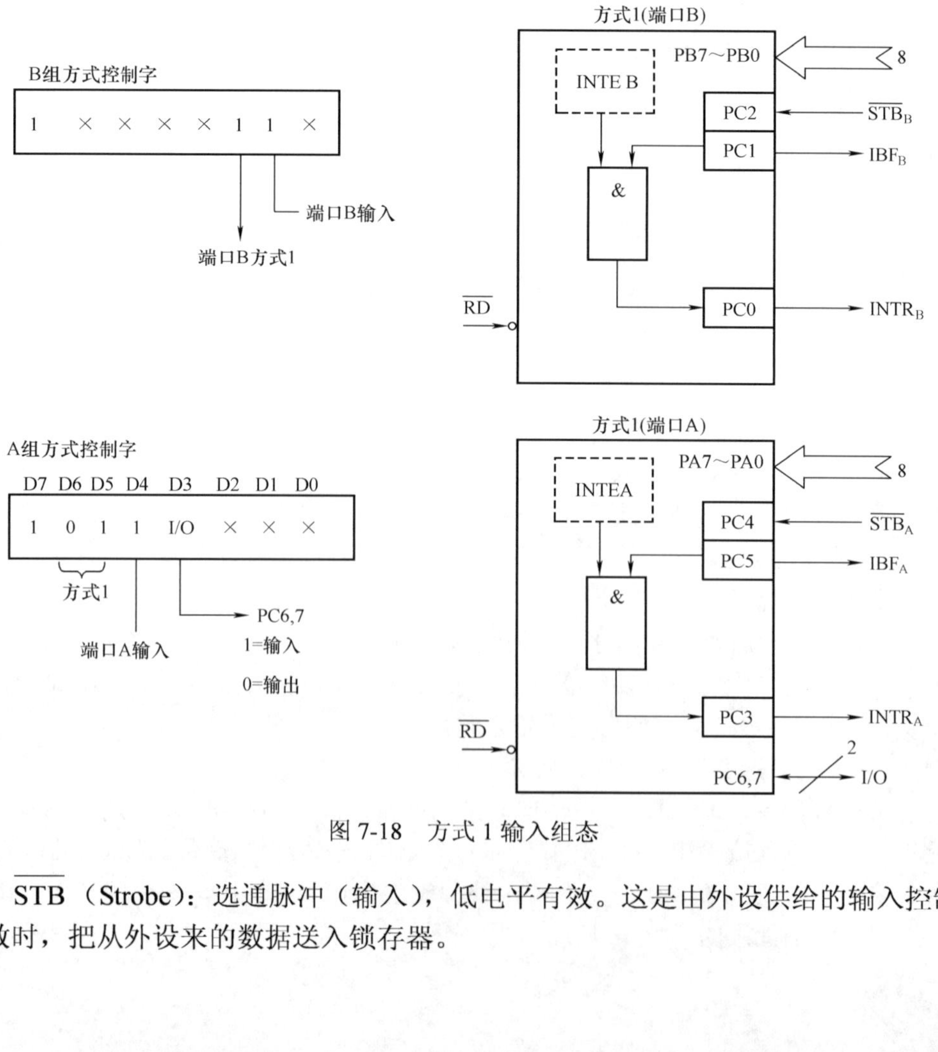

图 7-18 方式 1 输入组态

（1）$\overline{STB}$（Strobe）：选通脉冲（输入），低电平有效。这是由外设供给的输入控制信号，当其有效时，把从外设来的数据送入锁存器。

（2）IBF（Input Buffer Full）：输入缓冲器满信号（输出），高电平有效。这是一个 8255A 输出的状态信号。当其有效时，表示数据已输入至输入锁存器，它由 $\overline{\text{STB}}$ 信号置位（高电平），而读信号的上升沿使其复位。

（3）INTR（Interrupt Request）：中断请求信号（输出），高电平有效。这是 8255A 的一个输出信号，可用于作为向 CPU 的中断请求信号，以要求 CPU 服务。当 $\overline{\text{STB}}$ 、IBF 为高电平，同时 INTE（中断允许）被置为 1 时，INTR 变为高电平，而由 $\overline{\text{RD}}$ 信号的下降沿清除。

（4）INTEA 和 INTEB 为中断允许信号。

二、方式 1 输出

工作在方式 1 输出时，其输出组态如图 7-19 所示，主要的控制信号如下：

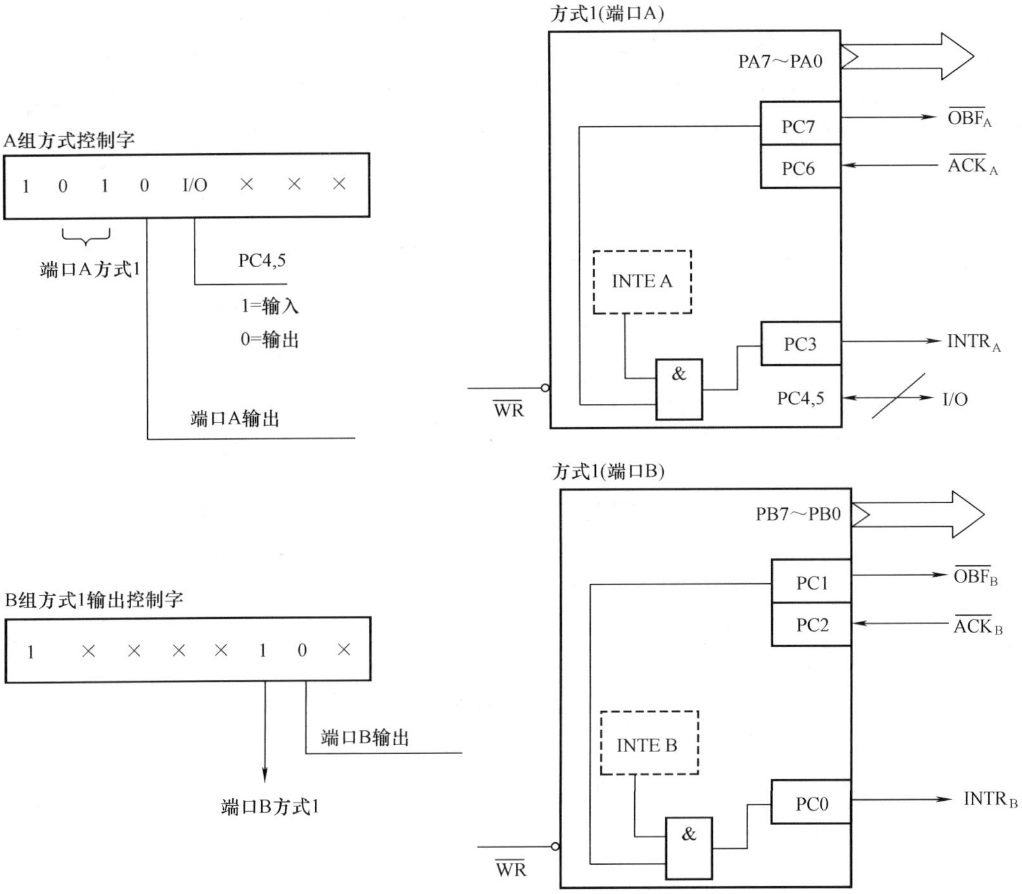

图 7-19　方式 1 输出组态

（1）$\overline{\text{OBF}}$（Output Buffer Full）：输出缓冲器满信号，低电平有效。这是 8255A 输出给外设的一个控制信号。当其有效时，表示 CPU 已经把数据输出给指定的端口，可以把数据输出。它由输出命令的 $\overline{\text{WR}}$ 上升沿置成低电平，由 $\overline{\text{ACK}}$ 的有效信号使其恢复为高电平。

（2）$\overline{\text{ACK}}$（Acknowledget）：低电平有效。这是一个外设的响应信号，指示 CPU 输出给 8255A 的数据已经由外设接受。

（3）INTR：中断请求信号，高电平有效。当输出装置已经接受 CPU 输出的数据后，它用来作为向 CPU 提出新的中断请求，要求 CPU 继续输出数据。当$\overline{ACK}$为“1”（高电平），$\overline{OBF}$为“1”（高电平）和 INTE 为“1”（高电平）时，使其置位（高电平），而$\overline{WR}$信号的下降沿使其复位（低电平）。

（4）INTEA：由 PC6 的置位/复位控制。

（5）INTEB：由 PC2 的置位/复位控制。

7.5.2.5　方式 2 的功能

这种工作方式，使外设可在单一的 8 位总线上，既能发送也能接收数据（双向总线 I/O），工作时可用程序查询，也可工作于中断方式。

该工作方式的主要功能：

（1）方式 2 只用于端口 A，端口 B 无此种工作方式。

（2）一个 8 位的双向总线端口（端口 A）和一个 5 位控制端口（端口 C）。

（3）输入和输出是锁存的。

（4）5 位控制端口用作端口 A 的控制和状态信息。

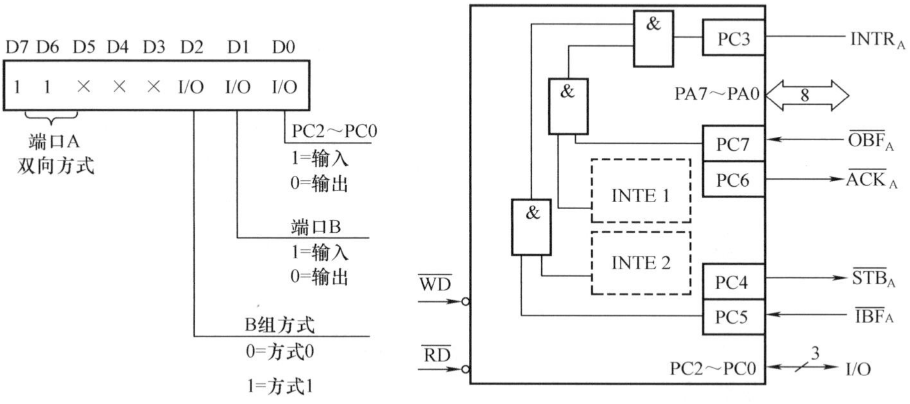

图 7-20　方式 2 的输出组态

8255A 工作在方式 2 时，其输出组态如图 7-20 所示。各个信号的意义为：

（1）INTR（中断请求）：高电平有效。在输入和输出方式时，都可用来作为向 CPU 的中断请求信号。

（2）$\overline{OBF}$（输出缓冲器满）：低电平有效。它是对外设的一种选通信号，表示 CPU 已把数据输出至端口 A。

（3）$\overline{ACK}$（响应信号）：低电平有效。它启动端口 A 的三态输出缓冲器，送出数据，否则，输出缓冲器处在高阻状态。

（4）INTE1（与输出缓冲器相关的中断屏蔽触发器）：由 PC6 的置位/复位控制。

（5）$\overline{STB}$（选通输入）：低电平有效。这是外设供给 8255A 的选通信号，它把输入数据选通至 8255A 的输入锁存器。

（6）IBF（输入缓冲器满）：高电平有效。它是一个状态信息，指示数据已进入输入锁存器。

（7）INTE2（与输入缓冲器相关的中断屏蔽触发器）：由 PC4 的置位/复位控制。

7.5.3　接口应用举例

【例 7-3】 在 8051 单片机上扩展一片 8255A 芯片，设端口 A 为方式 0 输入，端口 B 为方式 0 输出，端口 C（上半部）PC7～PC4 输入，端口 C（下半部）PC3～PC0 输出。要求从 A 口读入的数据从 B 口输出。试设计扩展接口电路，并给出初始化程序。

解　完成上述功能的 8255A 扩展接口电路如图 7-21 所示。

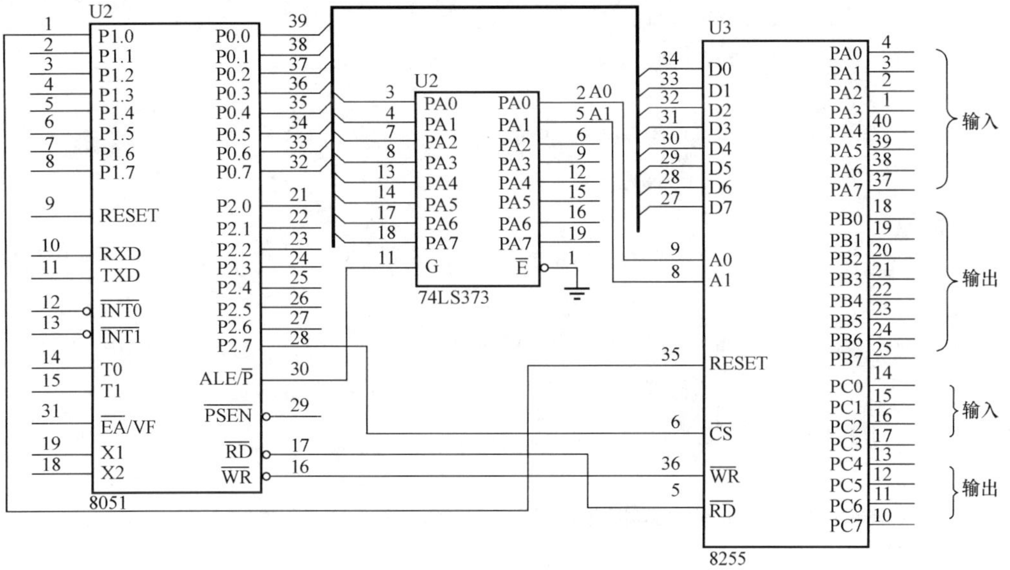

图 7-21　8255A 扩展接口电路

根据图 7-21 所示的硬件接口方式，并结合前面的分析得知，芯片的片选端 CS 是用线选法产生的，即直接用地址线 P2.7 作片选信号，因此 8255A 芯片的 PA 口的地址为 7FFCH，PB 口的地址为 7FFDH，PC 口的地址为 7FFEH，控制寄存器的地址为 7FFFH。可用“MOVX”指令来访问这些端口。图 7-21 中 8255A 的复位信号由单片机的 P1.0 口控制，这样做的优点是可用软件控制 8255A 有足够长的复位时间。

8255A 复位时，所有端口均被置为基本输入方式，如果不符合应用系统的要求，就必须进行编程改变这个工作方式。所谓编程，就是向 8255A 控制寄存器写入一个控制字，这个控制字是用来确定各个端口的工作方式及输入/输出方向的。

根据题目要求，8255A 的控制字为 10011000B＝98H（控制字的格式见图 7-16）。初始化程序如下：

```
MOV     A, #98H          ;控制字送累加器中
MOV     DPTR, #7FFFH     ;地址指针指向命令口
MOVX    @DPTR, A         ;将控制字送命令口
MOV     DPTR, #7FFCH     ;指向 A 口
MOVX    A, @DPTR         ;读取数据
INC     DPTR             ;修改地址指针，指向 B 口
MOVX    @DPTR, A         ;将累加器的内容送 B 口输出
```

习　　题

1．填空题

（1）I/O 端口是指 I/O 接口电路中＿＿＿＿＿；而 I/O 接口是指＿＿＿＿＿。一个 I/O 接

口芯片可以有多个 I/O 端口，传送数据的端口称为＿＿＿＿＿＿，传送命令的端口称为＿＿＿＿＿＿，传送状态的端口称为＿＿＿＿＿＿。

（2）常用的 I/O 端口编址有两种方法，一是＿＿＿＿＿＿，二是＿＿＿＿＿＿。MCS-51 单片机使用的是＿＿＿＿＿＿。

（3）单片机与 I/O 数据传送的方式有＿＿＿＿＿＿、＿＿＿＿＿＿和＿＿＿＿＿＿。

（4）8255A 是＿＿＿＿＿＿＿＿＿＿芯片，8155H 是＿＿＿＿＿＿＿＿＿＿芯片。

（5）由于 P0 口只能分时复用，故构成输出口时，接口芯片应具有＿＿功能；构成输入口时，接口芯片应具有＿＿＿＿＿功能。

2．判断题

（1）由于 8155H 不具备有地址锁存功能，因此在与 8051 单片机的接口电路中必须加地址锁存器。（　　）

（2）在 8155H 芯片中，决定端口和 RAM 单元编址的信号线是 AD7～AD0 和 WR。（　　）

（3）8255A 具有三态缓冲器，因此可以直接挂在系统的数据总线上。（　　）

（4）8255A 的 B 口可以设置成方式 2。（　　）

3．简答题

（1）I/O 接口和 I/O 端口有什么区别？I/O 接口的功能是什么？

（2）常用的 I/O 接口编址有哪两种方式？它们各有什么特点？MCS-51 的 I/O 端口编址采用的是哪种方式？

（3）I/O 数据传送有哪几种传送方式？分别在哪些场合下使用？

（4）MCS-51 单片机有 4 组并行口 P0～P3，为什么还要扩展 I/O 口？

（5）单片机中扩展 I/O 口时，是否占用片外存储器的地址空间？若占用，它占用什么存储器的地址空间？

（6）8155H 有哪几种工作方式？怎样进行选择？

（7）并行接口的扩展有好几种方法，请问在什么情况下采用 8155 芯片扩展较为合适？8155 与 8051 单片机连接时，是否需要加地址锁存器？为什么？

4．设计题

（1）在一个系统中扩展一片 8155，试编制 8155 的初始化程序：A 口为选通输出，B 口为基本 I/O 输入。

（2）在一个系统中扩展一片 8155，如果 TI 的输入脉冲为 1MHz，希望从 TO 输出频率为 10kHz 的方波。

（3）假设 8155H 的 TIMERIN 引脚输入的频率为 4MHz，则 8155H 的最大定时时间是多少?

（4）在一个系统中扩展一片 8255A，试编制 8255A 的初始化程序：A 口方式 0 输出，B 口方式 1 输入。

（5）现有一片 8051 单片机，扩展了一片 8255A，若把 8255A 的 B 口用作输入，B 口的每一位接一个开关，A 口用作输出，每一位接一个发光二极管，请画出电路原理图，并编写出 B 口某一位开关接高电平时，A 口相应发光二极管被点亮的程序。

（6）编写程序，采用 8255A 的 C 口按位置位/复位控制字，将 PC7 置 0，PC4 置 1（已知 8255A 各端口的地址为 7FFCH-7FFFH）。

第 8 章 MCS-51 与 A/D 转换器、D/A 转换器的接口

本章概要及学习目标

本章主要介绍 A/D 和 D/A 转换原理，并且围绕单片机在实际应用中对 A/D 和 D/A 等外围器件的使用，根据相关信号的种类分别介绍了单片机数据处理的基本功能及几种典型的 A/D 和 D/A 电路与 MCS-51 单片机的接口方法。

通过对本章的学习，读者应掌握和了解以下知识：

1. A/D、D/A、V/F 转换器的基本原理和选择。
2. MCS-51 与 A/D 转换器的接口方法和软件编程。
3. MCS-51 与 D/A 转换器的接口方法和软件编程。

重点内容：

掌握 A/D 和 D/A 的原理及与 MCS-51 系列单片机接口设计。

当单片机用于测控系统时，总是需要测量对象的一些参数，如压力、温度、湿度、速度、位移、流量等非电参数，而目前单片机内部只能处理数字信号，因此必须将这些信号经传感器转换成连续变化的电参量（电压或电流），才能被单片机接收。将模拟量转化为数字量，模拟/数字转换器就充当这一重要的角色。

在连续量控制场合，数字控制量必须经 D/A 转换后才能驱动执行元件，从而实现计算机对系统的有效控制。

实现模拟量转换成数字量的器件称为 A/D 转换器（ADC），数字量转换成模拟量的器件称为 D/A 转换器（DAC）。

8.1 MCS−51 与 A/D 转换器的接口

A/D 转换器的品种繁多，不同厂家以不同原理实现的单片集成 A/D 转换器比比皆是，它们的性能也不尽相同。从 A/D 转换器与单片机的接口实现来说，所关心的只是它们的输出特性，而输出特性决定了接口形式，目前应用较广泛的主要有四种类型：逐次逼近式、双积分式、Σ−Δ 式。

A/D 转换器的输出形式大致可分为并行、串并行和串行输出 3 种，对于这 3 种不同的输出方式，一般采用不同的接口形式和处理方法。

8.1.1 A/D 转换器工作原理及主要技术指标

A/D 转换器是将模拟量转换成数字量，是测控系统中不可缺少的环节。A/D 转换器分为直接 A/D 和间接 A/D 两大类型，见图 8-1。

按照 A/D 转换器的原理，可以将其分为逐次逼近式、双积分式及 Σ−Δ 式。下面对各个类型的 A/D 转换器工作原理加以说明。

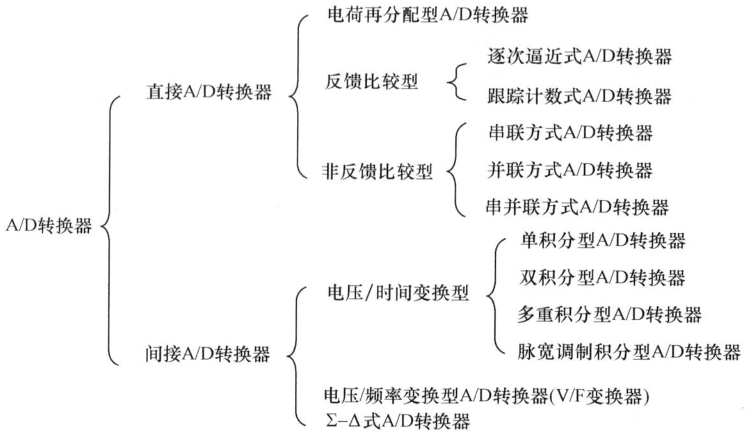

图 8-1 A/D 转换器的分类

8.1.1.1 逐次逼近式（逐次比较式）ADC 的工作原理

逐次逼近式 A/D 转换器是比较常用的一种 A/D 转换器，它由比较器、参考电源、逐次逼近寄存器与控制逻辑、时钟信号等部分组成。图 8-2 所示为逐次逼近式 A/D 转换器的原理图。其转换原理为：转换开始时，逐次逼近式寄存器被清零，开始转换以后，时钟信号首先将寄存器的最高有效位置“1”，使输出数字为 100…0。这个编码经过 D/A 转换器转换为模拟电压 U_o，送至电压比较器与模拟输入电压 U_i 比较，如果 $U_i<U_o$，说明数字量过大，该位被清除；如果 $U_o<U_i$，说明数字量还不够大，应将这一位保留。然后，再按同样的方法对次高位进行试探比较，这样逐次试探比较下去，一直到最低位为止。比较完毕后，逐次逼近寄存器中的数字状态就是模拟量 U_i 所对应的输出数字量（U_o）。

在逐次逼近式 A/D 转换器中，逐次逼近寄存器的位数是转换精度的决定因素。一般来说，寄存器位数越多，转换精度越高，而且，A/D 转换器所用的参考电源的精度对 A/D 转换器的转换精度有着直接的影响。对快速变化的输入信号，还应配备采样—保持电路才能保证转换精度的要求。此外，A/D 转换器本身对输入信号中的噪声无抑制作用，必须采取外加硬件、软件抗干扰措施，才可以抑制输入信号中的大部分随机干扰。

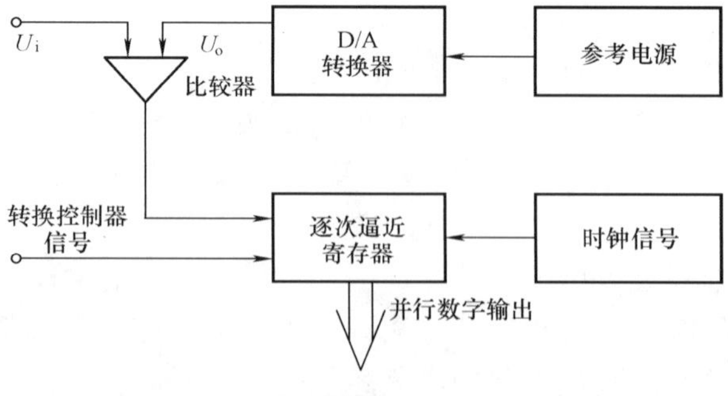

图 8-2 逐次逼近式 A/D 转换器原理图

逐次逼近式 A/D 转换器的速度较高，外用元器件也不多，是目前应用较广的一种 A/D 转换器，在计算机模拟通道接口中得到广泛的应用。

8.1.1.2 双积分式（双斜率积分式）ADC 的工作原理

双积分式 ADC 是一种间接转换式的 A/D 转换器，它的基本原理是把待转换的模拟电压 U_A 变换成与之成比例的时间间隔Δt，并在Δt 时间内，用恒定频率的脉冲去计数，于是将Δt 转换成了数字 N，N 与 U_A 成正比，这种转换常称为模拟电压—时间间隔—数字量转换。图 8-3 为双积分式 ADC 的原理图，它由积分器、过零鉴别器、计数器和控制电路组成，由 RC 积分网络组成的积分器将输入的模拟电压 U_A 进行积分，输出为 U_o。鉴别器用来判别 U_o 的极性，以控制计数器的计数过程。

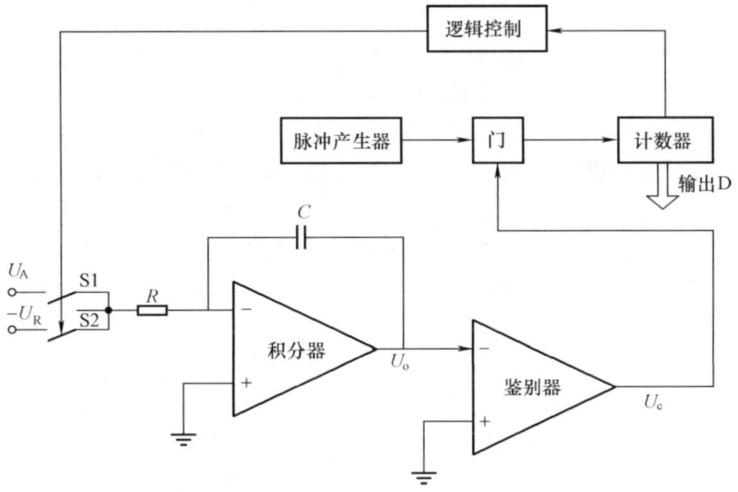

图 8-3 双积分式 ADC 原理图

双积分式 ADC 转换器工作时，先将计数器复位、积分电容 C 完全放电，其工作过程主要分为两个阶段：

第一阶段，模拟开关 S1 将输入电压 U_A（设 $U_A>0$）接向积分器的输入端，积分器开始积分，RC 决定的斜率向下变化，鉴别器输出 $U_c=1$，门打开，启动计数器对脉冲计数。当计数器计到满量程 N_1 时，计数器回零，控制电路使模拟开关由 S1 转到 S2，即断开 U_A，接通 $-U_R$，第一阶段结束。这一阶段实质是对 U_A 积分，积分时间 T_1 固定为

$$T_1=T_{CP}N_1$$

T_{CP} 是恒定频率的脉冲周期。当积分到 T_1 时，积分器输出电压 U_o 为

$$U_o=-\frac{1}{RC}\int_0^{T_1}U_A\mathrm{d}t$$

电压 U_A 如果在 T_1 时间内平均为 $\overline{U_A}$，并且 R、C 的数值保持不变，则有

$$U_o=-\frac{1}{RC}\overline{U_A}T_1$$

第二阶段，模拟开关 S2 将基准电压 $-U_R$ 接到积分器输入端，积分器反方向积分，计数器由 0 开始新的一轮计数过程，当积分器输出回到起点（0）时，积分器积分过程结束，计数器停止计数，得到本阶段的计数脉冲 N_2。第二次积分时间为 Δt，实质上是将 U_A 转换成与之成正比的时间间隔 Δt，结束积分时，输出电压 U_o 为

$$U_o+\frac{1}{RC}\int_0^{\Delta t}U_R\,dt=0$$

当 U_R、R、C 固定时，有

$$U_o=-\frac{1}{RC}U_R\Delta t$$

根据第一阶段的积分输出 U_o，可得

$$-\frac{1}{RC}\overline{U_A}T_1=-\frac{1}{RC}U_R\Delta t$$

$$\Delta t=-\frac{T_1}{U_R}\overline{U_A}$$

又由于 $T_1=T_{CP}N_1$，$\Delta t=T_{CP}N_2$，因此由此式可以看出，计数值与 U_A 在 T_1 内的平均值成正比。这形象地说明了被转换电压 U_A 与 Δt 之间的关系，其图形如图 8-4（a）所示。U_A 越大，第一阶段（定时积分）结束时 U_o 越大，如图 8-4（b）所示；第二阶段（是斜率积分）积分时间 Δt 越长，则计数值 N_2 越大，也就是输出数字量越大。

双积分式 ADC 的工作波形如图 8-4 所示。

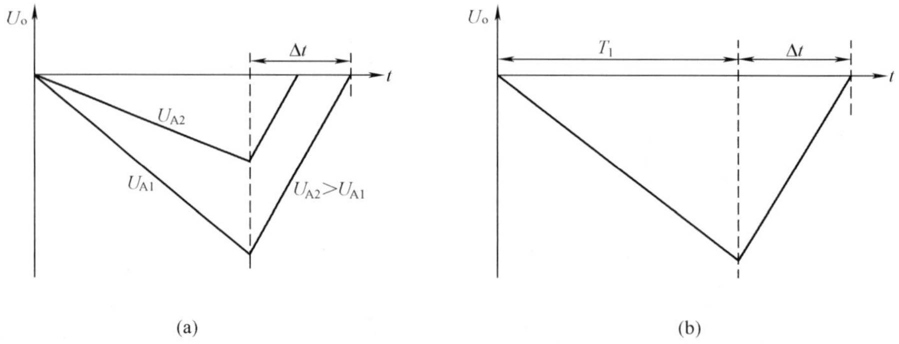

图 8-4 双积分式 ADC 工作波形

（a）波形一；（b）波形二

双积分式 ADC 转换过程中进行两次积分，这一特性使其具有如下优点：

（1）抗干扰能力强。尤其是对工频干扰有较强的抑制能力，只要选择定时积分时间 T_1 为 50Hz 的整数倍即可。

（2）具有较高的转换精度。这主要取决于计数脉冲的周期，计数脉冲频率越高，计数精度也就越高。

（3）电路结构简单。对积分元件 R、C 参数精度要求不高，只要稳定性好。

（4）编码方便。数值量输出既可以是二进制的，也可以是 BCD 码的，这仅取决于计数器的计数规律。

双积分式 ADC 的缺点：由于转换精度依赖于积分时间，因此转换速率极低，常用于速度要求不高、精度要求较高的测量仪器仪表、工业控制系统中。初期的单片 A/D 转换器大多采用积分型，现在逼近比较型已逐步成为主流。

8.1.1.3 Σ−Δ 式 ADC 的工作原理

Σ−Δ 式 ADC 兼有反馈比较和积分式的特征，具有抗干扰能力强、量化噪声小，分辨率

高和线性度好的优点，转换速度也高于积分式 ADC，因此，Σ−Δ 式 ADC 是户外智能仪器仪表和工业过程参数检测控制的优先选择。

Σ−Δ 式 ADC 以很低的采样分辨率（1 位）和很高的采样速率将模拟信号数字化，通过使用过采样、噪声整形和数字滤波等方法增加有效分辨率，然后对 ADC 输出进行采样抽取处理以降低有效采样速率。Σ−Δ 式 ADC 的电路结构是由非常简单的模拟电路（一个比较器、一个开关、一个或几个积分器及模拟求和电路）和十分复杂的数字信号处理电路构成的。要了解 Σ−Δ 式 ADC 的工作原理，必须熟悉过采样、噪声整形、数字滤波和采样抽取等基本概念。

一、过采样

ADC 是一种数字输出与模拟输入成正比的电路，图 8-5 给出了理想 3 位单极性 ADC 的转换特性，横坐标是输入电压 U_{in} 的相对值，纵坐标是经过采样量化的数字输出量，以二进制 000～111 表示。理想 ADC 第一位的变迁发生在相当于 1/2LSB 的模拟电压值上，以后每隔 1LSB 都发生一次变迁，直至距离满度的 1/2 LSB。因为 ADC 的模拟量输入可以是任何值，但数字输出是量化的，所以实际的模拟输入与数字输出之间存在±1/2LSB 的量化误差。在交流采样应用中，这种量化误差会产生量化噪声。

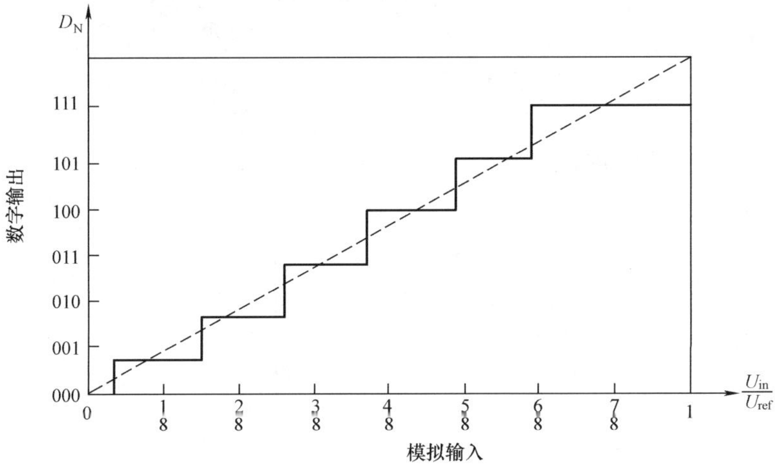

图 8-5　理想 3 位单极性 ADC 转换特性

如果对理想 ADC 加一恒定直流输入电压，那么多次采样得到的数字输出值总是相同的，而且分辨率受量化误差的限制。如果在这个直流输入信号上叠加一个交流信号，并用比这个交流信号频率高得多的采样频率进行采样，此时得到的数字输出值将是变化的，用这些采样结果的平均值表示 ADC 的转换结果便能得到比用同样 ADC 高得多的采样分辨率，这种方法称为过采样。如果模拟输入电压本身就是交流信号，则不必另外再叠加一个交流信号。采用过采样方法（采样频率远高于输入信号频率）可提高 ADC 的分辨率。

过采样的采样速率高于输入信号最高频率的许多倍，这有利于简化抗混叠滤波器的设计，提高信噪比并改善动态范围。可以用频域分析方法来讨论过采样问题，由于直流信号转换具有的量化误差达 1/2LSB，因此数据采样系统具有量化噪声。一个理想的常规 N 位 ADC 的采样量化噪声有功率为 $Q/12$，均匀分布在直流至 f_b 内，且 $f_b=1/2f_s$（f_b 为信号最高频率，f_s 为采样频率)，如图 8-6 (a) 所示。如果用 Kf_s 的采样频率对输入信号进行采样（K 为过采样倍数），则整个量化噪声位于直流至 $Kf_s/2$ 之间，其有效值降为原来的 $1/K$，如图 8-6（b）所示。如果在 ADC 后加 1 个数字滤波器，滤除 $Kf_s/2$ 之间的无用信号而又不影响有用信号，从而提高了信噪比，实现了用低分辨率 ADC 达到高分辨率的效果，如图 8-6（c）所示。

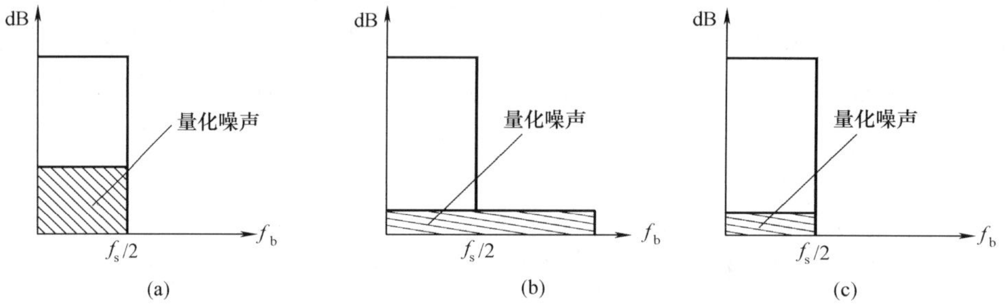

图 8-6 采样及过采样时量化噪声分布

（a）分布一；（b）分布二；（c）分布三

二、噪声整形

如果简单地使用过采样方法使分辨率提高 N 位，必须进行 $K=22N$ 倍过采样。为使采样速率不超过一个合理的界限，需要对量化噪声的频谱进行整形使得大部分噪声位于 $f_s/2$ 至 $Kf_s/2$ 之间，而仅仅一小部分留在直流至 $f_s/2$ 内，这正是 Σ－Δ 式 ADC 中 Σ－Δ 调制器所起的作用。噪声频谱被调制器整形后，数字滤波器可去除大部分量化噪声能量，使总信噪比（以及动态范围）大大增加，如图 8-7 所示。

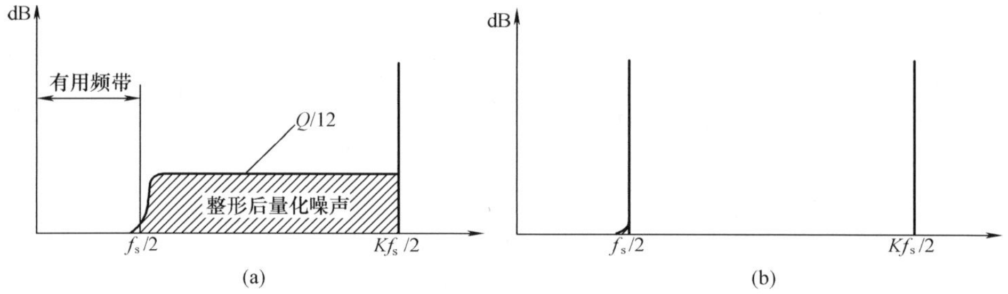

图 8-7 整形及滤波后噪声分布

（a）分布一；（b）分布二

根据反馈控制理论可知，具有积分环节的反馈环路的静态误差等于零，因此 ADC 的输出平均值（串行位流）接近输入信号的平均值。图 8-8 所示频域线性化反馈模型对 Σ－Δ 调制器可作进一步分析。其中，积分器模拟一个传递函数为 H（S）的滤波器，量化器模拟放大器的输出与量化噪声叠加。

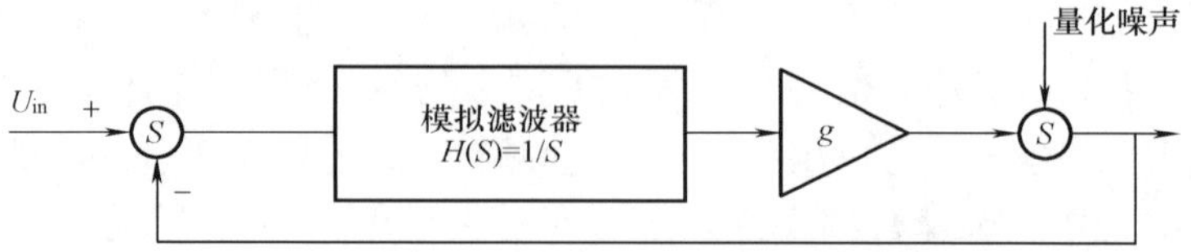

图 8-8 频域线性化反馈模型

输入信号为 X，输出信号为 Y。已知 $H(S)=1/S$，则有

$$Y=(X-Y)/S+Q$$

$$Y=X/(S+1)+QS/(S+1)$$

由上式可以看出，当频率接近于零时，输出 Y 趋向于 X 且无噪声分量。当频率增高时 X 项的值减小而噪声分量增加。对于高频分量，输出的主要是噪声。实际上，积分器对输入信号具有低通滤波作用，而对噪声分量具有高通滤波作用。因此可将调制器的模拟滤波作用看作是一种噪声整形滤波器，其整形后的量化噪声如图 8-7 所示。与一般的模拟滤波器一样，滤波器的阶数越高，其滤波性能越好，因此，高阶 Σ－Δ 调制器得到广泛应用。

三、数字滤波和采样抽取

Σ－Δ 调制器对量化噪声整形之后，将量化噪声移到 $f_s/2$ 之外，然后对整形后的噪声进行数字滤波。数字滤波器的作用有两个：一是相对于最终频率 f_s 必须起到滤波器的作用；二是必须滤除 Σ－Δ 调制器在整形过程中产生的高频噪声。

要想不失真地恢复原始信号，数字滤波器降低带宽后必须满足采样定理。由于采取了过采样过程产生了许多多余信号，数字滤波器通过每输出 M 个数据抽取一个数据的重复采样方法，实现了使输出数据低于原来的过采样速率，直到使关心的频带满足采样定理。

传统的 A/D 转换器采用过采样实现高分辨率有很大的困难，因为要获得频率响应特性陡峭和非线性失真很小的模拟滤波器比较困难，虽然增加量化位数是减小量化误差的途径，但由于元件失配的影响，量化级之间不匹配（间距不等）形成的误差将随 N 的增大而增大，因此，传统 A/D 转换中的模拟电路因其固有的噪声容限小的缺点，故难以获得价格低廉、性能高的 A/D 转换器，采用 Σ－Δ 转换技术，数字电路占有很大的比重（Σ－Δ 调制、数字滤波等），使制成高精度、低成本的转换器成为现实。

对于含有积分器的 Σ－Δ 调制器，其通带可低到直流，因此可将其量化噪声向高频方向移动。目前，大多数 Σ－Δ 式 ADC 属于这种类型。用于音频或通信领域的某些 Σ－Δ 式 ADC 为了消除系统直流失调，包含有带通而不是低通数字滤波器。现在用于直流测量的 Σ－Δ 式 ADC 其分辨率高达 24 位（如 AD7710、AD7711、AD7712、AD7713、AD7714 等），用于高品质数字音频场合的 Σ－Δ 式 ADC 其分辨率达 18 位（AD1879）。现正处于研究初期阶段的带通 Σ－Δ 式 ADC 对于数字音频接收器，医疗超声和许多其他应用场合似乎都是一种理想器件。在使用 Σ－Δ 式 ADC 设计电路时，除了对所有的转换器都适用的接地、电容旁路去耦等通用规则外，还应注意以下几个问题：

（1）转换器驱动电路应尽量靠近转换器，以便把外部电路之间以及开关电容节点之间引线产生的感抗减到最小，从而减小输入的建立时间并把从输入端到线路板其他部件的辐射减到最小。

（2）必须考虑时钟信号产生的干扰对 ADC 的影响。

（3）要考虑抗混叠问题。当然，Σ－Δ 式 ADC 也有一些缺点。例如现在的 Σ－Δ 式 ADC 的采样速率受带宽和有效采样速率（输出字速率）的限制，使其不能用于图象视频等高频场合；由于数字滤波器需要较长的建立时间，因此 Σ－Δ 式 ADC 很难用于具有多通道的多路转换器的模数转换场合。此外输入信号超过 Σ－Δ 式 ADC 允许范围可能会引起其内部调制器的饱和。尽管有这些缺点，Σ－Δ 式 ADC 仍以其分辨率高、线性度好、成本低等特点得到越来越广泛的应用，特别是在既有模拟又有数字的混合信号处理场合。

8.1.2 A/D 转换器的主要技术指标

无论是分析或设计 A/D 转换接口电路，还是针对课题项目选购 ADC 芯片，都会涉及有关 ADC 的技术指标。因此，熟悉 ADC 主要性能指标的确切含义及相关的基本概念是非常必要的。

一、分辨率

分辨率是指 A/D 转换器所能分辨的最小模拟输入量。分辨率通常是用 A/D 转换成数字量的位数来表示。例如，具有 12 位分辨率的 ADC 能够分辨出满刻度的 $1/2^{12}$ 或满刻度的 0.0245%，一个 10V 满刻度的 12 位 ADC 能够分辨输入电压变化的最小值为 2.4mV。因此，A/D 转换器的位数越高，分辨率越高。小于最小变化量的输入模拟电压的任何变化，将不会引起输出数字值的变化。分辨率一般表示式为

$$分辨率=U_{ref}/2^{位数}（单极性）$$

或

$$分辨率=（U_{+ref}-U_{-ref}）/2^{位数}（双极性）$$

二、转换误差

转换误差也称为转换精度，ADC 的转换误差有绝对误差和相对误差两种表示方法。ADC 的绝对误差是指与输出量对应的理论模拟值与产生该数字量的实际输入模拟值之间的差值；相对误差是指在整个转换范围内任一数字量所对应的模拟量实际值与理论值之差，通常也用最小有效位的分数表示。

三、转换时间和转换速率

转换时间是 A/D 完成一次转换所需要的时间，即从启动信号开始到转换结束并得到稳定的数字输出值为止的时间间隔。

转换时间的倒数为转换速率。

转换时间越短，转换速度就越快。

8.1.3 A/D 转换器的选用原则

在进行电路设计时，面对种类繁多的 A/D 芯片，如何选择你所需要的器件呢？这要综合设计的诸项因素，如系统技术指标、成本、功耗、安装等，最重要的依据还是速度和精度。A/D 的选择，首先看精度和速度，然后看是几路的，输出的方式是什么，比如是 SPI 还是并行的，差分还是单端输入的，输入范围是多少，这些都是选 AD 需要考虑的。基本上可以根据以下几个方面选择一个 A/D 器件。

（1）根据检测通道的总误差和分辨率要求选取 A/D 转换精度和分辨率。A/D 转换器位数的确定，应从数据采集系统的静态精度和动态平滑性这两方面进行考虑。从静态精度方面来说，要考虑输入信号的原始误差传递到输出所产生的误差，它是模拟信号数字化时产生误差的主要部分。量化误差与 A/D 转换器位数有关，一般把 8 位以下的 A/D 转换器称为低分辨率 A/D 转换器，9～12 位的称为中分辨率转换器，13 位以上的称为高分辨率转换器。10 位 A/D 芯片以下误差较大，11 位以上对减少误差并无太大贡献，但对 A/D 转换器的要求却提得过高，因此 A/D 转换器位数的确定取 10 位或 11 位是比较合适的。由于模拟信号先经过测量装置，再经 A/D 转换器转换后才进行处理，因此，总的误差是由测量误差和量化误差共同构成的。A/D 转换器的精度应与测量装置的精度相匹配，也就是说，一方面要求量化误差在总误差中所占的比重要小，使它不显著地扩大测量误差；另一方面必须根据目前测量装置的精度水平，对 A/D 转换器的位数提出恰当的要求。

目前，大多数测量装置的精度值不小于 0.1%～0.5%，故 A/D 转换器的精度取 0.05%～0.1% 即可，相应的二进制码为 10～11 位，加上符号位，即为 11～12 位。当有特殊的应用时，A/D 转换器要求更多的位数，这时往往可采用双精度的转换方案。

（2）根据被测对象的变化率及转换精度要求确定 A/D 转换器的转换速率。应根据输入信号的最高频率来确定 A/D 转换器的转换速度，保证 A/D 转换器的转换速率要高于系统要求的采样频率。

（3）A/D 转换器量程。模拟信号类型的 A/D 器件，通常其模拟输入信号都是电压信号，根据信号是否过零，还分成单极性和双极性。A/D 转换有时需要的是双极性的，有时是单极性的。输入信号最小值有从零开始的，也有从非零开始的。有的转换器提供了不同量程的引脚，只有正确使用才能保证转换精度。在使用中，影响 A/D 转换量程的因素有如下方面：

1）量程变换和双极性偏置。有些 A/D 转换器，如 AD574 等，提供了两个模拟输入引脚，分别为 10V 和 20V。不同量程的输入电压可从不同引脚输入。有些 A/D 转换器还提供了双极性偏置控制，当此引脚接地时，信号为单极性输入方式；当此引脚接基准电压时，信号为双极性输入方式。

2）双基准电压。有些 A/D 转换器如 AD0809 提供了两个基准电压引脚。通常情况下，可将 $U_{-\mathrm{ref}}$ 接地。当输入的模拟量不是从零开始，最大值也不是满量程时，就可利用这两个基准电压引脚连成对称基准电压接法。

3）A/D 转换器内部比较器输入端的正确使用。有些 A/D 转换器如 AD1210，模拟输入端有两个，分别接在内部比较器的同相和反相输入端。分别使用不同的模拟输入端，输出的数字量将得到正逻辑和互补逻辑。

（4）是否要求片上自带采样—保持器。采集直流和变化非常缓慢的信号可不用采样保持，其他情况都应加采样保持。如果信号频率不高，A/D 转换器的转换时间短，即采用高速 A/D 时，也可不用采样—保持器。

（5）根据环境条件选择 A/D 芯片的环境参数。

（6）根据接口设计是否简便及价格等选取 A/D 芯片。

8.1.4　A/D 转换器接口设计

8.1.4.1　MCS-51 与 ADC0809（逐次比较式）的接口电路设计

一、主要性能

（1）分辨率为 8 位二进制数。

（2）输入电压范围为 0～5V，对应 A/D 转换值为 00H～FFH。

（3）每路 A/D 转换完成时间为 100μs。

（4）允许输入 8 路模拟电压，通过具有锁存功能的 8 路模拟开关，可分时进行 8 路 A/D 转换。

（5）工作频率为 500kHz，输出与 TTL 电平兼容。

二、ADC0809 引脚控制功能

ADC0809 是一种逐次比较式 8 路模拟输入、8 位数字量输出的 A/D 转换器，其引脚图如图 8-9 所示。ADC0809 共有 28 脚，采用双列直插式封装。

其主要引脚功能如下：

（1）IN0～IN7：8 路模拟信号输入端。

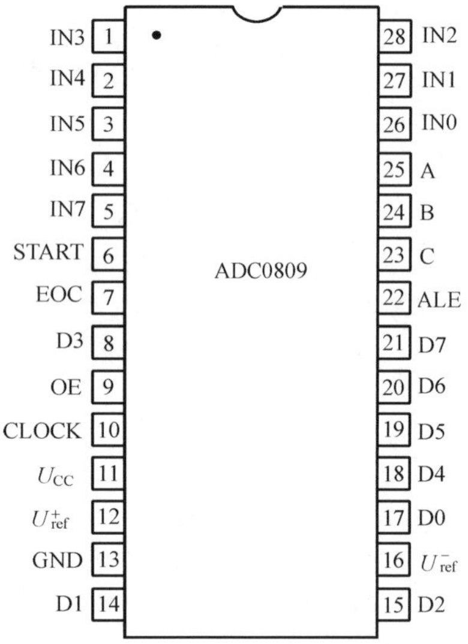

图 8-9 ADC0809 引脚图

（2）D0～D7：8 位数字量输出端。

（3）A、B、C：与 ALE 配合，控制 8 路模拟通道的选择端。可实现 8 路转换，8 取 1 通道的切换。

（4）OE：数据量输出信号允许端，高电平有效。当 OE＝1 时，打开三态门，将 A/D 转换后的 8 位数字量送到数据总线上，供 CPU 读取。

（5）EOC：A/D 转换结束输出信号，高电平有效。启动 A/D 转换（START 有效）开始，EOC＝0，表示 A/D 转换正在进行中，当转换结束，EOC＝1。因此 EOC 可作为 A/D 转换状态输出信号，供 CPU 查询或向 CPU 发出申请中断。

（6）START：启动 A/D 转换信号输入端。若单片机在 START 引脚来一个正脉冲，在脉冲的上升沿将 ADC0809 内部寄存器清零，下降沿启动 A/D 进行一次新的转换。

（7）CLOCK：时钟信号输入端。

三、ADC0809 结构及转换原理

ADC0809 的结构图如图 8-10 所示。ADC0809 是采用逐次比较的方法完成 A/D 转换的，由单一的＋5 V 电源供电。它是由地址锁存与译码器、8 路模拟开关、8 位逐次逼近 A/D 转换器和输出具有 TTL 三态锁存缓冲器构成的，可直接与 MCS-51 的数据总线相连，在 CPU 发来输出允许控制信号 OE 后，三态门打开，经数据 DB0～DB7 进入 CPU 数据总线 D0～D7，完成一次 A/D 转换。

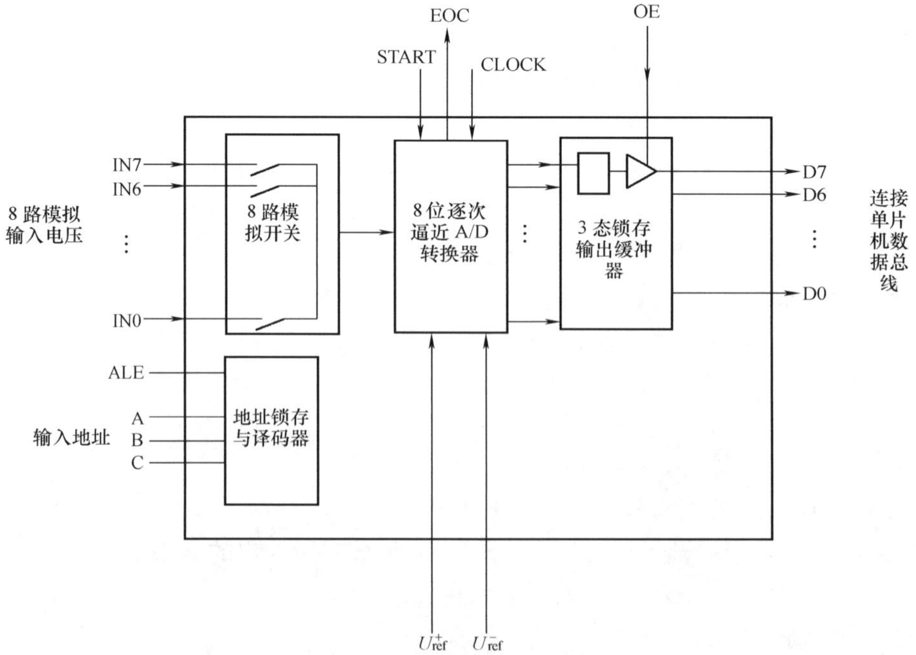

图 8-10 ADC0809 结构图

四、MCS-51 与 ADC0809 的硬件接口

ADC0809 和单片机硬件接口应解决以下问题：

（1）8 个模拟输入通道 IN0～IN7 地址的确定。由于 ADC0809 自带地址锁存器，可直接将 A、B、C 与 CPU 的 P0.2、P0.1 和 P0.0 连接。

（2）工作方式的选择。

1）查询方式。当 A/D 转换结束后，CPU 若采用查询方式，可将 EOC 端连接 P1.0 口，CPU 可使用 JNB P1.0，HERH 指令查询 P1.0 的状态。

2）中断方式。若采用中断方式，将 EOC 端经一个“非”门连接外部中断 0，A/D 转换结束后 EOC＝1，$\overline{\text{INT0}}$＝0，CPU 在 INT0 中断服务程序中将 A/D 转换值读走。

3）延时方式。根据 A/D 转换器 0809 的特性，每路 A/D 转换完成时间为 100μs。启动 A/D 转换后，用软件延时 100μs，CPU 就可以读取 A/D 转换值。

（3）ADC0809 控制信号的产生。ADC0809 控制信号的产生如图 8-11 所示。用单片机的 P2.7 和 $\overline{\text{WR}}$ 共同控制 ADC0809 的 ALE 和启动 A/D 转换的 START 端。

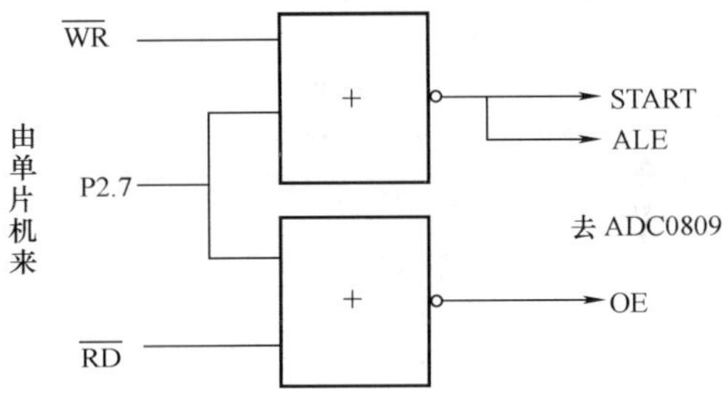

图 8-11　ADC0809 控制信号的产生

五、ADC0809 的软件程序设计

根据图 8-12 的硬件连线，编写 A/D 转换程序。

读取 A/D 的值可采用中断也可采用查询方式，用查询方式浪费 CPU 时间，而采用中断方式可提高 CPU 效率。在主程序中对 $\overline{\text{INT0}}$ 进行初始化，并启动 A/D 转换，当 A/D 转换结束时，EOC＝1，经 $\overline{\text{INT0}}$＝0 向 CPU 发出中断申请，CPU 在 $\overline{\text{INT0}}$ 中断程序中读 A/D 转换值，并启动下一次 A/D 转换，直到 8 路采集都完成。$\overline{\text{INT0}}$ 初始化程序如下：

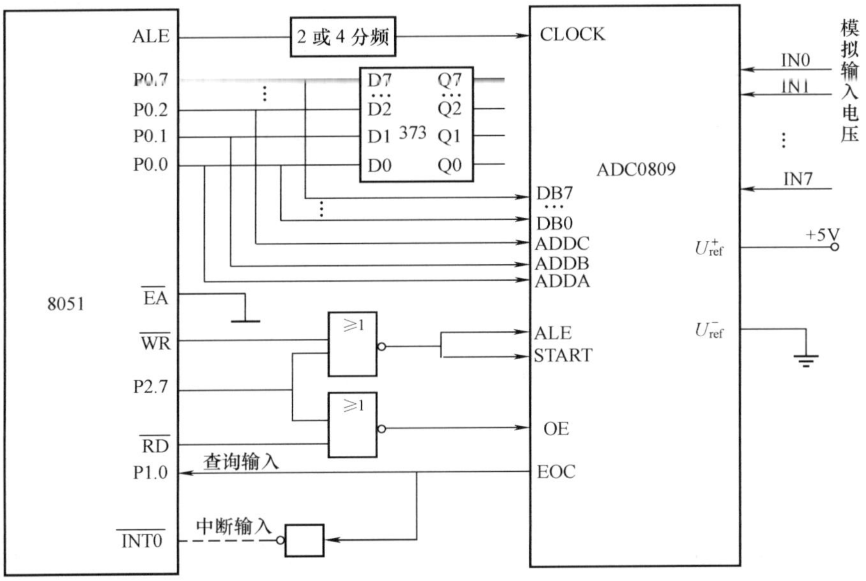

图 8-12　ADC0809 与单片机硬件接口

```
        ORG  0000H
        LJMP STAD8
        ORG  0003H              ;/INT0 中断矢量
        LJMP INADR              ;转 INT0 中断程序入口地址
        ORG  0100H
STAD8:  MOV  R0, #30H           ;片内 RAM 区首地址
        MOV  DPTR, #0000H       ;选 IN0 通道地址, P2.7=0
        MOV  R7, #08H           ;转换 8 路 A/D
        SETB EX0                ;允许/INT0 中断
        SETB EA                 ;开放 CPU 总中断
        MOVX @DPTR, A           ;启动 IN0 A/D 转换, P2.7=0, /WR=0
L1:     LJMP L1                 ;等待 A/D 转换结束中断
```

以下为 $\overline{\text{INT0}}$ 中断服务程序：

```
        ORG  0200H
INADR:  MOV  A, @DPTR           ;读取 A/D 转换值
        MOV  @R0, A             ;存入片内 RAM 区
        INC  R0                 ;修改 RAM 区地址
        INC  DPTR               ;指下一个 A/D 通道
        MOVX @DPTR, A           ;启动 A/D 转换
        DJNZ R7, LOOP           ;8 路未采集完, 返回
        CLR  EX0                ;采集完毕, 关/INT0 中断
LOOP:   RETI                    ;中断返回
```

8.1.4.2 MCS-51 与 ADC574（逐次比较型）的接口电路设计

AD574A 是美国模拟数字公司推出的单片高速 12 位逐次比较型 A/D 转换器，内置双极性电路构成的混合集成转换芯片，具有外接元件少、功耗低、精度高等特点，并且具有自动校零和自动极性转换功能，只需外接少量的阻容器件即可构成一个完整的 A/D 转换器。

一、ADC574A 主要性能

其主要功能特性如下：

（1）分辨率：12 位。

（2）非线性误差：小于±1/2LB＋S 或±1LBS。

（3）转换速率：12 位转换 25μs，8 位转换 16μs。

（4）模拟电压输入范围：0～10V 和 0～20V，0～±5V 和 0～±10V 两档四种。

（5）电源电压：±15V 和 5V。

（6）数据输出格式：12 位/8 位，自带三态输出缓冲电路，可直接挂在单片机的数据总线上而无需接口电路。

（7）芯片工作模式：全速工作模式和单一工作模式。

（8）温度范围：在－55～＋125℃内满足线性要求。

二、引脚功能

AD574A 采用 28 脚双列直插式封装，其引脚示意图如图 8-13 所示。

（1）＋5V（1 脚）：＋5V 电源输入端。

（2）$12/\overline{8}$（2 脚）：数据模式选择端，通过此引脚可选择数据总线是 12 位或 8 位输出。

（3）$\overline{\text{CS}}$（3 脚）：片选端。

（4）A0（4 脚）：字节地址短周期控制端。与 $12/\overline{8}$ 端用来控制启动转换的方式和数据输

出格式。需注意的是，12/$\overline{8}$端 TTL 电平不能直接与+5V 或 0 连接。

（5）R/$\overline{C}$（5 脚）：读转换数据控制端。

（6）CE（6 脚）：使能端。

（7）U_{CC}（7 脚）：正电源输入端，输入+15V 电源。

（8）REFOUT（8 脚）：10V 基准电源电压输出端。

（9）AGND（9 脚）：模拟地端。

（10）REFIN（10 脚）：基准电源电压输入端。

（11）U_{EE}（11 脚）：负电源输入端，输入−15V 电源。

（12）BIPOFF（12 脚）：双极性偏置电压输入端。

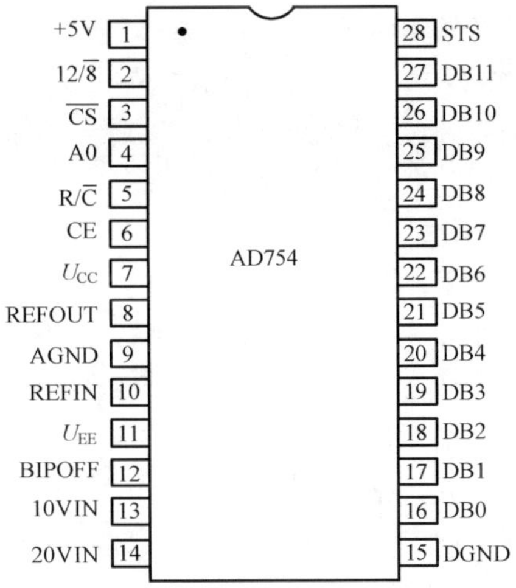

图 8-13　AD574 引脚示意图

（13）10VIN（13 脚）：10V 量程模拟电压输入端。

（14）20VIN（14 脚）：20V 量程模拟电压输入端。

（15）DGND（15 脚）：数字地端。

（16）DB0～DB11（16～27 脚）：12 条数据总线。通过这 12 条数据总线向外输出 A/D 转换数据。

（17）STS（28 脚）：工作状态指示信号端。当 STS=1 时，表示转换器正处于转换状态；当 STS=0 时，声明 A/D 转换结束，通过此信号可以判别 A/D 转换器的工作状态，作为单片机的中断或查询信号之用。

三、AD574A 控制信号的功能及应用特性

AD574A 的工作状态由 CE、$\overline{CS}$、R/$\overline{C}$、12/$\overline{8}$、A0 五个控制信号决定，这些控制信号的组合及控制功能见表 8-1。

表 8-1　　ADC574A 控制信号真值表

CE	$\overline{CS}$	R/$\overline{C}$	12/$\overline{8}$	A0	操　作
0	×	×	×	×	无操作
×	1	×	×	×	无操作
1	0	0	×	0	初始化为 12 位转换器
1	0	0	×	1	初始化为 8 位转换器
1	0	1	+5V	×	允许 12 位并行输出
1	0	1	接地	0	允许高 8 位并行输出
1	0	1	接地	1	允许低 4 位+4 位尾数 0 输出

当 CE=1、$\overline{CS}$=0 同时满足时，AD574A 才会正常工作。若 AD574 处于工作状态当 R/$\overline{C}$=0 时，启动 A/D 转换；当 R/$\overline{C}$=1 时，进行数据读出。12/$\overline{8}$和 A0 端用来控制启动转换的方式和数据输出格式，当 A0=0 时，启动按完整 12 位数据方式进行；当 A0=1 时，启

动转换按 8 位 A/D 转换方式进行。当$R/\overline{C}$=1，也即当 AD574A 处于数据读出状态时，A0 和$12/\overline{8}$控制数据输出状态的格式。当$12/\overline{8}$=1 时，数据以 12 位并行输出；当$12/\overline{8}$=0 时，数据以 8 位分两次输出。当 A0=0 时，输出转换数据的高 8 位；当 A0=1 时，输出 A/D 转换数据的低 4 位，这四位占一个字节的高半字节，低半字节补零。另外 A0 在数据输出期间不能变化。

如果需 AD574A 以独立方式工作时，只需将 CE、$12/\overline{8}$端接至+5V 电源端，$\overline{CS}$和 A0 接至 0V，仅用$R/\overline{C}$端来控制 A/D 转换的启动和数据输出。当$R/\overline{C}$=1 时，12 位数据输出端出现被转换后的数据。当$R/\overline{C}$=0 时，启动一次 A/D 转换器。在延时 0.5μs 后，STS=1，表示转换正在进行。经过 25μs 后，STS=0，表示 A/D 转换结束，此时将$R/\overline{C}$置 1，即可从数据端读取数据。

注意，只有在 CE=1 和$\overline{CS}$=0 时才启动转换，在启动信号有效前，$R/\overline{C}$端必须为低电平，否则将产生读取数据的操作。

四、AD574A 的单极性和双极性输入特性

通过改变 AD574A 引脚 8、10、12 的外接电路，可使 AD574A 进行单极性和双极性模拟信号的转换。图 8-14（a）为单极性转换电路，可实现输入信号 0～10V 或 0～20V 的转换。其系统模拟信号的地线应与引脚 9 相连，使其地线的接触电阻尽可能小。图 8-14（b）为双极性转换电路，可实现输入信号-5～+5V 或-10～+10V 的转换。

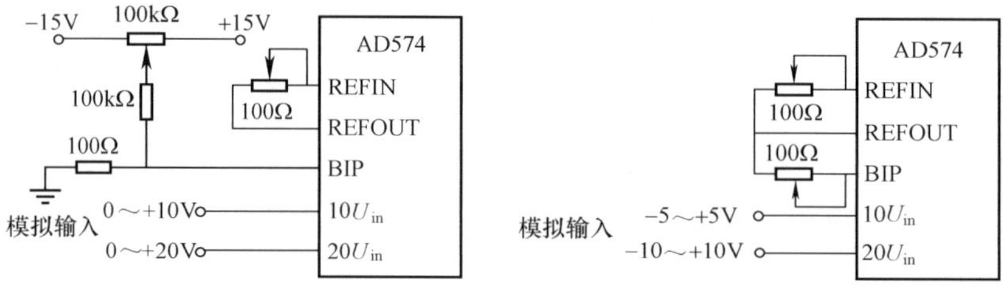

（a）　　　　（b）

图 8-14　AD574 模拟输入电路的外部接法

（a）单极性输入；（b）双极性输入

五、AD574A 与 8051 单片机的硬件接口

图 8-15 是 8051 单片机与 AD574A 的接口电路，由于 AD574A 片内有时钟，故无须外接时钟信号。该电路采用双极性输入方式，可对±5V 或±10V 模拟信号进行转换。其中还使用了三态锁存器 74LS373 和 74LS00 与非门电路，逻辑控制信号（$\overline{CS}$、$R/\overline{C}$和 A0）由 8051 的数据口 P0 发出，并由三态锁存器 74LS373 锁存到输出端 Q0、Q1 和 Q7 上，用于控制 AD574A 的工作过程。A/D 转换器的数据输出也通过 P0 数据总线连至 8051，由于只使用了 8 位数据口，12 位数据分两次读进 8051，所以$12/\overline{8}$接地。当 8051 的 P1.0 查询到 STS 端转换结束信号后，先将转换后的 12 位 A/D 数据的高 8 位读进 8051，然后再将低 4 位读进 8051。这里不管 AD574A 是否处在启动、转换和输出结果，使能端 CE 都必须为 1，因此将 8051 的写控制线和读控制线通过与非门 74LS00 与 AD574A 的使能端 CE 相连。

单片机可以采用中断、查询、延时方式读取 AD574A 的转换结果数据，视具体情况而定。

由图 8-15 可见，AD574A 的$\overline{CS}$与 8051 的锁存地址 A7 相连，A0 与 8051 的锁存地址 A1

相连，$R/\overline{C}$ 与 8051 的锁存地址 A0 相连。因此，启动 AD574A 的端口地址××00H（只要 A7、A1、A0 三位为 0，其余位应视总体设计中对地址空间的安排而定）。

读写 AD574A 的程序段如下：

```
AD574:  MOV   DPTR, #××00H        ;送端口地址入 DPTR
        MOVX  @DPTR, A            ;启动 AD574A
        SETB  P1.0                ;置“1”P1.0 为输入方式
LOOP:   JB    P1.0, LOOP          ;检测 P1.0 口
        INC   DPTR                ;使 R/C̄ 为 1
        MOVX  A, @DPTR            ;读取高 8 位数据
        MOV   41H, A              ;高 8 位数据送入 41H 单元
        INC   DPTR                ;使 R/C̄、A0 均为 1
        INC   DPTR
        MOVX  A, @DPTR            ;读取低 4 位
        ANL   A, #0FH             ;屏蔽高位
        MOV   40H, A              ;将低 4 位数据送入 40H 单元
```

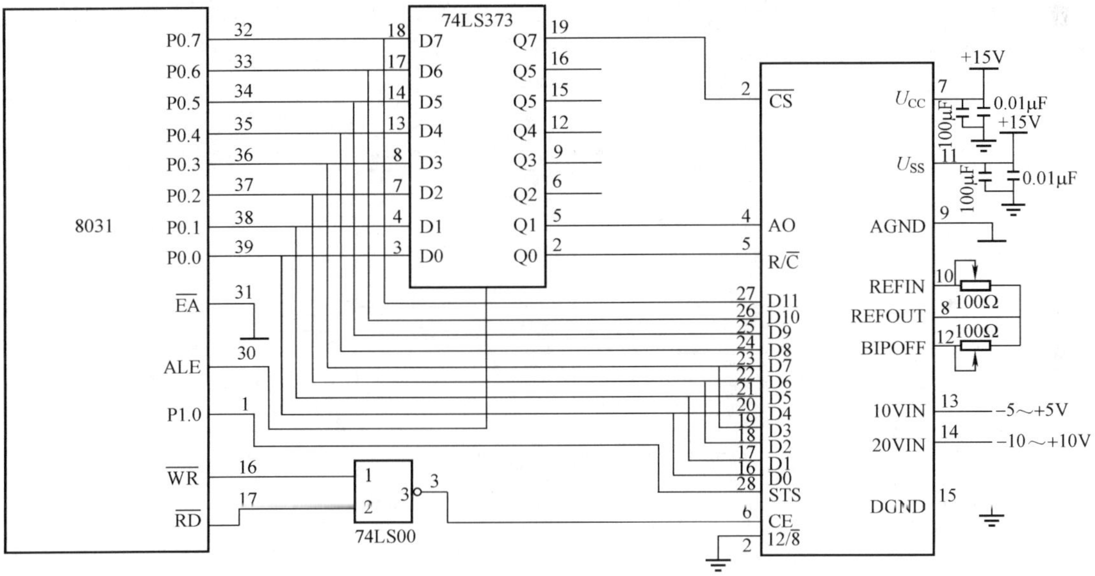

图 8-15　8051 单片机与 AD574A 的接口电路

AD574A 使用应注意的问题：

（1）转换精度。不同系统要求的精度是不同的，影响精度的首要因素是 A/D 芯片的分辨率，首先要根据系统对精度的要求，选择相应分辨率的芯片。AD574A 是 12 位，它的分辨率是 1/4096，但实际的数据采集精度还受传感器精度、信号处理电路精度的影响，应综合考虑，使各项影响精度的因素相加后满足于总的精度要求。

（2）转换时间。每个 A/D 转换的时间是有限的，AD574 的转换时间是 15～35μs，如取 35μs，这就要求被转换的信号在至少 35μs 内保持不变，否则转换的结果不准确，因此对快速变化的信号需加采样保持电路满足要求。

（3）转换结果的读取。A/D 转换后要延迟一段时间待稳定后再读取结果，为了测量准确，同一通道应采样几次并取平均值，这样能避免因瞬间干扰引起的错误。

（4）模拟量输入信号的处理。模拟量输入信号的幅度应在 A/D 芯片允许的范围内，当太小时应预先放大以便充分利用 A/D 的精度，当大于规定的范围时应先衰减后再输入，输入信号源应是低内阻的，为此可先加射极跟随器后再送到 A/D，为减少地线干扰，可以采用差分方式，用两片多路模拟开关连接输入信号。

（5）模拟地和数字地的处理。AD574 的模拟地和数字地有不同的引脚，±15V 对应模拟地，+5V 对应数字地，输入信号的公共端接到模拟地，A/D 转换后的数据线和单片机的数据总线相连，单片机的地和外扩芯片的地应接数字地，在布线时数字地和模拟地分开，最后一点相连。在控制现场环境恶劣、干扰严重时应采取光电耦合的方法，彻底分开现场地和系统地。对 AD574A 电源的滤波、稳压和无高频噪声是非常重要的，电源噪声会使输出代码不稳定。几毫伏噪声会引起 12 位 ADC 几位的误差，因此对 12 位精度的转换电路，不推荐使用开关电源。

8.1.4.3 MCS-51 与 ICL7109（双积分型）的接口

ICL7109 是一种高精度、低噪声、低价格的双积分式 12 位 A/D 转换器，器件由模拟电路和数字电路两部分组成。模拟电路部分由模拟信号输入、振荡积分电路、比较电路和基准电源组成，数字电路部分由时钟振荡器、异步通信握手逻辑、转换控制逻辑、计数器、锁存器和三态门组成，如图 8-16 所示。

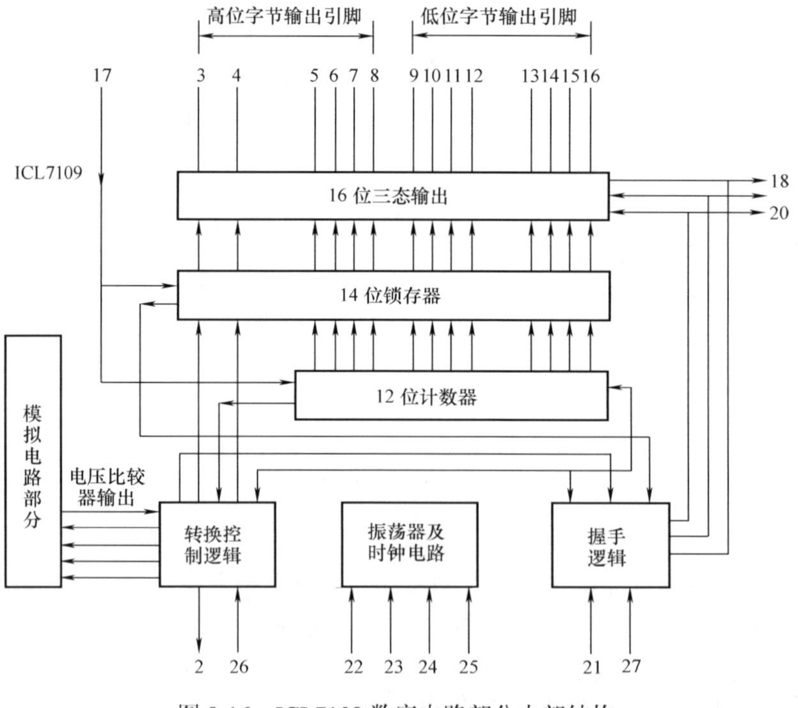

图 8-16 ICL7109 数字电路部分内部结构

ICL7109 最大的特点是可输出 12 位二进制数，并配有较强的接口功能，适合与各种控制器相连，因此 ICL7109 广泛应用在速度要求不高而精度要求较高的系统中。

一、ICL7109 主要性能

（1）双积分变换技术。

（2）双电源供电。

（3）适合与各类单片机接口。

（4）价格低廉。

（5）片内含有时钟发生器和参考电压源。

（6）差分输入型。

（7）分辨率：12 位。

（8）输入阻抗：$10^{12}\Omega$。

（9）功耗：20mW。

（10）转换速度：20 次/s。

二、ICL7109 引脚功能

ICL7109 引脚排列如图 8-17 所示。

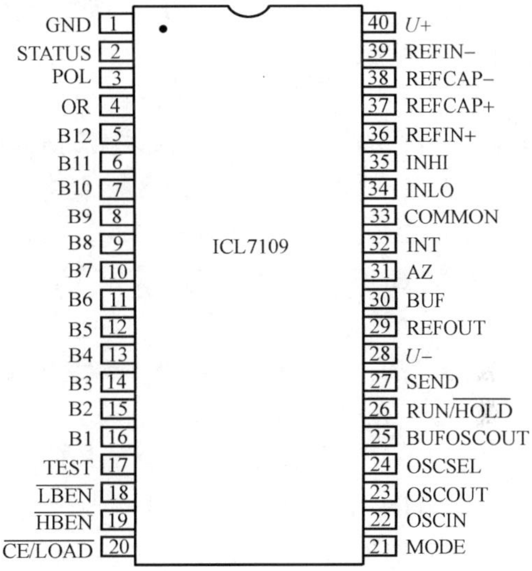

图 8-17　ICL7109 引脚排列

（1）GND（1 脚）：数字地。

（2）STATUS（2 脚）：状态输出。转换结束时，该管脚发出转换结束信号。

（3）POL（3 脚）：极性输出。高电平表示输入为正信号。

（4）OR（4 脚）：过量程状态输出。高电平表示超过量程。

（5）B1～B12（5～16 脚）：三态转换结果输出。

（6）TEST（17 脚）：测试芯片脚。高电平为正常状态，低电平为强迫状态。TEST 为低电平，此时 B1～B12 输出高电平。

（7）$\overline{LBEN}$（18 脚）：低字节使能端。当 MODE 和 $\overline{CE/LOAD}$ 均为低电平时，$\overline{LBEN}$ 是输入信号，作为输出数据的低字节（B8～B1）输出的辅助选通信号，低电平有效。当 MODE 为高电平时，$\overline{LBEN}$ 为输出端，此信号将作为低位字节输出的标志（用于数据交换方式），即当 $\overline{LBEN}=0$ 时，表示现在输出的是低字节。

（8）$\overline{HBEN}$（19 脚）：高字节使能端。当 MODE 和 $\overline{CE/LOAD}$ 均为低电平时，$\overline{HBEN}$ 是输入信号，作为数据高字节（B12～B9）、POL 和 OR 输出的辅助选通信号。当 MODE 为高电平时，$\overline{HBEN}$ 为输出端，此信号将作为高位字节输出的标志（用于信号交换方式），即当 $\overline{HBEN}$ 为低电平时，表示现在输出的是高字节。

（9）$\overline{CE/LOAD}$（20 脚）：片选通端。当 MODE 为低电平时，它是数据输出的选通信号。若 $\overline{CE/LOAD}$ 为低电平，数据正常输出；若 $\overline{CE/LOAD}$ 为高电平，所有数据输出端均为高阻状态。

（10）MODE（21 脚）：方式选择端。当 MODE 为低电平时，转换为直接输出方式。该模式下，系统可以在片选和数据输出使能端的控制下直接读取数据。当 MODE 为高电平时，转换器处于 UART 方式，并在输出两个字节的数据后，返回直接输出方式；当 MODE 为高电平时，转换器在信号交换中的每一个转换周期的结尾输出数据。

（11）OSCIN（22 脚）：振荡器输入。

（12）OSCOUT（23 脚）：振荡器输出。

（13）OSCSEL（24 脚）：振荡器选择。OSCSEL 为高电平时，系统采用 RC 振荡器；OSCSEL 为低电平时，系统采用晶体振荡器。

（14）BUFOSCOUT（25 脚）：缓冲振荡输出。

（15）RUN/$\overline{\text{HOLD}}$（26 脚）：运行/保持输入。当 RUN/$\overline{\text{HOLD}}$ 为高电平时，每经过 8192 个时钟脉冲系统完成一次 A/D 转换；当 RUN/$\overline{\text{HOLD}}$ 为低电平时，转换器将立即结束消除积分阶段并跳到自动调零阶段，从而缩短消除积分阶段的时间，提高转换速度。

（16）SEND（27 脚）：传输信号。该信号用于数据信号传送时发送信号交换方式信息，以保证外部器件确保接收转换数据的能力。

（17）U－（28 脚）：负电源。连接－5V 电压。

（18）REFOUT（29 脚）：参考电压输出，参考电压一般为＋2.8V。

（19）BUF（30 脚）：缓冲器输出。

（20）AZ（31 脚）：自动调零电容 C_{AZ} 连接端。

（21）INT（32 脚）：积分电容连接端。

（22）COMMON（33 脚）：公共模拟地。

（23）INLO（34 脚）：差分输入低端。

（24）INHI（35 脚）：差分输入高端。

（25）REFIN＋（36 脚）：正差分参考连接端。

（26）REFCAP＋（37 脚）：正差分参考连接端。

（27）REFCAP－（38 脚）：负差分参考连接端。

（28）REFIN－（39 脚）：负差分参考连接端。

（29）U＋（40 脚）：正电源。连接＋5V 电压。

三、ICL7109 的外部电路连接

ICL7109 的外部电路连接如图 8-18 所示，对其外部电路的应用特征说明如下：

（1）电源供给。ICL7109 为双电源±5V，引入 $U+$、$U-$（40、28 脚），1 端 GND 为公共接地端。

（2）基准电压供给。ICL7109 有一个良好的片内基准电压源，由 REFOUT 端输出（29 端），可以使用电阻分压以获得一个合适的基准电压。一般来说，对模拟输入如果要求满度输出 4096 个数，则 $U_{in}=2U_{ref}$，即＋2.048V 基准电压对应于＋4.096V 满度输出模拟电压，＋204.8mV 则对应于＋409.6mV 满度输出电压。但在许多应用中，A/D 变换器直接与传感器相连，测量的绝对电压输出并不等于标准量程，这时只要将基准电压等于传感器输出电压的一半即可，而不必进行分压。在要求零读数而不是零输入时，如温度测量中的补偿、称重中的去皮重等，这时补偿电压可直接引入，即将传感器的输出端接到模拟输入高端和模拟公共端之间，只需注意极性即可。

基准电压的稳定与否，直接影响转换精度，ICL7109 分辨率为 1/4096 或 244ppm。如果片内基准源的温度系数为 80ppm/℃，则环境温度变化了 3℃就会增加 1LSB 绝对误差。若不控制环境温度则建议使用外部基准电压源。

（3）模拟信号。输入模拟信号可差分输入，分别接入差分输入高端 INHI（35 脚）和差分输入低端 INLO（34 脚）。模拟信号公共端为 COMMON（33 脚）。

（4）时钟电路。ICL7109 片内有振动器及时钟电路。片内提供的多功能时钟振动器既可

用作 RC 振荡器，也可用作晶体振荡器。OSCSEL（24 端）为振荡器选择。OSCSEL 为高电平或开路时，片内为 RC 振荡器，此时 OSCOUT（23 端）和 BUFOSCOUT（25 端）外接电阻、电容到 OSCIN（22 端），如图 8-19 所示。OSCSEL 为低电平时，外接振荡晶体，片内为晶体振荡器，如图 8-20 所示。

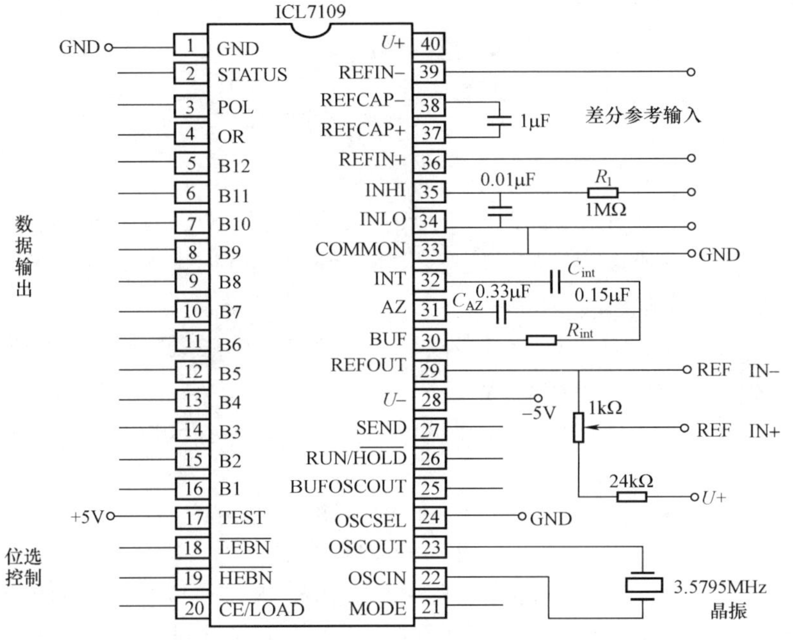

R_{int}为 20kΩ时用 0.2V 基准电压，
为 200kΩ时用 2V 基准电压

图 8-18　ICL7109 外部电路连接

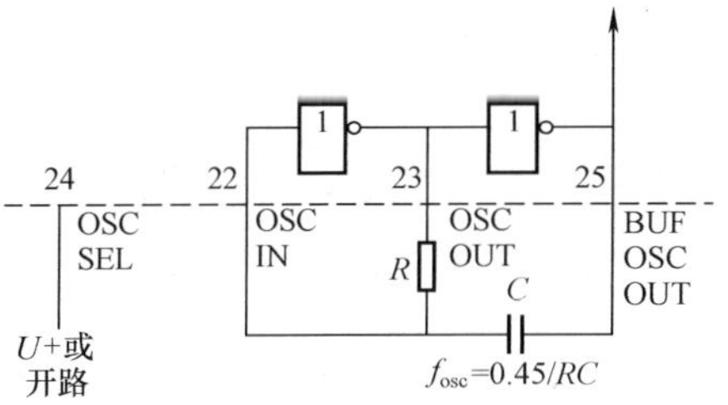

图 8-19　RC 振荡器接法

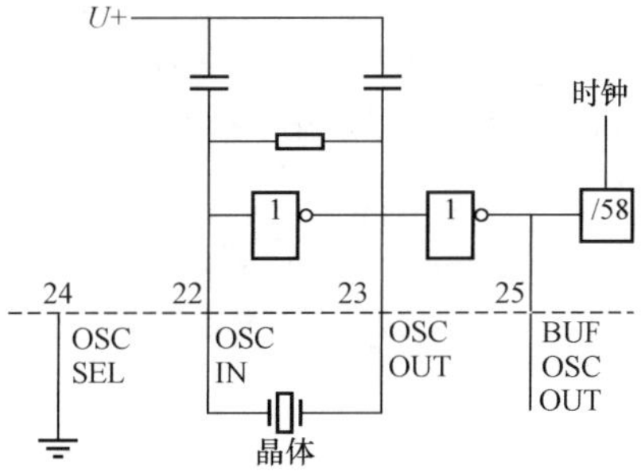

图 8-20　晶体振荡器接法

接成 RC 振荡器时，振荡器频率为 0.45/*RC*（电容不能小于 50pF）。接成晶体振荡器时，内部时钟为 58 分频后的振荡器频率。

为了使电路具有抗 50Hz 在串模干扰能力，A/D 转换时应选择积分时间（2048 个时钟数）等于 50Hz 的整数倍。例如取积分时间为 50Hz 的 1 倍，即 20ms，则晶体频率 *F*=（2048 个时钟周期）×（58/20ms）=5.939MHz；对于 RC 振荡器，则 *F*=（2048 个时钟数）/20ms=102.4kHz。

（5）接口方式。ICL7109 内部有一个 14 位（12 位数据和一个极性，一位溢出）的锁存器和一个 14 位的三态输出寄存器，可以很方便地与各种微处理器直接连接，而无须外部加额外的锁存器。ICL7109 有两种接口方式，一种是直接接口方式，另一种是挂钩接口方式。在直接接口方式中，ICL7109 转换结束时，由 STATUS 发出转换结束信号到单片机，单片机对转换后数据分高位字节和低位字节进行读数。在挂钩接口方式时，ICL7109 提供工业标准的（通用异步接收发送器）数据交换模式，适用于远距离的数据采集系统。

四、ICL7109 外部电路的参数选择

（1）积分电阻 R_{int} 的选择。缓冲放大器和积分器能够提供 20μA 的推动电流，积分电阻要选得足够大，以保证在输入电压范围的线性。

$$R_{int}=\frac{满度电压}{20\mu A}$$

当输入满度电压为 4.096V 时，R_{int}=200kΩ，此时基准电压 REFIN－和 REFIN＋之间为＋2V，由电阻 R_2 和 R_1 分压取得。如满度电压为 4.096mV，则 R_{int}=20kΩ，基准电压为 0.2V。R_{int} 接入缓冲放大器输出端 BUF（30 脚）。

（2）积分电容 C_{int} 的选择。积分电容根据积分器给出的最大输出摆幅电压选择，此电压应使积分器不饱和（大约低于电源 0.3V）。对 ICL7109 的±5V 电源，模拟公共点接地，积分器输出摆幅一般为±（3.5～4）V。对于不同的时钟频率，电容值也要改变，以保证积分器输出电压的摆幅。

$$C_{int}=\frac{2048\times 时钟周期\times 20\mu A}{积分器输出摆幅}$$

为了使积分器不饱和，积分器输出的摆幅最大为±4V，所以积分器的最小电容为 1μF。积分器电容越大，积分器输出摆幅越小，所以 C_{int} 也不应选得过大，如果电路设计时选用不同的时钟频率，则积分电容应根据上面的公式计算，以便选择合适的 C_{int} 值。积分电容 C_{int} 接入积分电容连接端 INT（32 脚）。

（3）自动调零电容 C_{AZ} 的选择。积分电容 C_{int} 选定以后，自动调零电容 C_{AZ} 的选择是非常容易的。在模拟输入信号较小时，如 0～409.6mV，这时抑制噪声是主要的，而这时积分电阻又较小，所以，自动调零电容 C_{AZ} 可选为比积分电容 C_{int} 大一倍，以减少噪声。C_{AZ} 的值越小，噪声越小。

对于大部分实际应用系统，由传感器来的微小信号都要经过放大器放大成较大的信号，如 0～＋4.096mV，这时噪声的影响不是主要的，可把积分电容 C_{int} 选大一些以减少复零误差，使 $C_{int}=2C_{AZ}$。

（4）基准电容 C_{ref} 的选择。一般情况下 C_{ref} 取值 1μF 较好。但如果存在一个大的共模电压（即基准电压低端不是模拟公共点），对于模拟输入为 0～＋409.6mV 的情况下，要求电容值较大，以防止滚动误差，如选 C_{ref}=10μF 可以使滚动误差在 0.5 以内。

五、ICL7109 与 8051 单片机的硬件接口

A/D 转换器 ICL7109 的数据输出形式为 12 位二进制码，且与微处理器有良好的兼容特性，所以可以与 8051 单片机直接相连。

图 8-21 中将 ICL7109 的 MODE 引脚接地，使其工作于直接输出工作方式。将 RUN/$\overline{\text{HOLD}}$ 接＋5V，这样 ICL7109 可进行连续转换。将 STATUS 线与 8051 的 INT0 相连，这样每完成一次转换便向 8051 发一次中断请求。由于采用了 3.85MHz 的晶振，故 ICL7109 完成一次转换所需的时间为 T＝8192（脉冲周期）×58/3.85MHz＝132.72ms，即转换速率为 7.5 次/s。其

中 ICL7660 是＋5V 输入、－5V 输出的电源极性变换器。

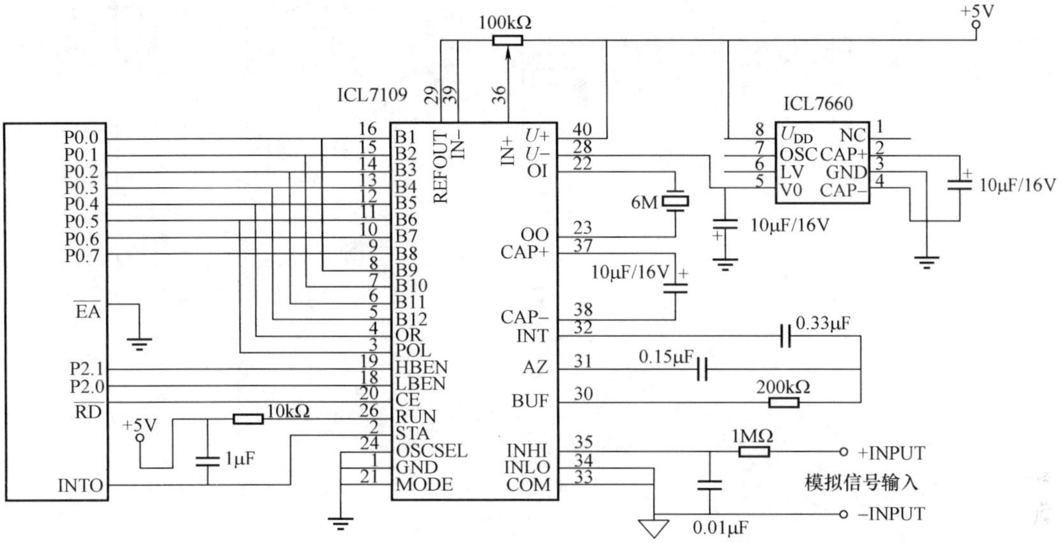

图 8-21　ICL7109 与 8051 单片机的接口电路

图 8-21 中是利用 STATUS 的下降沿发中断请求信号，在中断服务程序中 12 位数据要分两次读出，分别用 $\overline{\text{HBEN}}$、$\overline{\text{LBEN}}$ 控制，并能同时得到极性和是否溢出的标志。ICL7109 连续转换时的转换程序如下：

```
        ORG     0003H
        LJMP    INT0
        ORG     2000H          ;主程序
        …
        SETB    IE.0
        SETB    IE.7           ;允许外中断 0
        …
INT0:   MOV     R0, #40H       ;缓冲器地址
        MOV     DPTR, #0200H   ;P2.0=0, P2.1=1
        MOVX    A, @DPTR       ;读低字节
        MOV     @R0, A
        INC     R0
        MOV     DPTR, #0100H   ;P2.0=1, P2.1=0
        MOVX    A, @DPTR       ;读高字节
        CLR     IE.0
        CLR     IE.7
        RETI
```

8.1.4.4　12 位串口转换器 MAX187 与 MCS-51 单片机的接口

MAX187 是具有串行外围接口的 12 位 A/D 转换器，通过内部采样器和逼近寄存器，将模拟信号转换成一个 12 位的数字数出（如图 8-22 所示）。串行口只需 3 根数据线 SCLK、$\overline{\text{CS}}$ 和 DOUT，与 MCU 的接口十分方便。MAX187 有 8 脚 DIP 封装和 16 脚 SO 封装两种。

一、主要性能

（1）分辨率为 12 位，单 5V 电源供电。

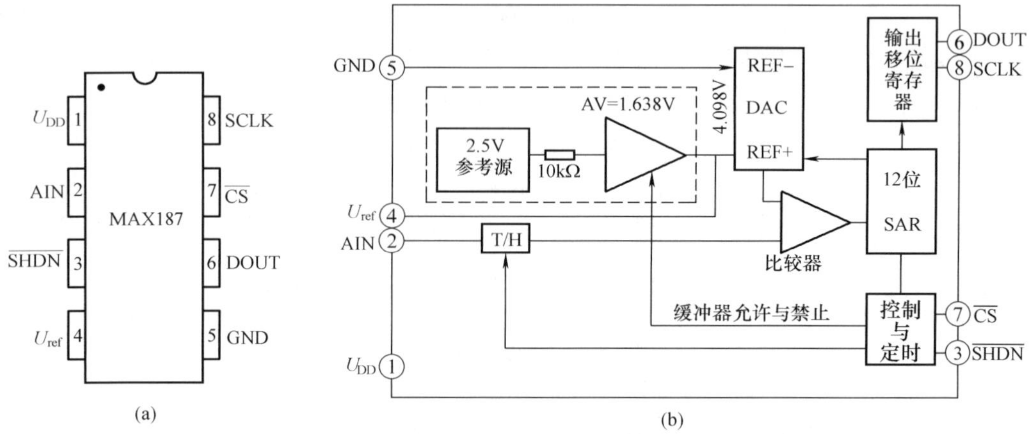

图 8-22 MAX187 引脚配置及内部结构

（a）引脚配置；（b）内部结构

（2）每次转换时间仅为 8.5μs。

（3）串行速率可达 75kbps。

二、引脚功能

（1）U_{DD}（1 脚）：5V 电源。

（2）AIN（2 脚）：模拟量输入，输入范围为 0～U_{ref}。

（3）$\overline{SHDN}$（3 脚）：操作模式选择位。若$\overline{SHDN}$为低电平，表示芯片处于休眠模式；若$\overline{SHDN}$为高电平，表示芯片处于正常模式。高电平时允许使用内部参考电压源；悬空时禁止内部参考电压源，允许使用外部参考电压源。

（4）U_{ref}（4 脚）：参考电压端。当允许使用内部参考电压源时，输出为 4.096V 的电压；当使用外部参考电压源时，可输入 2.5V～U_{DD} 范围的精密电压作参考电压。若采用内部参考电压源，此引脚对地接一个 4.7μF 的退耦电容；若采用外部参考电压源，还需增加 0.1μF 的退耦电容。

（5）GND（5 脚）：模拟地及数字地。

（6）DOUT（6 脚）：串行数据输出端。在 SCLK 的下降沿，数据改变状态。

（7）$\overline{CS}$（7 脚）：片选端，低电平有效。

（8）SCLK（8 脚）：串行时钟输入，时钟输入速率最高为 5MHz。

三、数据采集过程的时序

MAX187用采样/保持电路和逐位比较寄存器将输入的模拟信号转换为12位的数字信号，其采样/保持电路不需要外接电容。MAX187 有 2 种操作模式：正常模式和休眠模式，将$\overline{SHDN}$置为低电平进入休眠模式，这时的电流消耗降到 10μA 以下；置为高电平或悬空进入正常操作模式。

MAX187 操作时序如图 8-23 所示。使用内参考电压时，在电源开启后，经过 20ms 后 U_{ref}参考引脚的 4.7μF 电容充电完成，可进行正常的转换操作。A/D 转换的过程是：当$\overline{CS}$为低电平时，并保持 SCLK 为低电平，在 DOUT 下降沿 MAX187 的 T/H 电路进入保持状态，并开始转换，并使输出数据线 DOUT 变低，表示转换开始，8.5μs 后 DOUT 输出为高电平，表示转换完成。DOUT 可作为 MAX187 芯片的 A/D 转换完成标志，这时可在 SCLK 端输入一串脉冲将结果从 DOUT 端移出，读入单片机中处理，数据读取完成后将置为高电平。要注意的是，在置为低电平启动 A/D 转换后，检测到 DOUT 有效（或者延时 8.5μs 以上），才能发 SCLK 移位脉冲读数据（SCLK 驱动时钟的下降沿），SCLK 至少为 13 个。发完脉冲后应将 SCLK 置为高电平。

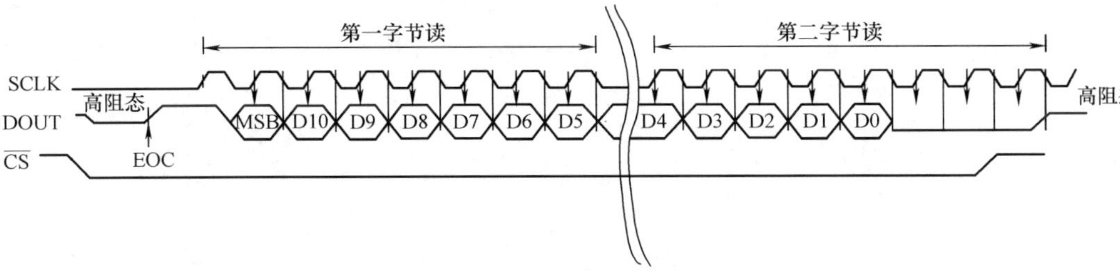

图 8-23　MAX187 操作时序

四、MAX187 与 8051 单片机的硬件接口

MAX187 与 8051 单片机的接口非常简单，只需 3 根数据线，即 $\overline{CS}$、SCLK、DOUT，接口电路如图 8-24 所示。8051 的 P1.5、P1.6、P1.7 分别与 MAX187 的 SCLK、$\overline{CS}$ 和 DOUT 相连接。

在串行接口有效时，设置 CPU 的串行接口为主方式，因而 CPU 发出串行时钟，并选择时钟频率为 2.5MHz。转换过程如下：

（1）用 P1.6 将芯片的片选拉成低电平 $\overline{CS}$，并保持 SCLK 为低电平。

（2）等待最大转换时间，检测 DOUT 的上升沿，确定转换是否结束。

（3）输出 SCLK，SCLK 有效至少 13 个时钟周期。在时钟的第一个下降沿，DOUT 端将出现转换结果的最高位（MSB）。DOUT 端在 SCLK 的下降沿出现数据，在 SCLK 的上升沿数据稳定，8051 可以读入数据。

（4）在时钟的第 13 个下降沿来时或之后，将 $\overline{CS}$ 拉成高电平，如果此后 $\overline{CS}$ 仍为低电平，在输出 LSB 位置后将输出 0。

（5）随着 $\overline{CS}=1$，等待特定的时间 t_{CS} 之后，若是 $\overline{CS}$ 拉成低电平，将进行新的一次转换。如果转换结束之前，将拉成高电平来终止转换，则需要至少等待 1 个采样时间 t_{AQCQ}，才能启动一次新的转换。

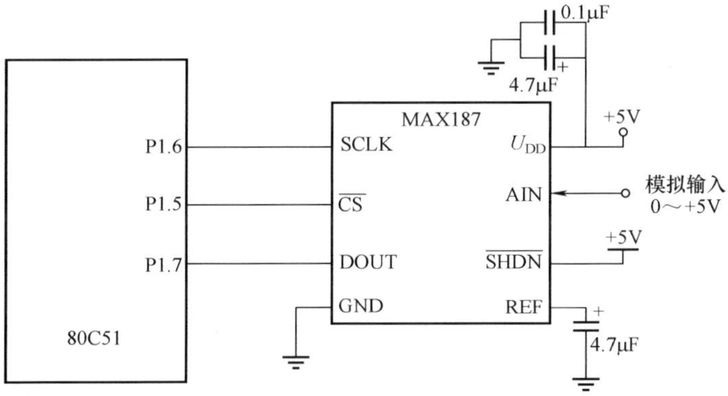

图 8-24　MAX187 与 8051 单片机的接口电路

MAX187 采集程序如下：

```
        CLR     P1.6            ;SCLK=0
        CLR     P1.5            ;启动转换
        SETB    P1.7            ;置 P1.7 为输入状态
LOOP0:  MOV     C, P1.7         ;等待转换
        JNC     LOOP0
        SETB    P1.6            ;SCLK=1
        MOV     R7, #04H        ;接收高 4 位
        CLR     A
LOOP1:  CLR     P1.6
        NOP
        SETB    P1.6
        MOV     C, P1.7
        RLC     A
        DJNZ    R7, LOOP1
        MOV     B, A
        MOV     R7, #08H        ;接收低 8 位
        CLR     A
LOOP2:  CLR     P1.6
        NOP
        SETB    P1.6
        MOV     C, P1.7
        RLC     A
        DJNZ    R7, LOOP2
        SETB    P1.5
        MOV     20H, A
        MOV     21H, B
        RET
```

8.1.4.5 Σ－Δ 式 ADC 应用

AD7703 是美国 AD 公司生产的 20 位模数转换器。它采用过采样 Σ－Δ 转换技术和片内自校准控制电路，具有精度高、抗干扰能力强等特点。通过 AD7703 的串行接口可方便地与单片机相连，并可广泛用于智能仪表和测控领域。

AD7703 对工业现场噪声的抑制能力不亚于双积分式 ADC，比双积分式 ADC 有较高的数据输出速率；与逐次比较式 ADC 相比，有较高的信噪比、分辨率高、线形度好，而且简化模拟电路结构，不需要使用采样—保持电路，芯片还提供了两种自校准方法，不像一般 ADC 芯片需要手动进行零点调节和增益调节，AD7703 和普通的 A/D 转换器不同，只要一上电，AD7703 就对输入信号进行采样，而不需要启动信号。

一、主要性能

（1）20 位分辨率。

（2）最大非线性误差为 0.0003%。

（3）满量程误差为±4LSB，典型有效值噪声 6LSB。

（4）片内自校准系统。

（5）低通滤波器的转折频率为 0.1～10Hz。

（6）数据转换率为 4kHz。

（7）灵活的串行接口。

（8）工作温度范围 A、B、C 级为−40～+85℃，S 级为−55～+125℃。

（9）超低功耗：正常工作为 40mW，睡眠状态为 10μW。

（10）AD7703 位 20 脚双列直插式封装，见图 8-25。

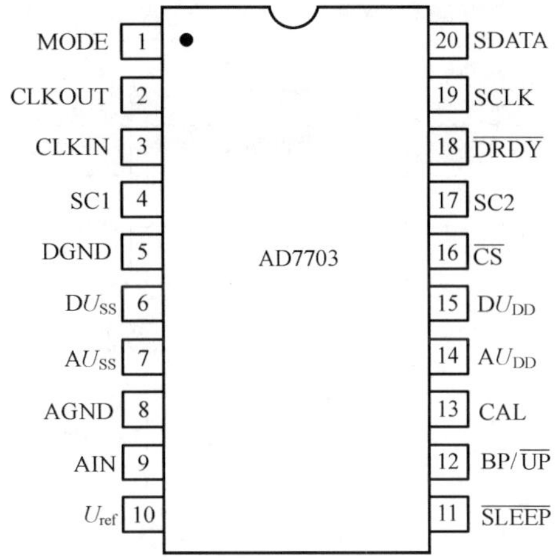

图 8-25 AD7703 引脚示意图

二、引脚功能

（1）MODE（1 脚）：串行接口方式选择。接数字地时，工作于同步外部时钟通信方式；接+5V 时，工作于同步内部时钟通信方式。

（2）CLKOUT 和 CLKIN（2、3 脚）：在使用内部振荡电阻时，此两脚接晶振；使用外部时钟则由 CLKIN 端引入。

（3）SC1、SC2（4、17 脚）：校准选择端，决定核准类型。

（4）DGND、AGND（5、8 脚）：数字地和模拟地。

（5）DU_{SS}、AU_{SS}（6、7 脚）：数字、模拟负电源，接−5V。

（6）AIN（9 脚）：模拟输入信号的输入端。单极性输入范围为 0～+2.5V，双极性输入范围为−2.5～+2.5V。

（7）U_{ref}（10 脚）：参考电压输入端，一般取+2.5V。

（8）$\overline{\text{SLEEP}}$（11 脚）：睡眠工作方式选择端。接低电平时工作于睡眠方式，功耗为 10mW。

（9）BP/$\overline{\text{UP}}$（12 脚）：单、双极性方式选择端。接低电平时为单极性，接高电平时为双极性。

（10）CAL（13 脚）：校准控制端。

（11）DU_{DD}、AU_{DD}（15、14 脚）：数字、模拟高电平端，接+5V。

（12）$\overline{\text{CS}}$（16 脚）：此脚为低电平时，串行口发送数据。

（13）$\overline{\text{DRDY}}$（18 脚）：数据准备端。在输出数据寄存器内数据准备好时为低电平，在数据传完后为高电平。

（14）SCLK（19 脚）：串行时钟输入/输出。在同步外时钟方式时为输入，在同步内时钟方式时为输出。

（15）SDATA（20 脚）：串行数据输出口，由 MODE 脚决定输出模式。

三、校准方式

通过 AD7703 内部的自校准和系统校准功能，既可消除 AD7703 本身的零点、增益和漂移误差，又能消除系统输入通道的失调和增益误差。这是其他芯片所不具备的。每次系统加电启动或重新复位后，系统应自动为 AD7703 进行一次校准。所采用的校准方法见表 8-2。

表 8-2 AD7703 自校准方式

SC1 SC2	校准类型	校准零值	校准满负荷值	次序	校准时间（时钟周期）
0 0	自校准	U_{GND}	U_{ref}	第一步	3145665

续表

SC1 SC2	校准类型	校准零值	校准满负荷值	次序	校准时间（时钟周期）
0 1	校准系统失调	AIN		第一步	1052599
1 0	校准系统增益		AIN	第一步	1068813
1 1	校准系统失调	AIN	U_{ref}	第一步	2117389

AD7703 的自校准可以用硬件自动实现，其硬件校准电路如图 8-26 所示。

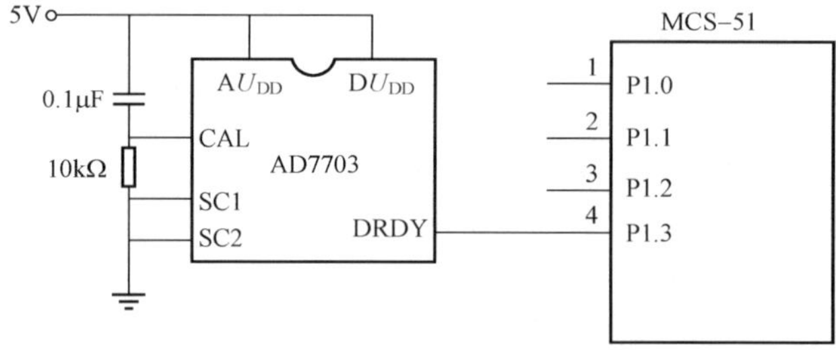

图 8-26 硬件自校准电路

在自校准中 AD7703 将自己的模拟地电压 U_{AGND} 作为零值，而将它的参考电压 U_{ref} 作为满负荷值，不需要用户在另外加入这两个值。单片机给 CAL 端提供至少 4 个（CLKIN）时钟周期的高电平之后，就一直监视 DRDAY 的状态。当发现此脚由高变低时，说明校准完成，并在 DRDY 由高变低时自校准结束。此方法类似于 8051 单片机的上电复位电路，在结合软件实现自校准时，可用单片机的一根口线控制 CAL 端，且当 CAL 为 1 时启动校准，然后查询 DRDY 端，为 0 时校准结束。

图 8-27 为系统标定电路，系统校准可以消除前置放大电路的失调和增益误差，以使 AD7703 的输出结果具有更高的精度。

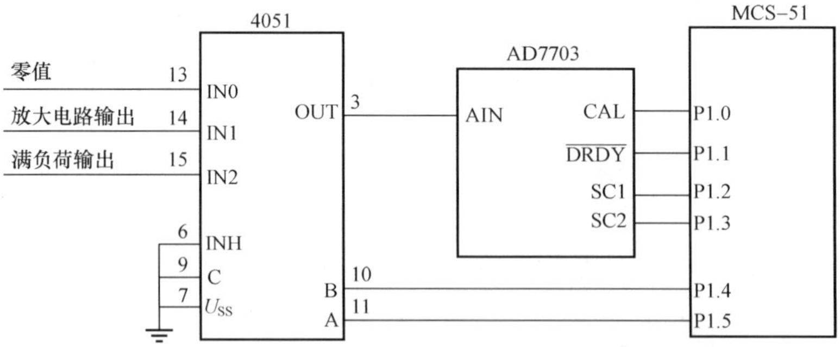

图 8-27 系统标定电路

在系统校准时，AD7703 之前应加一个模拟多路开关 4051，由单片机选择控制多路开关的某一通道，以便为 AD7703 提供零值、满负荷值以及校准完成后正常状态所需要接受的输入信号。

由表 8-2 所示，系统校准可分如下两种：

（1）校准系统失调和系统增益，该校准需要两步完成。第一步对 AIN 脚输入零值进行失调校准，第二步对 AIN 脚的输入的满负荷值进行增益校准。必须先进行系统失调校准，在失调校准完成之后，才能进行系统增益校准。

（2）校准系统失调，该校准可一步完成，也就是将 AIN 输入值作为零点，直接用 U_{ref} 作为满负荷值。

在校准过程中，SC1、SC2 的值不能发生变化。DRDY 由高变低表明 AD7703 校准结束。AD7703 校准结束后，在等待一定的时间之后，AD7703 的输出才是此时 AIN 端输入电压的二进制码。设置时间 507904/fclkin（秒）与 AD7703 使用的主时钟频率有关，当 fclkin 为 4.096MHz 时，设置时间为 124ms。在进行校准时，AD7703 必须保持输入的零点值和满负荷点值稳定。通过这两个数值，AD7703 校准控制器可以算出从输入信号转换成数字信号的增益斜率，如表 8-3 所示，此值通常可存储在校准静态 RAM 中，在模拟信号转换成二进制代码时使用。

实际使用时，应该考虑正确合理的使用校准，一般情况下可考虑自校验方式，在要求比较严格的场合，还应采用系统校准。系统启动时应自动为 AD7703 进行一次校准，而 AD7703 从掉电保护状态进入正常工作状态后也应为 AD7703 进行一次校准。

表 8-3　　**两种方式的增益斜率**

输入方式	增　益　斜　率	输入方式	增　益　斜　率
单极性输入方式	$增益斜率=\frac{满负载值-零值}{1048576}$	双极性输入方式	$增益斜率=\frac{2(满负载值-零值)}{1048576}$

四、AD7703 的数据采集过程

AD7703 的串行数据接口的两种方式由 MODE 信号选择。当 MODE=1 时，AD7703 工作在片内时钟同步 SSC 方式，数据由片内产生的串行时钟 SCLK 同步控制输出。AD7703 时序图如图 8-28 所示。当 MODE=0 时，AD7703 工作在外部时钟同步 SEC 的方式，这是一种比较常用的方式，由图 8-28 可以看出，在 CS 下降沿，串行数据位的 MSB 首先被送出，其后的数据位在外部 SCLK 的下降沿变更，上升沿有效，在 LSB 送出之后，DRDY 和 SDATA 变为三态，如果 CS 为低电平，并且 AD7703 还在发送数据，那么不论是否有新数据，AD7703 仍继续发送旧的数据。

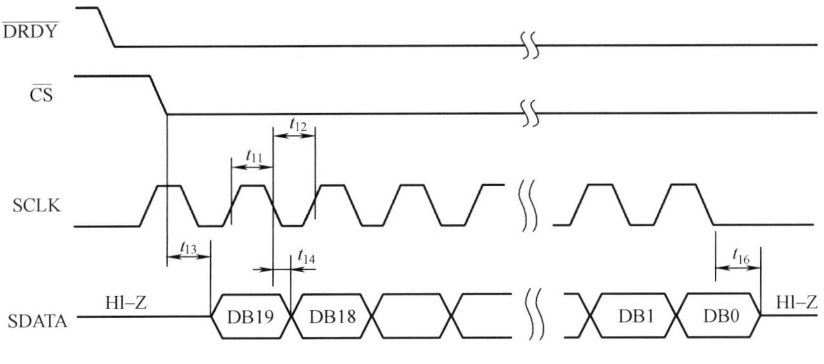

图 8-28　AD7703 时序图

五、AD7703 与 8051 的硬件接口电路

AD7703 与 8051 单片机的接口很简单，需 5 根数据线，即 $\overline{CS}$、SCLK、CAL、$\overline{DRDY}$、

SDATA，接口电路如图 8-29 所示。8051 的 P1.0、P1.1、P1.2、P1.3、P1.4 分别与 AD7703 的 SDATA、SCLK 、$\overline{\text{DRDY}}$ 、$\overline{\text{CS}}$和 CAL 相连接。AD7703 的内主时钟由 4MHz 晶振提供，LM336-2.5 给出+2.5V 的参考电压。图 8-29 中采用自校准方式，使其上电和复位后恢复到初始状态和进行标定。

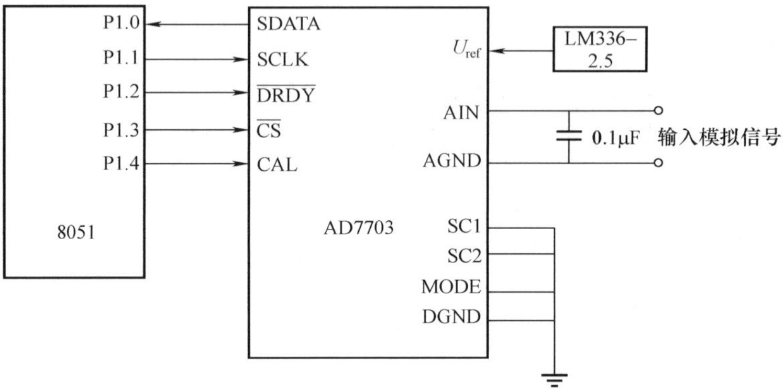

图 8-29 AD7703 与 8051 单片机接口电路图

由于 AD7703 将转换好的 20 位二进制数放入输出寄存器并按一定的时序串行输出，因此必须编程将 AD7703 的输出读出来。使用 SEC 方式读数据，要求 8051 为 AD7703 提供外部同步时钟以便读出数据，数据读取的过程是：先判断$\overline{\text{DRDY}}$是否为低（P1.2 口），若为低表示已有转换好的数据存于输出寄存器中，这时再使$\overline{\text{CS}}$信号变低（P1.3 口），接收 20 位数据的 MSB 位，然后 8051 由 P1.1 口送出外同步时钟 SCLK，AD7703 在 SCLK 的下降沿更新数据，数据在 SCLK 的上升沿读取数据，不断循环，直到 20 位数据全部读出。

假定从 AD7703 中读出的数据中的高 4 位存于 32H 单元中，中 8 位存于 31H 单元中，低 8 位存于 30H 单元，AD7703 的读出子程序如下：

```
START: CLR      P1.1              ;SCLK=0
WAIT:  SETB     P1.2              ;判断数据是否准备好
       JB       ACC.2, WAIT
       CLR      P1.3              ;CS= 0
       MOV      R1, #00H          ;读出高 4 位
       MOV      R2, #04H
       LCALL    EXTDD
       MOV      32H, R1
       MOV      R1, #00H          ;读出中 8 位
       MOV      R2, #08H
       LCALL    EXTDD
       MOV      31H, R1
       MOV      R1, #00H          ;读出低 8 位
       MOV      R2, #08H
       LCALL    EXTDD
       MOV      30H, R1
       SETB     P1.3              ;CS=1
       RET
EXTDD: CLR      P1.1              ;读出子程序
       NOP
```

```
SETB P1.1
SETB P1.0
MOV  A, P1
ANL  A, #01H
XCH  A, R1
RRL  A
ORL  A, R1
MOV  R1, A
DJNZ R2, EXTDD
RET
```

8.2　MCS-51 与 V/F 转换器的接口

8.2.1　V/F 转换器概述

V/F 转换器可将模拟电压信号转换成频率信号，即把不同电平的电压信号转换成与之相对应成比例的频率电信号，可替代 A/D 转换。这种 A/D 转换器件具有良好的精度、线性和积分输入等特点，而且其应用电路简单，对外围元件的性能要求不高，对环境的适应能力强，转换速度不低于一般的双积分 A/D 器件，其特点如下：

（1）占用单片机资源少，对于一种模拟信号仅占用一个输入通道。

（2）输入方式灵活。它既可以作为 I/O 输入，也可以作为中断方式输入，还可以用计数器计数，从而满足各种不同系统的要求。

（3）由于应用了积分电路，抗干扰性能好，V/F 转换过程是对输入信号的不断积分，它需要被测信号提供适当的驱动电流，因干扰信号不能提供电流而被滤掉。

（4）电路结构简单，对积分元件 R、C 参数精度要求不高，只要求稳定性好。

（5）便于远距离传输，V/F 变换器产生的是一个串行信号，因此，在进行远距离传输时，需进行并—串、串—并调制和解调，特别是与光导纤维技术结合起来，可构成一个不受电磁干扰的远距离传送系统。

（6）信号频率可灵活选择，转换精度高。

V/F 变换器的时间与 VFC 最大满刻度频率及系统所要求的频率有关，一般需要几个到几十个毫秒。因为 V/F 变换器信号建立时间比较长，所以不适于用在高速数据采集系统中，一般多用于温度、应力或静态称量系统中。特别是它所具有的单独数字地的集电极开路式输出，使它与其他的标准逻辑器件或耦合器件的接口非常方便，并可用双绞线进行远距离传送。

V/F 变换器除了构成一般廉价的 A/D 转换器外，还可以组成具有很高抗干扰能力的模/数转换隔离电路，或者组成远距离数据采集系统。

V/F 转换器有许多种，如 AD 公司的 ADVFC32、AD650，美国国家半导体公司的 LMX31 系列，及 TI（BB）公司的 VFC32、VFC62 等，每一种都有自己的特点。

8.2.2　V/F 转换原理

V/F 式 A/D 转换器的核心部件是电压—频率转换器。它是把待转换模拟电压 U_{in} 先变换为脉冲信号，该脉冲信号的重复频率与信号幅值成正比，然后在一段标准时间内，用计数器累计所产生的脉冲数，从而实现 A/D 转换。这就是电压—频率—数字转换原理。

V/F 转换器内部电路如图 8-30 所示。该电路由积分器、比较器、恒流源、单脉冲发生器和模拟开关组成。

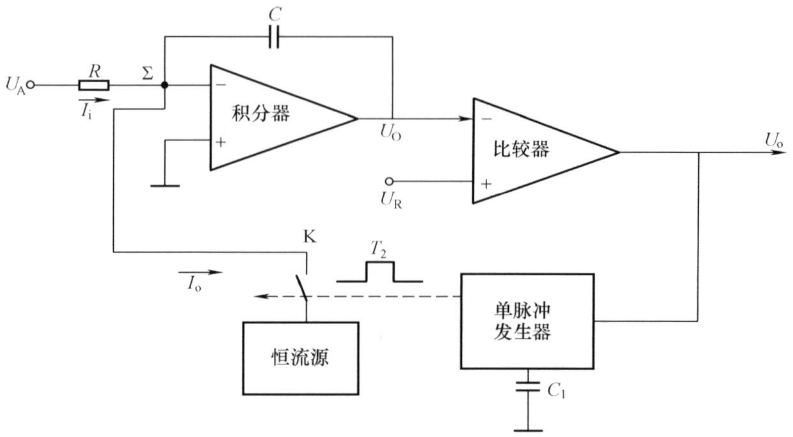

图 8-30　V/F 转换器内部电路

转换开始时，开关 K 断开，U_A 单独作用于积分器，输出负斜波电压 U_o。当 $U_o \leqslant U_R$ 时输出一个负脉冲，触发单脉冲发生器产生一个宽度为 T_2 的控制脉冲，该信号使 K1 恒流源与积分器的Σ点接通。由于设计上$|I_o|>|I_i|$，而 $I_i=U_A/R$ 且两者极性相反，所以此时 U_o 波形开始回扫，经过 T_2 时间，单脉冲发生器恢复原态，K 又断开，积分器在 I_i 作用下输出负斜坡。

上述过程周而复始进行，在比较器输出端得到一系列的负脉冲，工作波形如图 8-31 所示。

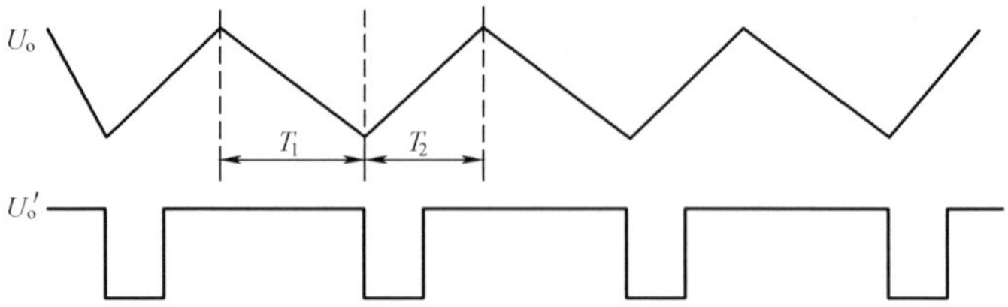

图 8-31　V/F 转换器工作波形

设 I_i 在时间 T_1 内注入积分器的电荷 Q_1；I_i 和 I_o 共同作用的时间为 T_2，它们注入相加Σ的电荷 Q_2，则可列出如下方程

$$Q_1=\int_0^{T_1} I_i \mathrm{d}t$$

$$Q_2=\int_0^{T_2}(I_o-I_i)\mathrm{d}t$$

因为 $Q_1+Q_2=0$，所以

$$\int_0^{T_1}\frac{U_A}{R}\mathrm{d}t=\int_0^{T_2}(I_o-I_i)\mathrm{d}t$$

$$\frac{1}{R}\int_0^{T_1+T_2}U_A\mathrm{d}t=\int_0^{T_2}I_o\mathrm{d}t$$

当 U_A、I_o、C、R 均为恒定值，则有

$$\frac{1}{R}(T_1+T_2)U_A=I_oT_2$$

$$f_o=\frac{1}{T_1+T_2}=\frac{U_A}{I_oRT_2}$$

令 $f_o=KU_A$，则有

$$K=\frac{1}{I_oRT_2}$$

上式是根据电荷平衡原理得到的脉冲频率 f_0 和输入信号 U_A 成正比的脉冲串，为了实现 A/D 转换，还需要增加时基电路、计数器和相应的控制逻辑，以便把脉冲串变为二进制码或 BCD 码。

图 8-32 给出了一个完整 V/F 式 ADC 的原理图。时基电路产生若干精确的时间间隔—时基信号，通常取 10、1、0.1s 等。

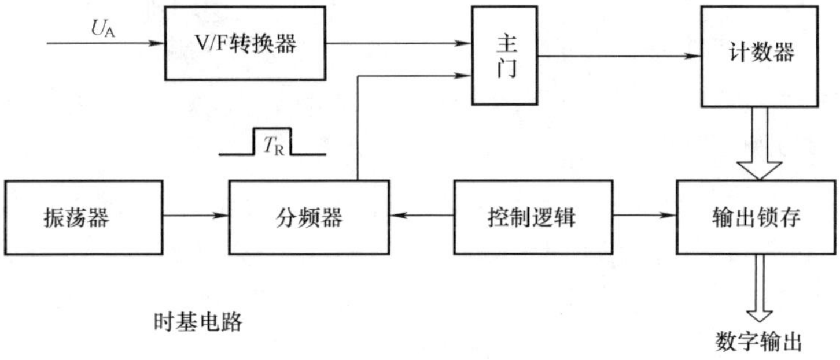

图 8-32　完整 V/F 式 ADC 原理图

若设时基信号的持续时间为 T_R，则计数器计数值为

$$N=f_oT_R$$

计数器输出经锁存器输出数字量，完成 A/D 转换全过程。V/F 式 ADC 具有以下优点：由于应用了积分电路，具有很好的抗干扰性能和良好的线性度及高的分辨率。数字位数与时基信号持续时间 T 有关，T 越长，则转换数字量的位数越多；电路结构简单，对外接电容要求也简单，仅要求保持良好的稳定性。

与双积分 ADC 一样，V/F 式 ADC 的缺点是转换速度低，在一些非快速的检测通道中，越来越趋向使用 V/F 代替通常的 A/D 转换器。

8.2.3　V/F 转换器 AD654 与单片机的接口

AD654 是美国模拟器件公司生产的低成本 8 脚封装的电压频率（V/F）转换器。它由低漂移输入放大器、精密振荡器系统和输出驱动级组成，使用时只需一个 *RC* 网络，即可构成应用电路。AD654 既可以使用单电源供电，也可使用双电源供电，且工作电压范围很宽，输出为频率受控于输入电压的方波，可用于信号源、信号调制、解调和 A/D 转换。

一、AD654 性能

（1）低成本。

（2）单电源电压：5～36V。

（3）双电源电压：±（5～18）V。

（4）输出频率范围：0～500kHz。

（5）线性误差：0.06%（250kHz）。

（6）需要外部器件连接少。

（7）通用模式输入放大器。

（8）正或负电压模式。

（9）负电流模式。

（10）高输入阻抗，低温漂。

（11）静态电流：2.0mA（U_s=30V 时）。

（12）低偏移：1mV。

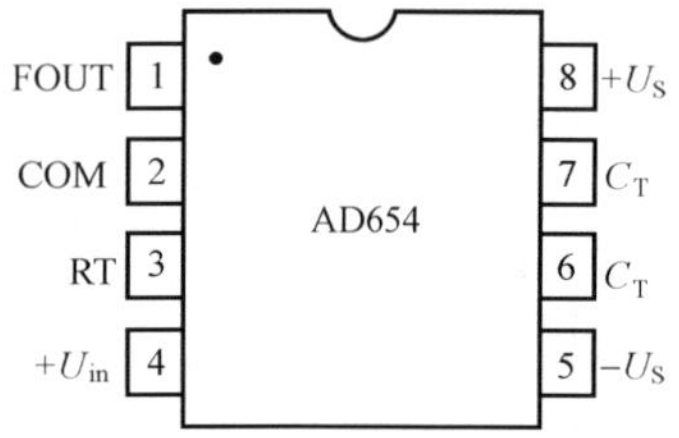

图 8-33　AD654 的引脚示意图

二、引脚功能

AD654 为 8 脚双列直插式封装，如图 8-33 所示。

（1）FOUT（1 脚）：振荡器输出引脚。

（2）COM（2 脚）：逻辑地引脚，AD654 逻辑电平可以取在$-U_S$与$+U_S-4V$之间。

（3）RT（3 脚）：输入放大器的反相输入引脚，接定时电阻。

（4）$+U_{in}$（4 脚）：输入放大器的同相输入引脚，当模拟输入为正电压时，从该引脚输入。

（5）$-U_s$（5 脚）：负电源引脚。

（6）C_T（6、7 脚）：定时电容引脚。两个 C_T 间接定时电容，与定时电阻一起确定输出频率。

（7）$+U_s$（8 脚）：正电源引脚。

三、接口电路

在图 8-34 所示电路中，设模拟量输入电压为 0～1V，从 AD654 的输出引脚 1 可输出 0～500kHz 的脉冲。引脚 1 与单片机的定时器/计数器 T1 的外输入端 T1 相连，以便计数。定时器/计数器 T0 提供计数的门限值，定时时间为 100ms（设系统时钟频率为 6MHz），计数结果存放在内部 RAM 的 30H 和 31H 单元中。

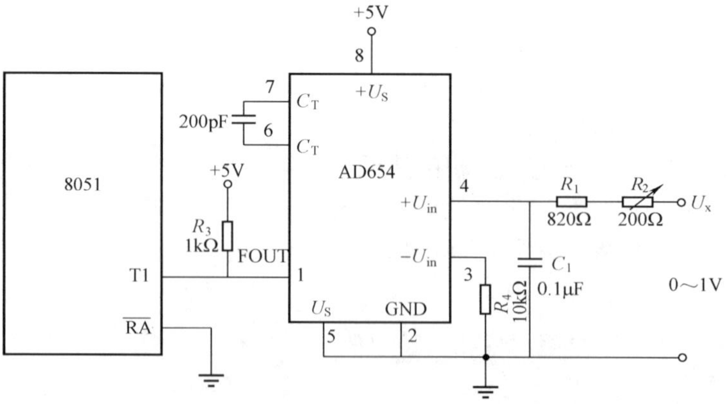

图 8-34　AD654 与 8051 单片机接口电路图

程序如下：

```
ORG     0000H
AJMP    MAIN            ;上电后自动转至主程序入口
```

```
        ORG     000BH           ;T0 溢出中断入口
        CLR     TR1             ;关 T1
        CLR     TR0             ;关 T0
        AJMP    COUNT           ;转读计数值子程序
        ORG     0100H           ;主程序入口地址
MAIN:   MOV     TMOD, #51H      ;设 T1 为计数方式 1, T0 为计数方式 1
        MOV     TL1, #00H       ;T1 计数器清零
        MOV     TH1, #00H       ;T1 计数器清零
        MOV     TL0, #0B0H      ;置 T0 初值, 每 100ms 产生一次中断
        MOV     TH0, #3CH       ;T1 计数器清零
        SETB    PT0             ;设 T0 为高优先级中断
        SETB    ET0             ;允许 T0 中断
        SETB    EA              ;允许所有中断
        SET     TR0             ;启动 T0
        SET     TR1             ;启动 T1
HERE:   AJMP    HERE            ;等待中断
COUNT:  MOV     30H, TL1        ;计数值存入 RAM
        MOV     31H, TH1
        MOV     TH1, #00H       ;重新将 T1 计数器清零
        MOV     TL1, #00H
        MOV     TL0, #0B0H      ;再次为 T0 计数器赋初值
        MOV     TH0, #3CH
        RETI                    ;从中断返回
```

8.3　MCS–51 与 D/A 转换器的接口

D/A 转换器的功能是将一组输入的二进制数字量转换为在时间上是连续的模拟量输出，输出模拟量形式有电流型和电压型。对于电流型输出 D/A 转换器可外接运算放大器，将输出电流转换成电压并提高带负载能力。

8.3.1　D/A 转换器分类及工作原理

D/A 转换器是将数字量转换成模拟量的器件，D/A 转换器的输出是电压或电流信号。

D/A 转换器的分类有脉冲调幅、调宽、梯形电阻式等多种。采用最多的是 *R*-2*R* 梯形网络 D/A 转换器，这种 D/A 转换器的结构是由电阻网络、开关及基准电源等部分组成，有些 D/A 芯片内有锁存器。在 *R*-2*R* 梯形网络 D/A 转换器的内部结构中，有一个基准电源 U_R，二进制数的每一位对应一个电阻 2*R*，及一个由该位二进制数值控制的双向电子开关。随着二进制数位数的增加或减少，电阻网络和开关的数量也相应地增加或减少。图 8-35 是 T 形电阻网络原理图。根据此图可计算出运算放大器的输出电压为：

$$U_{out}=BU_R$$

式中：U_R 为常量，由参考电压 U_{ref} 决定；*B* 为数字量，为一个二进制数。数字量 *B* 的位数通常为 8 位和 12 位等，由 D/A 转换器芯片型号决定。*B* 为 *n* 位时的通式为

$$B=b_{n-1}b_{n-2}\cdots b_1b_0=b_{n-1}\times 2^{n-1}+b_{n-2}\times 2^{n-2}+\cdots+b_1\times 2^1+b_0\times 2^0$$

式中：b_{n-1} 为 *B* 的最高位；b_0 为最低位。把输入数字量中每位都按其权值分别转换成模拟量，并通过运算放大器求和相加。

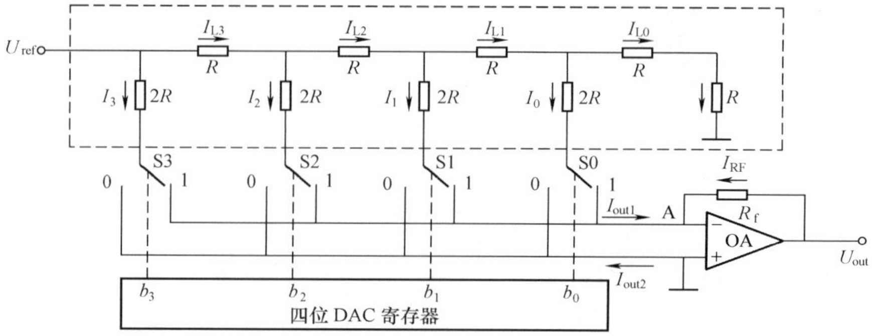

图 8-35　T 形电阻网络原理图

8.3.2　D/A 转换器的主要技术指标

D/A 转换器的指标很多，使用者最关心的几个指标如下：

一、分辨率

分辨率指输入给 D/A 转换器的单位数字量变化引起的模拟量输出的变化，是输出对输入量变化敏感程度的描述。它通常定义为输出满刻度值与 2^n 之比（n 为 D/A 转换器的二进制位数）。显然，二进制位数越多，分辨率越高，即 D/A 转换器对输入量变化的敏感程度越高。例如，若满量程为 10V，根据分辨率定义，则分辨率为 $10V/2^n$。若采用 8 位 D/A 转换器，即 $n=8$，则分辨率为 $10V/2^n=39.1mV$，即二进制数最低位的变化可引起输出的模拟电压变化为 39.1mV，该值占满量程的 0.391%，常用符号 1 LSB 表示。

同理：10 位 D/A 转换，1LSB＝9.77mV＝0.1%满量程；
12 位 D/A 转换，1LSB＝2.44mV＝0.024%满量程；
14 位 D/A 转换，1LSB＝0.61mV＝0.006%满量程；
16 位 D/A 转换，1LSB＝0.076mV＝0.00076%满量程。

使用时，应根据对 D/A 转换器分辨率的需要来选定 D/A 转换器的位数。

二、建立时间

建立时间是描述 D/A 转换器转换快慢的一个参数，用于表明转换速度。其值为从输入数字量到输出达到终值误差±1/2LSB（最低有效位）时所需的时间。输出形式为电流的转换时间较短，而输出形式为电压的转换器，由于要加上完成 I/U 转换的运算放大器的延迟时间，因此建立时间要长一些。快速的 D/A 转换器的建立时间可达 1μs 以下。

三、精度

理想情况下，精度与分辨率基本一致，位数越多，精度越高。输入数字量的位数表示 D/A 转换器的分辨率。此外，D/A 转换器也可以用能分辨最小输出电压与最大输出电压之比给出。n 位 D/A 转换器的分辨率可表示为 $1/(2^n-1)$。它表示 D/A 转换器在理论上可以达到的精度。D/A 转换器的转换精度通常用分辨率和转换误差来描述。由于 D/A 转换器中各元件参数存在误差、基准电压不够稳定和运算放大器的零漂等各种因素的影响，使得 D/A 转换器实际精度还与一些转换误差有关，如比例系数误差、失调误差和非线性误差等。只要位数相同，分辨率则相同，但相同位数的不同转换器精度会有所不同。例如，某种型号的 8 位 DAC 精度为±0.19%，而另一种型号的 8 位 DAC 精度为±0.05%。

四、温度系数

温度系数是指在输入不变的情况下，输出模拟电压随温度变化产生的变化量。它一般用满刻度输出条件下温度每升高 1℃，输出电压变化的百分数表示。

8.3.3　D/A 转换器的选用原则

选择 D/A 转换芯片时，主要考虑芯片的性能、结构及应用特性。在性能上必须满足 D/A 转换的技术要求，在结构和应用特性上应满足接口方便、外围电路简单、价格低廉等要求。

一、D/A 转换芯片的主要性能指标的选择

D/A 转换器的主要性能指标，在器件手册上都会给出。在 D/A 接口设计的实际应用中，用户在选择时主要考虑的是用位数表示的转换精度和转换时间。

二、D/A 转换芯片的主要结构特性与应用特性选择

DAC 的特性主要表现为芯片内部结构的配置状况，这些配置状况对 D/A 转换接口电路设计带来很大影响，主要有以下几个方面：

（1）数字输入特性。数字输入特性包括接收数的码制、数据格式以及逻辑电平等。目前批量生产的 D/A 转换芯片一般都只能接收自然二进制数字代码，因此，当输入数字代码为偏置码或 2 的补码等双极性数码时，应外接适当的偏置电路后才能实现。输入数据格式一般为并行码，对于芯片内部配置有移位寄存器的 DAC，可以接收串行码输入。对于不同的 D/A 芯片，输入逻辑电平要求不同，对于固定阈值电平的 DAC 一般只能和 TTL 或低压 CMOS 电路相连，而有些逻辑电平可以改变的 D/A 转换器可以满足与 TTL、高低压 CMOS、PMOS 等各种器件直接连接的要求，不过应当注意，这些器件往往为此设置了“逻辑电平控制”或者“阈值电平控制端”，使用时要按手册规定，通过外电路给这一端以合适的电平才能工作。

（2）数字输出特性。目前多数 DAC 器件均属电流输出器件。手册上通常给出在规定的输入参考电压及参考电阻下的满码（全“1”）输出电流 I_o，另外还给出最大输出短路电流以及输出电压允许范围。

对于输出特性具有电流源性质的 DAC（如 DAC0832），用输出电压允许范围来表示有输出电路（包括简单电阻负载或者运算放大器电路）造成的输出端电压的可变动范围。只要输出端的电压小于输出电压允许范围，输出电流和输入数字之间保持正确的转换关系即可，而与输出端的电压大小无关。对于输出特性为非电流源特性的 DAC，如 AD7520、DA1020 等，无输出电压允许范围指标，电流输出端应保持公共端电位或虚地，否则将破坏其转换关系。

（3）锁存特性及转换控制。DAC 对数字量输入是否具有锁存功能将直接影响与单片机的接口设计。如果 DAC 没有输入锁存器，通过单片机数据总线传送数字量时，必须外加锁存器，否则只能通过具有输出锁存器功能的 I/O 口给 D/A 送入数字量。有些 DAC 并不是对锁存输入的数字量立即进行 D/A 转换，而是只有在外部施加了转换控制信号后才开始转换和输出。具有这种输入锁存及转换控制的功能 DAC（如 DAC0832），在单片机分时控制多路 D/A 输出时，可以做到多路 D/A 转换的同步输出。

（4）参考源。D/A 转换中，参考电压源是唯一影响输出结果的模拟参量，是 D/A 转换接口中的重要电路，对接口电路的工作性能、电路的结构有很大的影响。使用内部带有低漂移精密参考电压源的 DAC（如 AD558、AD1147），不仅能保证有较好的转换精度，而且可以简化接口电路。

（5）输出信号类型。使用 D/A 转换器时，要注意区分 D/A 转换器的输出形式和内部是否

带有锁存器。D/A 转换器的内部电路构成无太大差异，一般按输出是电流还是电压、能否作乘法运算等进行分类。大多数 D/A 转换器由电阻阵列和 *n* 个电流开关（或电压开关）构成。按数字输入值切换开关，产生比例于输入的电流（或电压），此外，也有为了改善精度而把恒流源放入器件内部的，一般来说，由于电流开关的切换误差小，大多采用电流开关型电路。

1）电压输出型（如 TLC5620）。电压输出型 D/A 转换器虽有直接从电阻阵列输出电压的，但一般采用内置输出放大器以低阻抗输出。直接输出电压的器件仅用于高阻抗负载，由于无输出放大器部分的延迟，故常作为高速 D/A 转换器使用。

2）电流输出型（如 THS5661A）。电流输出型 D/A 转换器很少直接利用电流输出，大多外接电流—电压转换电路得到电压输出，后者有两种方法：一是只在输出引脚上接负载电阻而进行电流—电压转换；二是外接运算放大器。用负载电阻进行电流—电压转换的方法，虽可在电流输出引脚上出现电压，但必须在规定的输出电压范围内使用，而且由于输出阻抗高，所以一般外接运算放大器使用。此外，大部分 CMOS D/A 转换器当输出电压不为零时不能正确工作，所以必须外接运算放大器。当外接运算放大器进行电流电压转换时，则电路构成基本上与内置放大器的电压输出型相同，这时由于在 D/A 转换器的电流建立时间上加入了运算放大器的延迟，使响应变慢。此外，这种电路中运算放大器因输出引脚的内部电容而容易起振，有时必须作相位补偿。

3）乘算型（如 AD7533）。D/A 转换器中有使用恒定基准电压的，也有在基准电压输入上加交流信号的，后者由于能得到数字输入和基准电压输入相乘的结果而输出，因此称为乘算型 D/A 转换器。乘算型 D/A 转换器一般不仅可以进行乘法运算，而且可以作为使输入信号数字化进行衰减的衰减器及对输入信号进行调制的调制器使用。

4）一位 D/A 转换器。一位 D/A 转换器与前述转换方式全然不同，它将数字值转换为脉冲宽度调制或频率调制的输出（如 PWM 信号），然后用数字滤波器作平均化而得到一般的电压输出（又称位流方式）。它主要应用于音频等场合。

8.3.4 D/A 转换器接口设计

8.3.4.1 D/A 转换器 DAC 0832 与单片机的接口电路设计

DAC0832 芯片是一种具有两个输入数据锁存器的 8 位 DAC，能直接与 MCS-51 单片机接口。

一、主要性能

（1）分辨率为 8 位，单一电源供电（＋5～＋15V）。

（2）具有单缓冲、双缓冲和直通输入 3 种工作方式。

（3）逻辑输入电平与 TTL 电平兼容。

D/A 转换器 DAC0832 内部结构如图 8-36（a）所示，引脚图如图 8-36（b）所示。

由图 8-36（a）可见，片内有一个 8 位输入锁存器和一个 8 位 DAC 锁存寄存器，形成两级缓冲工作方式，可使 DAC 在转换输出前一个数据的同时，将下一个数据送到 8 位输入锁存器，能够在多个转换器分时进行 D/A 转换的同时输出模拟电压，使多个 D/A 转换器并联工作。它内部用 T 形电阻网络实现 D/A 转换，需要外接运算放大器，才能将输出电流变成模拟电压输出。

（1）8 位输入寄存器。它是由 8 个 D 锁存器组成，作为输入数据的缓冲器。它的 8 位输入线可直接与 P0 口相连，由 $\overline{LE1}$ 来控制其输入及锁存。当 $\overline{LE1}=1$ 时，锁存器的输出随输入变化；当$\overline{\mathrm{LE1}}$=0 时，输入数据被锁存。由 3 根引脚对$\overline{\mathrm{LE1}}$进行控制：当 ILE=1、$\overline{\mathrm{CS}}$=$\overline{\mathrm{WR1}}$=0 时，$\overline{\mathrm{LE1}}$=1，输出随输入变化；当$\overline{\mathrm{WR1}}$=1 时，$\overline{\mathrm{LE1}}$=0，输入数据被锁存。数据能否进行 D/A 转换，还有赖于$\overline{\mathrm{LE2}}$是否满足开通条件。

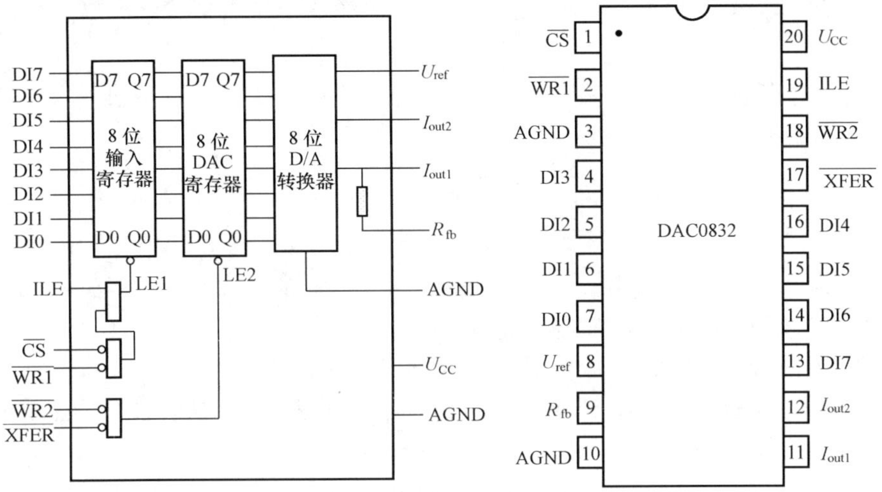

(a)　　　　(b)

图 8-36　D/A 转换器 DAC0832 内部结构及引脚图

（a）DAC0832 内部结构；（b）DAC0832 引脚图

（2）8 位 DAC 寄存器。它也是由 8 个 D 锁存器组成。它的控制端为$\overline{\mathrm{LE2}}$。当$\overline{\mathrm{LE2}}$=1 时，输出数据跟随输入；当$\overline{\mathrm{LE2}}$=0 时，将第 1 级输出的数据锁存到 DAC 寄存器中。$\overline{\mathrm{LE2}}$的状态由 2 根引脚对其进行控制。当$\overline{\mathrm{WR2}}$和$\overline{\mathrm{XFER}}$均为 0 时，$\overline{\mathrm{LE2}}$=1。

（3）8 位 D/A 转换器。它是采用 T 形网络的 D/A 转换器，输出与数字量成比例的电流。R_{fb}是连接外部运算放大器的反馈电阻，连接运算放大器的输出端，将 I_{out1} 和 I_{out2} 输出电流变为电压。

二、DAC0832 芯片引脚控制功能

DAC0832 为 20 引脚双列直插式封装结构，其引脚功能如下：

（1）$\overline{\mathrm{CS}}$：片选端，低电平有效。

（2）ILE：数据允许锁存信号，高电平有效。

（3）$\overline{\mathrm{WR1}}$：写信号 1 端，低电平有效。当$\overline{\mathrm{XFER}}$和$\overline{\mathrm{WR2}}$同时有效时，才能使数据通过第 2 级锁存器进行 D/A 转换。

（4）DI7～DI0：8 位数据输入线。可连接 MCS-51 单片机数据总线 P0 口。

（5）I_{out1}：模拟电流输出端 1。当 DAC 寄存器全为 1 时，输出电流最大；全为 0 时，输出电流为 0。

（6）I_{out2}：模拟电流输出端 2。I_{out2} 为一常数与 I_{out1} 之差，即 $I_{out1}+I_{out2}$=常数。连接运算放大器输入端。

（7）R_{fb}：反馈电阻连接端。用于连接运算放大器的输出端（反馈电阻固化在片内）。

三、DAC0832 的 3 种工作方式

DAC0832 有以下 3 种工作方式可供选择：

(1) 直通方式。这时两级 8 位数据锁存器都处于输出跟随输入的状况，条件是 $\overline{\text{LE1}}$ 和 $\overline{\text{LE2}}$ 同时为 1。当 ILE=1 时，$\overline{\text{CS}}$、$\overline{\text{WR1}}$、$\overline{\text{WR2}}$ 和 $\overline{\text{XFER}}$ 均为 0。由 DI7～DI0 输入的数据直接进行 D/A 转换。

(2) 单缓冲寄存器工作方式。两个锁存器中一个始终处于直通状态，另一个处于受 CPU 控制状态。条件是 $\overline{\text{LE2}}=1$（直通）。

(3) 双缓冲寄存器工作方式。两个锁存器都处于受控方式，CPU 通过 5 条引脚分别控制 $\overline{\text{LE1}}$ 和 $\overline{\text{LE2}}$，关系为

$$\overline{\text{LE1}}=\text{ILE}\cdot\overline{\text{CS}}\cdot\overline{\text{WR1}};\quad \overline{\text{LE2}}=\overline{\text{WR2}}\cdot\overline{\text{XFER}}$$

CPU 要输出转换 8 位数据必须通过两步操作才能完成。该工作方式多用于两路 D/A 转换接口场合，每一路模拟输出都接一片 DAC0832，并要求同步进行 D/A 转换输出。

四、DAC0832 和 8051 的接口方法

DAC0832 内部带有数据锁存器，可直接与 P0 口连接。

(1) DAC0832 单缓冲方式硬件接口。设系统中只需要一路 D/A 转换，采用单缓冲。硬件使 $\overline{\text{LE2}}=1$，则将 $\overline{\text{WR2}}$ 和 $\overline{\text{XFER}}$ 接地，ILE 接+5V。这时，$\overline{\text{LE1}}=\overline{\text{CS}}\cdot\overline{\text{WR1}}$，用单片机 $\overline{\text{WR}}$ 控制 $\overline{\text{WR1}}$，P2.7 连接 $\overline{\text{CS}}$。CPU 用输出指令 MOVX @DPTR，A 可进行单缓冲 D/A 转换。DAC0832 单缓冲器接口方式如图 8-37 所示。

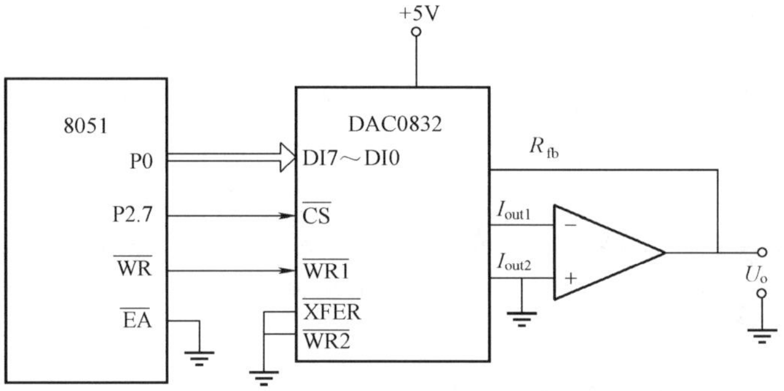

图 8-37 DAC0832 单缓冲器接口方式

根据图 8-37 的连线，执行 3 条指令可完成 D/A 转换。

```
MOV     DPTR, #7FFFH      ;指向 0832 地址，使 P2.7=CS=0
MOV     A, #data          ;待转换的数字量装入 A 中
MOVX    @DPTR, A          ;启动 D/A 转换，WR=WR1=0，数字量从 P0 口送至 DI7～DI0。
```

(2) DAC0832 双缓冲同步方式硬件接口。当要求两路同步 D/A 转换输出时，应采用双缓冲同步方式连接。数字量的输入锁存和 D/A 转换输出分两步完成。两片 DAC0832 共同占用 8051 外部 RAM 的 3 个地址：两片 DAC0832 输入寄存器各占去一个 RAM 地址，CPU 分时操作，先后用两条输出指令将待转换的数字量分别写入并锁存到各自的输入寄存器中；而两个 DAC 寄存器则占用同一个 RAM 单元地址，以便使 CPU 用一条输出指令同时打开两个 0832 的 DAC 寄存器（使两个 $\overline{\text{LE2}}$ 同时为 1），实现同步完成两路 D/A 转换输出。DAC0832 双缓冲器接口方式如图 8-38 所示。

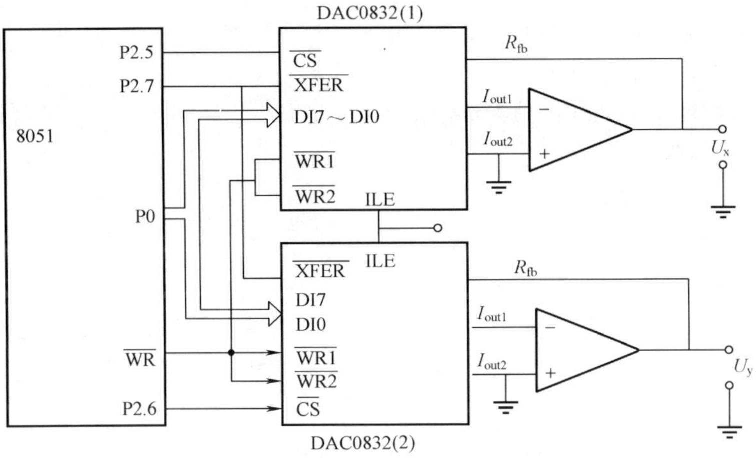

图 8-38　DAC0832 双缓冲器接口方式

在图 8-38 中：1 号 DAC0832 输入寄存器地址为 DFFFH （P2.5＝0)；2 号 DAC0832 输入寄存器地址为 BFFFH（P2.6＝0)；1 号、2 号 DAC0832 第二级寄存器的共同地址为 7FFFH，使 P2.7 连接 $\overline{\text{XFER}}$ 为 0 有效。

单片机 $\overline{\text{WR}}$ 端连接两片 0832 的所有 $\overline{\text{WR1}}$、$\overline{\text{WR2}}$ 端，在 CPU 执行写指令时，8051 自动生成 $\overline{\text{WR}}$ ＝0 有效信号。

CPU 执行下面 8 位指令能完成两路 D/A 转换同步输出。

```
MOV     DPTR, #0DFFFH    ;指向 1#DAC0832 地址
MOV     A, #data1        ;1 号 0832 待转换数据
MOVX    @DPTR, A         ;将数据送入 1#输入锁存器中
MOV     DPTR, #0BFFFH    ;指向 2#DAC0832 地址
MOV     A, #data2        ;2 号 0832 待转换数据
MOVX    @DPTR, A         ;将数据送入 2#0832 输入锁存器中
MOV     DPTR, #7FFFH     ;1 号、2 号 DAC0832 共同选通地址
MOVX    @DPTR, A         ;1 号、2 号同时打开 DAC 寄存器进行 D/A 转换，分两路同时输出。
```

8.3.4.2　D/A 转换器 TLC5615 与单片机的接口电路设计

TLC5615 是三线串行总线接口 10 位 CMOS 电压输出 DAC，具有高阻抗基准电压输入端，数模转换后的模拟量输出电压可达到基准电压的两倍。TLC5615 采用单 5.0V 电源供电，最大功耗为 1.75mW，提供片内上电复位功能。TLC5615 与外部处理器的连接采用简单的 3 线串行总线接口，既可以与 SPI 总线接口相连，也可以与 Microwire 总线接口相连。

TLC5615 可广泛应用于电池供电的手持仪表设备、数字增益控制、远程工业控制等领域，采用 8 引脚短线 D 封装，十分适用于板上空间要求苛刻的应用。商业级 TLC5615C 的工作温度范围为 0～70℃，工业级 TLC5615I 的工作温度范围为－40～85℃。

TLC5615 提供的封装形式包括 D 封装和 DIP 封装，如图 8-39 所示。

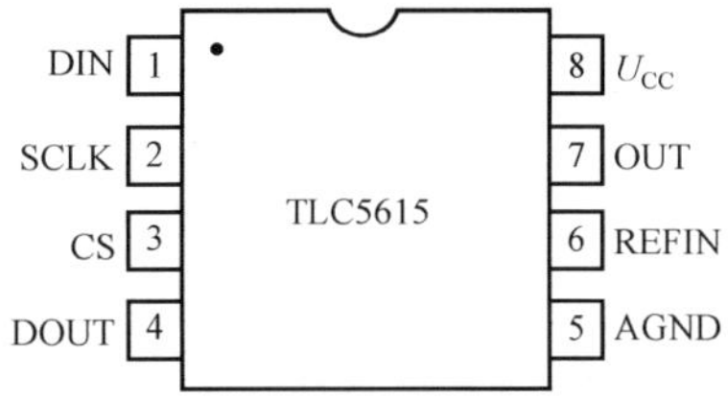

图 8-39　TLC5615 引脚示意图

一、引脚描述

（1）DIN（1 脚）：同步串行数据输入。

（2）SCLK（2 脚）：同步串行时钟。

（3）CS（3 脚）：片选信号输入端。

（4）DOUT（4 脚）：同步串行数据输出。

（5）AGND（5 脚）：模拟地。

（6）REFIN（6 脚）：基准电压输入端。

（7）OUT（7 脚）：DAC 电压输入端。

（8）U_{CC}（8 脚）：+5V 电源电压输入端。

TLC5615 通过增益固定为 2 的运放缓冲电阻串网络将 10 位数据转换为模拟电压输出。上电时，内部电路把 DAC 寄存器复位为 0。其输出具有与外部基准输入相同的极性，输出电压表达式为

$$U_o=\frac{2 \cdot \mathrm{REF} \cdot \mathrm{CODE}}{1024}$$

其中，CODE 是通过同步串行数据接口输入的待转换的数据，它的最大值是 1024，对应于 TLC5615 输出缓冲器具有满电源电压幅度输出的情况。REFIN 是外接基准电压，TLC5615 带有短路保护并能驱动有 100pF 负载电容的 2kΩ负载。

在通过同步串行数据接口向 TLC5615 写入数据时，由于数模转换器的数据寄存器为 12 位，因此必须在 10 位数据的 LSB 位之后再写入 2 个值为 0 的数据位。TLC5615 的同步串行接口的最大数据传输速率为 14MHz，通常，数字更新速率受片选周期的限制。对于满度输出的阶跃跳变，10 位 DAC 建立时间为 12.5μs，这使得数字更新速率被限制为 80kHz。

二、转换时序

图 8-40 是 TLC5615 同步串行数据接口的读写时序图。

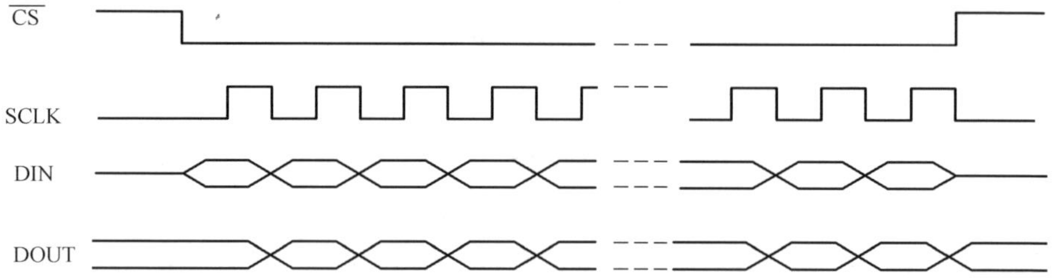

图 8-40　TLC5615 同步串行数据接口读写时序图

当 TLC5615 的片选信号 $\overline{\mathrm{CS}}$ 为低电平时，外部处理器在 SCLK 同步时钟作用下，按照最高有效位在前、最低有效位在后的顺序，将 16 位的数据在 SCLK 的上升沿处依次写入 TLC5615 的 16 位移位寄存器，此时，外部处理器释放 TLC5615（将 $\overline{\mathrm{CS}}$ 引脚置为高）。当 $\overline{\mathrm{CS}}$ 为高电平时，输入数据不能由时钟同步送入输入寄存器。所有 $\overline{\mathrm{CS}}$ 的跳变应发生在 SCLK 输入为低电平时。

在 TLC5615 的应用中，如果时序关系合适，可以通过一个链路中把一个器件的 DOUT 端连接到下一个器件的 DIN 端来实现数模转换的菊花链接，如果在应用过程中不使用菊花链功能，那么可以使用 MSB 在前的 12 位输入数据序列，此时数据序列的输入格式为：

D9	D8	D7	D6	D5	D4	D3	D2	D1	D0	0	0

如果使用菊花链功能，那么应该传送 16 位的输入数据序列，16 位输入数据中的高 4 位是无效的虚拟位，而最低位 LSB 后的两位同样为 0。

X	X	X	X	D9	D8	D7	D6	D5	D4	D3	D2	D1	D0	0	0

由于来自 DOUT 的数据需要输入时钟 16 个下降沿，因此需要额外的时钟宽度。当菊花链接多个 TLC5615 器件时，数据传送除需要这 16 个输入时钟周期外，还必须加上 1 个额外的输入时钟下降沿使数据在 DOUT 端输出，所以，数据需要 4 个虚拟的高位。为了提供与 12 位数据转换器传送的软硬件兼容性，在最低有效 D0 后的 2 个额外的数据 0 位是必须的。

三、TLC5615 与单片机的典型应用

TLC5615 的 3 线同步串行接口与 SPI、QSPI 和 Microwire 总线标准相兼容。采用 SPI 总线接口和外部连接器相连的示意图如图 8-41 所示。

在图 8-42 所示的连接中，DOUT 与 SPI 总线接口的 MISO 之间的连接可以省去，但通过 MISO 的输入，外部处理器可以检验所向 TLC5615 写入数据的正确性。

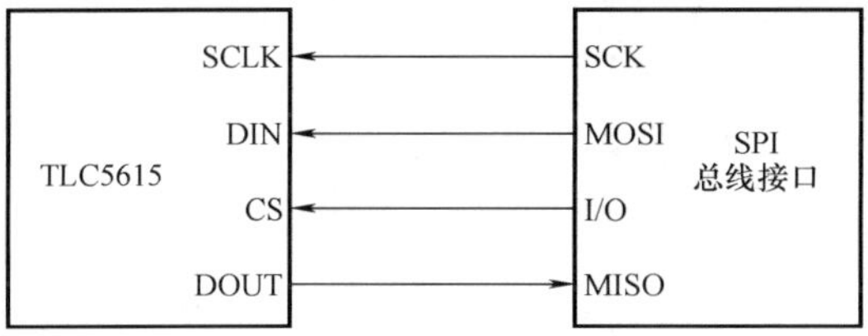

图 8-41　采用 SPI 总线接口和外部连接器相连示意图

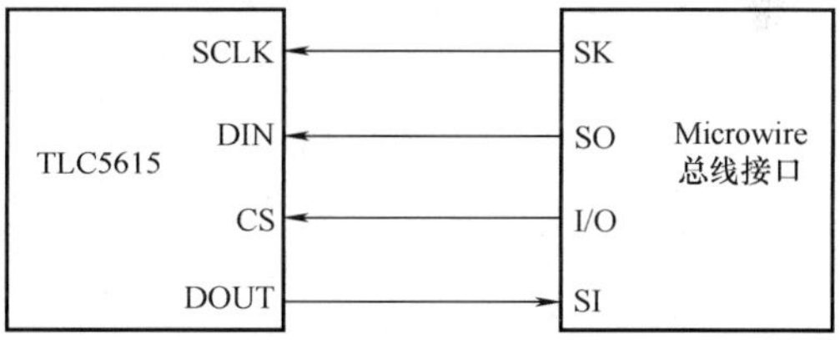

图 8-42　采用 Microwire 总线接口和外部连接器相连示意图

在图 8-42 中，DOUT 与 SI 之间的连接也不是必须的。在 TLC5615 应用电路的设计过程中，应该使用隔离的模拟地和数字地来提供系统的整体性能，隔离的模拟地和数字地最后应在一点相连（建议通过一个电磁珠进行单点相连）。通过把 TLC5615 的 AGND 引脚连接到系统模拟地平面，可以得到最佳的接地效果，U_{CC} 和 AGND 之间应连接一个 0.1μF 的陶瓷旁路电容，而且该电容应该采用短引线安装在尽可能靠近器件的地方。当系统不使用 D/A 转换时，把 DAC 寄存器设置为全 0，以便使基准电阻阵列和输出负载的功耗降到最小。

程序如下：

```
           ORG      0500H
           DIN      BIT  P1.4        ;定义 I/O 口
           SCLK     BIT  P1.7
           CS       BIT  P1.5
           DOUT     BIT  P1.6
           DATAH    EQU  30H         ;定义 D/A 的数据区
           DATAL    EQU  30H
TLC5615:  CLR      CS               ;设置 CS 为低电平
           ACALL    A_DELAY2         ;延时
           MOV      R6, #08H
C_DA_LOOH:LCALL    A_DELAY2
           MOV      A, DATAH         ;装入高 8 位
           RLC      A                ;从最高位向 D/A 寄存器中移位
```

```
            MOV       DIN, C
            SETB      SCLK              ;设置 SCLK 为高电平
            MOV       DATAH, A
            LCALL     A_DELAY2
            CLR       SCLK
            DJNZ      R6, C_DA_LOOH
            MOV       R6, #08H
C_DA_LOOL:MOV         A, DATAL          ;装入低 8 位
            RLC       A                 ;从最高位向 D/A 寄存器中移位
            MOV       DIN, C
            SETB      SCLK              ;设置 SCLK 为高电平
            MOV       DATAL, A
            LCALL     A_DELAY2
            CLR       SCLK
            DJNZ      R6, C_DA_LOOL
            SETB      CS                ;设置 CS 为高电平
            RET
```

8.3.4.3 F/V 转换器 LM331 与单片机的接口电路设计

频率信号是一种串行数据，它有很高的信噪抑制比，采用频率信号输出占用线数少，易于远距离传输，所以在输出通道中常采用频率信号，但某些执行机构所需控制信号为电压信号，因此这类输出通道中需设置频压（F/V）转换器。

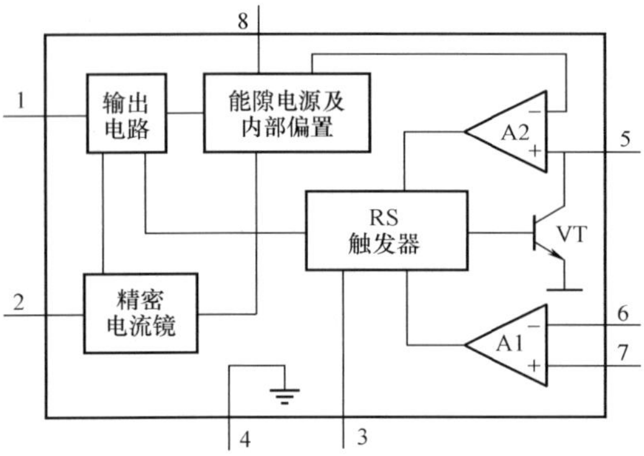

图 8-43 F/V 内部结构

一、F/V 变换的基本原理

F/V 变换器是将频率变化信号线性地变换成电压变化信号的器件，简称 FVC。图 8-43 是 FVC 的内部结构，它包括电平比较器、单稳振荡器（MMV）和低通滤波器（LPF）三部分，这样才能通过低通滤波器取得高精度正比于频率变化的输出电压。FVC 的基本工作过程是：输入频率信号f_{in}通过比较器变成与之成正比的窄脉冲，去触发 MMV 产生定宽度（定时 T_W）、定幅度（U_m）的输出脉冲序列。将此脉冲列经 LPF 平滑取平均值，就可得到正比于 f_{in} 的输出电压 U_o。

二、LM331 性能

LM331 是专用的 F/V 转换集成电路，内含能隙电源，具有很高的转换精度及温度稳定性，而且频率适应范围宽、线性好、外围电路简单。LM331 的性能如下：

（1）LM331 输入脉冲的有效频率范围为 1Hz～100kHz。

（2）最大非线性失真小于 0.01%。

（3）变换精度高数字分辨率可达 12 位。

（4）正常工作可采用双电源或单电源供电，双电压为 5V 或±15V，单电源工作在 4.0～40V 之间，输出可高达 40V，而且可以防止 U_{CC} 短路。

三、LM331 引脚功能

（1）1 脚：脉冲电流输出端，内部相当于脉冲恒流源，脉冲宽度与内部单稳态电路相同。

（2）2 脚：输出端脉冲电流幅度调节，*RS* 越小，输出电流越大。

（3）3 脚：脉冲电压输出端，OC 门结构，输出脉冲宽度及相位同单稳态，不用时可悬空或接地。

（4）4 脚：GND。

（5）5 脚：单稳态外接定时时间常数 *RC*。

（6）6 脚：单稳态触发脉冲输入端，低于脚 7 电压触发有效，要求输入负脉冲宽度小于单稳态输出脉冲宽度 T_W。

（7）7 脚：比较器基准电压，用于设置输入脉冲的有效触发电平高低。

（8）8 脚：电源 U_{CC}，正常工作电压范围为 4～40 V。

四、LM331 的 F/V 转换外部接线

在图 8-44 中，R_t、C_t 为产生比较器翻转控制器信号的定时积分元件，R_t、C_t 与内比较器 A2、单稳触发器 RS 以及复位晶体管 T1 构成了 MMV，可产生定时 T_W（等于 $1.1R_tC_t$）脉冲，R_s 起调节恒流 I_0 大小的作用，$I_0=1.9/R_s$，频率输入端由外接电容与内输入比较器 A1 的输入阻抗构成微分电路。

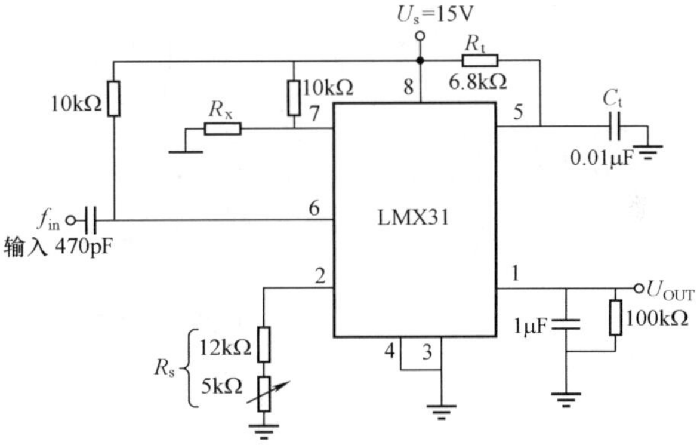

图 8-44　LMX31 用作 F/V 转换的外部接线图

F/V 变换的工作过程：频率信号 f_{in} 在 6 端输入，在其脉冲的下降沿时，使内部的输入比较器 A1 翻转去触发单稳触发器 RS，单稳触发器 RS 发出定时控制脉冲使开关 S 接通，同时使内部晶体开关 S 接通后，恒流 I_0 经 1 端输出，向积分电容 C_L 充电，充电电流为 $I_0 \sim U_0/R_L$，积分输出电压线性上升。同时 C_t 经过 T_W 时间的充电，使 5 端电位大于内比较器 A2 的阈值，则 A2 翻转去触发单稳触发器 RS，单稳触发器 RS 发出控制脉冲，使开关 S 断开，同时 T1 导通，C_t 迅速放电。

开关 S 断开后，C_L 经 R_L 自行放电，放电电流为 U_0/R_L，积分输出电压下降。上述整个过程在频率输入信号 f_{in} 的一个脉冲周期中完成，当 f_{in} 的下一个脉冲的下降沿结束时，重复上述过程，构成一个振荡周期为 $1/f_{in}$ 的振荡器。由外接 RC 电路滤波变成直流电压。由于输出脉冲的高电平宽度是固定的，可见输出的直流电压大小与单位时间内输出的脉冲个数（即输入触发脉冲的频率）成正比。

根据电荷平衡的原理

$$(I_0 - U_0 / R_L)T_W = U_0 / R_L(1/f_{in} - T_W)$$

式中

$$I_0 = 1.9/R_S,\ T_{W=} = 1.1R_tC_t$$

整理得输入频率信号转换的电压值为

$$U_0 = 2.09 f_{in} R_t C_t R_L / R_S$$

LM331 输入脉冲的有效频率范围为 1Hz～100kHz，但在电路设计时必须保证其单稳态输出脉冲的宽度 $1 \leqslant 0.8T_{min}$（其中 T_{min} 为输入脉冲周期的最小值），以避免在最高频率输入时出现输出饱和现象而产生附加的非线性误差。

图 8-45 为精密的转换电路，其输出利用运算放大器 A 提供缓冲输出并实现双极点滤波器的作用。采用此电路可提高 F/V 转换精度和响应速度，适用于 1kHz 的频率，纹波峰值小于 5mV，但当输入频率低于 200Hz 时，其输出波动较大，因此设计时应予以考虑。

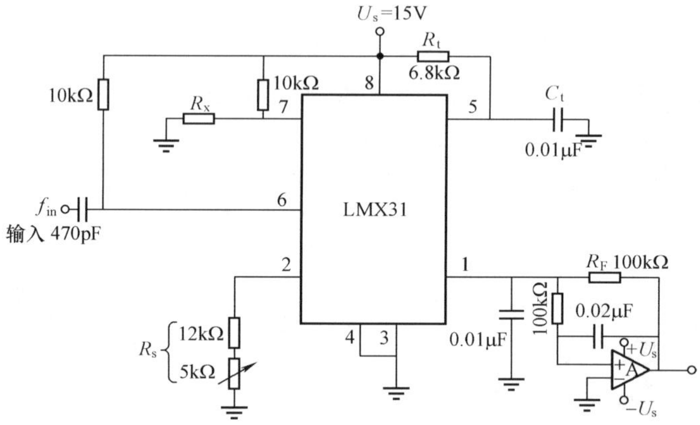

图 8-45 精密 F/V 转换电路

习 题

1. 填空题

（1）实现模拟量转换成数字量的器件称为________，数字量转换成模拟量的器件称为_________。

（2）A/D 转换器的输出形式大致可分为________、________、________3 种，对于这 3 种不同的输出方式，一般采用不同的________形式和处理方法。

（3）在逐次逼近式 A/D 转换器中，逐次逼近寄存器的________是转换精度的决定因素。一般来说，寄存器________越多，转换精度越高，而且，A/D 转换器所用的________对 A/D 转换器的转换精度有着直接的影响。

（4）双积分 ADC 是一种________式的 A/D 转换器。

（5）分辨率是指_________。分辨率通常用 A/D 转换成数字量的________来表示。

（6）MCS-51 单片机共有________个特殊功能寄存器 SFR，其中有________个寄存器可进行位寻址。

（7）选用 A/D 转换器时，应根据________和_________选取 A/D 转换精度和分辨率；根据________和________确定 A/D 转换器的转换速率。

2. 判断题

（1）“转换速度”这一指标仅适用于 A/D 转换器，D/A 转换器不用考虑“转换速度”这一问题。（　　）

（2）ADC0809 可以利用“转换结束”信号 EOC 向 8031 发出中断请求。（　　）

（3）输出模拟量的最小变化量称为 A/D 转换器的分辨率。（　　）

（4）对于周期性的干扰电压，可使用双积分的 A/D 转换器，并选择合适的积分元件，可以将该周期性的干扰电压带来的转换误差消除。（　　）

3. 简答题

（1）用单片机对外界信号进行测量或过程控制时为什么要进行 A/D、D/A 转换？

（2）A/D 转换器的主要技术指标有哪些？

（3）选取 A/D 转换器的原则是什么？

（4）在什么情况下，A/D 转换器前应引入采样保持器？

（5）判断 A/D 转换是否结束一般可采用几种方式？每种方式有何特点？

（6）AD574 为 12 位 A/D 转换器，而 80C51 系列单片机为 8 位单片机，它们如何接口？转换后的结果如何读取和存放？

（7）D/A 转换器的主要技术指标有哪些？分辨率是如何定义的？参考电压 U_R 的作用如何？

（8）MCS-51 与 DAC0832 接口时，有哪三种连接方式？各有什么特点？各适合在什么场合使用？

（9）DAC 和 ADC 的主要技术指标中，量化误差、分辨率和精度有何区别？

（10）分析 A/D 转换器产生量化误差的原因，一个 8 位的 A/D 转换器，当输入电压为 0～5V 时，其最大的量化误差是多少？

4. 设计题

（1）在一个由 8051 单片机与一片 ADC0809 组成的数据采集系统中，ADC0809 的 8 个输入通道的地址为 7FF8H～7FFFH，试画出有关接口电路图，并编写出每隔 1min 轮流采集一次 8 个通道数据的程序，共采样 50 次，其采样值存入片外 RAM 2000H 单元开始存储区中。

（2）在一个 f_{osc}＝12MHz 的 8051 应用系统中，接有一片 D/A 器件 DAC0832，它的地址为 7FFFH，输出电压为 0～5V。试画出有关逻辑框图，并编写一个程序，当其运行后 0832 能输出一个矩形波，波形占空比为 1:5。高电平时电压为 2.5V，低电平时为 1.25V。

第9章 人机交互接口设计

本章概要及学习目标

本章主要讲解单片机应用系统中最常用的输入输出接口电路——键盘和显示接口电路。键盘接口电路部分，介绍了按键、键盘的工作原理，键盘的电路形式以及按键的识别方法等；显示接口电路部分，介绍了LED显示器的显示原理及显示方式。在此基础上，又介绍了键盘显示器的专用显示芯片8279和7279，以及目前比较常用的液晶显示器1602。

通过对本章的学习，读者应掌握和了解以下知识：

1. 按键的工作原理及识别方法。
2. 键盘的电路形式。
3. LED显示器的显示原理。
4. LED显示器的显示方式。

重点内容：

1. 键盘接口电路设计及软件编程。
2. 显示器接口电路设计及软件编程。
3. 可编程键盘/显示器接口芯片8279和7279的应用。
4. 液晶显示器1602的应用。

9.1 键盘接口原理

作为一个单片机应用系统，输入输出设备是必不可少的。常用的输入设备有键盘、BCD码拨盘等；常用的输出设备有LED显示器、LCD显示器、打印机等，其中键盘和显示器是最常用、最基本的输入输出设备，键盘主要用来控制系统的运行状态，显示器主要用来显示系统运行状态与运行结果。

9.1.1 按键的工作原理

常用的键盘实际上是一组按键开关的集合。按键的两个引脚A与B，一般一引脚用来连接地线，另一引脚经上拉电阻与电源相连，同时与单片机端口线相连。按键符号如图9-1所示。

图9-1 按键符号

在图9-2所示的简单键盘电路中，按键的A点经上拉电阻接+5V，因此A点被钳位在高电平，B点接地。当无按键按下时，上拉电阻将P1.0引脚置为高电平；当有按键按下时，按键两引脚A点和B点连通，P1.0引脚被置为低电平。因此，在相应键盘软件设计中，可通过读取与A点相连

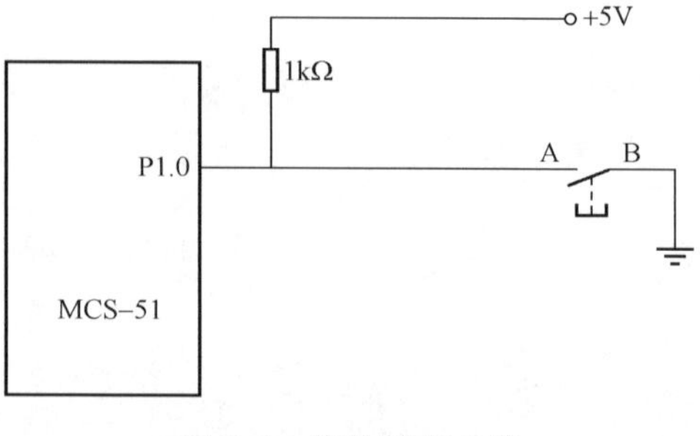

图9-2 简单键盘电路

的 P1.0 信号的变化来判断键盘开关机械触点的断开和闭合。

由于按键的机械触点存在弹跳现象，因此在按键按下或放开的瞬间，会存在抖动现象。图 9-3 所示为按键闭合时 A 点的输出电压波形。抖动时间的长短与按键的机械特性有关，一般在 5～10ms 之间，而按键稳定闭合期长短与操作者按键时间有关，从数百毫秒到数秒之间。为了避免抖动引起的误操作，需要进行按键去抖动处理。按键去抖动可分为硬件去抖和软件去抖，在单片机应用系统中常见的方法是软件去抖，即利用软件延时的方法去除抖动的影响。

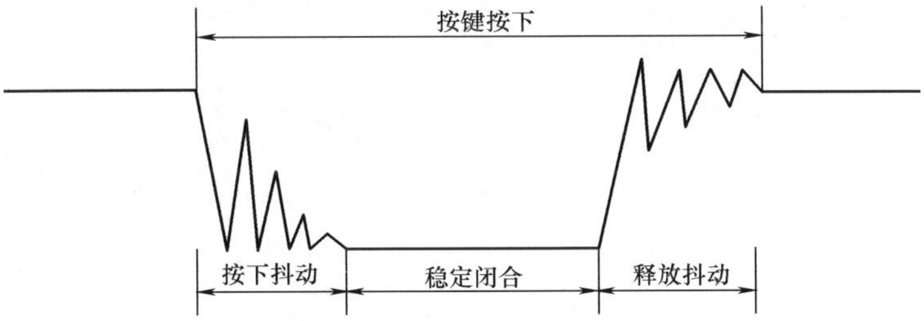

图 9-3 按键闭合时 A 点的输出电压波形

软件去抖过程如下：当检测到有按键被按下后，软件延时 10ms，然后再判别按键是否被按下，若仍被按下，则视为确定按键按下，否则视为按键抖动。一个按键的闭合过程中包括两个抖动期，一个是按下时的抖动，一个是释放时的抖动。软件去抖一般都是针对于按下时的抖动的，当然也可针对于两个抖动期分别去抖。

为了保证对按键的一次按下操作仅作一次处理，在确定按键被按下后，需要不断检测按键是否断开，只有判断按键断开了，才可对此次按键操作进行相应处理。

9.1.2 键盘电路形式

键盘电路的电路形式可分为两种：独立式键盘和行列式键盘。可根据系统所需按键的个数和可用 I/O 口数目来确定键盘电路形式。

9.1.2.1 独立式键盘

独立式键盘的各个按键相互独立，每个按键各接一根输入线同时经上拉电阻接＋5V，因此当没有按键被按下时，输入线被钳位在高电平；当有按键被按下时，输入线被拉为低电平。通过检测输入线的电平状态可以很容易判断是哪个按键被按下（每个按键各接一根输入线）。

这种独立式键盘电路配置灵活，软件结果简单。但每个按键需要占用一根输入口线，在按键数目较多时，输入口浪费较大，电路结构显得很繁杂，故此种键盘适用于按键数较少或操作频率较高的场合。

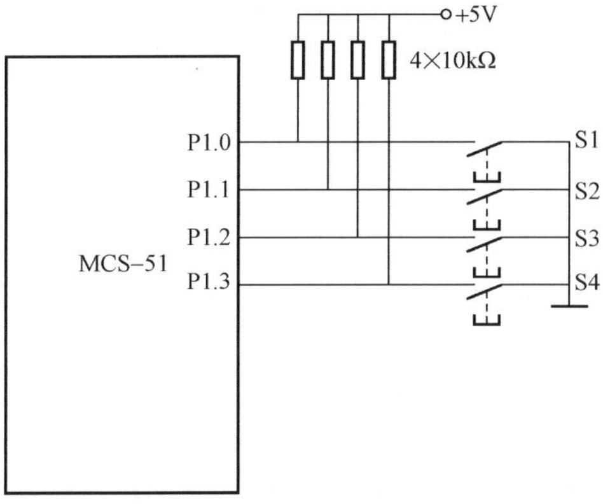

图 9-4 4 个按键的独立式键盘

【例 9-1】 如图 9-4 所示的 4 个按键的独立式键盘电路，每个按键中的任一键值都对应一个特定功能。试编写程序。

解 程序如下：

```
        ORG     0000H
KB:     MOV     P1,#0FFH
        MOV     A,P1
        CPL     A
        ANL     A,#0FH
        JZ      KB
        LCALL   D10MS         ;调用 10ms 延时程序,软件去抖动
        MOV     A,P1
        CPL     A
        ANL     A,#0FH
        JZ      KB
        MOV     B,A           ;暂存键值
WAIT:   MOV     A,P1
        CPL     A
        ANL     A,#0FH
        JNZ     WAIT          ;等待按键释放
        MOV     A,B
        CJNE    A,#01H,KB1
        LCALL   KEY1          ;执行按键 1 对应的程序,实现特定功能
        SJMP    KB
KB1:    CJNE    A,#02H,KB2
        LCALL   KEY2          ;执行按键 2 对应的程序,实现特定功能
        SJMP    KB
KB2:    CJNE    A,#04H,KB3
        LCALL   KEY3          ;执行按键 3 对应的程序,实现特定功能
        SJMP    KB
KB3:    CJNE    A,#04H,KB
        LCALL   KEY4          ;执行按键 4 对应的程序,实现特定功能
        SJMP    KB
KEY1:   … …
        LJMP  KB
KEY2:   … …
        LJMP  KB
KEY3:   … …
        LJMP  KB
KEY4:   … …
        LJMP  KB
D10MS:
        .
        .
        .
        .
        .
        RET
        END
```

9.1.2.2 行列式键盘

行列式键盘又叫矩阵式键盘。它用 I/O 口线组成行、列结构，按键设置在行列的交叉点上。它适用于按键数目较多的场合，与独立式键盘相比，能节省很多的 I/O 口线，如图 9-5 所示。

一、行列式键盘工作原理

按键设置在行、列线交点上，行、列线分别连接到按键开关的两端。行线通过上拉电阻接到+5V上，因此行线被钳位在高电平。当没有按键被按下时，行线为高电平；当有按键被按下时，行线电平由列线的电平来决定。

由于行、列线为多键共用，各个按键之间彼此将相互影响，因此必须将行、列线信号配合起来并作适当的处理，才能确定闭合按键的位置。

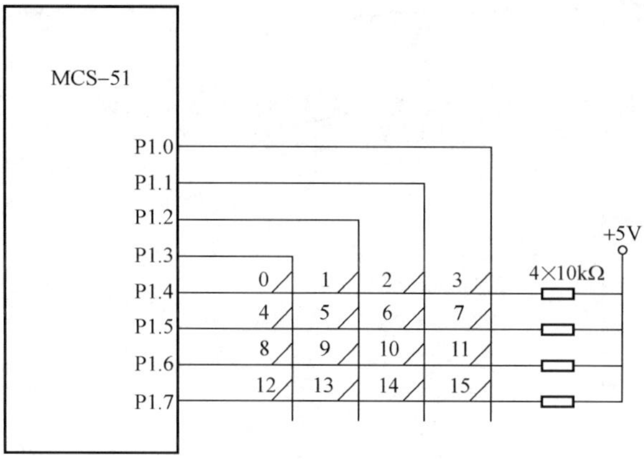

图9-5 4×4的行列式键盘

二、按键的识别方法

按键的识别方法主要有两种方法：扫描法和线反转法。

（1）扫描法。以图9-5中4×4的行列式键盘为例，来说明如何通过扫描法来识别闭合按键。

扫描法的实施过程主要分两步：

第1步：扫描键盘有无按键闭合。将所有列线置为低电平，检查各行线电平，若各行线电平均为高电平，则说明无按键被按下；否则说明有按键闭合。

第2步：如果有按键闭合，识别闭合按键的具体位置。先把某一列线置为低电平，其余各列线置为高电平，检查各行线电平，如果某行线电平为低电平，则可确定此行列交叉点处的按键闭合；如果所有行线均为高电平，则说明此列无按键闭合。依此规律轮流扫描各列，确定闭合按键的行列位置。

（2）线反转法。只需要两个步骤就可以识别出闭合按键所在的行列位置，如图9-6所示。

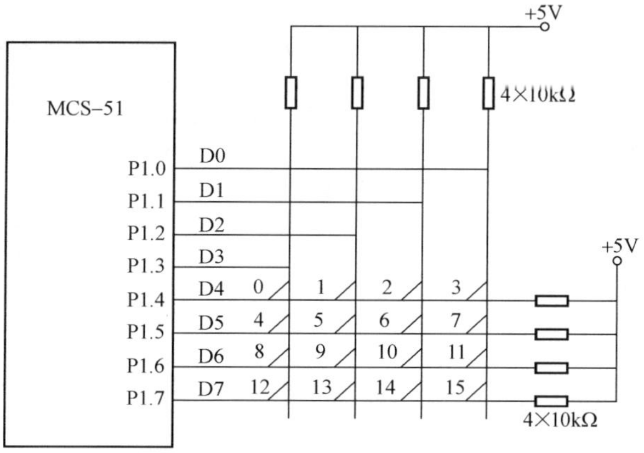

图9-6 线反转法扫描的4×4行列式键盘

线反转法的实施过程主要分两步：

第1步：控制所有列线输出低电平，然后读取各行线电平，行线电平由高电平变为低电平的所在行即为闭合按键所在行。

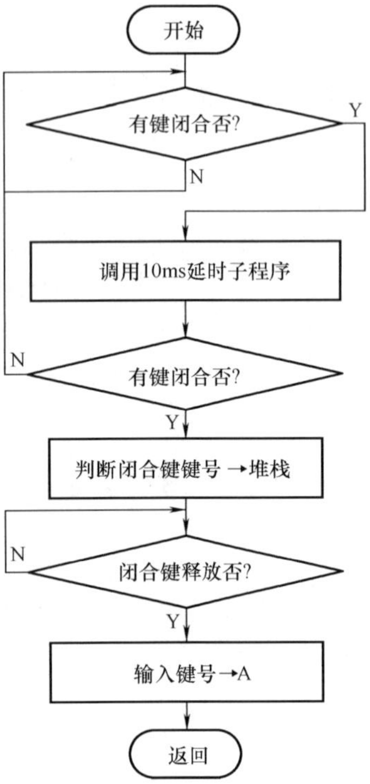

图 9-7 行列式键盘扫描子程序流程图

第 2 步：控制所有行线输出低电平，然后读取各列线电平，列线电平由高电平变为低电平的所在列即为闭合按键所在列。

三、键盘的键号编码

行列式键盘的按键位置由行号和列号唯一确定得到，常采用依次排列键号的方式对键盘进行编码，即键码=行首键码+列号。图 9-5 中的 4×4 的行列式键盘，4 行的行首码分别为 00H、04H、08H、0CH，其中按键 10 处于第 2 行第 2 列，因此它的键码为 08H+02H=0AH（10）。也可根据实际需要进行灵活编码。

四、键盘扫描子程序的设计

键盘扫描子程序一般包括 5 部分内容：判断键盘上有无按键闭合、去除按键的机械抖动、识别闭合按键的行列位置、计算键码、等待闭合按键释放，以确保 CPU 对按键的一次闭合仅作一次处理。

【例 9-2】 在图 9-5 所示的 4×4 的行列式键盘电路中，编程实现键盘扫描，识别键码，其流程图如图 9-7 所示。

解 程序如下：

```
KEY:  MOV    B,#0F7H
      MOV    R0,#0             ;列号→R0
      MOV    R1,#4             ;共 4 列
      LCALL  KS                ;调用判断有无按键闭合子程序
      JNZ    LK1               ;可能有按键闭合,跳 LK1
      AJMP   KEY               ;无按键闭合
LK1:  LCALL  DELAY10ms         ;可能有按键闭合,延迟 10ms 去抖动
      ACALL  KS                ;调用判断有无按键闭合子程序
      JNZ    LK2               ;确定有按键闭合,跳 LK2
      AJMP   KEY               ;无按键闭合
LK2:  MOV    A,#0FH            ;列线依次为低电平
      ORL    P1,A
      MOV    A,B
      ANL    P1,A
      MOV    A,P1              ;读行线的状态
      CPL    A
      ANL    A,#0F0H
      JNZ    LK3               ;此列有按键闭合
      RR     B                 ;扫描下一列
      INC    R0                ;列号加 1
      DJNZ   R1,LK2
      LJMP   KEY
LK3:  JNB    Acc.4,LON1        ;0 行为低电平,无按键闭合,跳 LON1,判断 1 行
      MOV    A,#00H            ;0 行有按键闭合,行首码 00H→A
      LJMP   LKP               ;跳 LKP,计算键号
```

```
LON1:  JNB     Acc.5,LON2     ;1 行为低电平,无按键闭合,跳 LON2,判断 2 行
       MOV     A,#04H         ;1 行有按键闭合,行首码 04H→A
       LJMP    LKP
LON2:  JNB     Acc.6, LON3    ;2 行为低电平,无按键闭合,3 行有按键闭合
       MOV     A,#08H         ;2 行有按键闭合,行首码 08H→A
       LJMP    LKP
LON3:  MOV     A,#0CH         ;3 行有按键闭合,行首码 0CH→A
LKP:   ADD     A,R0           ;计算键号：首键号＋列号＝键号
       PUSH    A              ;键号进栈保护
WAIT:  ACALL   KS             ;调用判断有无按键闭合子程序
       JNZ     WAIT           ;等待按键释放
       POP     A              ;按键已释放,键号出栈→A
       RET
KS:    MOV     A,#0F0H        ;列线(P1.0～P1.3)全为低电平
       ANL     P1,A
       MOV     A,P1           ;读行线的状态
       CPL     A
       ANL     A,#0F0H        ;行线取反,如无按键闭合,则 A 为 0
       RET
```

9.1.3 键盘的工作方式

一个单片机系统要忙于各项工作任务，如何兼顾键盘的输入操作，取决于键盘的工作方式。对于键盘的扫描既要保证能够及时响应按键操作，又不能过多占用 CPU 的工作时间，从而提高单片机的工作效率。通常，键盘的工作方式有 3 种，即编程扫描、定时扫描和中断扫描。

一、编程扫描工作方式

只要单片机空闲时，就调用键盘扫描子程序，对键盘进行扫描。包括：扫描键盘判断有无按键闭合、软件消除按键抖动、识别闭合按键的键号、等待按键释放，然后再执行该按键的功能程序。

二、定时扫描工作方式

定时扫描工作方式就是每隔一段固定时间对键盘进行一次扫描，利用单片机内部的定时器产生固定的定时中断，如定时 10ms，当定时时间到就会产生定时器溢出中断，CPU 响应中断后对键盘进行扫描，并识别闭合按键的键号，执行该按键的功能程序。与编程扫描工作方式比较，定时扫描工作方式提高了单片机的工作效率。

三、中断扫描工作方式

为更大程度地提高单片机的工作效率，可采用中断扫描工作方式，如图 9-8 所示。当没有按键闭合时，CPU 处理自己的工作，将不理睬键盘；当有按键闭合时，将产生中断请求，CPU 接受中断请求后，执行键盘扫描子程序，并识别键号，执行该按键的功能程序。

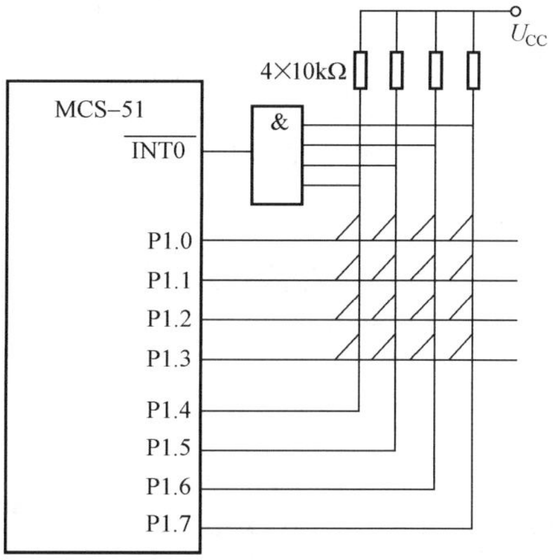

图 9-8 采用中断扫描工作方式的行列式键盘

9.2 LED 显示器接口原理

LED 显示器由于具有结构简单、体积小、功耗低、配置灵活、显示清晰、可靠性高等优点，被广泛采用。

9.2.1 LED 显示器的结构

LED（Light Emitting Diode）是发光二极管的缩写，LED 显示器是发光二极管显示字段的显示器件。其中 7 段 LED 显示器最为常用，这种显示器有共阴极和共阳极两种，与单片机接口非常容易，如图 9-9 所示。

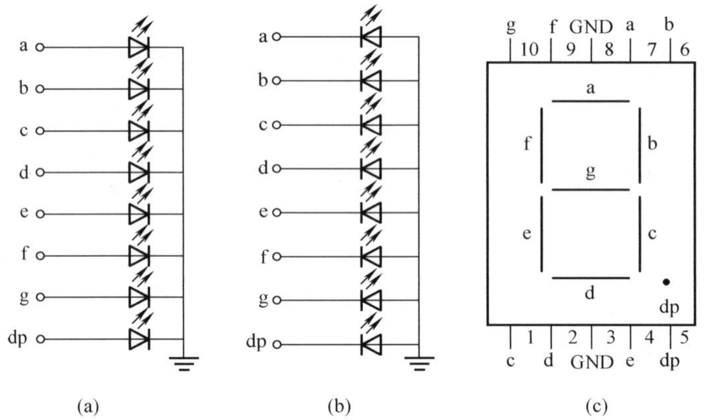

图 9-9 LED 显示器结构图

（a）共阴极；（b）共阳极；（c）外形及引脚

为使 LED 显示器显示不同的字母、数字或符号，要为 LED 提供段码（或称字型码），使 LED 显示器中相应的发光二极管点亮或熄灭。提供给 LED 显示器的段码正好是一个字节，各段与字节中的各位对应关系为：

代码位	D7	D6	D5	D4	D3	D2	D1	D0
显示段	dp	g	f	e	d	c	b	a

由于 LED 显示器有共阴极和共阳极两种，因此段码也分为共阴极段码和共阳极段码两种，部分段码可见表 9-1。

表 9-1　　LED 显示器段码表

显示字符	共阴极段码	共阳极段码	显示字符	共阴极段码	共阳极段码
0	3FH	C0H	A	77H	88H
1	06F	F9H	B	7CH	83H
2	5BH	A4H	C	39H	C6H
3	4FH	B0H	D	5EH	A1H
4	66H	99H	E	79H	86H
5	6DH	92H	F	71H	8EH

续表

显示字符	共阴极段码	共阳极段码	显示字符	共阴极段码	共阳极段码
6	7DH	82H	P	73H	8CH
7	07H	F8H	U	3EH	C1H
8	7FH	80H	灭	00H	FFH
9	6FH	90H			

另外可根据实际情况自行设定字型及段码，以满足设计要求。

9.2.2 LED显示器工作原理

如果想点亮一位LED显示器，需要控制段码线和位选线两部分。段码线控制显示的字型，位选线控制该显示位的亮或暗，如图9-10所示。

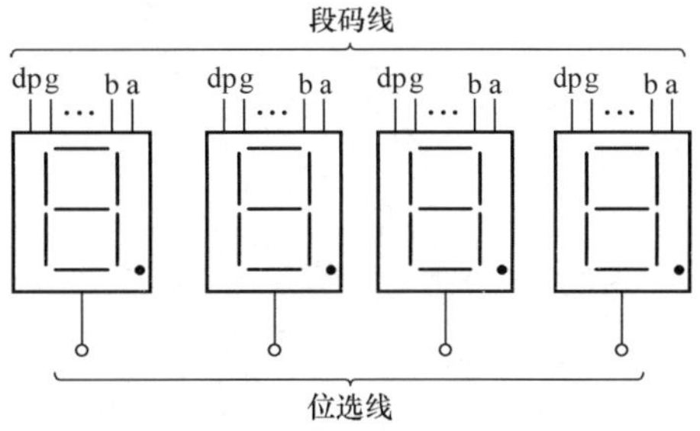

图9-10 4位LED显示器的构成

单片机应用系统中常使用LED显示器构成*N*位LED显示器，*N*个LED显示器有*N*位位选线和8×*N*根段码线，而这*N*位位选线和8×*N*根段码线的硬件连接取决于LED显示器的工作方式。LED显示器共有两种工作方式：静态显示方式和动态显示方式。

一、静态显示方式

LED显示器在静态显示方式下，各位LED显示器的位选线连接在一起，共阴极接地或共阳极接+5V；每一位的段码线（a～g、dp）与一个8位并行I/O口相连，如图9-11所示。

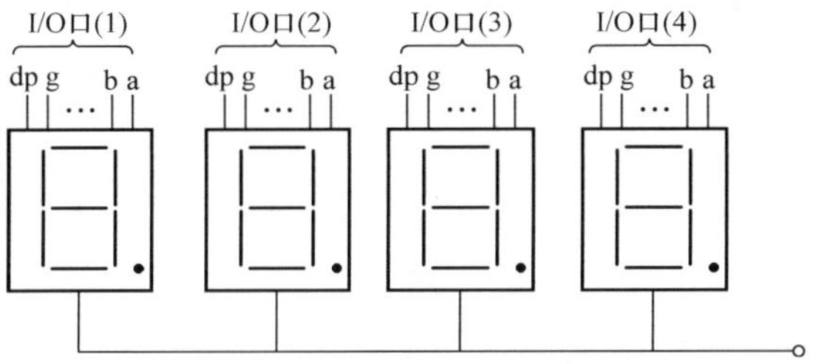

图9-11 4位静态LED显示器电路

显示器的每一位可独立显示，只要在该位的段码线上保持相应的段码电平，该位就能保持相应的显示字符。由于每一位LED显示器由一个8位输出口控制段码，故在同一时刻各位可以显示不同的字符。

静态显示方式原理简单，显示亮度高，无闪烁；但是*N*位静态显示器要求有*N*×8根I/O口线，占用I/O口线较多。故在显示位数不多时采用静态显示方式，而在位数较多时往往采用动态显示方式。

二、动态显示方式

LED显示器在动态显示方式下，各位LED显示器的段码线共同连接在一起共用一个8位I/O口，形成段码线的多路复用，而各位LED显示器的位选线分别由一根相应的I/O口线控制，形成各位的分时选通。每一个时刻只能选通其中一位LED显示器，同时在段码线上送出该位LED显示器的段码。

电路的接法决定了必须采用逐位动态扫描显示方式。在轮流点亮扫描过程中，每位显示器的点亮时间是极为短暂的（约1ms），但由于人的视觉暂留现象及发光二极管的余辉效应，尽管实际上各位显示器并非同时点亮，但只要扫描的速度足够快，给人的印象就是一组稳定的显示数据，不会有闪烁感。

如图 9-12 所示的 4 位动态 LED 显示电路，其段码线占用一个 8 位 I/O 口，位选线占用一个 4 位 I/O 口，即共占用 12 位 I/O 口。而 4 位静态 LED 显示器电路则要占用四个 8 位 I/O 口，即共占用 32 位 I/O 口。可以看出动态显示方式可在很大程度上节省占用的 I/O 口。

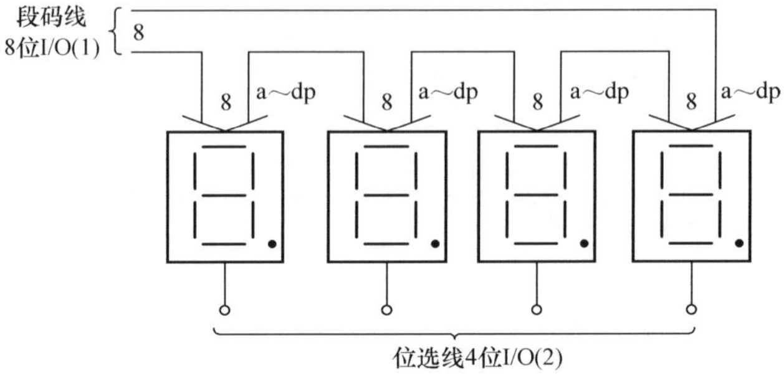

图 9-12　4 位动态 LED 显示器电路

9.2.3　LED 显示器译码方式

从 LED 显示器的原理可知，为了显示字母与数字，必须转换成相应的段选码。这种转换可以通过硬件译码或软件译码来实现。

一、硬件译码

用于 LED 显示器硬件译码的硬件译码器是使用 BCD 7 段十六进制锁存、译码驱动芯片来完成 BCD 码到段选码的转换和显示驱动。常用的硬件译码器有 MC14495、MC14499、CD4511 等。MC14495 是 CMOS BCD——7 段十六进制锁存、译码驱动芯片。MC14495 能完成 BCD 码至十六进制数的锁存和译码，并具有驱动能力。

【例 9-3】 利用 MC14495 实现 8 位静态 LED 显示，电路如图 9-13 所示。试编写程序。

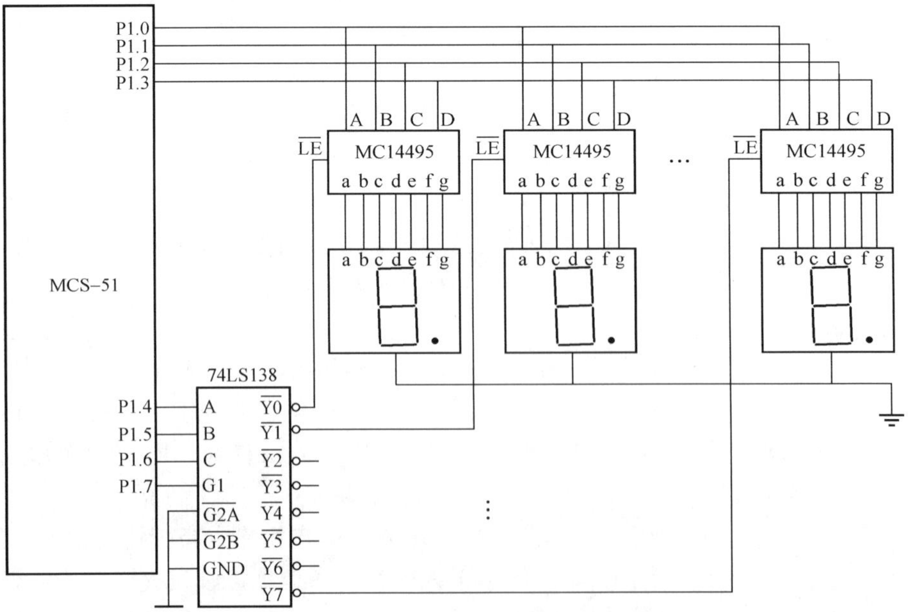

图 9-13　利用 MC14495 实现的 8 位静态 LED 显示接口电路

解 设要显示的BCD码放在以DAT为首址的RAM单元中。硬件译码的静态显示程序设计如下：

```
        ORG     0000H
START:  MOV     R0,DAT          ;设置数据区首址
        MOV     R1,#80H
        MOV     R2,#08H
LOOP:   MOV     A,@R0           ;读要显示的BCD码
        ADD     A,R1
        MOV     P1,A            ;显示
        ACALL   DELAY           ;延时程序略
        INC     R0
        MOV     A,R1
        ADD     A,#10H
        MOV     R1,A
        DJNZ    R2,LOOP
        LJMP    START
        END
```

二、软件译码

软件译码是将要显示的字母、数字或符号采用查表的方法通过软件编程转换为其相应的段码。

【例9-4】 采用软件译码的方法，实现8位动态LED显示，要求从左到右依次显示内存30H～37H的内容，电路如图9-14所示。试编写程序。

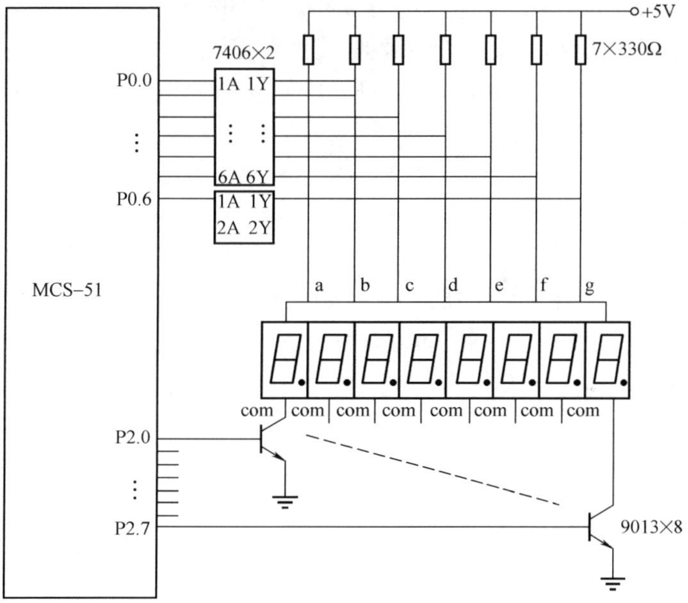

图9-14 采用软件译码的8位动态LED显示接口电路

解 利用R0存放显示缓冲区的地址，R3存放位选码，程序如下：

```
DISP:   MOV     R0,#30H         ;显示缓冲区首址
        MOV     R3,#01H         ;位选码初值
```

```
        MOV     A,R3
LOOP:   MOV     P2,A            ;送位选码到 P2
        MOV     A,@R0           ;取显示数据
        MOV     DPTR,#TAB
        MOVC    A,@A+DPTR       ;查表取段码
        MOV     P0,A            ;送段码到 P0
        ACALL   DEL10ms         ;调用 10ms 延时程序
        INC     R0              ;指向下一显示单元
        MOV     A,R3
        JB      ACC.7,OVER      ;判断 8 位是否显示完
        RL      A               ;位选码右移 1 位
        MOV     R3,A
        AJMP    LOOP            ;转下一位显示
OVER:   SJMP    $
TAB:    DB      3FH,06H,5BH,4FH,66H,6DH,7DH,07H;
        DB      7FH,6FH,77H,7CH,39H,5EH,79H,71H;0～F 的共阴极段码表
        END
```

9.3 键盘/显示器接口设计及其应用实例

MCS-51 单片机的 I/O 口是有限的。一个单片机应用系统，键盘、显示电路的接口可直接接在单片机的 I/O 口上，如前面所列举的电路图，也可利用扩展的方法接在扩展的 I/O 接口上，如利用扩展的并行 I/O 接口，利用串行口扩展的并行 I/O 口接口，利用可编程的键盘、显示接口芯片 8279 进行接口等。在这一部分，把键盘和显示器放在一起考虑。

9.3.1 利用扩展的并行 I/O 接口实现键盘/显示器接口

【例 9-5】 8031 利用扩展 I/O 接口芯片 8155H 实现的 8 位 LED 显示和 32 个按键的键盘/显示器接口电路，如图 9-15 所示，编写键盘子程序和显示器子程序。

共阳极 LED 显示器采用动态显示、软件译码；键盘采用行列式键盘。由于键盘与显示器做成一个接口电路，因此在软件中合并考虑键盘查询与动态显示，键盘去抖动的延时子程序可用显示子程序替代。

8155H 的 RAM 地址为 7E00H～7EFFH，I/O 口地址为 7F00H～7F05H（命令/状态寄存器、A 口、B 口、C 口、计数器低 8 位、计数器高 6 位）。其中 PA 口作为 LED 显示器的段码线，PB 口作为 LED 显示器的位选线和键盘的列线，PC0～PC3 作为键盘的行线。

解

一、键盘子程序设计

```
        ORG     0000H
START:  MOV     A,#03H          ;初始化 8155H,PA、PB 口为输出,PC 口为输入
        MOV     DPTR,#7F00H
        MOVX    @DPTR,A
KEY:    ACALL   KS              ;调用键盘扫描子程序,判断是否有按键闭合
        JNZ     LK1             ;可能有按键闭合,则跳 LK1
        ACALL   DISPLAY
        AJMP    KEY
LK1:    ACALL   DISPLAY         ;调用两次显示实现延时,防止抖动引起误操作
        ACALL   DISPLAY
        ACALL   KS              ;调用键盘扫描子程序,判断是否有按键闭合
```

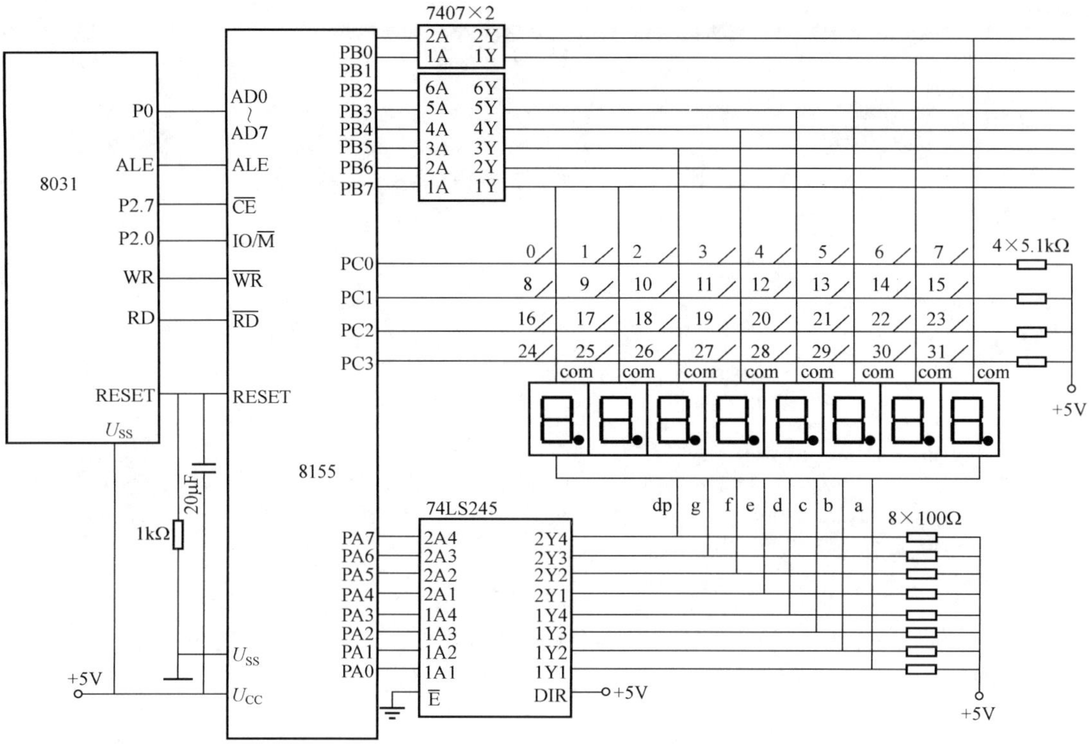

图 9-15 利用 8155H 实现的键盘/显示器接口电路

```
        JNZ      LK2              ;确定有按键闭合,则跳 LK2
        ACALL    DISPLAY
        AJMP     KEY
LK2:    MOV      R2,#0FEH
        MOV      R4,#00H          ;列号→R4
LK3:    MOV      DPTR,#7F02H      ;指向 8155H 的 PB 口,即键盘的列线
        MOV      A,R2
        MOVX     @DPTR,A
        INC      DPTR             ;指向 8155H 的 PC 口,即键盘的行线
        MOVX     A,@DPTR          ;读取行线电平
        JB       ACC.0,LON1       ;0 行为高电平,无按键闭合,跳 LON1
        MOV      A,#00H           ;0 行有按键闭合,行首码 00H→A
        AJMP     LKP              ;跳 LKP,计算键号
LON1:   JB       ACC.1,LON2       ;1 行为高电平,无按键闭合,跳 LON2
        MOV      A,#08H           ;1 行有按键闭合,行首码 08H→A
        AJMP     LKP
LON2:   JB       ACC.2, LON3      ;2 行为高电平,无按键闭合,跳 LON3
        MOV      A,#10H           ;2 行有按键闭合,行首码 10H→A
        AJMP     LKP
LON3:   JB       ACC.3,NEXT       ;3 行为高电平,无按键闭合,扫描下一列
        MOV      A,#18H           ;3 行有按键闭合,行首码 18H→A
LKP:    ADD      A,R4             ;计算键号: 首键号+列号=键号
        PUSH     A                ;键号进栈保护
WAIT:   ACALL    DISPLAY
        ACALL    KS               ;调用键盘扫描子程序,判断是否有按键闭合
```

```
        JNZ     WAIT            ;等待按键释放
        POP     A               ;按键已释放,键号出栈→A
        RET
NEXT:   INC     R4              ;列号加 1
        MOV     A,R2
        JNB     ACC.7,KEND      ;8 列都扫描完,跳 KEND
        RL      A
        MOV     R2,A
        AJMP    LK3
KEND:   AJMP    KEY
KS:     MOV     DPTR,#7F02H     ;指向 8155H 的 PB 口,即键盘的列线
        MOV     A,#00H
        MOVX    @DPTR,A
        INC     DPTR            ;指向 8155H 的 PC 口,即键盘的行线
        MOVX    A,@DPTR         ;读取行线电平
        CPL     A
        ANL     A,#0FH          ;屏蔽低四位,若无键闭合则(A)=0
        RET
```

二、显示器子程序设计

8155H 的 PA 口作为 LED 显示器的段码线，PB 口作为 LED 显示器的位选线；单片机内部 RAM 的显示缓冲单元 78H～7FH，存放要显示的 8 位数据。

程序如下：

```
DISPLAY: MOV    R0,#78H         ;置显示缓冲器指针初值
        MOV     R3, #80H        ;位选码的初值送 R3,最左边 LED 显示器亮
        MOV     A,R3
DISP1:  MOV     DPTR, #7F02H    ;位选码→PB 口
        MOVX    @DPTR,A
        DEC     DPL             ;数据指针指向 PA 口
        MOV     A,@R0           ;显示数据→A
        ADD     A,#0EH          ;加偏移量
        MOVC    A,@A+PC         ;根据显示数据来查表取段码
        MOVX    @DPTR,A         ;段码→8155H 的 PA 口
        ACALL   DEL1ms          ;调用 1ms 延时程序(程序略)
        INC     R0              ;指针指向下一个数据单元
        MOV     A,R3            ;位选码送入 A 中
        JB      Acc.0,DOVER     ;判断是否扫描到最右边的 LED 显示器
        RR      A               ;位选码向右移一位
        MOV     R3,A            ;位选码送 R3 中保存
        AJMP    DISP1
DOVER:  RET
DSEG:   DB  0C0H,0F9H,0A4H,0B0H,99H,92H,82H,0F8H  ;共阳极段码表(0～F)
        DB  80H,90H,88H,83H,0C6H,0A1H,86H,8EH;
```

9.3.2 利用串行口扩展的并行 I/O 口实现键盘/显示器接口

当串行口没有用作其他用途时，可以用来扩展并行 I/O 口连接键盘/显示电路。此时串行口工作在方式 0。

【例 9-6】 MCS-51 单片机的串行口外接 8 片移位寄存器 74LS164，实现 8 位静态 LED 显示，P3.4 接 1 个按键，当单片机检测到按键操作时，启动显示程序，从左至右显示数字 1～8。试编写程序。

串行口工作方式0，即同步移位寄存器方式。数据传输的波特率固定为$f_{osc}/12$。由RXD引脚接收或发送数据，由TXD引脚输出同步移位脉冲，电路如图9-16所示。

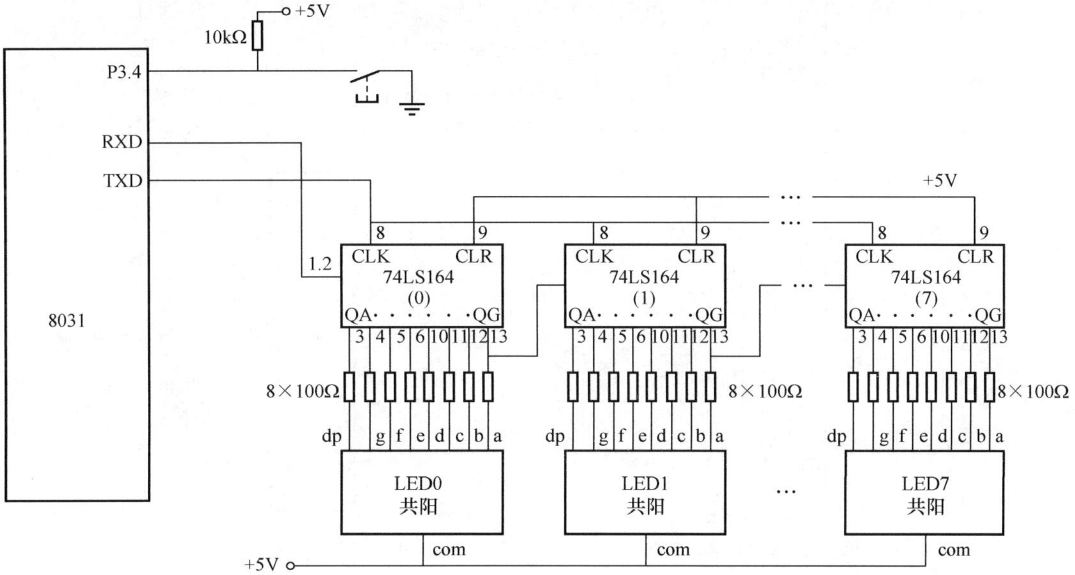

图9-16 利用串行口扩展并行口实现的键盘/显示器接口电路

解 程序如下：

```
         ORG      0000H
         MOV      SCON,#00H          ;串行口工作于方式0
KB:      JB       P3.4,KB            ;等待按键闭合
         LCALL    D10MS              ;调用10ms延时程序,软件去抖动
         JB       P3.4,KB
WAIT:    JNB      P3.4, WAIT         ;确定按键闭合后,等待按键释放
         ACALL    DIR                ;调用显示子程序
         SJMP $                      ;执行其他程序段
DIR:     MOV      R7,#08H            ;送出的段码个数,R7为段码个数计数器
         MOV      R0,#01H            ;要显示的数字→R0
         MOV      DPTR,# SEGTAB      ;段码表表首→DPTR
DL0:     MOV      A,R0               ;取出要显示的数送A
         MOVC     A,@A+DPTR          ;查段码表SEGTAG,取出段码
         MOV      SBUF,A             ;将段码送SBUF
DL1:     JNB      TI,DL1             ;输出段码,查询TI状态
         CLR      TI                 ;1个字节的段码输出完,清TI标志
         INC      R0                 ;指向下一个显示数据
         DJNZ     R7,DL0             ;判断8位是否显示完
         RET                         ;返回
SEGTAB:DB         0C0H,0F9H,0A4H,0B0H,99H ;共阳极段码表(0～9)
         DB       92H,82H,0F8H,90H
         END
```

9.3.3 利用可编程的键盘、显示接口芯片实现键盘/显示器接口

9.3.3.1 专用的8279键盘显示器接口

Intel 8279芯片是通用可编程键盘/显示器接口芯片，可对键盘部分提供扫描工作方式，

能对 64 个键键盘阵列不断扫描，自动消抖，自动识别出闭合的键并得到键号，且能对双键或 *N* 键同时按下进行处理。扫描方式的显示接口，可显示多达 16 位的字符。

一、8279 的引脚及内部结构

8279 的引脚图如图 9-17 所示，8279 的逻辑符号如图 9-18 所示。

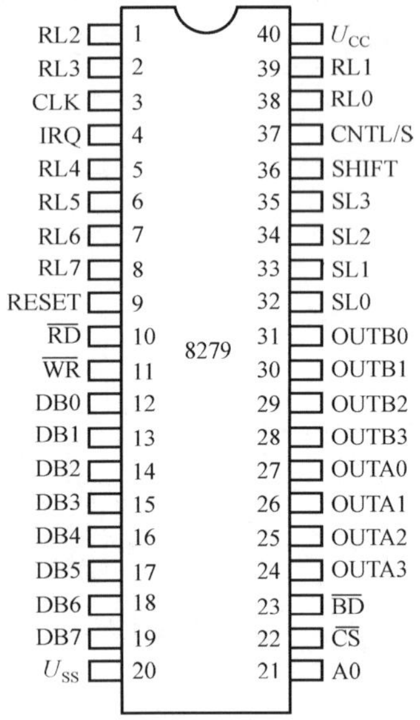

图 9-17　8279 的引脚图

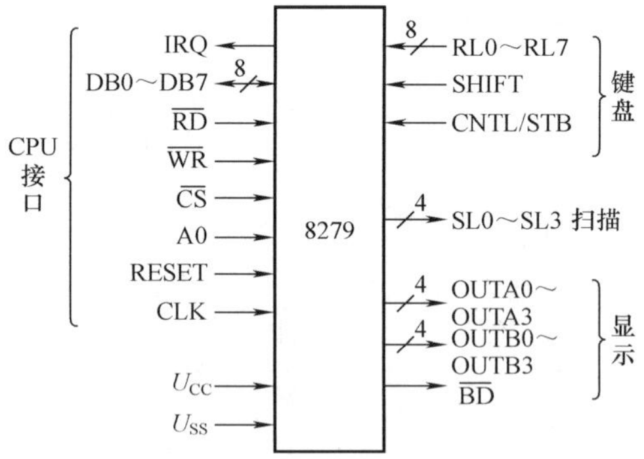

图 9-18　8279 的逻辑符号

8279 的引脚根据其功能可分为以下四部分：

第一部分：与 CPU 的接口引脚

（1）DB0～DB7 为数据总线、双向、三态，与单片机数据总线相连，在 CPU 和 8279 之间传送命令或数据。

（2）CLK 为系统时钟，用于 8279 内部定时，以产生其工作所需的时序。

（3）RESET 为复位输入线，为高电平时 8279 被复位，8279 的复位状态为：16 个字符左边输入显示方式、编码扫描键盘、双键锁定方式。

（4）$\overline{CS}$ 为片选端，低电平有效。

（5）A0＝1 时，CPU 写入 8279 的字节是命令字节；从 8279 的字节读出的字节是状态字节；A0＝0 时，写入或读出的字节均为数据。

（6）$\overline{RD}$、$\overline{WR}$ 为读、写控制引脚，控制单片机对 8279 的读出、写入操作。

（7）IRQ 为中断请求线，高电平有效。在键盘方式中，当键盘 RAM（先进先出）中存有按下键的数据时，IRQ 为高电平，向 CPU 提出中断申请。CPU 每次从键盘 RAM 中读出一个字节数据时，IRQ 就变为低电平。如果键盘 RAM 中还有未读完的数据，IRQ 将再次变为高电平，再次提出中断请求。

第二部分：扫描信号输出引脚

SL0～SL3 为扫描输出线，用来扫描键盘和显示器。可编程设定为编码输出，即 SL0～SL3 需外接 4-16 译码器，输出 16 取 1 的扫描信号，也可编程设定为译码输出，即由 SL0～SL3 直接输出 4 取 1 的扫描信号。

第三部分：与键盘连接的引脚

（1）RL0～RL7 为键盘矩阵的行信号输入线。

（2）SHIFT 为输入线，通常用作键盘上、下挡功能的控制键。

（3）CNTL/STB 为输入线，高电平有效。在键盘方式时，通常用来作为键盘控制功能键使用。

第四部分：与显示器连接的引脚

（1）OUTA0～OUTA3（A组显示数据）、OUTB0～OUTB3（B组显示数据）为显示信息输出线，向LED显示器输出的段码，与扫描信号线SL0～SL3同步。两组可独立使用，也可合并使用。

（2）$\overline{BD}$为消隐显示控制，低电平有效。用于显示位切换时的显示消隐或将显示器的显示消隐。

二、8279的基本功能部件

（1）扫描计数器。扫描计数器有两种工作方式。编码方式时，扫描线SL0～SL3输出，经外部4-16译码器译码后，为键盘和显示器提供16取1的扫描线。译码方式时，计数器的最低两位在8279内部译码后，从SL0～SL3输出，为键盘和显示器提供4取1的扫描线。

（2）键盘去抖动及回复缓冲器。RL0～RL7为接到键盘的行线。在逐列扫描时，若某一键闭合，消抖电路延时等待10ms之后，再检验该键是否仍闭合。若闭合，则该键的行、列地址和附加的移位、控制状态一起形成键盘数据，送入8279内部的键盘RAM存储器。格式如下：

D7	D6	D5	D4	D3	D2	D1	D0
CNTL	SHIFT	扫描			回复		

控制（CNTL）和移位（SHIFT）的状态由两个独立的附加开关决定，扫描（D5、D4、D3）是被按键的列编码，而回复（D2、D1、D0）则是被按键的行位置数据。

（3）键盘RAM及其状态寄存器。键盘RAM为双功能的8字节RAM，是一个先进先出（FIFO）存储器。内部的FIFO状态寄存器用来存放FIFO的工作状态，如FIFO是空还是满，其中存有多少字符，是否操作出错等。当FIFO存储器空间不足时，状态逻辑将产生IRQ=1信号，向CPU发出中断申请。

（4）显示RAM和显示寄存器。显示RAM用来存放显示数据，共16个字节，可存放16位显示信息。在显示过程中，这些信息被轮流从显示寄存器输出。显示寄存器分为A、B两组，即OUTA0～OUTA3和OUTB0～OUTB3，它们可单独送数，也可共同组成1个8位的字节。显示RAM的输出与显示扫描配合，同时轮流驱动被选中的显示位，使显示器呈现稳定的显示（动态扫描）。

三、8279的命令字和状态字

（1）命令字。8279的命令控制字共有8条。8279的一条命令字由两部分构成，一部分表征命令类型，为命令特征位，由命令字的D7～D5构成，来区分8条不同的命令字；另一部分为命令的具体内容，由命令字的D4～D0决定，命令特征如表9-2所示。

表9-2　　8279命令特征

D7 D6 D5	代表的命令类型	D7 D6 D5	代表的命令类型
0 0 0	键盘/显示命令	1 0 0	写显示RAM命令
0 0 1	时钟编程命令	1 0 1	显示禁止写入/熄灭命令
0 1 0	读FIFO/传感器RAM命令	1 1 0	清除命令
0 1 1	读显示RAM命令	1 1 1	结束中断/出错方式设置命令

1）键盘/显示命令。命令特征位 D7 D6 D5＝000 时，D4、D3 两位用来设定 4 种显示方式，D2～D0 三位用来设定 8 种键盘/显示扫描方式，如表 9-3、表 9-4 所示。

表 9-3　　8279 显示方式

D4 D3	显示方式	D4 D3	显示方式
0　0	8 个字符显示，左端入口方式	1　0	8 个字符显示，右端入口方式
0　1	16 个字符显示，左端入口方式	1　1	16 个字符显示，右端入口方式

CPU 将显示数据写入显示 RAM 单元时，有左边输入和右边输入 2 种方式，左边输入是地址为 0～15 的显示缓冲 RAM 单元分别对应于显示器的 0（左）位～15（右）位。显示位置从最左一位开始，显示字符逐个向右顺序排列。右边输入就是显示位置从最右一位开始，以后逐次输入显示字符时，已有的显示字符依次向左移动。

表 9-4　　键盘/显示扫描方式

D2 D1 D0	键盘、显示扫描方式	D2 D1 D0	键盘、显示扫描方式
0　0　0	编码扫描键盘，双键锁定	1　0　0	编码扫描传感器矩阵
0　0　1	译码扫描键盘，双键锁定	1　0　1	译码扫描传感器矩阵
0　1　0	编码扫描键盘，*N* 键轮回	1　1　0	选通输入，编码显示扫描
0　1　1	译码扫描键盘，*N* 键轮回	1　1　1	选通输入，译码显示扫描

双键锁定就是当键盘中同时有两个或两个以上的按键被按下时，任何一个键的编码信息均不能进入键盘 RAM 中，直到仅剩下一个按键保持闭合时，该按键的编码信息方能进入键盘 RAM。*N* 键轮回就是各个按键的处理都与其他键无关。按下一个按键时，片内去抖动电路等待两个键盘扫描周期后检查该按键是否仍被按着，若是则该按键编码就被送入键盘 RAM。一次可按下任意一个按键，其他按键也可被识别并送入键盘 RAM。若同时按下多个按键，则按键盘扫描过程中发现它们的顺序识别，并送入键盘 RAM 中。

扫描传感器矩阵是指片内的去抖动逻辑被禁止，传感器的开关状态直接输入键盘 RAM。通过这种方式可知道传感器闭合多久，何时释放。

2）时钟编程命令。命令特征位 D7 D6 D5＝001 时，D4～D0 用来设定分频系数，分频系数范围在 0～31 之间。8279 的工作时钟频率为 100kHz，若 8279 CLK 的输入信号频率为 3.1MHz 时，分频系数应为 31D＝1FH，即 D4 D3 D2 D1 D0＝11111，控制字为 00111111B＝3FH。

3）读 FIFO/传感器 RAM 命令。命令特征位 D7 D6 D5＝010 时，D4 控制 RAM 地址自动加 1，D4＝1 时，CPU 读完一个数据 RAM 地址自动加 1，为读取下一个单元数据做准备；D4＝0 时，CPU 读完一个数据，地址不变。D3 无效。D2～D0 为 FIFO 及传感器 RAM 的首地址。

4）读显示 RAM 命令。命令特征位 D7 D6 D5＝011 时，D4 控制 RAM 地址自动加 1，D4＝0 时不加 1。D3～D0 为显示 RAM 中的地址。

5）写显示 RAM 命令。命令特征位 D7 D6 D5＝100 时，D4 控制 RAM 地址自动加 1，D4＝0 时不加 1。D3～D0 为欲写入显示 RAM 的地址，若连续写入则表示 RAM 首地址。

6）显示器禁止写入/熄灭命令。命令特征位 D7 D6 D5＝101 时，D4 无效。D3＝1 时禁止

A组显示RAM写入。D2＝1时禁止B组显示RAM写入。D1为A组显示熄灭控制，D1＝1时熄灭，D1＝0时恢复显示。D0为B组显示熄灭控制，D0＝1时熄灭，D0＝0时恢复显示。利用该命令可以控制A、B两组显示器哪组继续显示，哪组熄灭。

7）清除（显示RAM和FIFO中的内容）命令。命令特征位D7 D6 D5＝110时，D0为总清除特征位，D0＝1表示把显示RAM和FIFO全部清除。D1＝1时清除FIFO状态，使中断输出线复位，传感器RAM的读出地址清0。D4～D2用来设定清除显示RAM的方式，如表9-5所示。

表9-5　　清除显示RAM的方式

D4	D3 D2	清除方式
1	0 X	将全部显示RAM清为0
	1 0	将显示RAM置为20H（A组＝0100，B组＝0000）
	1 1	将显示RAM置为FFH
0	D0＝0，不清除；D0＝1，仍按上述方式清除	

8）结束中断/出错方式设置命令。命令特征位D7 D6 D5＝111时，且D4＝1时（其D3～D0位任意）有两种不同作用。

第一：在传感器方式，用此命令结束传感器RAM的中断请求。

在传感器工作方式时，每当传感器状态发生变化，扫描电路自动将传感器状态写入传感器RAM，同时发出中断申请，即将IRQ置高电平，并禁止再写入传感器RAM。中断响应后，从传感器RAM读走数据进行中断处理，但中断标志IRQ的撤除分两种情况。若读RAM地址自动加1标志位为“0”，中断响应后IRQ自动变低，撤销中断申请；若读RAM地址自动加1标志位为“1”，中断响应后IRQ不能自动变低，必须通过结束中断命令来撤销。

第二：在设定为键盘扫描*N*键轮回方式时作为特定错误方式设置命令。

在键盘扫描*N*键轮回工作方式，又给8279写入结束中断/错误方式命令，则8279将以一种特定的错误方式工作，即在8279消抖周期内，如果发现多个按键同时按下，则将FIFO状态字中错误特征位置“1”，并发出中断请求阻止写入FIFO RAM。

（2）状态字。8279的状态字主要用于键盘工作方式，以指示键盘RAM中的字符数和有无错误发生。状态字和8种命令字共用一个地址口。当A0＝1时，从8279命令/状态口地址读出的是状态字。状态字各位的意义如下：

D7＝1表示显示无效，表示显示RAM由于清除命令尚未完成，此时不能对显示RAM写入。

D6＝1表示至少有一个按键闭合；在特殊错误方式时有多个按键同时按下错误。

D5＝1表示FIFO RAM已满，再输入一个字则溢出。

D4＝1表示FIFO RAM已空，无数据可读。

D3＝1表示FIFO RAM中数据已满。

D2～D0表示FIFO RAM中数据的个数。

四、8279与键盘/显示器的接口

【例9-7】 8279与8位显示器，4×8键盘的接口电路如图9-19所示，系统时钟为6MHz。试编写程序。

键盘的行线接 8279 的 RL0～RL3，8279 选用外部译码方式，SL0～SL2 经 74LS138（1）译码输出，接列线，实现键盘逐列扫描。SL0～SL2 又由 74LS138（2）译码输出到显示器各位的公共阴极，进行逐位扫描显示。OUTB0～3、OUTA 0～3 输出 8 位段码。当位切换时，$\overline{BD}$ 输出为低电平，使 74LS138（2）输出全为高电平，显示消隐。当键盘上出现有效的闭合键时，键输入数据自动进入 8279 的键盘 RAM 存储器，并向 8031 请求中断，8031 响应中断读取键盘 RAM 中的键输入数据。若要更新显示器输出，仅需改变 8279 中显示 RAM 中的内容。其中 8279 的命令/状态口地址为 7FFFH，数据口地址为 7FFEH。

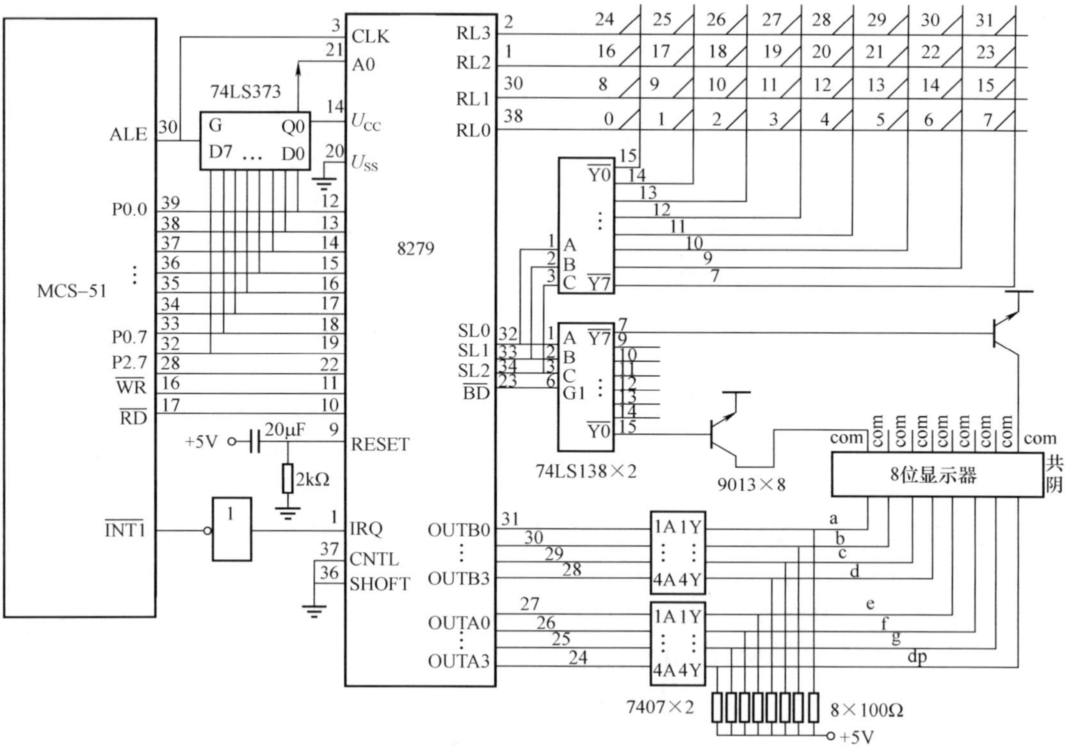

图 9-19　8279 接口电路

解　程序如下：

```
        ORG     0000H
        AJMP    START
        ORG     0013H
        AJMP    PINT1
        ORG     0100H
START:  MOV     SP,#30H
        MOV     DPTR,#7FFFH     ;8279 命令/状态口地址写入 DPTR
        MOV     A,#0D1H         ;控制字 D1H 送 A
        MOVX    @DPTR,A         ;向命令/状态口写入控制字,显示 RAM 全部清 0
LP:     MOVX    A,@DPTR         ;读 8279 的状态
        JB      Acc.7,LP        ;若显示无效则跳 LP,等待全部清 0 操作完成
        MOV     A,#00H
        MOVX    @DPTR,A         ;写键盘/显示命令字,8 个字符显示,左端入口
                                ;编码扫描键盘,双键锁定
```

```
        MOV     A,#2AH
        MOVX    @DPTR,A         ;写时钟编程命令字,分频系数等于 10
        MOV     IE,#84H         ;允许总中断和外部中断 1 中断
LOOP:   LCALL   DIR
        AJMP    LOOP
        ORG     0200H
PINT1:  MOV     DPTR,#7FFFH
        MOV     A,#40H
        MOVX    @DPTR,A         ;写读 FIFO/传感器 RAM 命令字
        MOV     DPTR,#7FFEH
        MOVX    A,@DPTR         ;读取按键输入值
        MOV     B,A             ;键值暂存于寄存器 B
        RETI
        ORG     0300H
DIR:    MOV     DPTR,#7FFFH     ;输出写显示 RAM 命令
        MOV     A,#90H
        MOVX    @DPTR,A         ;写写显示 RAM 命令字,RAM 地址自动加 1
        MOV     R7,#08H         ;送显示 RAM 数据的个数
        MOV     A,B             ;取键值
        MOV     DPTR,#7FFEH     ;指向 8279 数据口
        MOV     DPTR,#SEG
        MOVC    A,@A+DPTR       ;查表得到段码
DL:     MOVX    @DPTR,A         ;写入显示 RAM
        DJNZ    R7,DL           ;8 个显示数据是否输出完毕
        RET
SEG:    DB  3FH,06H,5BH,4FH,66H,6DH     ;段码表(共阴极)
        DB  7DH,07H,7FH,6FH,77H,7CH
        DB  39H,5EH,79H,71H,73H,3EH
        DB  31H,6EH,1CH,23H,40H,03H
        DB  18H,38H,00H
        END
```

9.3.3.2　专用的 7279 可编程数码管/键盘串行接口

HD7279A 是一片具有串行接口、可同时驱动 8 位共阴极式数码管的智能显示驱动芯片。该芯片同时还可以连接多达 64 个按键的键盘矩阵，单片即可完成 LED 显示、键盘接口的全部功能。

HD7279A 的主要特性如下：

（1）串行接口，无需外围元件可直接驱动 LED。

（2）各位独立控制译码/不译码及消隐和闪烁属性。

（3）（循环）左移/（循环）右移指令。

（4）具有段寻址指令，方便控制独立 LED。

（5）64 键键盘控制器，内含去抖动电路。

一、引脚说明

HD7279A 的引脚图如图 9-20 所示。

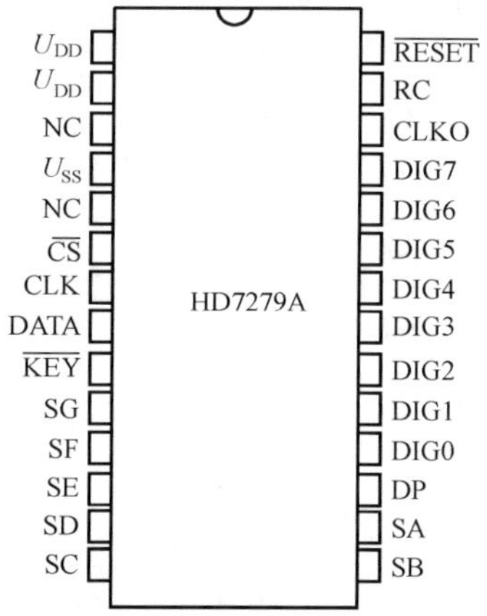

图 9-20　HD7279A 引脚图

各引脚功能如下：

（1）U_{DD}：正电源。

（2）U_{SS}：地。

（3）$\overline{CS}$：片选。

（4）CLK：时钟输入端。

（5）DATA：串行数据输入/输出端。

（6）CLK0：振荡输出端。

（7）KEY：按键有效输出端。

（8）RES：复位端。

（9）SA：段 g～a 驱动输出。

（10）DP：小数点驱动输出。

（11）DIG0～DIG7：数位 0～7 驱动输出。

（12）RC：RC 振荡器连接端。

二、控制指令

HD7279A 的控制指令分为两大类，即纯指令和带有数据的指令。

（1）纯指令。

1）复位（清除）指令 A4H。当 HD7279A 收到该指令后，将所有的显示清除，所有设置的字符消隐、闪烁等属性也被一起清除。执行该指令后，芯片所处的状态与系统上电后所处的状态一样。

2）左移指令 A1H。所做移动为自右向左移动，移动后，最右边一位为空。例如，原显示为：

4	2	5	2	L	P	3	9

其中第 2 位“3”和第 4 位“L”为闪烁显示，执行了左移指令后，显示变为：

2	5	2	L	P	3	9	

第 2 位“9”和第 4 位“P”为闪烁显示。

3）右移指令 A0H。与左移指令类似，但所做移动为自左向右移动，移动后，最左边一位为空。

（2）带有数据的指令。

1）下载数据且按方式 0 译码。

D7	D6	D5	D4	D3	D2	D1	D0	D7	D6	D5	D4	D3	D2	D1	D0
1	0	0	0	0	a2	a1	a0	DP	×	×	×	d3	d2	d1	d0

命令由两字节组成，前半部分为指令，其中 a2、a1、a0 为位地址。d0～d3 为数据，收到此指令时，按以下规则，进行译码。

0000：显 0；1001：显 9；1010：显一；1111：显空白。小数点的显示由 DP 位控制：DP＝1 时，小数点显示；DP＝0 时，小数点不显示。

2）下载数据且按方式 1 译码。

D7	D6	D5	D4	D3	D2	D1	D0	D7	D6	D5	D4	D3	D2	D1	D0
1	1	0	0	1	a2	a1	a0	DP	×	×	×	d3	d2	d1	d0

此指令与上一条指令基本相同，所不同的是译码方式，该指令的译码为按 d0～d3 值对应

的是 0～9，A～F。

3）下载数据但不译码。

D7	D6	D5	D4	D3	D2	D1	D0	D7	D6	D5	D4	D3	D2	D1	D0
1	0	0	1	0	a2	a1	a0	DP	A	B	C	D	E	F	G

其中，a2、a1、a0 为位地址，A～G 和 DP 为显示数据，分别对应 7 段 LED 数码管的各段。当相应的数据位为“1”时，该段点亮，否则不亮。此指令灵活，通过造字形表，可以显示用户所需的字符。

4）闪烁控制 88H。

D7	D6	D5	D4	D3	D2	D1	D0	D7	D6	D5	D4	D3	D2	D1	D0
1	0	0	0	1	0	0	0	d8	d7	d6	d5	d4	d3	d2	d1

此指令控制各个数码管的闪烁属性，d1～d8 分别对应数码管 1～8。0＝闪烁，1＝不闪烁。开机后，缺省的状态为各位均不闪烁。

5）读键盘数据指令 15H。该指令从 HD7279A 读出当前的按键代码。前一个字节 015H 为指令代码，而后一个字节 d0～d7 则为 HD7279A 返回的按键代码，其范围是 00H～3FH（无键按下时为 FFH）。

当 HD7279A 检测到有效的按键时，KEY 引脚从高电平变为低电平，并一直保持到按键结束。在此期间，如果 HD7279A 接收到“读键盘数据指令”，则输出当前按键的键盘代码，如果在收到“读键盘数据指令”时没有有效按键，HD7279A 将输出 FFH。

三、串行接口的时序

（1）HD7279A 的指令结构类型。

1）不带数据的纯指令。指令宽度为 8 个 BIT，即微处理器需发送 8 个 CLK 脉冲。

2）带有数据的指令。指令宽度为 16 个 BIT，即微处理器需发送 16 个 CLK 脉冲。

3）读键盘数据指令。指令宽度为 16 个 BIT，即前 8 个为微处理器发送到 HD7279A 的指令，后 8 个为 HD7279A 返回的键盘代码。执行此指令时，HD7279A 的 DATA 端在第 9 个 CLK 脉冲的上升沿变为输出状态，并与第 16 个脉冲的下降沿恢复为输入状态，等待接收下一个指令。

无论是指令还是数据，都是高位在前。

（2）串行接口的时序图。

接口时序对于软件编程来讲是十分重要的，使能 $\overline{CS}$ 片选信号，控制 CLK 的脉冲信号，调整脉冲的高电平和低电平的持续时间，对数据线 DATA 上的数据进行读、写操作。串行接口的时序图如图 9-21～图 9-23 所示。

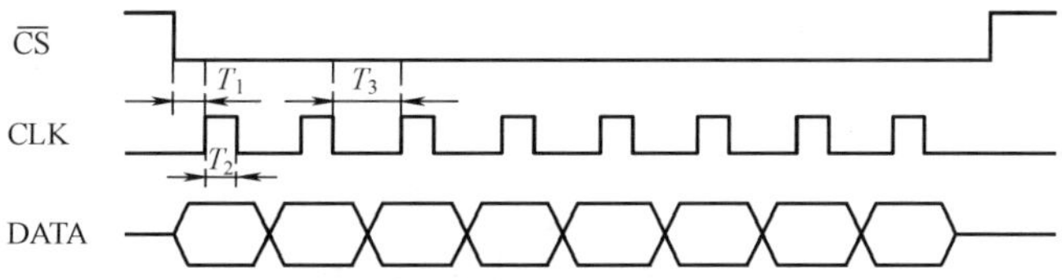

T_1＝50μs；T_2＝8μs；T_3＝8μs

图 9-21 HD7279A 纯指令串行接口时序图

D7	D6	D5	D4	D3	D2	D1	D0	D7	D6	D5	D4	D3	D2	D1	D0
0	0	0	1	0	1	0	1	d7	d6	d5	d4	d3	d2	d1	d0

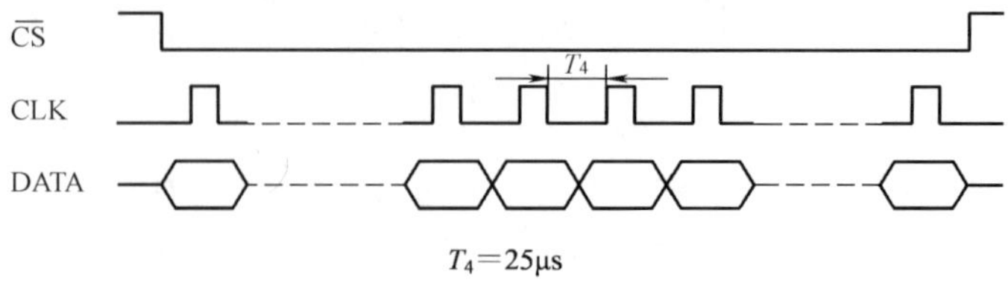

图 9-22 HD7279A 带数据指令串行接口时序图

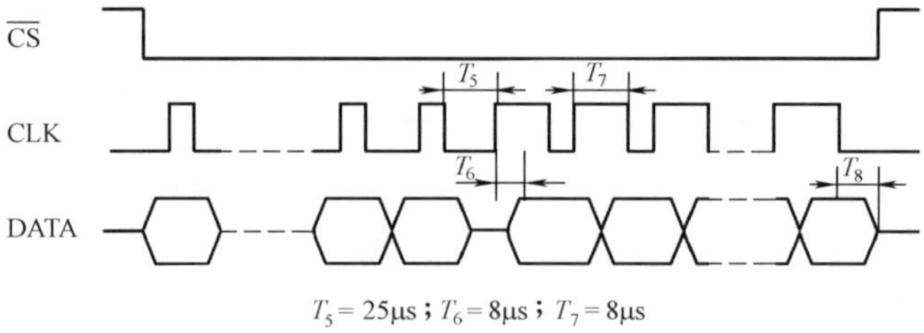

图 9-23 HD7279A 读键盘数据指令串行接口时序图

四、HD7279A 接口电路设计

硬件电路设计部分，需要注意以下问题：

（1）HD7279A 应连接共阴式数码管。

（2）应用中，无需用到的键盘和数码管可以不连接。

（3）应用中，串入 DP 及 SA～SG 连接的 8 只电阻为 200Ω。

（4）应用中，8 只下拉电阻和 8 只键盘连接位选线 DIG0～DIG7 的电阻，应遵从一定的比例关系，典型值为 10 倍，下拉电阻的取值范围为 10～100kΩ，位选电阻的取值范围为 1～10kΩ。

（5）HD7279A 需要一外接的 RC 振荡电路以供系统工作，其典型值分别为 R=1.5kΩ，C=15pF。

HD7279A 与单片机的接口电路如图 9-24 所示。

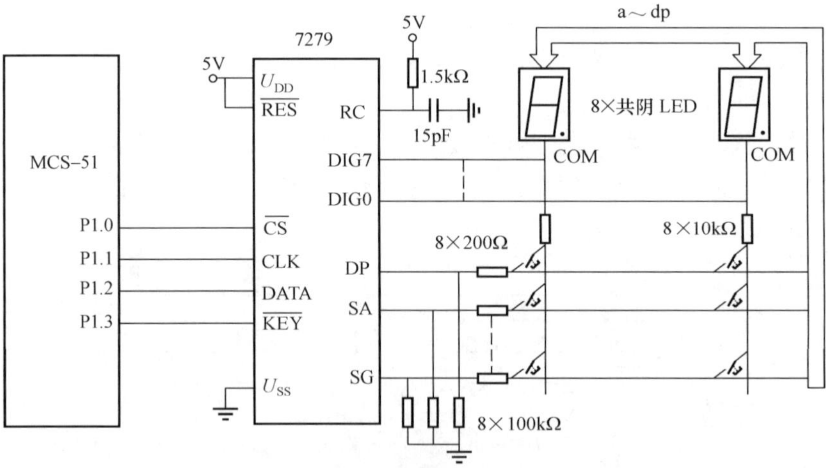

图 9-24 HD7279A 与单片机接口电路

软件编程如下：

（1）发送一字节子程序（发送数据存于 A 中）：

```
STFS:  MOV   R0,#08H          ;一个字节 8 位
LP1:   RLC   A
       MOV   P1.2,C           ;传送 1 位数据(高位在先)
       SETB  P1.1             ;CLK 脉冲上升沿
       MOV   R1,#02H
LP2:   DJNZ  R1, LP2          ;延时 8μs
       CLR   P1.1             ;CLK 脉冲下降沿
       MOV   R1, #02H
LP3:   DJNZ  R1,LP3           ;延时 8μs
       DJNZ  R0,LP1
       RET
```

（2）接收一字节子程序（接收字符存于 A 中）：

```
STJS:  MOV   R2,#08H          ;一个字节 8 位
LP4:   SETB  P1.1             ;CLK 脉冲上升沿
       SETB  P1.2             ;DATA 输出状态置高电平
       MOV   R3,#02H
LP5:   DJNZ  R3,LP5
       MOV   C, P1.2          ;读取数据
       RLC   A                ;存储数据(高位在先)
       CLR   P1.1             ;CLK 脉冲下降沿
       MOV   R3,#01H
LP6:   DJNZ  R3,LP6
       DJNZ  R2,LP4
       RET
```

（3）显示子程序：采用下载数据但不译码方式，指令码为 90H～97H。

```
DTR:   MOV   R4,#08H          ;共 8 位 LED 显示器
       MOV   R5,#40H          ;显示缓冲区首址→R5
       MOV   R6,#97H          ;下载数据但不译码指令,位地址为 07H
LP7:   CLR   P1.0             ;使能 7279
       MOV   R7,#0CH
LP8:   DJNZ  R7,LP8           ;延时 50μs
       MOV   A,R1
       ACALL STFS             ;发送指令
       MOV   R7,#06H
LP9:   DJNZ  R7,LP9           ;延时 25μs
       MOV   A,@R0            ;读取显示数据
       ADD   A,#0DH
       MOVC  A,@A+PC          ;查表获得段码
       ACALL STFS             ;发送显示代码
       MOV   R7,#02H
LP10:  DJNZ  R7,LP10          ;延时 8μs
       SETB  P1.0             ;CS=1,一位显示结束
       INC   R5               ;调整显示缓冲区地址
       DEC   R6               ;指向下一位 LED 显示器
       DJNZ  R4,LP7
       RET
TAB:   DB  3FH,06H,5BH,4FH,66H,6DH  ;段码表(共阴极)
       DB  7DH,07H,7FH,6FH,77H,7CH
```

```
        DB  39H,5EH,79H,71H,73H,3EH
        DB  31H,6EH,1CH,23H,40H,03H
        DB  18H,38H,00H
```

（4）读键值子程序：所读的键值保存在 A、B 单元中。

```
ST:     ACALL   KEY1            ;读取键值存于寄存器 A 和 B 中
        CJNE    A,#0FFH,LP11    ;是否有按键闭合,有则跳 LP11
        CLR     00H             ;无按键闭合,(00H)=0
        RET
LP11:   JB      00H,LP12
        SETB    00H
        RET
LP12:   MOV     B,#0FFH
        RET
KEY1:   CLR     P1.0            ;使能 7279
        MOV     R7,#0CH
LP13:   DJNZ    R7,LP13         ;延时 50μs
        MOV     A,#15H          ;读键盘数据指令 15H
        ACALL   STFS            ;发送指令
        MOV     R7,#06H
LP14:   DJNZ    R6,LP14         ;延时 25μs
        ACALL   STJS            ;读键值
        MOV     B,A             ;键值存于 B 中
        SETB    P1.0            ;CS=1,一次读取键值结束
        RET
```

9.4 LCD 接口设计及其应用实例

液晶显示器 LCD 是一种利用液晶的扭曲/向列效应制成的新型显示器，它具有功耗极低、体积小、抗干扰能力强、价格廉等特点，占据了从电子表到计算器，从袖珍仪表到便携式微型计算机等应用场合。

9.4.1 LCD 的工作原理及分类

LCD 是液晶显示器英文名称的缩写。液晶显示器是一种被动式的显示器，液晶本身并不发光，而是借助外界光线照射液晶材料来实现显示的。液晶是一种介于液体与固体之间的热力学的中间稳定性，在一定的温度范围内既有液体的流动性和连续性，又有晶体的各向异性。

LCD 按照排列形状可分为字段型、点阵字符型和点阵图形型 3 种。

（1）字段型。它以长条状组成的字符显示，主要用于数字显示，也可用于显示西文字母或某些字符。

（2）点阵字符型。它用来显示字母、数字、符号等，是由若干 5×7 或 5×10 点阵组成的，每一个点阵显示 1 个字符。

（3）点阵图形型。它在平板上排列多行或多列，形成矩阵式的晶格点，点的大小可根据显示的清晰度来设计。

9.4.2 点阵字符型 LCD1602 接口设计

在单片机应用系统中，点阵字符型 LCD 比较常用。以 1602 为例，介绍一下点阵字符型 LCD 的使用方法。

一、LCD1602引脚介绍

LCD1602的外形如图9-25所示。

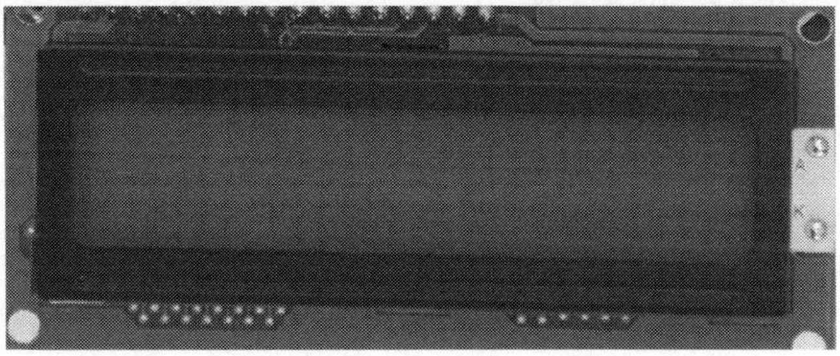

图9-25　LCD1602外形

LCD1602的显示容量为16×2个字符，芯片工作电压为4.5～5.5V，工作电流为2.0mA（5.0V），模块最佳工作电压为5.0V，16引脚，引脚说明如下：

（1）U_{ss}：电源地。

（2）U_{dd}：＋5V逻辑电源。

（3）U_o：液晶驱动电源，可调节液晶显示对比度，一般接0V。

（4）RS：数据/指令寄存器选择引脚，1—数据寄存器，0—指令寄存器。

（5）R/W：读/写操作选择引脚，1—读操作，0—写操作。

（6）E：使能信号，高电平有效，下降沿锁定数据。

（7）DB0～DB7：数据总线。

（8）LEDA：背光电源＋5V。

（9）LEDK：背光电源地。

二、LCD1602指令介绍

（1）清屏指令。

RS	R/W	DB7	DB6	DB5	DB4	DB3	DB2	DB1	DB0
0	0	0	0	0	0	0	0	0	1

功能：清除所有显示数据，并将DDRAM和地址计数器AC清零，光标返回至原始状态。

（2）归位。

RS	R/W	DB7	DB6	DB5	DB4	DB3	DB2	DB1	DB0
0	0	0	0	0	0	0	0	1	*

功能：不改变DDRAM中的内容，只将DDRAM地址计数器AC清零，光标返回至原始状态，若有滚动效果，将画面拉回原位到home位。

（3）输入方式设置。

RS	R/W	DB7	DB6	DB5	DB4	DB3	DB2	DB1	DB0
0	0	0	0	0	0	0	1	I/D	S

功能：设置光标移动方向并指定整体显示是否移动。用于设置显示字符的输入方式，在计算机读写DDRAM或CGRAM后，地址指针的修改方式，反映在效果上，为写入字符画面

或光标的移动。该指令的两个参数位 I/D 和 S 确定字符的输入方式。其中，I/D 表示计算机读/写 DDRAM 或 CGRAM 的数据后，地址的修改方式，也是光标的移动方式。I/D=1 时，光标由左至右移动且 AC 自动加 1；I/D=0 时，光标由右至左移动且 AC 自动减 1。S 表示在写入字符时，是否允许显示画面的平移。S=1 时，允许平移；S=0 时，禁止平移。S=1 且 I/D=0 时，显示画面向右平移一个字符位；S=1 且 I/D=1 时，显示画面向左平移一个字符位。

（4）显示开关控制。

RS	R/W	DB7	DB6	DB5	DB4	DB3	DB2	DB1	DB0
0	0	0	0	0	0	1	D	C	B

功能：设置显示、光标及闪烁开、关。其中，D 表示显示开关，D=1 为开，D=0 为关；C 表示光标开关，C=1 为开，C=0 为关；B 表示闪烁开关，B=1 为开，B=0 为关。

（5）光标、画面位移。

RS	R/W	DB7	DB6	DB5	DB4	DB3	DB2	DB1	DB0
0	0	0	0	0	1	S/C	R/L	*	*

功能：光标、画面移动，不影响 DDRAM。其中，S/C=1，画面平移一个字符位；S/C=0，光标平移一个字符位；R/L=1，右移；R/L=0，左移。

（6）功能设置。

RS	R/W	DB7	DB6	DB5	DB4	DB3	DB2	DB1	DB0
0	0	0	0	1	DL	N	F	*	*

功能：工作方式设置（初始化指令）。其中，DL=1，8 位数据接口；DL=0，4 位数据接口，DB4～DB7 无效，在这种模式下，传送的方式为先高 4 位，后低 4 位。N=1，两行显示；N=0，一行显示。F=1，5×10 点阵字符；F=0，5×7 点阵字符。

（7）CGRAM 地址设置。

RS	R/W	DB7	DB6	DB5	DB4	DB3	DB2	DB1	DB0
0	0	0	1	A5	A4	A3	A2	A1	A0

功能：设置 CGRAM 地址。A5～A0=0～3FH。

（8）DDRAM 地址设置。

RS	R/W	DB7	DB6	DB5	DB4	DB3	DB2	DB1	DB0
0	0	1	A6	A5	A4	A3	A2	A1	A0

功能：设置 DDRAM 地址。N=0 时，DDRAM 地址范围为 80H～FFH；N=1 时，两行显示，第一行 DDRAM 地址范围为 80H～BFH，第二行 DDRAM 地址范围为 C0H～FFH。

（9）读忙标志位 BF 及地址计数器 AC 值。

RS	R/W	DB7	DB6	DB5	DB4	DB3	DB2	DB1	DB0
0	1	BF	AC6	AC5	AC4	AC3	AC2	AC1	AC0

功能：读忙 BF 值和地址计数器 AC 值。其中，BF=1 时，内部正执行操作，此时要执行下一指令须等待，直到 BF=0 再继续。此时 AC 值意义为最近一次地址设置（CGRAM 或

DDRAM）定义。

（10）写数据。

RS	R/W	DB7	DB6	DB5	DB4	DB3	DB2	DB1	DB0
1	0	D7	D6	D5	D4	D3	D2	D1	D0

功能：写数据到 DDRAM 或 CGRAM 内。

（11）读数据。

RS	R/W	DB7	DB6	DB5	DB4	DB3	DB2	DB1	DB0
1	1	D7	D6	D5	D4	D3	D2	D1	D0

功能：从 DDRRAM 或 CGRAM 读出数据。

三、LCD1602 接口时序

LCD1602 接口时序对于软件编程来讲是十分重要的，调整 RS、R/W 和 E 的电平及电平的持续时间，对数据线 DB0～DB7 上的数据进行读、写操作。其读、写操作时序如图 9-26、图 9-27 所示。

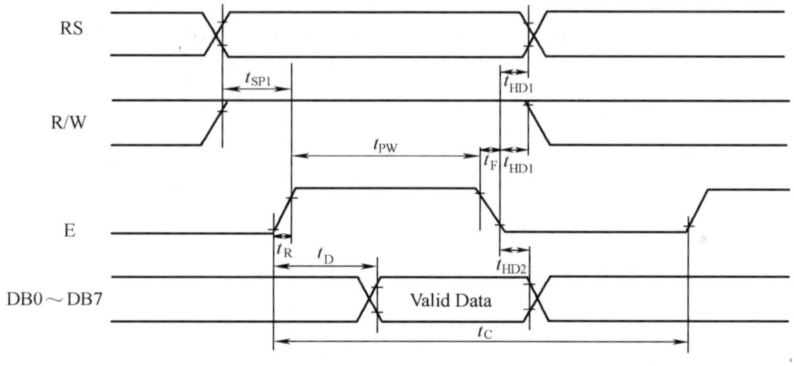

图 9-26 读操作时序

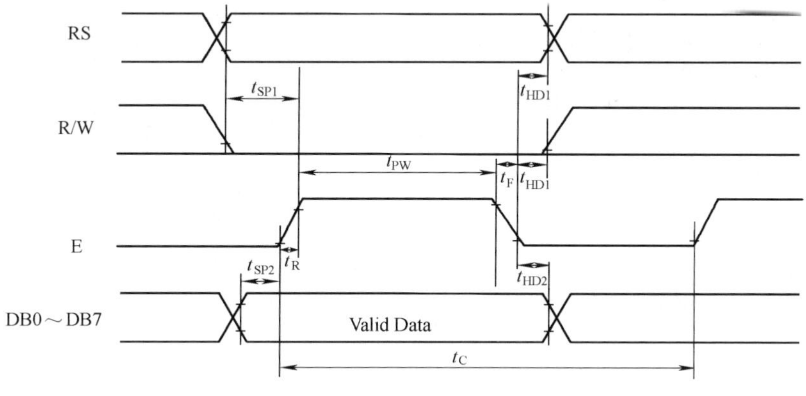

图 9-27 写操作时序

四、LCD1602 应用实例

【例 9-8】 利用单片机 AT89S51 通过液晶显示器 1602 分两行显示“HELLO! AT89S51”“WELCOM! LCD 1602”，接口电路见图 9-28。试编写程序。

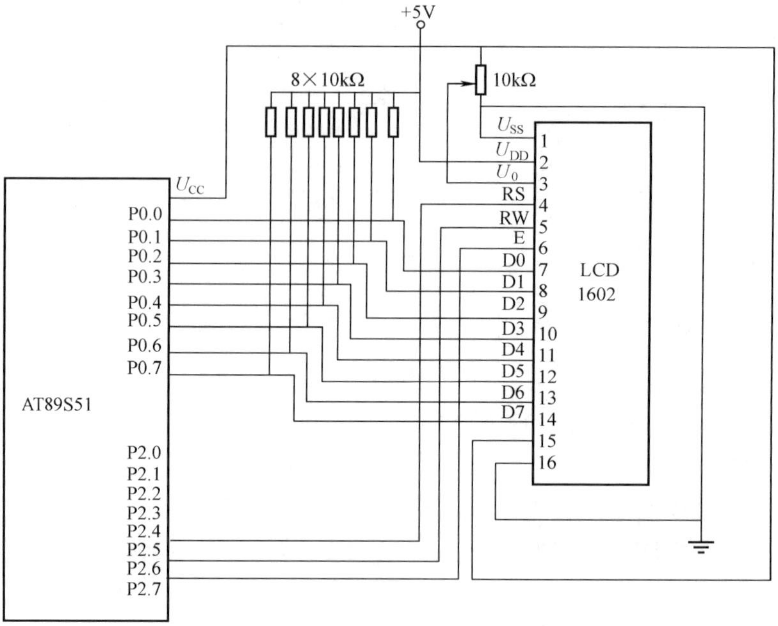

图 9-28 AT89S51 与 LCD1602 的接口电路

解 相关软件编程如下：

```
        RS      EQU P2.5
        RW      EQU P2.6
        E       EQU P2.7
        ORG     0000H
        AJMP    MAIN
        ORG     0100H
MAIN:   MOV     SP,#60H
        MOV     R1,#38H         ;功能设置,8 位数据接口,两行显示,5×7 点阵
        LCALL   ML
        MOV     R1,#0CH         ;显示开关控制,开显示,光标关,字符不闪烁
        LCALL   ML
        MOV     R1,#01H         ;清屏设置
        LCALL   ML
        MOV     R1,#06H         ;输入方式设置
                                ;光标由左至右移动且 AC 自动加 1;禁止平移
        LCALL   ML
XSH:    MOV     R0,#16
        MOV     R1,#80H         ;第一行第一个字符地址
        LCALL   ML
        MOV     DPTR,#TABLE1
        LCALL   DISP
        MOV     R1,#0C0H        ;第二行第一个字符地址
        LCALL   ML
        MOV     DPTR,#TABLE2
        LCALL   DISP
        SJMP    $
ML:     LCALL   BUSY            ;写指令子程序
        CLR     RS
        CLR     RW
        SETB    E
```

```
        MOV     A,R1
        MOV     P0,A
        CLR     E
        RET
DISP:   LCALL   BUSY            ;显示字符子程序
        SETB    RS
        CLR     RW
        SETB    E
        CLR     A
        MOVC    A,@A+DPTR
        MOV     P0,A
        INC     DPTR
        CLR     E
        DJNZ    R0,DISP
        MOV     R0,#16
        RET
BUSY:   PUSH    DPH             ;读忙标志位 BF
        PUSH    DPL
        PUSH    PSW
B_LOP:  MOV     P0,#0FFH
        CLR     RS
        SETB    RW
        SETB    E
        MOV     A, P0
        CLR     E
        JB      Acc.7, B_LOP
        POP     PSW
        POP     DPL
        POP     DPH
        RET
TABLE1:DB       " HELLO! AT89S51 "
TABLE2:DB       " WELCOM! LCD 1602"
        END
```

习　　题

1．填空题

（1）由于机械按键的机械触点存在弹跳现象，因此在按键按下或放开的瞬间，会存在_________现象。

（2）为了避免抖动引起的误操作，需要进行去抖动。去抖动可分为______________和_________。

（3）当检测到有按键_________后，软件延时 10ms，然后再判别按键是否被按下，若仍被按下，则视为确定按键按下，否则视为按键抖动。

（4）键盘电路的电路形式可分为两种：_________和_________。

（5）_________式键盘接口适于按键数较少或操作速度较高的场合。

（6）行列式键盘又叫__________。用 I/O 口线组成行、列结构，按键设置在行列的交叉点上。

（7）按键的识别方法主要有两种方法：_________和_________。

（8）键盘工作方式有 3 种，即_________、_________和_________。

（9）LED 是________的缩写。

（10）LED 显示器共有两种工作方式：________和________。

2．选择题（可多选）

（1）抖动时间的长短与按键的机械特性有关，一般在（　　）之间，而按键稳定闭合期长短与操作者按键时间有关，从数百毫秒到数秒之间。

A．1～10ms　　B．5～10ms　　C．1～5ms　　D．10～20ms

（2）为了保证对按键的（　　）次按下操作仅作一次处理，在确定按键被按下后，需要不断检测按键是否断开，只有判断按键断开了，才可对此次按键操作进行相应处理。

A．1　　B．2　　C．3　　D．4

（3）线反转法只需要（　　）个步骤就可以识别出闭合按键所在的行列位置。

A．1　　B．2　　C．3　　D．4

（4）如果想点亮一位 LED 显示器，需要控制（　　）。

A．段码线　　B．片选线　　C．位选线　　D．使能线

（5）用于 LED 显示器硬件译码的硬件译码器是使用 BCD7 段十六进制锁存、译码驱动芯片来完成 BCD 码到段选码的转换和显示驱动。常用的硬件译码器有（　　）。

A．MC14495　　B．CD4511　　C．MC14499　　D．74LS164

（6）LCD 按照排列形状可分为（　　）3 种。

A．字段型　　B．点阵字符型　　C．点阵图形型　　D．点阵数码型

（7）软件消抖延时程序一般延时等待（　　）。

A．10ms　　B．20ms　　C．30ms　　D．5ms

（8）单片机应用系统中常使用 LED 显示器构成 N 位 LED 显示器，N 个 LED 显示器有 N 位位选线和（　　）根段码线。

A．$8\times N$　　B．$4\times N$　　C．$8\times 2N$　　D．$8\times 8N$

3．判断题

（1）74LS165 是 CMOS BCD——7 段十六进制锁存、译码驱动芯片。MC14495 能完成 BCD 码至十六进制数的锁存和译码，并具有驱动能力。（　　）

（2）硬件译码是将要显示的字母、数字或符号采用查表的方法通过软件编程转换为其相应的段码。（　　）

（3）Intel 8279 芯片是通用可编程键盘/显示器接口芯片，可对键盘部分提供扫描工作方式，能对 128 个键键盘阵列不断扫描。（　　）

（4） HD7279A 是一片具有串行接口，可同时驱动 8 位共阴极式数码管的智能显示驱动芯片。（　　）

（5）HD7279A 无需外围元件可直接驱动 LED。（　　）

（6）当串行口没有用作其他用途时，可以用来扩展并行 I/O 口连接键盘/显示电路。此时串行口工作在方式 1。（　　）

（7）静态显示方式原理简单，显示亮度高，无闪烁。（　　）

（8）LED 显示器有共阳极和共阴极两种，其中 3FH 为共阳极“0”的段码。（　　）

4．简答题

（1）简述机械按键的工作原理。

（2）简述行列式键盘工作原理。

（3）按键的识别方法有哪几种？简述其识别原理。

（4）简述键盘的工作方式。

（5）简述 LED 显示器的工作方式。

（6）简述 LED 显示器的译码方式。

（7）简述通用可编程键盘/显示器接口芯片 8279 和 7279 功能。

（8）简述 LCD 的工作原理及分类。

5．画图题

（1）利用单片机的 P1 口实现 3×3 行列式键盘，画出电路图。

（2）采用 MCS-51 单片机，利用 MC14495 实现4位LED显示器的静态显示，画出电路图。

6．编程题

（1）编程实现，如图 9-29 所示电路中，当按键一次闭合后，LED 将点亮，当按键再次闭合后，LED 熄灭。

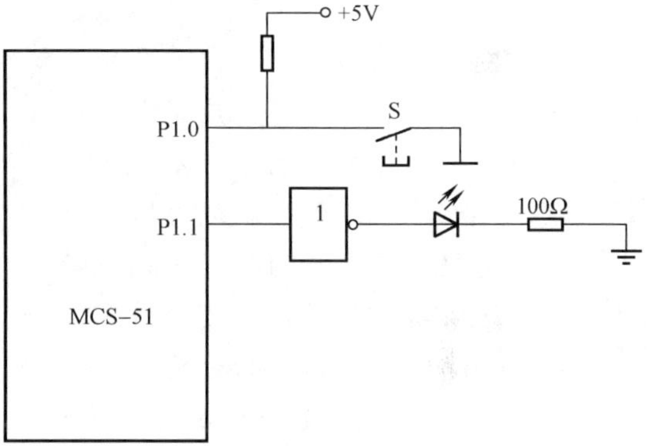

图 9-29 题 6（1）的图

（2）如图 9-30 所示，利用 8031 的串行口实现键盘/显示器接口，试编写显示子程序和键盘扫描子程序。

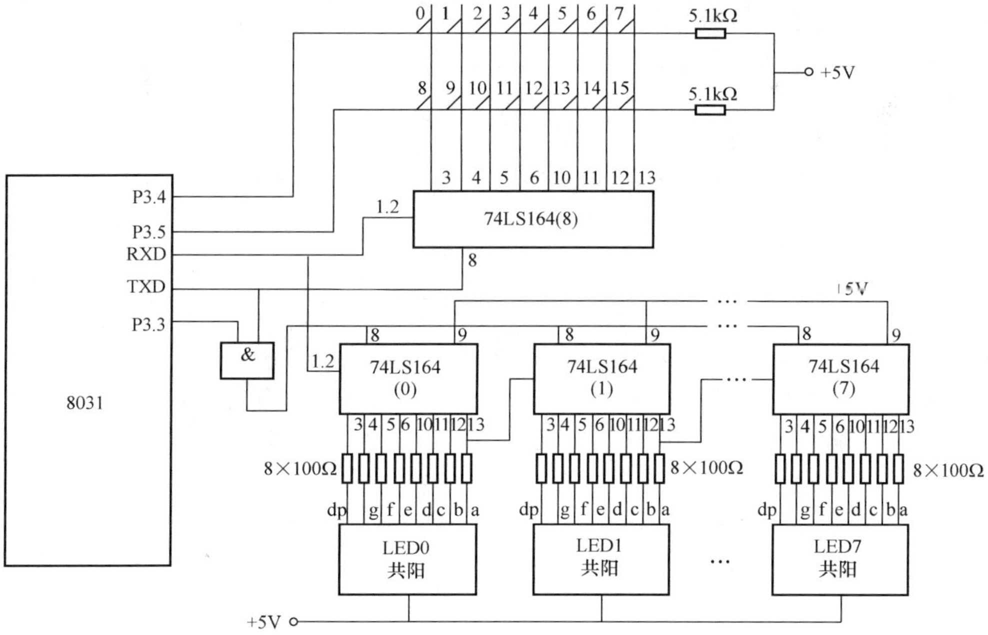

图 9-30 题 6（2）的图

第 10 章 单片机应用系统的设计

本章概要及学习目标

本章围绕单片机应用系统，介绍了单片机应用系统设计的基本要求、设计内容、设计过程、设计方法，以及单片机应用系统设计的调试方法和可靠性问题，最后，通过单片机温度控制系统和室内环境参数监控系统两个实例详细介绍了单片机应用系统的整体设计思路及设计过程。作为从理论到实践的过渡，本章内容起着一个桥梁的作用，既是对前面内容的一个小结，又是引导读者如何将理论知识付诸于实践的一个过程，为将来的应用打下一个良好的基础。通过对本章的学习，读者应掌握和了解以下知识:

1. 单片机应用系统的概念、分类。
2. 单片机应用系统设计的基本要求。
3. 单片机应用系统设计的内容。
4. 单片机应用系统设计过程。
5. 单片机应用系统设计的方法。
6. 单片机应用系统的调试方法。
7. 单片机应用系统的可靠性设计。

重点内容:

1. 单片机应用系统的概念、分类。
2. 单片机应用系统设计的基本要求、设计内容、设计过程、设计方法、调试方法。

10.1 概 述

单片机控制系统能够取代以前利用复杂电子线路或数字电路构成的控制系统，可以由软件控制来实现，并能够实现智能化，且单片机具有体积小、功耗低、功能强、可靠性高、实时性强、简单易学、使用方便灵巧、易于维护和操作、性能价格比高、易于推广应用、可实现网络通信等技术特点，因此，单片机在自动化装置、智能仪表、家用电器，乃至数据采集、工业控制、计算机通信、汽车电子、机器人等领域得到了日益广泛的应用。鉴于单片机在众多领域的重要作用，因此，学习和设计一个满足控制实际目标要求的单片机应用系统就显得尤为重要。

10.2 单片机应用系统的分类

按照单片机系统扩展与系统配置的状况，单片机应用系统可分为最小应用系统、典型应用系统等。

10.2.1　最小应用系统

最小应用系统是指能维持单片机运行的最简配置系统。这种系统结构简单、成本低廉，常构成一些简单的控制系统，如开关状态的输入/输出控制、时序控制等。

最小应用系统的硬件电路构成很简单，对于片内有程序存储器的单片机，只要配上晶振、复位电路和电源就可以构成最小应用系统。而对于片内无程序存储器的单片机，其最小应用系统除了配置晶振、复位电路和电源外，还需扩展程序存储器。图 10-1 所示是 CPU 内部没有程序存储器（如 8031）的最小应用系统原理框图。图 10-2 所示是 CPU 内部含有程序存储器（如 AT89 系列单片机）的最小应用系统原理框图。最小应用系统的功能完全取决于单片机芯片技术水平。

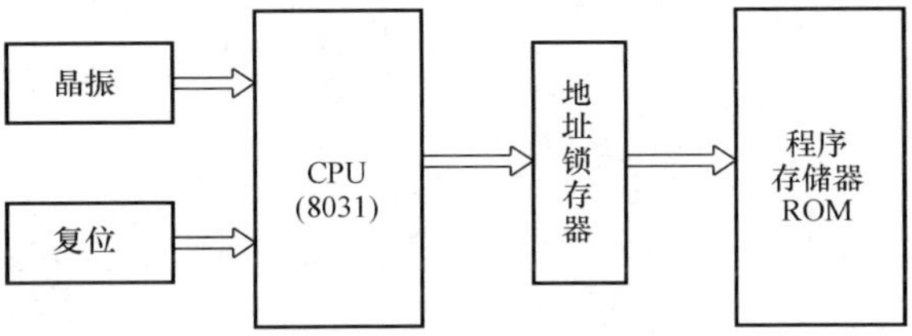

图 10-1　CPU 内部没有程序存储器的最小系统原理框图

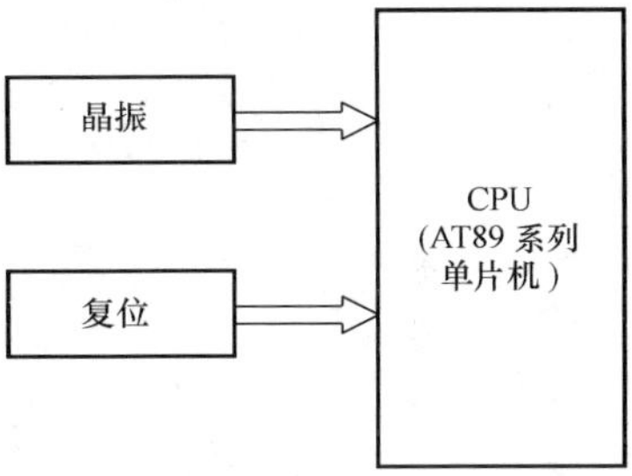

图 10-2　CPU 内部含有程序存储器的最小系统原理框图

10.2.2　典型应用系统

典型应用系统是指单片机要完成一般工业测控功能所必须具备的系统，其硬件结构包括单片机系统、用于测控目的的前向传感器输入通道、后向伺服控制输出通道以及基本的人机对话通道，对于大型复杂的应用系统，还包括机与机之间进行的通信。图 10-3 为单片机典型应用系统的一般组成结构原理框图。

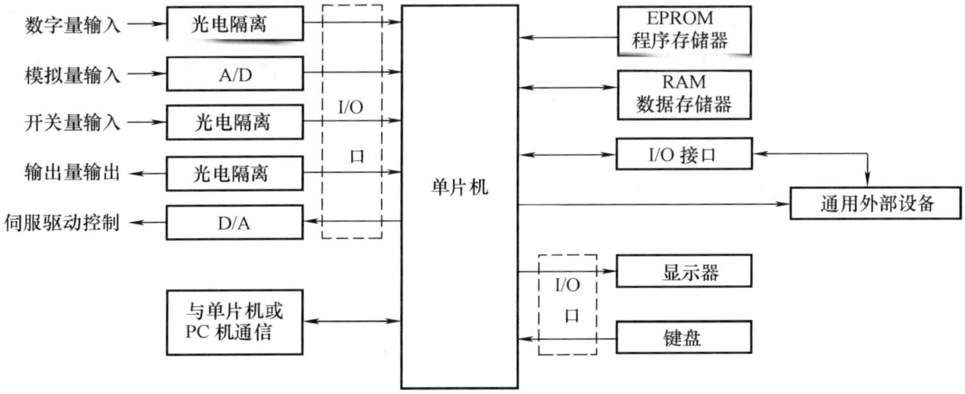

图 10-3　单片机典型应用系统的一般组成结构原理框图

一、前向通道的组成及其特点

前向通道是单片机与测控对象相连的部分，是应用系统的数据采集的输入通道。

来自被控对象的现场信息有多种多样。按物理量的特征可分为模拟量和数字、开关量等。对于数字量（频率、周期、相位、计数）的采集，输入比较简单，它们可直接作为计数输入、测试输入、I/O 口输入或中断源输入进行事件计数、定时计数，实现脉冲的频率、周期、相位及记数测量。

对于开关量的采集，一般通过 I/O 口线或扩展 I/O 口线直接输入。一般被控对象都是交变电流、交变电压、大电流系统。而单片机属于数字弱电系统，因此在数字量和开关量采集通道中，要用隔离器件进行隔离（如光电耦元器件）。

对于模拟量的采集，一般经过模拟量采集通道才能顺利地被单片机采集读取。图 10-4 为模拟量采集通道结构原理框图。

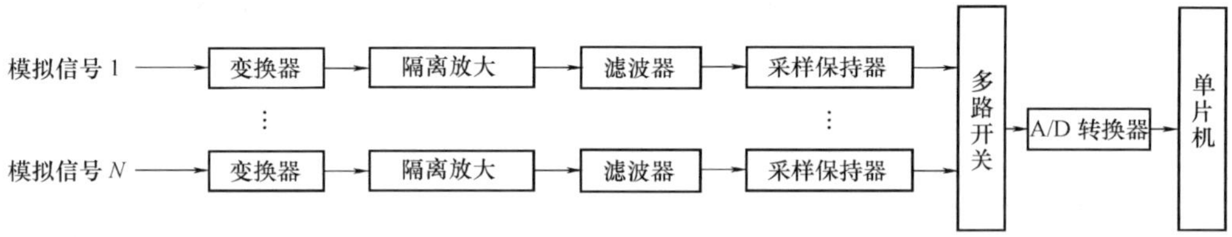

图 10-4　模拟量采集通道结构原理框图

（1）变换器。变换器是各种传感器的总称，它采集现场的各种信号，并变换成电信号（电压信号或电流信号），以满足单片机的输入要求。现场信号有各种各样，有电信号，如电压、电流、电磁量等；也有非电量信号，如温度、湿度、压力、流量、位移量等。对于不同物理量应选择相应的传感器。

（2）隔离放大与滤波。传感器的输出信号一般是比较微弱的，不能满足单片机系统的输入要求，要经过放大处理后才能作为单片机系统的采集输入信号。现场信息来自各种工业现场，夹带大量的噪声干扰信号，为提高单片机应用系统的可靠性必须隔离或削减干扰信号，这是整个单片机应用系统抗干扰设计需要考虑的重点内容。

（3）采样保持器。前向通道中的采样保持器有两个作用，一是实现多路模拟信号的同时采集；二是消除 A/D 转换器的“孔径误差”。一般的单片机应用系统都是用一个 A/D 转换器分时对多路模拟信号进行转换并输入给单片机，而控制系统又要求单片机对同一时刻的现场采样值进行处理，否则将产生很大误差。用一个 A/D 转换器同时对多路模拟信号进行采样是由采样保持器来实现的。采样保持器在单片机的控制下，在某一个时刻可同时采样它所接那路的模拟信号的值，并能保持该瞬时值，直到下一次重新采样。

A/D 转换器把一个模拟量转换成数字量需要经历一个时间过程。A/D 转换器从接通模拟信号开始转换，到转换结束输出稳定的数字量，这一段时间称为孔径时间。对于一个动态模拟信号，在 A/D 转换器接通的孔径时间里，输入模拟信号值是不确定的，从而会引起输出的不确定性误差，即孔径误差。在 A/D 转换器前加设采集保持器，在孔径时间里，使模拟信号保持某一个瞬时值不变，从而可消除孔径误差。

（4）多路开关。用多路开关实现一个 A/D 转换器分时对多路模拟信号进行转换。多路开关是受单片机控制的多路模拟电子开关，某一时刻需要对某路模拟信号进行转换，由单片机向多路开关发出该路地址信息，使多路开关把该路模拟信号与 A/D 转换器接通，其他路模拟信号与 A/D 转换器不接通，实现有选择的转换。

（5）A/D 转换器。A/D 转换器是前向通道中模拟系统与数字系统连接的核心部件。

综上所述，前向通道具有以下特点：

（1）前向通道与现场采集对象相连，是现场干扰进入的主要通道，是整个系统抗干扰设计的重点考虑内容。

（2）由于所采集的对象不同，有开关量、模拟量、数字量等，而这些都是由安放在测量现场的传感器、变换装置产生的，许多参量信号不能满足单片机输入的要求，故有大量的、形式多样的信号变换调节电路，如测量放大器、I/F 变换、A/D 转换、放大、整形电路等。

（3）前向通道是一个模拟、数字混合电路系统，其电路功耗小，一般没有功率驱动要求。

二、后向通道的特点

（1）根据输出控制的不同要求，后向通道电路有多种多样，如模拟电路、数字电路、开关电路等，输出信号形式有电流输出、电压输出、开关量输出及数字量输出等。

（2）后向通道是应用系统的输出通道，大多数需要功率驱动。

（3）后向通道靠近伺服驱动现场，伺服控制系统的大功率负荷易从后向通道进入单片机系统，故后向通道的隔离对系统的可靠性至关重要。

三、人机通道的特点

（1）由于通常的单片机应用系统大多数是小规模系统，因此，应用系统中的人机对话通道以及人机对话设备的配置都是小规模的，如微型打印机、数字键、功能键、LED/LCD 显示器等。若需高水平的人机对话配置，如通用打印机、CRT、硬盘、标准键盘等，则往往将单片机应用系统通过总线与通用计算机相连，享用通用计算机的外围人机对话设备。

（2）单片机应用系统中，人机对话通道及接口大多采用总线形式，与计算机系统扩展密切相关。

（3）人机通道接口一般都是数字电路，电路结构简单，可靠性高。

四、相互通道及其特点

（1）中、高档单片机大多设有串行口，为构成单片机应用系统的相互通道提供了方便条件。

（2）单片机本身的串行口只为相互通道提供了硬件结构及基本的通信方式，并没有提供标准的通信规程。故利用单片机串行口构成相互通道时，要配置比较复杂的通信软件。

（3）在很多情况下，采用扩展标准通信控制芯片来组成相互通道。例如，用扩展 8250、8251、SIO、8273、MC6850、MAX232 等通用通信控制芯片来构成相互通信接口。

（4）相互通信接口都是数字电路系统，抗干扰能力强，但大多数都需远距离传输，故需要解决长线传输的驱动、匹配、隔离等问题。

10.3　单片机应用系统设计的基本要求

一、对设计者的要求

（1）具备一定的硬件基础知识。设计者不仅要掌握各种单片机、存储器（如 EPROM、EEPROM、RAM）和 I/O 接口（如 8255、8155、8279 及其他功能器件），还要掌握键盘、开关、检测各种输入量的传感器、控制用的执行装置以及与单片机和各种仪器进行通信的接口等。

（2）具备一定的软件设计能力。设计者能根据系统的要求，设计出所需要的程序，如数据采集程序、A/D 或 D/A 转换程序、数码转换程序、数字滤波程序、标度变换程序、键盘处理程序、显示及打印程序以及各种控制算法和非线性补偿程序等。

（3）具备一定的综合运用和分析的能力。设计者要能够将一个单片机应用系统的复杂设计任务划分成许多便于实现的若干部分，尤其是对软件和硬件折中问题能够恰当地运用。

（4）设计者还要掌握生产过程的工艺性能及被测参数的测量方法以及被控对象的动、静态特性等。

二、对单片机应用系统的要求

（1）可靠性要高。这是对单片机应用系统最重要的一个基本要求。提高单片机应用系统可靠性的常用几种方法如下：

1）提高元器件的可靠性。

2）提高印刷电路板的质量，设计电路时布线及接地要合理。

3）对供电电源采用抗干扰措施。

4）进行软硬件滤波。

5）输入输出通道采取抗干扰措施。

6）采用集散式控制系统。

7）采用双机冗余系统。

（2）自诊断功能要强。在进行系统整体设计时，一定要考虑系统的故障自动检测和处理的功能。

当系统正常运行时，可定时对各模块进行自诊断，并对外界出现的异常情况作出快速应变处理。对于出现无法解决的情况，应能及时切换后备装置投入工作，或及时报警，以提醒人工干预。对于集散控制系统，主机除了对各子系统的例行监督管理外，还要诊断各子系统是否在正常运转，当发现某个系统有故障时，应立即进行处理。

（3）操作和维修要方便。在系统的硬件和软件设计时，应考虑操作和维修方便，尽量降低对操作人员的专业知识要求，以便于系统的推广。

系统的操作控制开关不能太多、太复杂，操作顺序应简单明了，最好具有一定的容错性，输入输出应用十进制表示，功能符号简明直观，结构应规范化、模块化，并配有现场故障诊断程序。

（4）性价比高。一个单片机应用系统能否被广泛地采用，关键在于是否有很高的性能价格比。硬件软化是提高系统性能价格比的实用方法。在系统总体设计时，应尽可能减少硬件成本，能用软件实现的功能尽量用软件实现。在不增加成本的基础上，提高软件和硬件结构的通用性和可扩充性是十分重要的。

上述四点是设计单片机应用系统时应考虑的基本要求。对不同的应用系统还有许多特定的要求，如精度、速度、体积、质量及监视手段等，这些均须根据具体系统的要求而定。

10.4 单片机应用系统的设计内容

一、单片机系统设计

单片机本身具备比较强大的功能，但往往不能满足一个实际应用系统的功能要求，有些单片机本身就缺少一些功能部分，如 MSC-51 系列中的 8031、8032 片内无程序存储器。因此要通过系统扩展，从而构成一个完善的计算机系统，它是单片机应用系统中的核心部分。系统的扩展方法、内容、规模与所用的单片机系列有关。单片机具有较强的外部扩展、通信能力，能方便地扩展至应用系统所要求的规模。单片机应用系统的设计内容如下：

（1）最小系统设计。给单片机配以必要的器件构成单片机最小系统。如 MSC-51 系列片内有程序存储器的机型，只需在片外配上电源、复位电路、振荡电路，从而便于对单片机系统进行测试与调试。

（2）系统扩展设计。它是在单片机最小系统的基础上，再扩展并配置能满足应用系统要求的一些外围功能器件，如程序存储器、数据存储器及 I/O 口的扩展等。

二、通道与接口设计

由于通道大都是通过 I/O 口进行配置的，与单片机本身的联系不甚紧密，故大多数接口电路都能方便地移植到其他类型的单片机应用系统中去。

三、系统抗干扰设计

系统抗干扰设计要贯穿于应用系统设计的全过程。从具体方案、器件选择到电路系统设计，从硬件系统设计到软件系统设计，都要把抗干扰设计列为一项重要工作。

四、应用软件设计

应用软件设计是根据系统功能要求，采用汇编语言或高级语言进行设计。

10.5　单片机应用系统设计的一般过程

单片机应用系统设计的一般过程包含以下几个步骤：

（1）系统需求与方案调研。

（2）可行性分析。

（3）系统方案设计。

（4）系统具体设计与制作。

（5）系统调试、修改与测试。

（6）生产样机。

（7）生成正式系统或产品。

单片机应用系统设计流程见图 10-5。

一、系统需求与方案调研

（1）了解国内外同类系统的开发水平、器材、设备水平、供应状态。对接收委托研制项目，还应充分了解对方技术要求、环境状况、技术水平，以确定课题的技术难度。

（2）了解可移植的硬、软件技术。能移植的尽量移植，以防止大量低水平重复劳动。

（3）摸清硬、软件技术难度，明确技术主攻方向。

（4）综合考虑硬、软件分工与配合方案。单片机应用系统设计中，硬、软件工作具有密切的相关性。

二、可行性分析

可行性分析的目的是对系统开发研制的必要性及可行性作出明确的判定结论。根据这一结论决定系统的开发研制工作是否进行下去。

可行性分析通常从以下几个方面进行论证：

（1）市场或用户的需求情况。

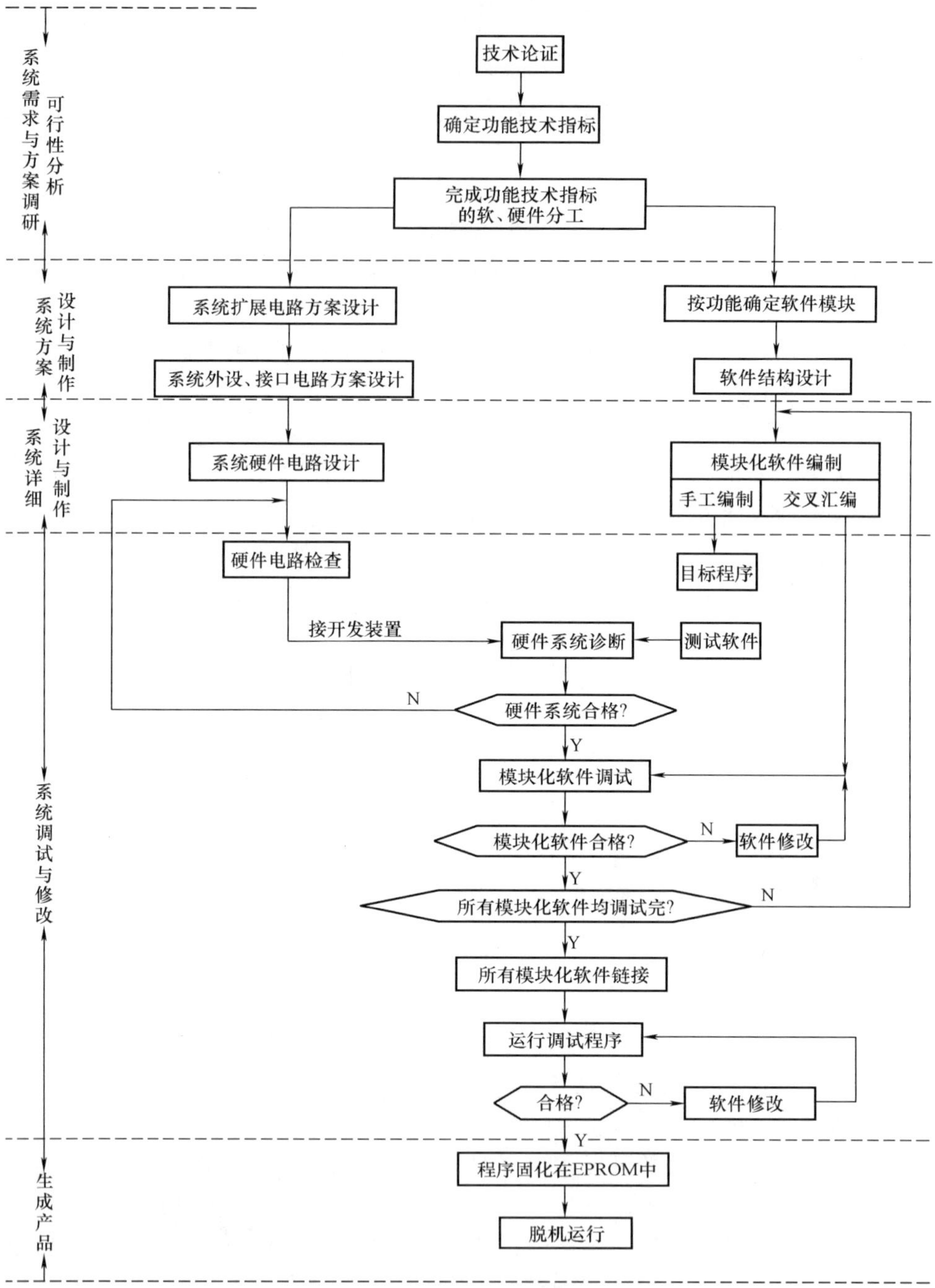

图 10-5　单片机应用系统设计流程

（2）经济效益和社会效益。

（3）技术支持与开发环境。

（4）现在的竞争力与未来的生命力。

三、系统方案设计

系统方案设计包括系统功能设计和系统结构设计。系统功能设计是根据设计任务、技术指标要求和给定条件，确定系统总体目标的功能。系统结构设计是根据系统总体目标功能划分系统硬、软件功能及其协调关系，并确定系统硬件结构和软件结构，合理分配系统内部的硬、软件资源。

系统硬件结构设计的主要内容包括单片机最小系统及系统扩展方案和外围设备的配置及其接口电路方案，最后以逻辑框图形式描述出来并阐述各个部分在系统硬件结构设计中承担的功能。系统软件结构设计主要完成的任务是确定出系统软件功能模块的划分及各功能模块的程序实现的技术方法，最后以软件结构框图或软件流程图的形式描述出来。

综上所述，系统方案设计主要包括以下几个方面：

（1）从系统功能需求出发设计功能模块。它包括显示器、键盘、数据采集、检测、通信、控制、驱动、供电方式等

（2）从系统应用需求出发分配元器件资源。它包括定时器/计数器、中断系统、串行口、I/O 接口、A/D、D/A、信号调理、时钟发生器等。

（3）从开发条件与市场情况出发选择元器件。它包括仿真器、编程器、元器件、语言、程序设计的简易等。

（4）从系统可靠性需求确定系统设计工艺。它包括去耦、光隔、屏蔽、印刷电路板、低功耗、散热、传输距离/速度、节电方式、掉电保护、软件措施等。

四、系统具体设计与制作

系统具体设计与制作就是将前面的系统方案付诸实施，将硬件原理框图转化成具体电路原理图，并制作成电路板，软件流程图用程序加以实现。

五、系统调试、修改与测试

系统调试是检测所设计系统的正确性与可靠性。单片机应用系统设计是一个相当复杂的劳动过程，在设计、制作中，难免存在一些局部性问题或错误。系统调试中可发现存在的问题和错误，及时地进行修改。调试与修改的过程可能要反复进行多次，最终使系统试运行成功，并达到设计要求。单片机应用系统设计完成时，一般还需进行单片机软件功能的测试，如上电、掉电测试，老化测试，静电放电抗扰度等，可以使用各种干扰模拟器来测试单片机应用系统的可靠性，还可以模拟人为使用中可能发生的破坏情况。经过调试、测试后，若系统完全正常工作，功能完全符合系统性能指标要求，则一个单片机应用系统的研制过程全部结束。

六、生成正式系统（或产品）

系统硬、软件调试通过后，把链接调试完毕的系统软件固化在 EPROM 中，然后脱机（脱离开发系统）运行。如果脱机运行正常，再在真实环境或模拟真实环境下运行，经反复运行正常，开发过程即宣告结束。这时的系统只能作为样机系统，给样机系统加上外壳、面板，再配上完整的文档资料，就可生成正式的系统（或产品）。

10.6 单片机应用系统的一般设计方法

10.6.1 确定系统的功能与性能

系统功能主要有数据采集、数据处理、输出控制等。每一个功能又可细分为若干个子功能。例如数据采集可分为模拟信号采样与数字信号采样。模拟信号采样与数字信号采样在硬件支持与软件控制上是有明显差异的。数据处理可分为预处理、功能性处理、抗干扰等子功

能，而功能性处理还可以继续划分为各种信号处理等。输出控制按控制对象不同可分为各种控制功能，如继电器控制、D/A 转换控制、数码管显示控制等。

系统性能主要由精度、速度、功耗、体积、重量、价格、可靠性等的技术指标来衡量。系统研制前，要根据需求调查结果给出上述各指标的定额。一旦这些指标被确定下来，整个系统将在这些指标限定下进行设计。系统的速度、体积、重量、价格、可靠性等指标会左右系统软、硬件的功能的划分。系统功能尽可能用硬件完成，这样可提高系统的工作速度，但系统的体积、重量、功耗、硬件成本都相应地增大，而且还增加了硬件所带来的不可靠因素。用软件功能尽可能地代替硬件功能，可使系统体积、重量、功耗、硬件成本降低，并可提高硬件系统的可靠性，但是可能会降低系统的工作速度。因此，在进行系统功能的软、硬件划分时，一定要依据系统性能指标综合考虑。

10.6.2 确定系统基本结构

一、单片机选型

单片机的选型是一件重要而费心的事情，如果单片机型号选择得合适，单片机应用系统就会有最高的可靠性，最优的性能价格比，最长的使用寿命和最好的升级换代可能；如果选择得不合适，就会造成经济浪费，影响单片机应用系统的正常运行，甚至根本就达不到预先设计的功能。

单片机选型的总原则是：

（1）单片机芯片本身的数量和含有的功能略大于设计需求。

（2）设计需求尽可能用单片机芯片本身完成，少用外围器件。

（3）选择芯片时，选大（大厂）不选小，选多（供应量多）不选少，选名（名牌）不选渺（飘渺，不知详情的厂子），选廉（廉价）但要好（质量保证）。

单片机选型主要从单片机应用系统的技术性、实用性和可开发性三方面来考虑：

（1）技术性。要从单片机的技术指标角度，对单片机芯片进行选择，以保证单片机应用系统在一定的技术指标下可靠运行。

（2）实用性。要从单片机的供货渠道、信誉程序、供应量、生产量和更新换代趋势等角度，对单片机的生产厂家进行选择以保证单片机应用系统能长期、可靠运行。

（3）可开发性。选用的单片机要有可靠的可开发手段，如程序开发工具、仿真调试手段等。

二、存储空间分配

存储空间分配既影响单片机应用系统硬件结构，也影响软件的设计及系统调试。不同的单片机具有不同的存储空间分布。MCS-51 单片机的程序存储器与数据存储器空间相互独立，工作寄存器、特殊功能寄存器与内部数据存储器共享一个存储空间，I/O 端口则与外部数据存储器共享一个空间。因此，在系统设计时就要合理地为系统中的各种部件分配有效的地址空间，以便简化译码电路，并使 CPU 能准确地访问到指定部件。

三、I/O 通道划分

单片机应用系统中通道的数目及类型直接决定系统结构。设计中应根据被控对象所要求的输入/输出信号的数目及类型，确定整个应用系统的通道数目及类型。

四、I/O 方式的确定

采用不同的输入/输出方式，对单片机应用系统的硬、软要求是不同的。在单片机应用系统中，常用的 I/O 方式主要有无条件传送方式（程序同步方式）、查询方式和中断方式。这三种方式对硬件要求和软件结构各不相同，而且存在着明显的优缺点差异。在一个实际应用系统中，选择哪一种 I/O 方式，要根据具体的外设工作情况和应用系统的性能技术指标综合考虑。一般来说，无条件传送方式只适用于数据变化非常缓慢的外设，这种外设的数据可视为常态数据；中断方式处理器效率较高，但硬件结构稍复杂一些；而查询方式硬件价格较低，但处理器效率比较低，速度比较慢。在一般小型的应用系统中，由于速度要求不高，控制的对象也较少，此时，大多采用查询方式。

五、软、硬件功能划分

同一般的计算机系统一样，单片机应用系统的软件和硬件在逻辑上是等效的。具有相同功能的单片机应用系统，其软、硬件功能可以在很宽的范围内变化。一些硬件电路的功能可以由软件来实现，反之亦然。在单片机应用系统设计中，系统的软、硬件功能划分要根据系统的要求而定，多用硬件来实现一些功能，可以提高速度，减少存储容量和软件研制的工作量，但会增加硬件成本，降低系统的灵活性与适应性；相反，若用软件来实现某些硬件功能，则可以节省硬件开支，提高灵活性和适应性，但系统速度会下降，软件设计费用和所需存储容量会增加。因此，在总体设计时，必须权衡利弊，仔细划分应用系统中硬件和软件的功能。

10.6.3　单片机应用系统硬、软件的设计原则

一、硬件系统设计原则

一个单片机应用系统的硬件电路设计包括两部分内容：一是单片机系统设计，即单片机最小系统的设计以及单片机内部的功能单元（如程序存储器、数据存储器、I/O、定时器/计数器、中断系统等）的容量不能满足应用系统的要求时，必须在片外进行扩展，选择适当的芯片，设计相应的扩展连接电路；二是系统外围设备的配置及接口设计，即按照系统功能要求配置外围设备，如键盘、显示器、打印机、A/D 转换器、D/A 转换器等，并设计合适的接口电路。为满足以上要求，单片机应用系统的硬件设计一般遵循以下原则：

（1）尽可能选择典型通用的电路，并符合单片机的常规用法，为硬件系统的标准化、模块化奠定良好的基础。

（2）系统的扩展与外围设备配置的水平应充分满足应用系统当前的功能要求，并留有适当余地，便于以后进行功能的扩充。

（3）硬件结构应结合系统软件方案一并考虑，考虑的原则是：软件能实现的功能尽可能由软件实现，即尽可能地用软件代替硬件，以简化硬件结构，降低成本，提高可靠性。但必须注意，由软件实现的硬件功能，其响应时间要比直接用硬件长。因此，某些功能选择以软件代替硬件实现时，应综合考虑系统响应速度、实时要求等相关的技术指标。

（4）整个系统中相关的器件要尽可能做到性能匹配，例如，选用晶振频率较高时，存储器的存取时间就短，应选择允许存取速度较快的芯片；选用 CMOS 芯片单片机构成低功耗系统时，系统中的所有芯片都应该选择低功耗产品。如果系统中相关的器件性能差异很大，系统综合性能将降低，甚至不能正常工作。

（5）可靠性及抗干扰设计是硬件设计中不可忽视的一部分，它包括芯片、器件选择、去耦滤波、印刷电路板布线、通道隔离等。如果设计中只注重功能实现，而忽视可靠性及抗干扰设计，到头来只能是事倍功半，甚至会造成系统崩溃，前功尽弃。

（6）单片机外接电路较多时，必须考虑其驱动能力。驱动能力不足时，系统工作不可靠。解决的办法是增加驱动能力，增强总线驱动器或者减少芯片功耗，降低总线负载。

二、应用软件设计原则

应用系统中的应用软件是根据系统功能设计的，应可靠地实现系统的各种功能。应用系统种类繁多，应用软件各不相同，但是一个优秀的应用系统的软件应遵循以下设计原则：

（1）软件结构清晰、简捷，流程合理。

（2）各功能程序实现模块化、系统化。这样既便于调试、连接，又便于移植、修改和维护。

（3）程序存储区、数据存储区规划合理。这样既能节约存储容量，又能给程序设计与操作带来方便。

（4）运行状态实现标志化管理。各个功能程序运行状态、运行结果以及运行需求都设置状态标志以便查询，程序的转移、运行、控制都可通过状态标志条件来控制。

（5）经过调试修改后的程序应进行规范化，除去修改“痕迹”。规范化的程序便于交流、借鉴，也为今后的软件模块化、标准化打下基础。

（6）实现全面软件抗干扰设计。软件抗干扰是计算机应用系统提高可靠性的有力措施。

（7）为了提高运行的可靠性，在应用软件中设置自诊断程序，在系统运行前先运行自诊断程序，用以检查系统各特征参数是否正常。

10.6.4 硬件设计

一、程序存储器

若单片机内无片内程序存储器或存储容量不够时，需外部扩展程序存储器。外部扩展的存储器通常选用 EPROM 或 EEPROM。EPROM 集成度高、价格便宜；EEPROM 则编程容易。当程序量较小时，使用 EEPROM 较方便；当程序量较大时，使用 EPROM 更经济。

二、数据存储器

数据存储器利用 RAM 构成。大多数单片机都提供了小容量的片内数据存储区，只有当片内数据存储区不够用时才扩展外部数据存储器。

存储器的设计原则是：在存储容量满足要求的前提下，尽可能减少存储芯片的数量。建议使用大容量的存储芯片以减少存储器芯片数目，但应避免盲目地扩大存储器容量。

三、I/O 接口

由于外设多种多样，使得单片机与外设之间的接口电路也各不相同。因此，I/O 接口常常是单片机应用系统中设计最复杂也最困难的部分之一。

I/O 接口大致可归类为并行接口、串行接口、模拟采集通道（接口）、模拟输出通道（接口）等。目前有些单片机已将上述各接口集成在单片机内部，使 I/O 接口的设计大大简化。系统设计时，可以选择含有所需接口的单片机。

四、译码电路

当需要外部扩展电路时，就需要设计译码电路。译码电路要尽可能简单，这就要求存储空间分配合理，译码方式选择得当。

考虑到修改方便与保密性强，译码电路除了可以使用常规的门电路、译码器实现外，还可以利用可编程门阵列来实现。

五、总线驱动器

如果单片机外部扩展的器件较多，负载过重，就要考虑设计总线驱动器。例如，MCS-51 单片机的 P0 口负载能力为 8 个 TTL 芯片，P2 口负载能力为 4 个 TTL 芯片，如果 P0、P2 口实际连接的芯片数目超出上述定额，就必须在 P0、P2 口增加总线驱动器来提高它们的驱动能力。P0 口应使用双向数据总线驱动器（如 74LS245），P2 口应使用单向总线驱动器（如 74LS244）。

六、抗干扰电路

针对可能出现的各种干扰，应设计抗干扰电路。在单片机应用系统中，一个不可缺少的抗干扰电路就是抗电源干扰电路。最简单的实现方法是在系统弱电部分（以单片机为核心）的电源入口对地跨接 1 个大电容（100μF 左右）和一个小电容（0.1μF 左右），在系统内部每个芯片的电源端对地跨接一个 0.01～0.1μF 的电容。

另外，可以采用隔离放大器、光电隔离器件抗共地干扰，采用差分放大器抗共模干扰，采用平滑滤波器抗噪声干扰，采用屏蔽手段抗辐射干扰等。

10.6.5　软件设计

整个单片机应用系统是一个整体。在进行应用系统总体设计时，软件设计和硬件设计应统一考虑，相结合进行。当系统的硬件电路设计定型后，软件的任务也就明确了。

一个应用系统中的软件一般是由系统的监控程序和应用程序两部分构成的。其中，应用程序是用来完成诸如测量、计算、显示、打印、输出控制等各种实质性功能的软件；系统监控程序是控制单片机系统按预定操作方式运行的程序，它负责组织调度各应用程序模块，完成系统自检、初始化、处理键盘命令、处理接口命令、处理条件触发和显示等功能。

系统软件设计时，应根据系统软件功能要求，将系统软件分成若干个相对独立的部分，并根据它们之间的联系和时间上的关系，设计出合理的软件总体结构。通常在编制程序前，先根据系统输入和输出变量建立起正确的数学模型，然后画出程序流程框图。要求程序流程框图结构清晰、简捷、合理。画程序流程框图时还要对系统资源作具体的分配和说明。编制程序时一般采用自顶向下的程序设计技术，先设计监控程序再设计各应用程序模块。各功能程序应模块化、子程序化，这样不仅便于调试、连接，还便于修改和移植。

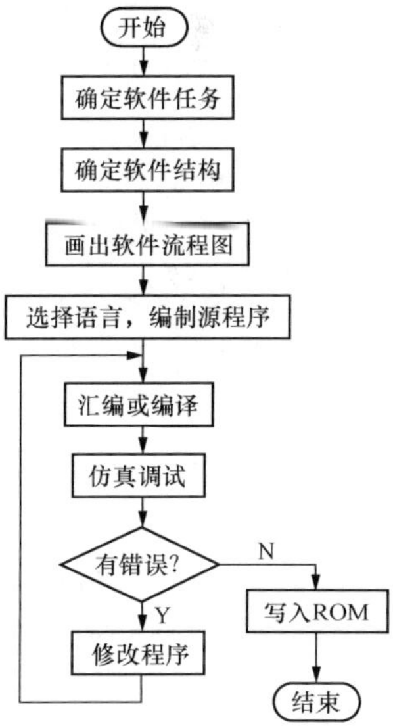

图 10-6　软件设计流程图

软件设计流程图如图 10-6 所示，可分为以下几个方面：

一、总体规划

结合硬件结构，明确软件任务，确定具体实施的方法，合理分配资源。

二、程序软件结构设计技术

软件结构实现结构化，各功能程序实行模块化、子程序化。一般有以下两种设计方法：

（1）模块程序设计。其优点是单个功能明确的程序模块的设计和调试比较方便，容易完成，一个模块可以为多个程序所共享。其缺点是各个模块的连接有时有一定难度。

（2）自顶向下的程序设计。其优点是比较符合于人们的日常思维，设计、调试和连接同时按一个线索进行，程序错误可以较早的发现。其缺点是上一级的程序错误将对整个程序产生影响，一处修改可能引起对整个程序的全面修改。

三、程序设计

（1）建立数学模型。描述出各输入变量和各输出变量之间的数学关系。

（2）绘制程序流程图。以简明直观的方式对任务进行描述。

（3）程序的编制。选择编程语言、数据结构、控制算法，结合系统存储空间及硬件资源分配编制系统的软件程序，编制过程中注意子程序的入、出口参数的设置与传递。

四、软件装配

各程序模块编制之后，需进行汇编或编译、调试，当满足设计要求后，将各程序模块按照软件结构设计的要求连接起来，即为软件装配。在软件装配时，应注意软件接口。

10.7 单片机应用系统调试

10.7.1 单片机应用系统调试工具

在单片机应用系统调试中，最常用的调试工具有以下几种：

一、单片机开发系统

单片机开发系统（又称仿真器）的主要作用是：

（1）系统硬件电路的诊断与检查。

（2）程序的输入与修改。

（3）硬件电路、程序的运行与调试。

（4）程序在EPROM中的固化。

二、万用表

万用表主要用于测量硬件电路的通断、两点间阻值、测试点处稳定电流或电压值及其他静态工作状态。

例如，当给某个集成芯片的输入端施加稳定输入时，可用万用表来测试其输出，通过测试值与预期值的比较，就可大致判定该芯片的工作是否正常。

三、逻辑笔

逻辑笔可以测试数字电路中测试点的电平状态（高或低）及脉冲信号的有无。例如要检测单片机扩展总线上连接的某译码器是否有译码信号输出，可编写一循环程序使译码器对一特定译码状态不断进行译码。运行该循环程序后，用逻辑笔测试译码器输出端，若逻辑笔上红、绿发光二极管交替闪亮，则说明译码器有译码信号输出；若只有红色发光二极管亮（高电平输出）或绿色发光二极管亮（低电平输出），则说明译码器无译码信号输出。这样就可以初步确定由扩展总线到译码器之间是否存在故障。

四、逻辑脉冲发生器与模拟信号发生器

逻辑脉冲发生器能够产生不同宽度、幅度及频率的脉冲信号，它可以作为数字电路的输入源。模拟信号发生器可产生具有不同频率的方波、正弦波、三角波、锯齿波等模拟信号（不同的信号发生器能够产生的信号波形不完全相同），它可作为模拟电路的输入源。这些信号源在模拟调试中是非常有用的。

五、示波器

示波器可以测量电平、模拟信号波形及频率，还可以同时观察两个或三个信号的波形及它们之间的相位差（双踪或多踪示波器）。它既可以对静态信号进行测试，也可以对动态信号进行测试，而且测试准确性好。它是任何电子系统调试维修的一种必备工具。

六、逻辑分析仪

逻辑分析仪能够以单通道或多通道实时获取与触发事件的逻辑信号，可保存显示触发事件前后所获取的信号，供操作者随时观察，并作为软、硬件分析的依据，以便快速有效地查出软、硬件中的错误。逻辑分析仪主要用于动态调试中信号的捕获。

在单片机应用系统调试中，万用表、示波器及开发系统是最基本的、必备的调试工具。

10.7.2　单片机应用系统的一般调试方法

一、硬件调试

硬件调试是利用开发系统、基本测试仪器（万用表、示波器等），通过执行开发系统有关命令或运行适当的测试程序（也可以是与硬件有关的部分用户程序段），检查用户系统硬件中存在的故障。

硬件调试可分为静态调试与动态调试。

（1）静态调试。静态调试是在用户系统未工作时的一种硬件检查。

第一步为目测。单片机应用系统中大部分电路安装在印刷电路板上，因此对每一块加工好的印刷电路板要进行仔细的检查。检查它的印制线是否有断线、是否有毛刺、是否与其他线或焊盘粘连、焊盘是否脱落、过孔是否有未金属化现象等。如印刷电路板无质量问题，则将集成芯片的插座焊接在印刷电路板上，并检查其焊点是否有毛刺、是否与其他印制线或焊盘连接、焊点是否光亮饱满无虚焊。对单片机应用系统中所用的器件与设备，要仔细核对型号，检查它们对外连线（包括集成芯片引脚）是否完整无损。通过目测查出一些明显的器件、设备故障并及时排除。

第二步为万用表测试。目测检查后，可进行万用表测试。先用万用表复核目测中认为可疑的连接或接点，检查它们的通断状态是否与设计规定相符。再检查各种电源线与地线之间是否有短路现象，若有再仔细查出并排除。短路现象一定要在器件安装及加电前查出。如果电源与地之间短路，系统中所有器件或设备都可能被毁坏，后果十分严重。因此，对电源与地的处理，在整个系统调试及今后的运行中都要相当小心。

如有现成的集成芯片性能测试仪器，此时应尽可能地将要使用的芯片进行测试筛选，其他的器件、设备在购买或使用前也应当尽可能做必要的测试，以便将性能可靠的器件、设备用于系统安装。

第三步为加电检查。当给印刷电路板加电时，首先检查所有插座或器件的电源端是否有符合要求的电压值（注意单片机插座上的电压不应大于5 V，否则联机时将损坏仿真器），接地端电压值是否接近于零，接固定电平的引脚端是否电平正确。然后在断电状态下将芯片逐个插入印刷电路板上的相应插座中。每插入一块做一遍上述的检查，特别要检查电源到地是否短路，这样就可以确定电源错误或与地短路发生在哪块芯片上。全部芯片插入印刷电路板后，如均未发现电源或接地错误，将全部芯片取下，把印刷电路板上除芯片外的其他器件逐个焊接上去，并反复做前面的各电源、电压检查，避免因某器件的损坏或失效造成电源对地短路或其他电源加载错误。

第四步为联机检查。由于只有用单片机开发系统才能完成对用户系统的调试，而动态测试也需要在联机仿真的情况下进行。因此，在静态检查印刷电路板、连接、器件等部分无物理性故障后，即可将用户系统与单片机开发系统用仿真电缆连接起来。联机检查上述连接是否正确，是否连接畅通、可靠。

静态调试完成后，接着进行动态调试。

（2）动态调试。动态调试是在用户系统工作的情况下发现和排除用户系统硬件中存在的器件内部故障、器件间连接逻辑错误等的一种硬件检查。由于单片机应用系统的硬件动态调试是在开发系统的支持下完成的，故又称为联机仿真或联机调试。

动态调试的一般方法是由分到合。由分到合指的是，首先按逻辑功能将用户系统硬件电路分为若干块，如程序存储器电路、A/D转换电路、继电器控制电路等，再分块调试。当调试某块电路时，与该电路无关的器件全部从用户系统中去掉，这样，可将故障范围限定在某个局部的电路上。当各块电路调试无故障后，将各电路逐块加入系统中，再对各块电路功能及各电路间可能存在的相互联系进行试验。此时若出现故障，则最大可能是在各电路协调关系上出了问题，如交互信息的联络是否正确、时序是否达到要求等。直到所有电路加入系统后各部分电路仍能正确工作为止，由分到合的调试即告完成。在经历了这样一个调试过程后，大部分硬件故障基本上可以排除。

在有些情形下，由于功能要求较高或设备较复杂，使某些模块电路较为复杂庞大，为故障的准确定位带来一定的难度。这时对每块电路可以以处理信号的流向为线索，将信号流经的各器件按照距离单片机的逻辑距离进行由近及远的分层，然后分层调试。调试时，仍采用去掉无关器件的方法，逐层依次调试下去，就可能将故障定位在具体器件上。例如，调试外部数据存储器时，可按层先调试总线电路（如数据收发器），然后调试译码电路，最后加上存储芯片，利用开发系统对其进行读写操作，就能有效地调试数据存储器。显然，每部分出现的问题只局限在一个小范围内，因此有利于故障的发现和排除。

动态调试借用开发系统资源来调试用户系统中单片机的外围电路。利用开发系统友好的人机界面，可以有效地对用户系统的各部分电路进行访问、控制，使系统在运行中暴露问题，从而发现故障。典型有效的访问、控制各部分电路的方法是对电路进行循环读或写操作（时钟等特殊电路除外，这些电路通常在系统加电后会自动运行），使得电路中主要测试点的状态能够用常规测试仪器（示波器、万用表等）测试出，依次检测被调试电路是否按预期的工作状态进行。

二、软件调试

（1）先独立后联机。从宏观来说，单片机应用系统中的软件与硬件是密切相关、相辅相成的。软件是硬件的灵魂，没有软件，系统将无法工作；同时，大多数软件的运行又依赖于硬件，没有相应的硬件支持，软件的功能便荡然无存。因此，将两者完全孤立开来是不可能的。然而，并不是用户程序的全部都依赖于硬件，当软件对被测试参数进行加工处理或作某项事务处理时，往往是与硬件无关的，这样，就可以通过对用户程序的仔细分析，把与硬件无关的、功能相对独立的程序段抽取出来，形成与硬件无关和依赖于硬件的两大类用户程序块。这一划分工作在软件设计时就应充分考虑。

（2）先分块后组合。如果用户系统规模较大、任务较多，即使先行将用户程序分为与硬件无关和依赖于硬件两大部分，但这两部分程序仍较为庞大的话，采用笼统的方法从头至尾调试，既费时间又不容易进行错误定位，所以常规的调试方法是分别对两类程序块进一步采用分模块调试，以提高软件调试的有效性。

在调试时所划分的程序模块应基本保持与软件设计时的程序功能模块任务一致。除非某些程序功能模块的任务较大才将其再细分为若干个子模块。但要注意的是，子模块的划分与一般模块的划分应一致。

（3）先单步后连续。调试好程序模块的关键是实现对错误的正确定位。准确发现程序中错误的最有效方法是采用单步加断点运行方式调试程序。单步运行可以了解被调试程序中每条指令的执行情况，分析指令的运行结果可以知道该指令执行的正确性，并进一步确定是由于硬件电路错误、数据错误还是程序设计错误引起了该指令的执行错误，从而发现、排除错误。

三、系统联调

系统联调主要解决以下问题：

（1）软、硬件能否按预定要求配合工作？如果不能，那么问题出在哪里？如何解决？

（2）系统运行中是否有潜在的设计时难以预料的错误？如硬件延时过长造成工作时序不符合要求、布线不合理造成有信号串扰等。

（3）系统的动态性能指标（如精度、速度参数）是否满足设计要求？

四、现场调试

一般情况下，通过系统联调后，用户系统就可以按照设计目标正常工作了。但在某些情况下，由于用户系统运行的环境较为复杂（如环境干扰较为严重、工作现场有腐蚀性气体等），在实际现场工作之前，环境对系统的影响无法预料，只能通过现场运行调试来发现问题，找出相应的解决方法；或者虽然已经在系统设计时考虑到抗干扰的对策，但是否行之有效，还必须通过用户系统在实际现场的运行来加以验证。另外，有些用户系统的调试是在用模拟设备代替实际监测、控制对象的情况下进行的，这就更有必要进行现场调试，以检验用户系统在实际工作环境中工作的正确性。

10.8 可靠性设计

可靠性是指在规定的条件（环境条件如温度、湿度、振动，供电条件等）下，在规定的时间内（平均无故障时间）完成规定功能的能力。

单片机应用系统的主要干扰渠道包含空间干扰、过程通道干扰、供电系统干扰。应用于工业生产过程中的单片机应用系统，应重点防止供电系统与过程通道的干扰。

一、供电系统干扰与抑制

（1）干扰源。电源及输电线路的内阻、分布电容和电感等。

（2）抗干扰措施。采用交流稳压器、电源低通滤波器、带屏蔽层的隔离变压器、独立的（或专业的）直流稳压模块，交流引线应尽量短，主要集成芯片的电源采用去耦电路，增大输入/输出滤波电容等措施。

二、过程通道的干扰与抑制

（1）干扰源。长线传输引入干扰。单片机应用系统中，从现场信号输出的开关信号或从传感器输出的微弱模拟信号，经传输线送入单片机，信号在传输线上传输时，会产生延时、畸变、衰减及通道干扰。

（2）抗干扰措施。

1）采用隔离技术：光电隔离、变压器隔离、继电器隔离和布线隔离等。典型的信号隔离是光电隔离，其优点是能有效地抑制尖峰脉冲及各种噪声干扰，从而使过程通道上的信噪比大大提高。

2）采用屏蔽措施：金属盒罩、金属网状屏蔽线。但金属屏蔽本身必须接真正的地（保

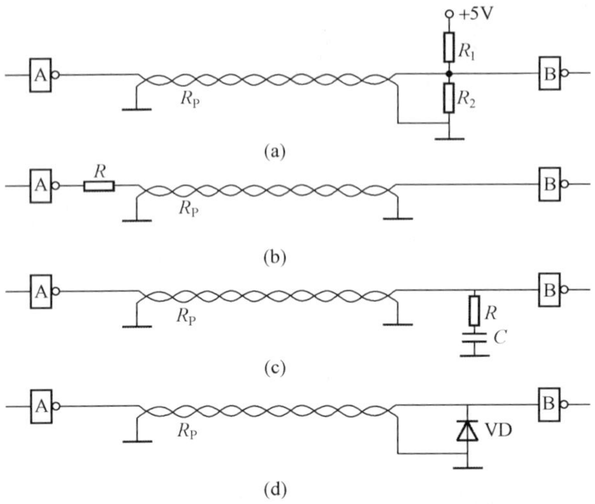

图 10-7 长线传输的阻抗匹配示意图

（a）终端并联阻抗匹配；（b）始端串联匹配；

（c）终端并联隔直流匹配；（d）终端接钳位二极管匹配

护地）。

3）采用双绞线传输：双绞线能使各个小环路的电磁感应干扰相互抵消。其特点是波阻抗高、抗共模噪声能力强，但频带较差。

4）采用长线传输的阻抗匹配：有四种形式，如图 10-7 所示。

a. 终端并联阻抗匹配。如图 10-7（a）所示，$R_P=R_1//R_2$。其特点是终端阻值低，降低了高电平的抗干扰能力。

b. 始端串联匹配。如图 10-7（b）所示，匹配电阻 R 的取值为 R_P 与 A 门输出低电平的输出阻抗 ROUT（约 20Ω）的差值。其特点是终端的低电平抬高，降低了低电平的抗干扰能力。

c. 终端并联隔直流匹配。如图 10-7（c）所示，$R=R_P$。其特点是增加了对高电平的抗干扰能力。

d. 终端接钳位二极管匹配。如图 10-7（d）所示，利用二极管 VD 把 B 门输入端低电平钳位在 0.3V 以下。其特点是减少了波的反射和振荡，提高了动态抗干扰能力。

注意：长线传输时，用电流传输代替电压传输，可获得较好的抗干扰能力。

三、其他硬件抗干扰措施

（1）对信号整形。可采用斯密特电路整形。

（2）组件空闲输入端的处理。组件空闲输入端的处理方法如图 10-8 所示。其中，图 10-8（a）所示的方法最简单，但增加了前级门的负担。图 10-8（b）所示的方法适用于慢速、多干扰的场合。图 10-8（c）所示的方法是利用印刷电路板上多余的反相器，让其输入端接地，使其输出去控制工作门不用的输入端。

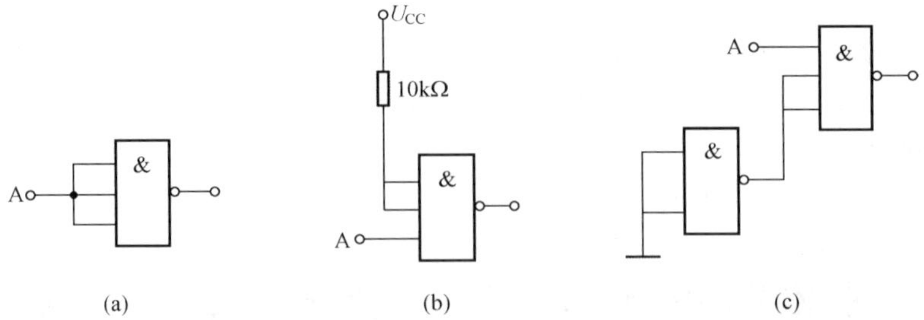

图 10-8 组件空闲输入端的处理方法

（a）方法一；（b）方法二；（c）方法三

（3）机械触点、接触器、可控硅的噪声抑制。

1）开关、按钮、继电器触点等在操作时应采取去抖处理。

2）在输入/输出通道中使用接触器、继电器时，应在线圈两端并接噪声抑制器，继电器线圈处要加装放电二极管。

3）可控硅两端并接 RC 抑制电路，可减小可控硅产生的噪声。

（4）印刷电路板（PCB）设计中的抗干扰问题。合理选择 PCB 板的层数，大小要适中，布局、分区应合理，把相互有关的元件尽量放得靠近一些。印刷导线的布设应尽量短而宽，尽量减少回路环的面积，以降低感应噪声。导线的布局应当是均匀的、分开的平行直线，以得到一条具有均匀波阻抗的传输通路。应尽可能地减少过孔的数量。在 PCB 板的各个关键部位应配置去耦电容。要将强、弱电路严格分开，尽量不要把它们设计在一块印刷电路板上。电源线的走向应尽量与数据传递方向一致，电源线、地线应尽量加粗，以减小阻抗。

（5）地线设计。地线结构大致有保护地、系统地、机壳地（屏蔽地）、数字地、模拟地等。

在设计时，数字地和模拟地要分开，分别与电源端地线相连；屏蔽线根据工作频率可采用单点接地或多点接地；保护地的接地是指接大地。不能把接地线与动力线的零线混淆。

此外，应提高元器件的可靠性，注意各电路之间的电平匹配，总线驱动能力要符合要求，单片机的空闲端要接地或接电源，或者定义成输出。室外使用的单片机系统或从室外架空引入室内的电源线、信号线，要防止雷击，常用的防雷击器件有气体放电管、TVS（瞬态电压抑制器）等。

四、软件的抗干扰设计

常用的软件抗干扰技术有软件陷阱、时间冗余、指令冗余、空间冗余、容错技术、设置特征标志和软件数字滤波等。

（1）实时数据采集系统的软件抗干扰。实时数据采集系统的软件抗干扰一般采用软件数字滤波。常用的方法有以下几种：

1）算术平均值法。对一点数据连续采样多次（可取 3～5 次），以平均值作为该点的采样结果。这种方法可以减少系统的随机干扰对采集结果的影响。

2）比较舍取法。对每个采样点连续采样几次，根据所采样数据的变化规律，确定取舍办法来剔除偏差数据。例如，“采三取二”，即对每个采样点连续采样三次，取两次相同数据作为采样结果。

3）中值法。对一个采样点连续采集多个信号，并对这些采样值进行比较，取中值作为该点的采样结果。

4）一阶递推数字滤波法。它是利用软件完成 RC 低通滤波器的算法。其公式为

$$Y_n = QX_n + (1-Q)\,Y_{n-1}$$

式中 Q——数字滤波器时间常数；

X_n——第 n 次采样时的滤波器的输入；

Y_{n-1}——第 $n-1$ 次采样时的滤波器的输出；

Y_n——第 n 次采样时的滤波器的输出。

（2）开关量控制系统的软件抗干扰。如果干扰作用在系统的 I/O 通道上，可采用以下方法来减小或消除干扰：

1）开关量输入软件抗干扰措施。干扰信号多呈毛刺状，作用时间短。利用这一特点，我们采集某一状态信号时，可多次采集，直到连续两次或多次采集结果完全一致时才可视为有效。若相邻的检测内容不一致，或多次检测结果不一致，则是伪输入信号。这时可停止采集，给出报警信号。由于状态信号主要来自各类开关型状态传感器，对这些信号采集不能用多次

平均方法，必须绝对一致才行。

在满足实时性要求的前提下，如果在各次采集状态信号之间增加一段延时，效果就会更好，就能对抗较宽时间范围的干扰。延时时间在 10～100μs 左右。对于每次采集的最高次数限制和连续相同次数均可按实际情况适当调整。

2）开关量输出软件抗干扰措施。输出信号中，有很多是驱动各种警报装置、各种电磁装置等的状态驱动信号。对这类信号的抗干扰有效输出方法是重复输出同一个数据，只要有可能，重复周期应尽量短。外部设备接收到一个被干扰的错误信息后，还来不及作出有效的反映，一个正确的输出信息又到来，就可以及时地防止错误动作的产生。在执行输出功能时，应该将有关输出芯片的状态也一并重复设置。例如 8155 芯片和 8255 芯片常用来扩展输入输出功能，很多外设通过它们来获得单片机的控制信息。这类芯片均应进行初始化编程，明确各端口的功能。由于干扰的影响，有可能在无意中将芯片的编程方式改变。为了确保输出功能正确实现，输出功能模块在执行具体的数据输出之前，应该先执行对芯片的初始化编程指令，再输出有关数据。

五、程序运行失常的软件对策

程序运行失常是指当系统受到干扰侵害，致使程序计数器 PC 值改变，造成程序的无序运行，甚至进入死循环。

程序运行失常时常采取的软件对策是发现失常状态后，及时引导系统恢复原始状态。一般可采用以下方法：

（1）程序监视定时器（Watchdog，WDT）技术。程序监视定时器（也称为“看门狗”）的作用是通过不断监视程序每周期的运行事件是否超过正常状态下所需要的时间，从而判断程序是否进入了“死循环”，并对进入“死循环”的程序作出系统复位处理。

“看门狗”技术可由硬件、软件或软硬结合实现。

1）硬件“看门狗”可以很好地解决主程序陷入死循环的故障，但是，严重的干扰有时会出现中断关闭故障使系统无法定时“喂狗”，无法探测到这种故障，此时，硬件“看门狗”电路失效。

2）软件“看门狗” 可以保证对中断关闭故障的发现和处理，但若单片机的死循环发生在某个高优先级的中断服务程序中，软件“看门狗”也无法完成其作用。

3）利用软硬结合的“看门狗”组合可以克服单一“看门狗”功能的缺陷，从而实现对故障的全方位监控。

（2）设置软件陷阱。软件陷阱是指将捕获的“跑飞”程序引向复位入口地址 0000H 的指令。具体设置方法如下：

1）在 EPROM 中，非程序区设置软件陷阱，软件陷阱一般 1KB 空间有 2～3 个如下的指令组合就可以进行有效拦截。指令如下：

```
NOP
NOP
LJMP 0000H
```

2）在未使用的中断服务程序中设置软件陷阱，能及时捕获错误的中断。指令如下：

```
NOP
NOP
RETI
```

（3）指令冗余技术。指令冗余是指在程序的关键地方人为插入一些单字节指令，或将有效单字节指令重写。指令冗余的作用是可将“跑飞”程序纳入正轨。指令冗余的设置方法是在双字节指令和三字节指令后插入两个字节以上的 NOP。这样即使程序“跑飞”到操作数上，由于空操作指令 NOP 的存在，避免了后面的指令被当作操作数执行，程序自动纳入正轨。此外，在对系统流向起重要作用的指令（如 RET、RETI、LCALL、LJMP、JC 等）之前也可插入两条 NOP 指令，以确保这些重要指令的执行。

10.9　单片机应用系统设计举例

10.9.1　单片机温度控制系统

10.9.1.1　技术指标

烘干箱的具体指标如下：

（1）烘干箱由 2kW 电炉加热，最高温度为 500℃。

（2）烘干箱温度可预置，烘干过程恒温控制，温度控制误差不大于±2℃。

（3）预置时显示设定温度，烘干时显示实时温度，显示精确到 1℃。

（4）温度超出预置温度±5℃时发声报警。

（5）对升降温过程的线性没有要求。

10.9.1.2　控制方案

产品的工艺不同，控制温度的精度也不同，因而所采用的控制算法也不同。就温度控制系统的动态特性来讲，基本上都是具有纯滞后的一阶环节，当系统精度及温度控制的线性性能要求较高时，多采用 PID 算法来实现温度控制。

本系统是一个典型的闭环控制系统。从技术指标可以看出，系统对控制精度的要求不高，对升降温过程的线性也没有要求，因此，系统采用最简单的通断控制方式，即当烘干箱温度达到设定值时断开加热电炉，当温度降到低于某值时接通电炉开始加热，从而保持恒温控制。图 10-9 为系统的结构框图。

图 10-9　系统结构框图

从系统实现方案可见，系统主要由以下四个部分构成：

（1）主机。它是系统的控制核心。由于系统控制方案简单，数据量也不大，因此选用 8031 作为控制系统的核心，外扩 EPROM2764 作为程序存储器。当然也可视实际情况采用目前比较流行的 AT89 系列单片机等。

（2）温度检测。它包括温度传感器、放大调理电路和 A/D 转换。完成对烘干箱温度的实时检测。

（3）温度控制。它包括光耦、可控硅调功器及加热设备。完成对烘干箱温度的实时控制。

（4）人机对话。它包括键盘、显示和报警。实现对系统的键盘控制、温度预置及温度实时显示和报警功能。

10.9.1.3 硬件设计

系统的硬件电路包括主机、温度检测、温度控制、人机对话（键盘、显示、报警）四个主要部分。图 10-10 为系统的硬件电路原理图。

下面对各部分电路分别简述如下：

一、主机

由于系统控制方案简单，数据量也不大，因此选用 8031 作为控制系统的核心，外扩 EPROM2764 作为程序存储器。也可视具体情况换用 8051、8052、8751、8752、80C51、AT89C51、AT89C52、AT89S51、AT89S52 等。其中，8051、8052、8751、8752 的各个引脚输入/输出电平只与 TTL 电平兼容；AT89C51、AT89C52、80C51 各引脚输入/输出电平既与 TTL 电平兼容，也与 CMOS 电平兼容。8031 的晶振频率采用 6 MHz。

二、温度检测

这部分包括温度传感器及信号检测电路和 A/D 转换两部分。

温度传感器采用 Pt100 热电阻，其温度变化范围为－200～650℃，可以满足本系统的要求。

热电阻是基于电阻的热效应进行温度测量的，即电阻体的阻值随温度的变化而变化，因此，只要测量出感温热电阻的阻值变化，就可以测量出温度。系统中将热电阻阻值的变化转化为电压的变化，利用桥式电路进行转化，并利用 LM324 将输出的电压信号进行放大，当温度在 0～500℃时，输出 0～4.9V 的电压。

A/D 转换器件的选择主要取决于温度的控制精度。本系统要求温度控制误差不大于 ±2℃，采用 8 位 A/D 转换器，其最大量化误差为 $\pm\frac{1}{2}\left(\frac{1}{255}\times 100℃\right)\approx \pm 0.2℃$，完全能够满足精度要求。这里我们采用 ADC0809 作为 A/D 转换器。电路设计好后，调整温度检测电路的输出，使 0～500℃的温度变化对应于 0～4.9V 的输出，则 A/D 转换对应的数字量为 00H～FAH，即 0～250，则转换结果乘以 2 正好是温度值。用这种方法一方面可以减少标度转换的工作量，另一方面还可以避免标度转换带来的计算误差。

三、温度控制

电炉控制采用可控硅来实现，双向可控硅和电炉电阻丝串接在交流 220 V 市电回路中。单片机的 P1.7 口通过光电隔离器和驱动电路送到可控硅的控制端，由 P1.7 口的高低电平来控制可控硅的导通与断开，从而控制电阻丝的通电加热时间。为提高热效率，要求触发脉冲与交流电压同步，为此，系统中采用了交流电过零点检测电路来实现，将交流电经全波整流后通过三极管变成过零脉冲，再反向后加到 CPU 的中断控制端作为同步基准脉冲。

四、人机对话

这部分包括键盘、显示和报警三部分电路。

本系统设有 3 位 LED 数码显示器，停止加热时显示设定温度，启动加热时显示当前烤箱温度。采用串行口扩展的静态显示电路作为显示接口电路。

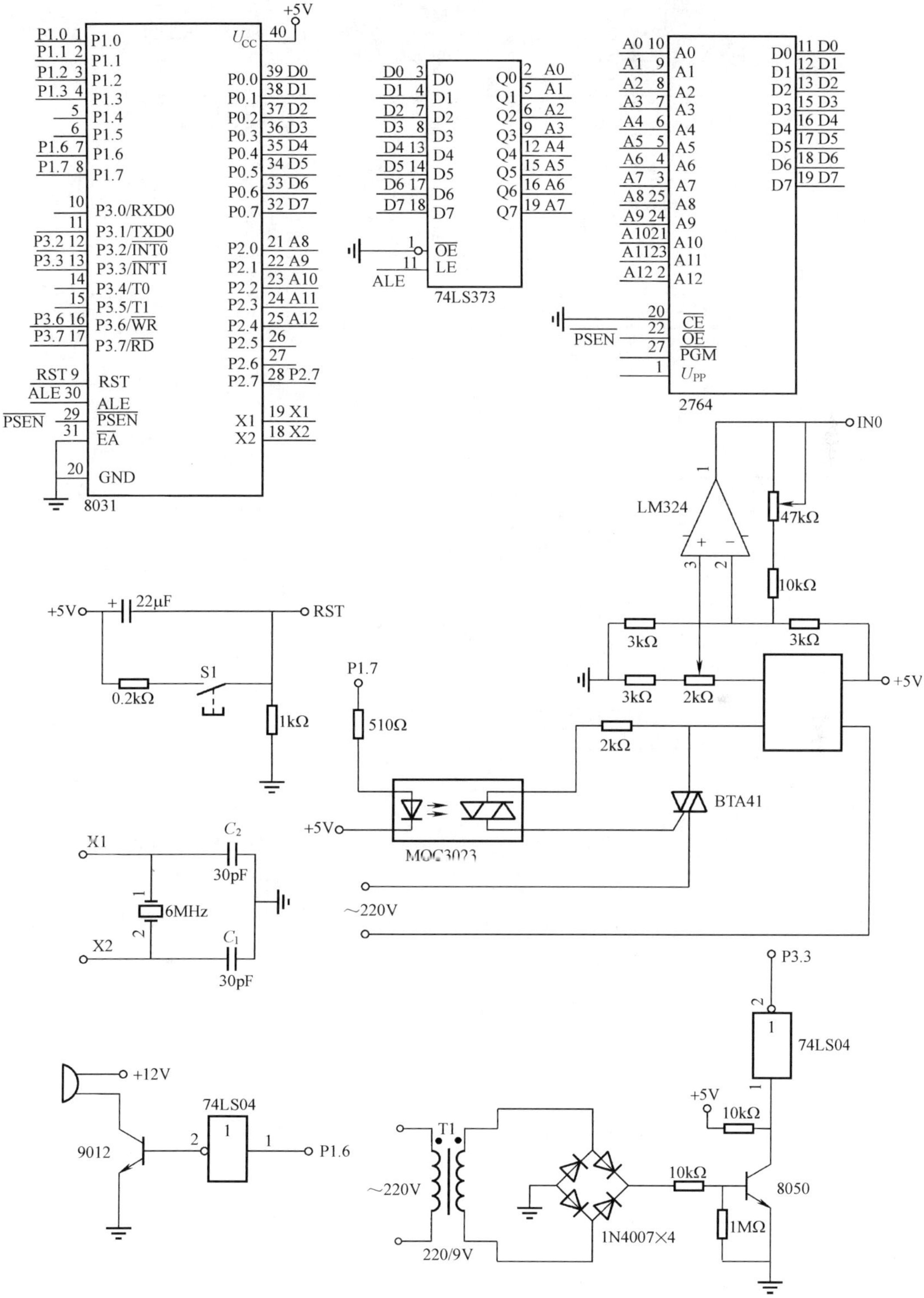

图 10-10　系统硬件电路原理图（一）

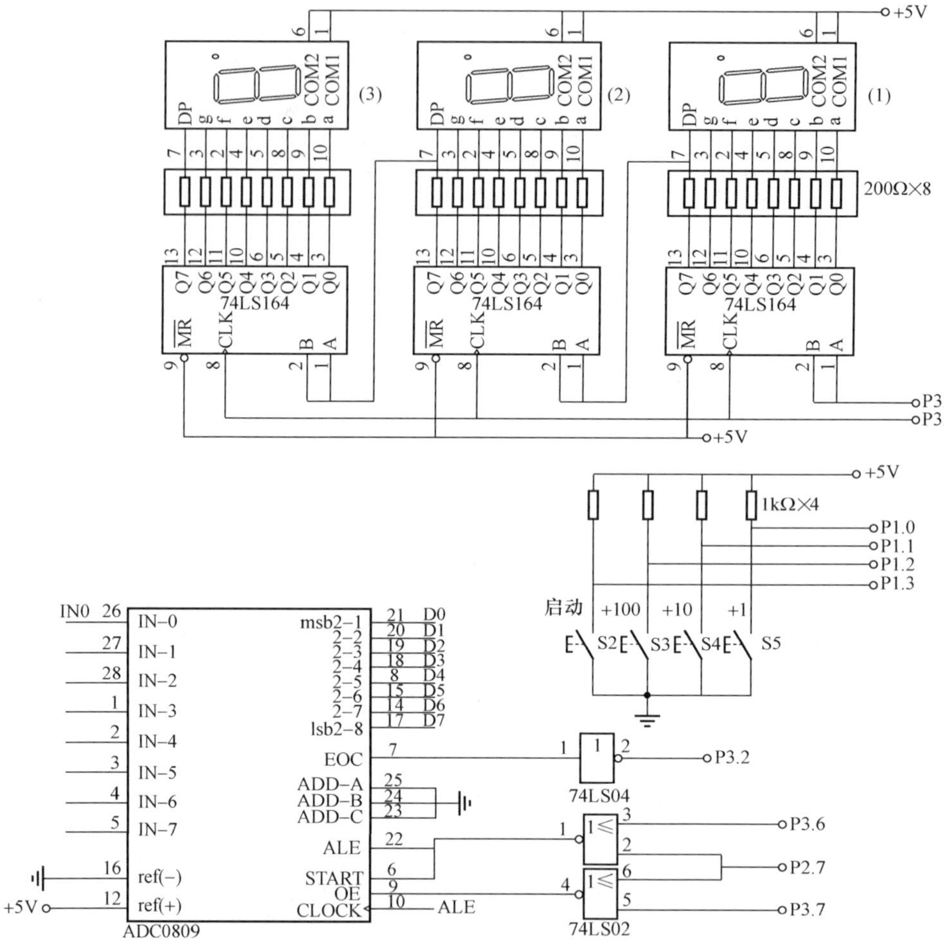

图 10-10　系统硬件电路原理图（二）

为使系统简单紧凑，键盘只设置 4 个功能键，分别是启动、百位＋、十位＋和个位＋键，由 P1 口低 4 位作为键盘接口。利用＋1 键可以分别对预置温度的百位、十位和个位进行加 1 设置，并在 LED 上显示当前设置值。连续按动相应位的＋1 键即可实现 0～500℃的温度设置。

报警功能由蜂鸣器实现。当由于意外因素导致烤箱温度高于设置温度时，P1.6 口送出的低电平经反向器驱动蜂鸣器报警。

五、其他可扩展电路

对于要求更高的系统，在现有电路的基础上，读者还可以视需要自行扩展以下接口电路：

（1）实时时钟电路。连接实时时钟芯片 DS12887 可以获得长的采样周期，显示年、月、日、时、分、秒，而其片内带有的 114 B 非易失性 RAM，可用来存入需长期保存但有时也需变更的数据。如采样周期和 PID 控制算法的系数 KP、KI、KD 等。

（2）“看门狗”电路。连接集成监控芯片 MAX705 可实现对主电源 U_{CC} 的监控，提高系统的可靠性。

10.9.1.4　软件设计

一、工作流程

烤箱在上电复位后先处于停止加热状态，这时可以用＋1 键设定预置温度，显示器显示预定温度。温度设定好后就可以按启动键使系统工作了。温度检测系统不断定时检测当前温度，并送往显示器显示，达到预定值后停止加热并显示当前温度。当温度下降到下限（比预定值低 2℃）时再启动加热。这样不断重复上述过程，使温度保持在预定温度范围之内。启动后不能再修改预置温度，必须按复位/停止键回到停止加热状态才可重新设定预置温度。

二、功能模块

根据上面对工作流程的分析，系统软件可以分为以下几个功能模块：

（1）键盘管理。监测键盘输入，接收温度预置，启动系统工作。

（2）显示。显示设置温度及当前温度。

（3）温度检测及温度值变换。完成 A/D 转换及数字滤波。

（4）温度控制。根据检测到的温度控制电炉工作。

（5）报警。当预置温度或当前炉温越限时报警。

三、资源分配

单片机内部数据存储器的资源分配与定义见表 10-1。

表 10-1　单片机内部数据存储器的资源分配与定义

地　址	功　能	名　称	初始化值
50H～51H	当前温度显示：高位在前	TEMP1～TEMP0	00H
52H～53H	预知温度：高位在前	ST1～ST0	00H
54H～56H	BCD 码显示缓冲区：百位、十位、个位	T100　T10　T	00H
57H～58H	二进制显示缓冲区：高位在前	BT1　BT0	00H
59H～7FH	堆栈区		
PSW.5	报警允许标志：F0＝0 禁止报警；F0＝1 允许报警	F0	0

（1）程序存储器。EPROM2764 的地址范围为 0000H～1FFFH。

（2）I/O 口。P1.0～P1.3 为键盘输入；P1.6、P1.7 为报警控制和电炉控制。

（3）A/D 转换器 0809。通道 0～7 的地址为 7FF8H　7FFFH，使用通道 0。

四、功能软件设计

（1）键盘管理模块。上电或复位后系统处于键盘管理状态，其功能是监测键盘输入，接收温度预置和系统启动。程序内部设有预置温度合法检测报警模块，当预置温度超过 500℃时，系统会报警并将温度设定在 500℃。键盘管理子程序流程图如图 10-11 所示。

键盘管理子程序 KIN 如下：

```
KIN:    ACALL   CHK          ;预置温度合法性检测
        MOV     BT1, ST1
        MOV     BT0, ST0     ;预置温度送显示缓冲区
        LCALL   DISP         ;显示预置温度
KIN0:   ACALL   KEY          ;读键值
        JZ      KIN0         ;无键闭合和重新检测
        ACALL   DISP
        ACALL   DISP         ;二次调用显示子程序延时去抖
        ACALL   KEY          ;再检测有无键按下
        JZ      KIN0         ;无键按下重新检测
```

```
        JB    ACC.1, S10
        MOV   A, #100          ;百位键按下
        AJMP  SUM
S10:    JB    ACC.2, S1
        MOV   A, #10           ;十位键按下
        AJMP  SUM
S1:     JB    ACC.3, S0
        MOV   A, #01           ;个位键按下
SUM:    ADD   A, ST0           ;预置温度按键+1
        MOV   ST0, A
        MOV   A, #00H
        ADDC  A, ST1
        MOV   ST1, A
KIN1:   ACALL KEY              ;判断闭合键释放
        JNZ   KIN1             ;未释放，继续判断
        AJMP  KIN              ;闭合键释放，继续扫描键盘
S0:     JNB   ACC.0, KIN       ;无键按下，重新扫描键盘
        RET                    ;启动键按下返回
KEY:    MOV   A, P1            ;读键值子程序
        CPL   A
        ANL   A, #0FH
        RET
```

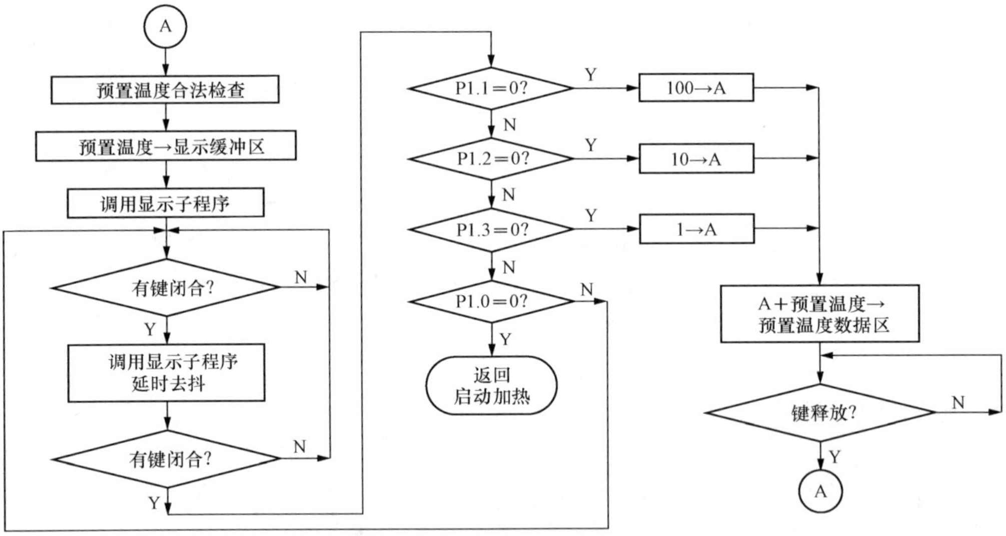

图 10-11　键盘管理子程序流程图

预置温度合法性检测子程序 CHK［用双字节减法比较预置温度是否大于 500℃（01F4H)］:

```
CHK:    MOV   A, #0F4H         ;预置温度上限低 8 位送 A
        CLR   C
        SUBB  A, ST0           ;低 8 位减，借位送 CY
        MOV   A, #01H          ;预置温度上限高 8 位送 A
        SUBB  A, ST1           ;高 8 位带借位减
        JC    OUTA             ;预置温度越界，转报警
        MOV   A, #00H          ;预置温度合法标志
        RET
```

```
OUTA:   MOV    ST1, #01H          ;将 500 写入预置温度数据区
        MOV    ST0, #0F4H
        CLR    P1.6               ;发报警信号 0.6 s
        ACALL D0.6s
        SETB   P1.6               ;停止报警
        RET
```

（2）显示模块。显示子程序的功能是将显示缓冲区 57H 和 58H 的二进制数据先转换成三个 BCD 码，分别存入百位、十位和个位显示缓冲区（54H、55H 和 56H 单元），然后通过串口送出显示。

显示子程序 DISP：

```
DISP:   ACALL   HTB               ;将显示数据转换为 BCD 码
        MOV    SCON, #00H         ;置串行口为方式 0
        MOV    R2, #03H           ;显示位数送 R2
        MOV    R0, #T100          ;显示缓冲区首地址送 R0
LD:     MOV    DPTR, #TAB         ;指向字型码表首地址
        MOV    A, @R0             ;取显示数据
        MOVC   A, @A+DPTR         ;查表
        MOV    SBUF, A            ;字型码送串行口
WAIT:   JBC    TI, NEXT           ;发送结束，转下一个数据并清中断标志
        SJMP   WAIT               ;发送未完等待
NEXT:   INC    R0                 ;修改显示缓冲区指针
        DJNZ   R2, LD             ;判断 3 位显示完否，未完继续
        RET
TAB:    …                         ;字型码表(略)
```

BCD 码转换子程序 HTB：

```
HTB:    MOV    A, BT0             ;取二进制显示数据低 8 位
        MOV    B, #100            ;除 100，确定百位数
        DIV    AB
        MOV    T100, A            ;百位数送 54H 单元
        MOV    A, #10             ;除 10，确定十位
        XCH    A, B
        DIV    A, B
        MOV    T10, A             ;十位数送 55H 单元
        MOV    T, B               ;个位数送 56H 单元
        MOV    A, BT1             ;取二进制显示数据高 8 位
        JNZ    LH1                ;高位不为 0，转 LH1 继续高 8 位转换
        RET                       ;高位为 0 结束，返回
LH1:    MOV    A, #06H            ;高位不为 0，低位转换结果加 256(因为温度数
                                  ;据不会大于 500，所以高 8 位最多为 01H，即 256)
        ADD    A, T
        DAA                       ;个位加 6(十进制加)
        MOV    T, A               ;结果送回个位
        MOV    A, #05H
        ADDC   A, T10
        DAA                       ;十位加 5(十进制加)
        MOV    T10, A             ;结果送回十位
        MOV    A, #02H
        ADDC   A, T100
```

```
        DA     A                   ;百位加 2(十进制加)
        MOV    T100, A             ;结果送回百位
        RET
```

（3）温度检测模块。A/D 转换采用查询方式。为提高数据采样的可靠性，对采样温度进行数字滤波。数字滤波的算法很多，这里采用 4 次采样取平均值的方法。如前所述，本系统 A/D 转换结果乘 2 正好是温度值，因此，4 次采样的数字量之和除以 2 就是检测的当前温度。检测结果高位存入 50H，低位存入 51H。温度检测子程序流程图如图 10-12 所示。

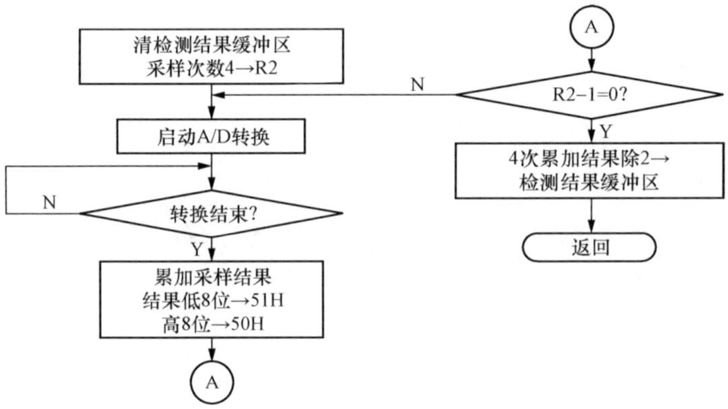

图 10-12 温度检测子程序流程图

温度检测子程序 TIN：

```
TIN:    MOV    TEMP1, #00H         ;清检测温度缓冲区
        MOV    TEMP0, #00H
        MOV    R2, #04H            ;取样次数送 R2
        MOV    DPTR, #7FF8H        ;指向 A/D 转换器 0 通道
LTIN1:  MOVX   @DPTR, A            ;启动转换
HERE:   JNB    IE1, HERE           ;等待转换结束
        MOVX   A, @DPTR            ;读转换结果
        ADD    A, TEMP0            ;累加(双字节加法)
        MOV    TEMP0, A
        MOV    A, #00H
        ADDC   A, TEMP1
        MOV    TEMP1, A
        DJNZ   R2, LTIN1           ;4 次采样完否, 未完继续
        CLR    C                   ;累加结果除 2(双字节除法)
        MOV    A, TEMP1
        RRC    A
        MOV    TEMP1, A
        MOV    A, TEMP0
        RRC    A
        MOV    TEMP0, A
        RET
```

（4）温度控制模块。将当前温度与预置温度比较，当前温度小于预置温度时，继电器闭合，接通电阻丝加热；当前温度大于预置温度时，继电器断开，停止加热；两者相等时，加热设备电炉保持原来状态；当前温度降低到比预置温度低 2℃时，再重新启动加热；当前温

度超出报警上下限时，启动报警，并停止加热。由于加热设备电炉开始加热时，当前温度可能低于报警下限，为了防止误报，在未达到预置温度时，不允许报警，为此设置了报警允许标志 F0。温度控制模块流程图见图 10-13。

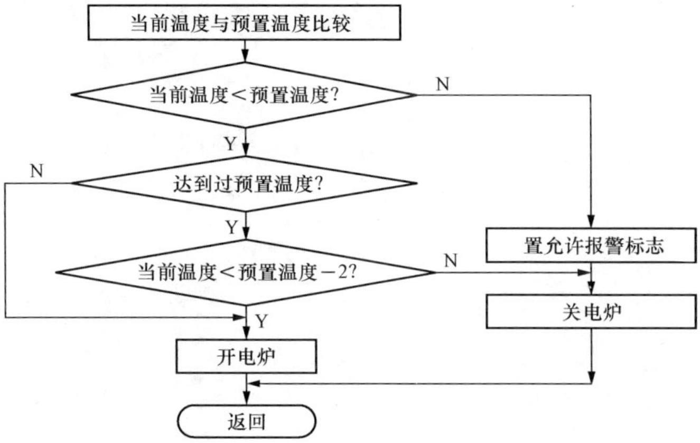

图 10-13　温度控制模块流程图

温度控制子程序 CONT 如下：

```
CONT:   MOV     A, TEMP0          ;当前温度－预置温度(双字节减)
        CLRC
        SUBB    A, ST0
        MOV     B, A              ;低 8 位相减的差值暂存 B
        MOV     A, TEMP1
        SUBB    A, ST1
        JNC     LOFF              ;无借位，表示当前温度≥预置温度，转 LOFF
        JNB     F0, LON           ;当前温度<预置温度，判断是否达到过预置温度
        MOV     A, B              ;若达到过预置温度，判断两者差值是否大于 2
        CLRC
        SUBB    A, #02H
        JNC     ACC.7, LOFF       ;差值不大于 2，转 LOFF
LON:    CLR     P1.7              ;开电炉
        SJMP    EXIT              ;返回
LOFF:   SETB    F0                ;设置允许报警标志
        SETB    P1.7              ;关电炉
EXIT:   RET
```

说明：在此，也可自行加入 PID 算法程序来实现 PID 控制。

（5）温度越限报警模块。报警上限温度值为预置温度加 5℃，即当前温度上升到高于预置温度 5℃时报警，并停止加热；报警下限温度值为预置温度减 5℃，即在当前温度下降到低于预置温度 5℃，且报警允许时报警，这是为了防止开始从较低温度加温时误报警。报警的同时也关闭电炉。图 10-14 为报警子程序流程图。

报警子程序 ALARM 如下：

```
ALARM:  MOV     A, TEMP0          ;当前温度低字节→A
        CLR     C
        SUBB    A, ST0            ;(当前温度低字节－预置温度低字节)→A
```

```
         MOV     B,  A           ;低字节相减结果送 B 暂存
         MOV     A, TEMP1        ;当前温度高字节→A
         SUBB    A, ST1          ;(当前温度高字节－预置温度高字节)→A
         JC      LA0             ;有借位，当前温度<预置温度，转 LA0
         SETB    F0              ;当前温度≥预置温度，允许报警
         AJMP    LA1
 LA0:    MOV     A, ST0          ;预置温度低字节→A
         CLR     C
         SUBB    A, TEMP0        ;(预置温度低字节－当前温度低字节)→A
         MOV     B, A            ;低字节相减结果送 B 暂存
         MOV     A, ST1          ;预置温度高字节→A
         SUBB    A, TEMP1        ;(预置温度高字节－当前温度高字节)→A
LA1:     XCH     A, B            ;高低字节互换，判断相减结果是否大于 5
         CLR     C
         SUBB    A, #05H         ;(低字节差－5)→A
         XCH     A, B            ;(低字节差－5)→B，高字节差→A
         SUBB    A, #00H         ;(高字节差－0)→A(因为 5 的高字节为 0)
         JC      LA2             ;相减结果<5，不报警返回
         JNB F0, LA2             ;相减结果≥5，判是否允许报警，不允许则返回
         CLR     P1.6            ;启动报警
         SETB    P1.7            ;关电炉
         LCALL   D0.6s           ;报警延时 0.6s
         SETB    P1.6            ;关报警
LA2:     RET
D0.6s:   (略)                    ;延时 0.6s 子程序
```

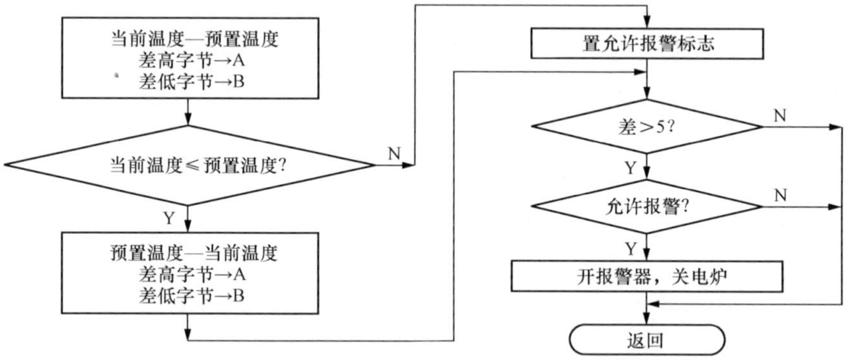

图 10-14　报警子程序流程图

(6) 主程序和中断服务子程序。主程序采用中断嵌套方式设计，各功能模块可直接调用。主程序完成系统的初始化、温度预置及其合法性检测、预置温度的显示及定时器 0 设置。定时器 0 中断服务子程序是温度控制体系的主体，用于温度检测、控制和报警（包括启动 A/D 转换、读入采样数据、数字滤波、越限温度报警和越限处理、输出可控硅的控制脉冲等）。中断由定时器 0 产生，根据需要每隔 15s 中断一次，即每 15s 采样控制一次。但系统采用 6MHz 晶振，最大定时为 130ms，为实现 15s 定时，这里另行设置了一个软件计数器。主程序和中断服务子程序流程图如图 10-15 所示。

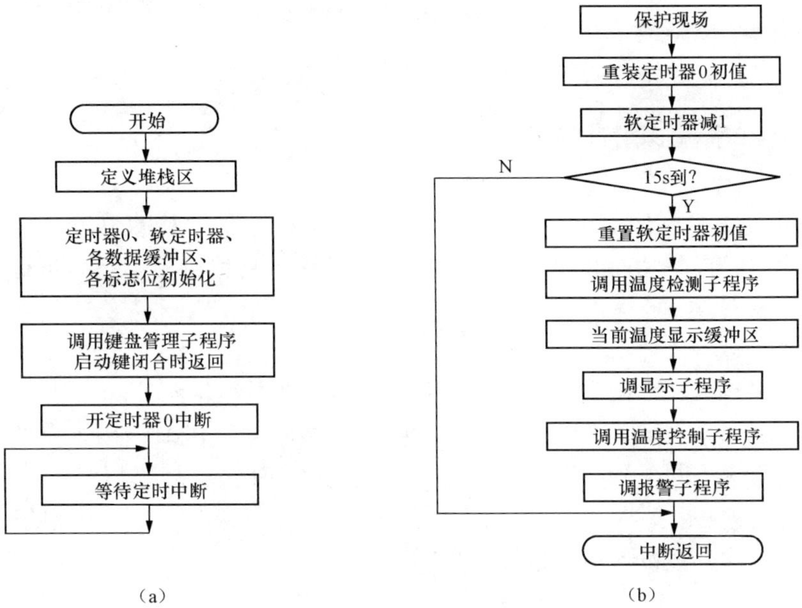

图 10-15　主程序和中断服务子程序流程图

（a）主程序；（b）中断子程序

主程序 MAIN（数据缓冲区的定义和初始化部分略）：

```
        ORG     0000H
        AJMP    MAIN
        ORG     000BH
        AJMP    PT0
        ORG     0030H
MAIN:   MOV     SP, #59H        ;设定堆栈指针
        MOV     TMOD, #01H      ;定时器 0 初始化
        MOV     TL0, #0B0H      ;定时器定时时间 100 ms
        MOV     TH0, #3CH
        MOV     R7, #150        ;置 15 s 软计数器初值
        ACALL   KIN             ;调键盘管理子程序
        SETB    ET0             ;允许定时器 0 中断
        SETB    EA              ;开中断
        SETB    TR0             ;启动定时器 0
        SJMP    $
```

定时器 0 中断服务子程序 PT0：

```
PT0:    MOV     TL0, #0B0H
        MOV     TH0, #3CH       ;重置定时器 0 初值
        DJNZ    R7, BACK        ;15s 到否，不到返回
        MOV     R7, #150        ;重置软计数器初值
        ACALL   TIN             ;温度检测
        MOV     BT1, TEMP1      ;当前温度送显示缓冲区
        MOV     BT0, TEMP0
        ACALL   DISP            ;显示当前温度
```

```
        ACALL   CONT                ;温度控制
        LCALL   ALARM               ;温度越限报警
BACK:   RETI
```

10.9.2 自行车里程/速度计的设计

一、设计要求

利用单片机实现的自行车里程/速度计能自动显示自行车行驶的总里程数及自行车行驶速度，具有超速信号提醒功能和里程数据自动记忆功能。它也可用于电动自行车、摩托车、汽车等机动车仪表上。

二、系统方案总体设计

控制器采用 AT89C52 单片机，速度及里程传感器采用霍尔元件，显示器通过 AT89C52 的 P0 口和 P2 口扩展。外部存储器采用 EEPROM 存储器 AT24C01，用于存储里程和速度等数据，并用控制器来控制里程/速度指示灯，里程指示灯亮时，显示里程；速度指示灯亮时，显示速度。超速报警采用扬声器，用一个发光二极管来配合扬声器，扬声器响时，二极管亮，表明超速。系统总体方案设计原理框图如图 10-16 所示。

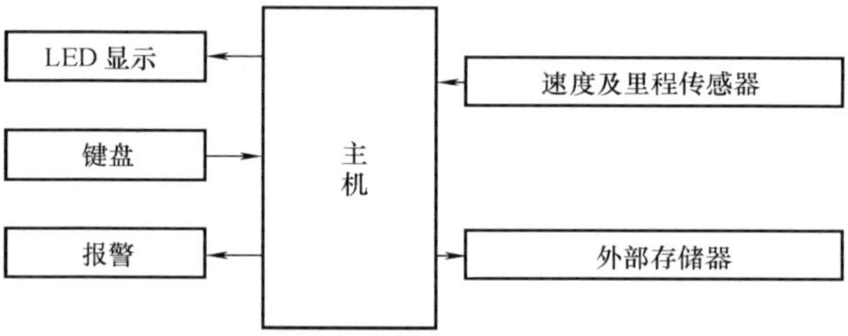

图 10-16 系统总体方案设计原理框图

三、硬件电路设计

系统硬件电路原理图如图 10-17 所示。P0 口和 P2 口用于四位七段 LED 显示器的段码及扫描输出。在显示里程时，第三位小数点用 P3.7 口控制点亮，显示格式为 XXX.X。P1.0 口和 P1.1 口分别用于显示里程状态和速度状态。当自行车的轮圈大小不等时，用 P1.2、P1.3、P1.6 和 P1.7 口分别设置轮圈的大小。P3.0 口的开关用于确定显示的方式。当开关闭合时，显示速度；断开时，显示里程。外中断 $\overline{INT0}$ 用于对轮子圈数的计数输入，轮子每转一圈，霍尔传感器输出一个低电平脉冲。外中断 $\overline{INT1}$ 用于控制定时器 T1 的启停，当输入为 0 时关闭定时器。此控制信号是将轮子圈数的计数脉冲经二分频后形成，这样，每次定时器 T1 的开启时间正好为轮子转一圈的时间，根据轮子的周长就可以计算出自行车的速度。P1.4 口和 P1.5 口用于 EEPROM 存储器 24C01 的存取控制。11 脚（TXD）输出用于速度超速时的报警。TC4024 为 7 级二进制串行计数器，在系统中用作自行车轮子圈数计数脉冲的二分频电路。

四、软件设计

软件主要包括主程序、初始化程序、里程计数子程序、计数器中断服务程序、EEPROM 存取程序、显示子程序。

（1）主程序。根据 P3.0 的开关状态切换显示状态，即选择里程显示和速度显示。系统主程序流程图如图 10-18 所示。

程序如下：

```
        ORG     0000H
        LJMP    START              ;跳至主程序
        ORG     0003H              ;外中断 0 中断程序入口
        LJMP    INTEX0             ;跳至 INTEX0 中断服务程序
        ORG     000BH              ;定时器 T0 中断程序入口
        RETT1                      ;中断返回
        ORG     0013H              ;外中断 1 中断入口
        LJMP    INTEX1             ;跳至 INTEX1 中断服务程序
        ORG     001BH              ;定时器 T1 中断程序入口
        LJMP    INTT1              ;跳至 INTT1 中断服务程序
        ORG     0023H              ;串口中断入口地址
        RET1                       ;中断返回
        ORG     002BH              ;定时器 T2 中断入口地址
        RET1                       ;中断返回
        ORG     0050H
START:  LCALL   CLEARMEN           ;上电初始化
START1: JB      P0.4,  DISPLAYS    ;P0.4=1, 显示里程
        LCALLDISPLAYV              ;P0.4=0, 显示速度
START2: SJMP    START              ;转 START 循环
```

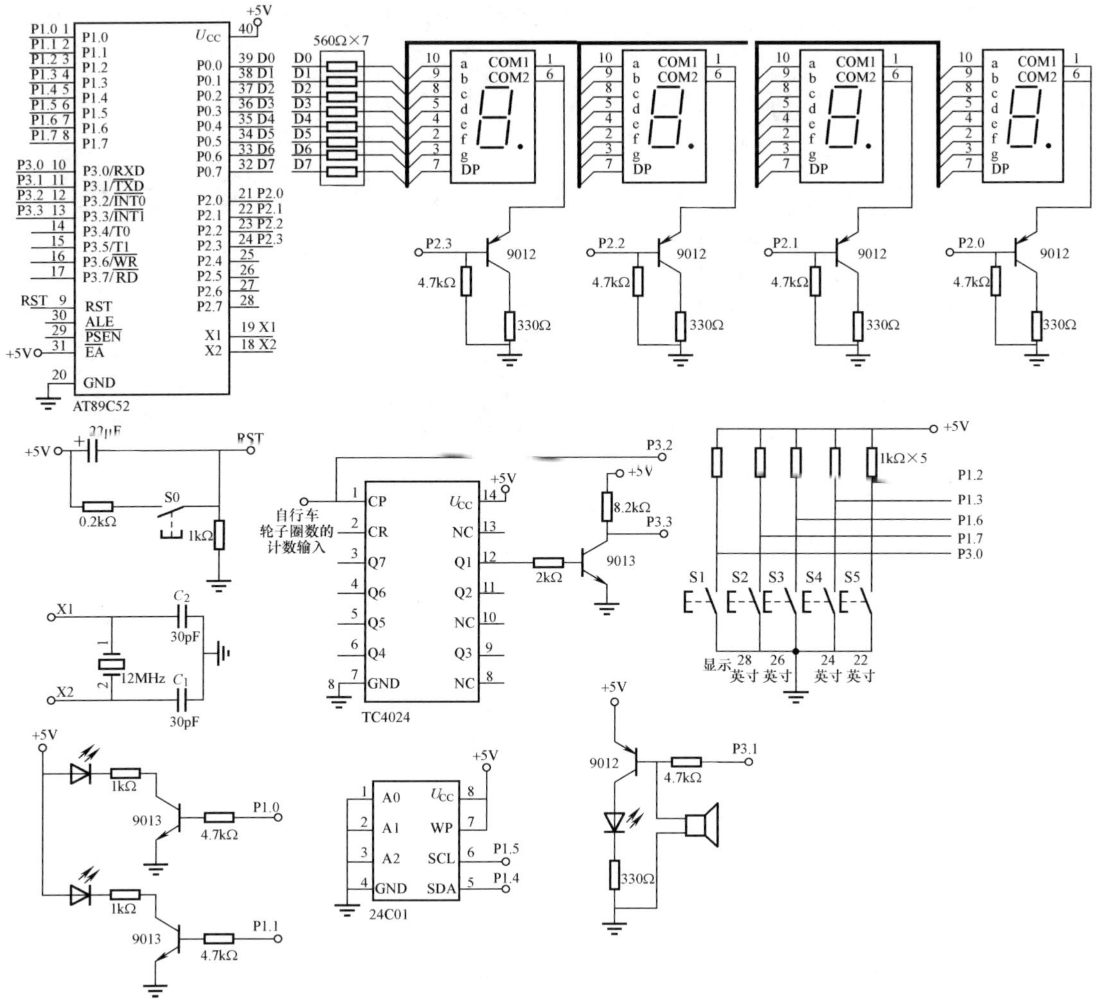

图 10-17　系统硬件电路原理图

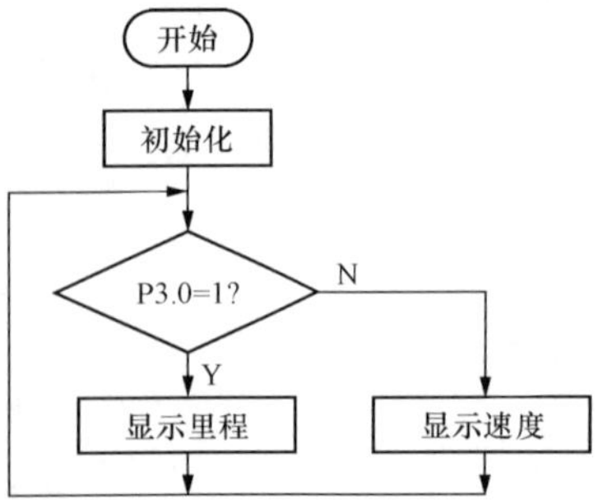

图 10-18 系统主程序流程图

（2）初始化程序。初始化程序的主要功能是将 T1 设为外部控制定时器方式 1，外中断设为边沿触发方式，将部分内存单元清 0，设置车轮周长值，开中断、启动定时器，将 AT24C01 中的数据调入内存中，设置车轮圈数出错处理程序。程序中 60H、61H、62H 作为里程计数单元，6CH、6DH 作为 T1 计数扩充单元，68H、69H、6AH、6BH 作为存放自行车每圈时间数单元，70H、71H、72H、73H 作为显示 BCD 码存放数单元。

程序如下：

```
CLEARMEN:  MOV     TMOD, #90        ;T1 为 16 位外部控制定时器
           MOV     SP, #75H         ;堆栈在 75H 开始
           SETB    PX0              ;外中断 0 优先级为 1
           SETB    IT0              ;外中断 0 用边沿触发
           SETB    IT1              ;外中断 1 用边沿触发
           MOV     A, #00H          ;清 A
           MOV     20H, A           ;清内存中特定单元
           MOV     6CH, A
           MOV     6DH, A
           MOV     70H, A
           MOV     71H, A
           MOV     72H, A
           MOV     73H, A
           MOV     60H, A
           MOV     61H, A
           MOV     62H, A
           MOV     63H, A           ;清内存中特定单元
           DEC     A                ;A 为#0FFH
           MOV     68H,A            ;内存置数据#0FFH
           MOV     69H,A            ;内存置数据#0FFH
           MOV     6AH,A            ;内存置数据#0FFH
           MOV     6BH,A            ;内存置数据#0FFH
           MOV     P1, A            ;P1 口置 1
CLEAR1:    JB      P1.2, KEY1       ;根据 P1.2、P1.3、P1.6、P1.7 设置状态，在 21H
                                    ;地址单元设置自行车周长值
           MOV     21H,#0FH         ;22 英寸自行车周长系数
           LJMP    CLEAR2           ;转 CLEAR2
KEY1:      JB      P1.3, KEY2
           MOV     21H, #12H        ;24 英寸自行车周长系数
           LJMP    CLEAR2           ;转 CLEAR2
KEY2:      JB      P1.6,KEY3
           MOV     21H,#14H         ;26 英寸自行车周长系数
           LJMP    CLEAR2           ;转 CLEAR2
KEY3:      JB      P1.7,ERR
           MOV     21H,#19H         ;28 英寸自行车周长系数
CLEAR2:    SETB    TR1              ;开定时器开关 T1
           SETB    EA               ;开中断允许
           SETB    EX0              ;开外中断
           SETB    ET1              ;开定时中断 T1
```

```
          SETB     P3.1              ;关报警器
          LCALL    VIICREAD          ;将EEPROM中断里程数据调入内存
          RET                        ;子程序返回
ERR:      CLP      P3.1              ;轮周长设置出错，LED灯闪烁提醒
          LCALL    DLSS5             ;延时
          LJMP     CLEAR1            ;重新初始化，等待轮周长设置开关合上
```

（3）里程计数子程序。外中断服务程序用于对输入的车轮圈数脉冲进行计数，为十六进制计数，用片内RAM的60H单元存储计数值的低位，62H存储高位，计数一次后，对里程数据进行一次存储。程序如下：

```
INTEX1: PUSH  ACC                    ;累加器堆栈保护
        PUSH  PSW                    ;状态字堆栈保护
        CLR   EX1                    ;关外中断1
        JNB   20H.0, INTEX11         ;溢出标志为0转INTEX11
        MOV   TL1, #0FFH             ;溢出时，计时单元赋#FFH(显示速度为0)
        MOV   TH1, #0FFH
        MOV   6CH, #0FFH
        MOV   6DH, #0FFH
INTEX11:MOV    68H, TL1              ;将时间计数值存入暂存单元68H～6BH
        MOV   69H, TH1
        MOV   6AH, 6CH
        MOV   6BH, 6DH
        MOV   A, #00H                ;清A
        MOV   TL1, A                 ;计时单元置0
        MOV   TH1, A
        MOV   6CH, A
        MOV   6DH, A
        CLR   00H                    ;清溢出标志
        POP   PSW                    ;状态字恢复
        POP   ACC                    ;累加器恢复
        RETI                         ;中断返回
```

（4）计数器中断服务程序。T1计数单元由外中断进行控制，当计数器溢出时，置溢出标志；不溢出时，使计时单元计数，存入存储器。程序略。

（5）EE PROM存取程序。将外部信息写入AT24C01存储器，存入从50H起的单元中；把外部信息从AT24C01存储器中读出，送CPU进行处理。程序略。

（6）显示子程序。当显示里程时，先要将计数器中的数据进行运算，求出总里程，并送入里程显示缓冲区；当显示速度时，要将轮子的周长和转一圈的时间相除，然后换算成千米/小时，存入70H～73H单元，进行数据显示。程序略。

习　　题

1．填空题

（1）按照单片机系统扩展与系统配置的状况，单片机应用系统可分为______和______。

（2）最小应用系统是指_________。

（3）单片机典型应用系统是指_________。它包括、_________、_________后向伺服控制输出通道以及_________。

（4）单片机应用系统的前向通道是_______部分，是应用系统的数据采集的_______通道。
（5）单片机应用系统的后向通道是应用系统的_________通道，大多数需要功率驱动。
（6）单片机系统的设计内容包含_________和_________。
（7）单片机系统方案设计包括_________和_________。

2．简答题

（1）简述单片机典型应用系统的组成。
（2）单片机应用系统设计对单片机应用系统有哪些基本要求？
（3）简述单片机应用系统的设计内容。
（4）简述单片机应用系统设计的一般过程及步骤。
（5）简述单片机应用系统设计过程中软、硬件的设计原则。
（6）简述单片机应用系统设计的软、硬件调试方法。
（7）简述提高单片机应用系统可靠性的措施。

附录A　MCS-51 单片机指令系统一览表

MCS-51 单片机指令系统一览表见表 A-1～表 A-5。

表 A-1　　数据传送类指令

助　记　符	说　　明	字节数	机器周期
MOV　A，Rn	寄存器内容送累加器	1	1
MOV　A，@Ri	间接寻址 RAM 送累加器	1	1
MOV　A，direct	直接寻址字节内容送累加器	2	1
MOV　A，#data	立即数送累加器	2	1
MOV　Rn，A	累加器内容送寄存器	1	1
MOV　Rn，direct	直接寻址字节送寄存器	2	2
MOV　Rn，#data	立即数送寄存器	2	1
MOV　direct，A	累加器内容送直接寻址字节	2	1
MOV　direct，Rn	寄存器内容送直接寻址字节	2	2
MOV　direct1，direct2	直接寻址字节 2 送直接寻址字节 1	3	2
MOV　direct.，@Ri	间接寻址 RAM 送直接寻址字节	2	2
MOV　direct，#data	立即数送直接寻址字节	3	2
MOV　@Ri，A	累加器送间接寻址 RAM	1	1
MOV　@Ri，direct	直接寻址字节送间接寻址 RAM	2	2
MOV　@Ri，#data	立即数送间接寻址 RAM	2	1
MOV　DPTR，#data16	16 位立即数送数据指针	3	2
MOVX　A，@Ri	外部 RAM（8 位地址）的内容送累加器	1	2
MOVX　A，@DPTR	外部 RAM（16 位地址）的内容送累加器	1	2
MOVX　@Ri，A	累加器内容送外部 RAM（8 位地址）	1	2
MOVX　@DPTR，A	累加器内容送外部 RAM（16 位地址）	1	2
MOVC　A，@A＋DPTR	程序存储器字节内容送累加器	1	2
MOVC　A，@A＋PC	程序存储器字节内容送累加器	1	2
PUSH　direct	直接寻址字节压入栈顶	2	2
POP　direct	栈顶字节弹至直接寻址字节	2	2
XCH　A，Rn	寄存器与累加器交换	1	1
XCH　A，direct	直接寻址字节与累加器交换	2	1
XCH　A，@Ri	间接寻址 RAM 与累加器交换	1	1
XCHD　A，@Ri	间接寻址 RAM 与累加器交换低半字节	1	1
SWAP　A	累加器高低半字节交换	1	1

表 A-2 算术操作类指令

助记符	说明	字节数	机器周期
ADD A，Rn	寄存器内容加到累加器	1	1
ADD A，direct	直接寻址字节内容加到累加器	2	1
ADD A，@Ri	间接寻址 RAM 内容加到累加器	1	1
ADD A，#data	立即数加到累加器	2	1
ADDC A，Rn	寄存器内容加到累加器（带进位）	1	1
ADDC A，direct	直接寻址字节内容加到累加器（带进位）	2	1
ADDC A，@Ri	间接寻址 RAM 内容加到累加器（带进位）	1	1
ADDC A，#data	立即数加到累加器（带进位）	2	1
SUBB A，Rn	累加器内容减去寄存器内容（带借位）	1	1
SUBB A，direct	累加器内容减去直接寻址字节内容（带借位）	2	1
SUBB A，@Ri	累加器内容减去间接寻址 RAM 内容（带借位）	1	1
SUBB A，#data	累加器内容减去立即数（带借位）	2	1
INC A	累加器加 1	1	1
INC Rn	寄存器加 1	1	1
INC direct	直接寻址字节加 1	2	1
INC @Ri	间接寻址 RAM 加 1	1	1
INC DPTR	数据指针加 1	1	2
DEC A	累加器减 1	1	1
DEC Rn	寄存器减 1	1	1
DEC direct	直接寻址字节减 1	2	1
DEC @Ri	间接寻址 RAM 减 1	1	1
MUL AB	累加器 A 和寄存器 B 相乘	1	4
DIV AB	累加器 A 除以寄存器 B	1	4
DA A	对累加器内容进行十进制调整	1	1

表 A-3 逻辑运算类指令

助记符	说明	字节数	机器周期
CLR A	累加器清零	1	1
CPL A	累加器求反	1	1
RL A	累加器循环左移	1	1
RLC A	经过进位位的累加器循环左移	1	1
RR A	累加器循环右移	1	1
RRC A	经过进位位的累加器循环右移	1	1
ANL A，Rn	寄存器“与”到累加器	1	1
ANL A，direct	直接寻址字节“与”到累加器	2	1

续表

助　记　符	说　　明	字节数	机器周期
ANL　A，#data	立即数“与”到累加器	2	1
ANL　A，@Ri	间接寻址RAM“与”到累加器	1	1
ANL　direct，A	累加器“与”到直接寻址字节	2	1
ANL　direct，#data	立即数“与”到直接寻址字节	3	2
ORL　A，Rn	寄存器“或”到累加器	1	1
ORL　A，direct	直接寻址字节“或”到累加器	2	1
ORL　A，#data	立即数“或”到累加器	2	1
ORL　A，@Ri	间接寻址RAM“或”到累加器	1	1
ORL　direct，A	累加器“或”到直接寻址字节	2	1
ORL　direct，#data	立即数“或”到直接寻址字节	3	2
XRL　A，Rn	寄存器“异或”到累加器	1	1
XRL　A，direct	直接寻址字节“异或”到累加器	2	1
XRL　A，#data	立即数“异或”到累加器	2	1
XRL　A，@Ri	间接寻址RAM“异或”到累加器	1	1
XRL　direct，A	累加器“异或”到直接寻址字节	2	1
XRL　direct，#data	立即数“异或”到直接寻址字节	3	2

表A-4　　控制转移类指令

助　记　符	说　　明	字节数	机器周期
AJMP　addr11	绝对转移	2	2
SJMP　rel	短转移（相对转移）	2	2
LJMP　addr16	长转移	3	2
JMP　@A+DPTR	相对DPTR的间接转移	1	2
JZ　rel	累加器为零则转移	2	2
JNZ　rel	累加器为非零则转移	2	2
CJNE　A，direct，rel	比较直接寻址字节和A不相等则转移	3	2
CJNE　A，#data，rel	比较立即数和A不相等则转移	3	2
CJNE　Rn，#data，rel	比较立即数和寄存器不相等则转移	3	2
CJNE @Ri，#data，rel	比较立即数和间接寻址RAM不相等则转移	3	2
DJNZ　Rn，rel	寄存器减1不为零则转移	3	2
DJNZ　direct，rel	直接寻址字节减1不为零则转移	3	2
ACALL　addr11	绝对调用子程序	2	2
LCALL　addr16	长调用子程序	3	2
RET	从子程序返回	1	2
RETI	从中断返回	1	2
NOP	空操作	1	1

表 A-5　　位操作类指令

助 记 符	说　　明	字节数	机器周期
MOV　C，bit	直接寻址位送入进位位	2	1
MOV　bit，C	进位位送入直接寻址位	2	2
CLR　C	清进位位	1	1
CLR　bit	清直接寻址位	2	1
CPL　C	进位位求反	1	1
CPL　bit	直接寻址位求反	2	1
SETB　C	进位位置 1	1	1
SETB　bit	直接寻址位置 1	2	1
ANL　C，bit	直接寻址位“与”到进位位	2	2
ANL　C，/bit	直接寻址位的反码“与”到进位位	2	2
ORL　C，bit	直接寻址位“或”到进位位	2	2
ORL　C，/bit	直接寻址位的反码“或”到进位位	2	2
JC　rel	进位位为 1 则转移	2	2
JNC　rel	进位位为 0 则转移	2	2
JB　bit，rel	直接寻址位为 1 则转移	3	2
JNB　bit，rel	直接寻址位为 0 则转移	3	2
JBC　bit，rel	直接寻址位为 1 则转移，并将该位清 0	3	2

附录B 常用芯片引脚图

B.1 单片机类

一、MCS-51

MCS-51 如图 B-1 所示。

（一）芯片介绍

MCS-51 系列单片机是美国 Intel 公司开发的 8 位单片机，又可以分为多个子系列。MCS-51 系列单片机共有 40 只引脚，包括 2 只电源引脚、2 只外接晶振引脚、32 只 I/O 口引脚、4 只控制引脚。

（二）引脚说明

（1）U_{CC}：接+5V 电源。

（2）U_{SS}：接地。

（3）XTAL1：接外部石英晶体的一端。在单片机内部，它是一个反相放大器的输入端，这个放大器构成了片内振荡器。当采用外接晶体振荡器时，该引脚接地。

（4）XTAL2：接外部石英晶体的另一端。在单片机内部接至内部反相放大器的输出端。当采用外接晶体振荡器时，该引脚接收时钟振荡信号。

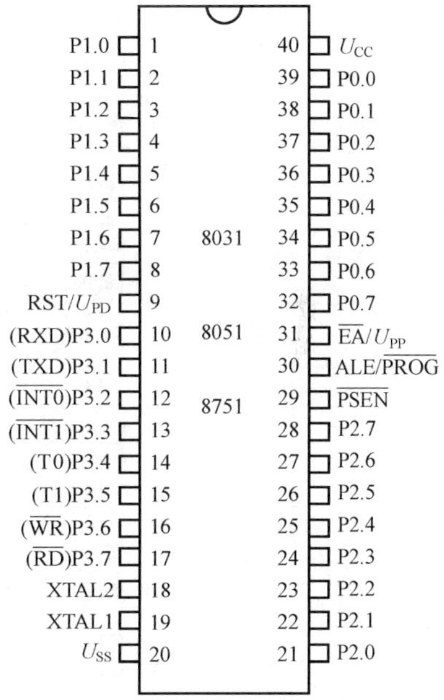

图 B-1 MCS-51

（5）RST/U_{PD}：复位/备用电源。

（6）ALE/$\overline{PROG}$：地址锁存允许/编程脉冲输入端。

（7）$\overline{EA}$/U_{PP}：内外程序存储器选择控制端/编程电压输入端。

（8）$\overline{PSEN}$：外部程序存储器读选通信号输出端。

（9）P0 口（P0.0～P0.7）：8 位双向三态 I/O 口。此口作为地址（低 8 位）/数据总线分时复用口，还可作为通用 I/O 口使用，但使用时需外接上拉电阻。可驱动 8 个 LS 型 TTL 负载。

（10）P1 口（P1.0～P1.7）：8 位准双向 I/O 口。可驱动 4 个 LS 型 TTL 负载。

（11）P2 口（P2.0～P2.7）：8 位准双向 I/O 口。此口作为高 8 位地址总线使用，还可作为通用 I/O 口使用。可驱动 4 个 LS 型 TTL 负载。

（12）P3 口（P3.0～P3.7，）：8 位准双向 I/O 口，双功能复用口。可驱动 4 个 LS 型 TTL 负载。P3 口的每一只引脚都具有第二功能，如表 B-1 所示。

表 B-1　　P3 口的第二功能

引　脚	第　二　功　能
P3.0	RXD（串行口输入端）
P3.1	TXD（串行口输出端）
P3.2	$\overline{INT0}$（外部中断 0 请求输入端，低电平有效）

续表

引　脚	第　二　功　能
P3.3	$\overline{INT1}$（外部中断 1 请求输入端，低电平有效）
P3.4	T0（定时器/计数器 0 外部计数输入端）
P3.5	T1（定时器/计数器 1 外部计数输入端）
P3.6	$\overline{WR}$（外部数据存储器写选通信号输出端，低电平有效）
P3.7	$\overline{RD}$（外部数据存储器读选通信号输出端，低电平有效）

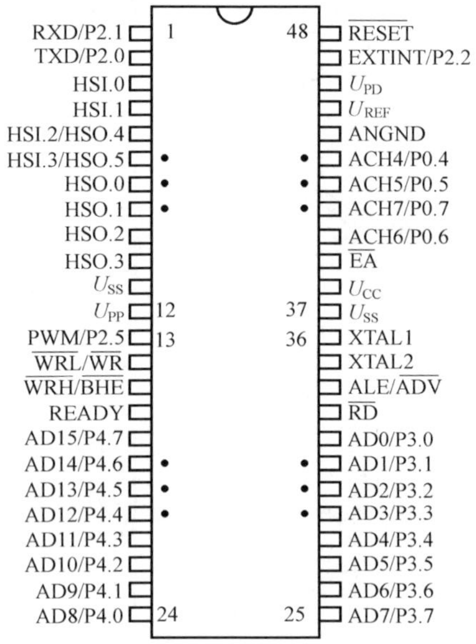

图 B-2　MCS-96

二、MCS-96

MCS-96 如图 B-2 所示。

（一）芯片介绍

MCS-96 系列单片机是美国 Intel 公司继 MCS-51 系列单片机之后推出的 16 位单片机系列。它含有比较丰富的软、硬件资源，适用于要求较高的实时控制场合。它分为 48 引脚和 68 引脚两种，以 48 引脚居多。

（二）引脚说明（68 只引脚功能）

（1）U_{CC}：主电源电压（+5V）。

（2）U_{SS}：数字电路地（0V）。

（3）U_{PD}：内部 RAM 备用电源电压（+5V）。

（4）U_{REF}：A/D 转换器基准电压（+5V）。

（5）ANGND：A/D 转换器参考地，应与 U_{SS} 保持同电平。

（6）U_{PP} 或 U_{BB}：对 8×9×BH 系列 EPROM 型产品为 U_{PP}，是编程电源（+12.5V）。

（7）XTAL1：内部振荡器反相器的输入，也是内部时钟发生器的输入，常接外部晶振。

（8）XTAL2：内部振荡器反相器的输出，接外部晶振。

（9）CLKOUT：内部时钟发生器的输出，其频率是振荡器频率的 1/3，占空比为 33%。

（10）INST：在读外部存储器时，此引脚输出高电平，表示是取指周期。

（11）NMI：非屏蔽中断信号输入端。

（12）BUSWIDTH 或 $\overline{TEST}$：对 8×9×BH、8×9×JF 系列产品为 BUSWIDTH，是总线宽度选择输入端。对其余产品为 $\overline{TEST}$，是测试控制端。

（13）$\overline{EA}$：存储器选择输入端。

（14）$\overline{RESET}$：复位信号输入端。

（15）READY：准备就绪信号输入端。

（16）HSI.0～HSI.3：高速输入器的输入端，共 4 个，其中 HSI.2 和 HSI.3 分别与 HSO.4 和 HSO.5 合用。

（17）HSO.0～HSO.5：高速输出器的输出端，共 6 个。

（18）P0：8 位高阻抗输入口。可作数字量输入口，也可作 A/D 转换器的模拟输入口

（ACH0～ACH7）。对 EPROM 型产品，在编程时用作 P0.4～P0.7，又可用作方式选择输入端（PMOD.0～PMOD.3）。

（19）P1：8 位准双向 I/O 口。

（20）P2：8 位多功能口。其中 P2.0～P2.5 是多功能的，依次兼用作串行口发送端 TXD、串行口接收端 RXD、外部中断请求端 EXTINT、定时器 2 外部时钟输入端 T2CLK、定时器 2 复位端 T2RST 和脉宽调制信号输出端 PWM。P2.6、P2.7 为准双向 I/O 口。

（21）P3 和 P4：具有漏极开路输出的 8 位双向口。主要用于地址/数据分时复用总线。

（22）ALE/$\overline{ADV}$：地址锁存允许（ALE）或地址有效输出（$\overline{ADV}$），由 CCR.3 选择，两者都用于锁存地址/数据总线上的地址信号。

（23）$\overline{RD}$：外部存储器的读选通信号输出端。

（24）$\overline{WR}$ / $\overline{WRL}$：外部存储器写选通或外部存储器低位字节写选通信号输出端。

（25）$\overline{BHE}$ / $\overline{WRH}$：总线高位字节允许或外部存储器高位字节写选通信号输出端，由 CCR.2 选择。

三、AT89C2051

AT89C2051 如图 B-3 所示。

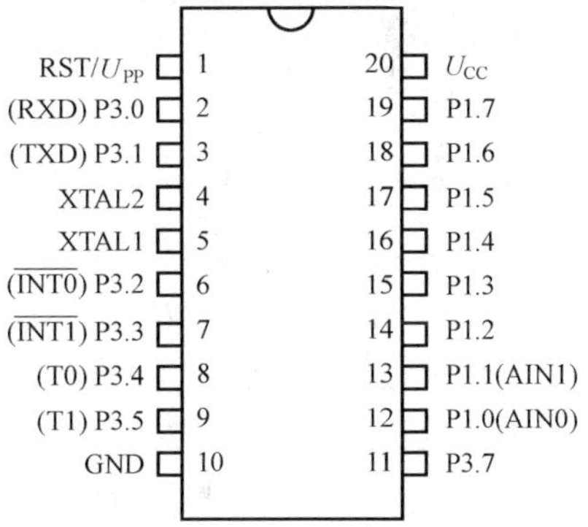

图 B-3 AT89C2051

引脚说明

（1）U_{CC}：电源电压。

（2）GND：接地。

（3）RST：复位输入。当 RST 变为高电平并保持 2 个机器周期时，所有 I/O 引脚复位至“1”。

（4）XTAL1：振荡器反相放大器及内部时钟发生器的输入端。

（5）XTAL2：振荡器反相放大器的输出端。

（6）P1 口：8 位双向 I/O 口。引脚 P1.2～P1.7 提供内部上拉电阻，P1.0 和 P1.1 内部无上拉电阻，可用作片内精确模拟比较器的正向输入（AIN0）和反向输入（AIN1），如果需要应在外部接上拉电阻。P1 口输出缓冲器能接收 20mA 电流，并能直接驱动 LED 发光二极管。P1 口引脚写入“1”后，可用作输入端。在闪速编程与编程校验期间，P1 口也可接收代码数据。

（7）P3 口：引脚 P3.0～P3.5 与 P3.7 为 7 个带内部上拉电阻的双向 I/O 口。P3.6 没有引出，它作为一个通用 I/O 口不可访问，但可作为固定输入片内比较器的输出信号。P3 口的输出缓冲器可吸收 20mA 的灌电流。P3 口写入“1”时，它们被内部上拉电阻拉高并可作为输入端口。作输入端时，被外部拉低的 P3 口将用上拉电阻输出电流。P3 口还可用于特殊功能口，如表 B-2 所示。P3 口同时也可为闪速存储器编程和校验接收控制信号。

表 B-2　P3 口的特殊功能

引　脚	功 能 特 性	引　脚	功 能 特 性
P3.0	RXD（串行口输入端）	P3.3	$\overline{INT1}$（外部中断 1）
P3.1	TXD（串行口输出端）	P3.4	T0（定时器/计数器 0 外部计数输入端）
P3.2	$\overline{INT0}$（外部中断 0）	P3.5	T1（定时器/计数器 1 外部计数输入端）

B.2 可编程接口芯片

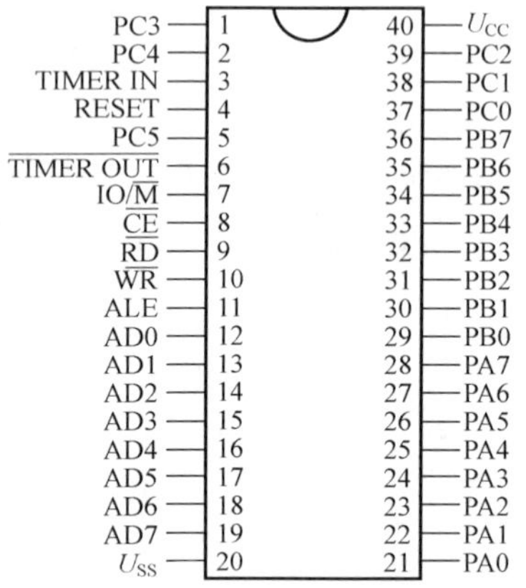

图 B-4 8155H

一、8155H

8155H 如图 B-4 所示。

(一) 芯片介绍

8155H 内部带有 256 字节的静态 RAM，两个可编程的 8 位并行 I/O 口 PA、PB，一个可编程 6 位并行 I/O 口 PC，一个可编程的 14 位减法定时器/计数器。

(二) 引脚说明

（1）AD0～AD7：8 位地址/数据线。

（2）IO/$\overline{\text{M}}$：I/O 端口和 RAM 存储器选择输入线。

（3）$\overline{\text{CE}}$：片选信号输入线，低电平有效。

（4）ALE：允许地址输入线，当其为负跳变时把 AD0～AD7 的地址以及 $\overline{\text{CE}}$、IO/$\overline{\text{M}}$ 的状态锁入片内锁存器。

（5）$\overline{\text{RD}}$：读选通信号输入线，低电平有效。

（6）$\overline{\text{WR}}$：写选通信号输入线，低电平有效。

（7）TIMERIN：计数器的计数脉冲输入线。

（8）$\overline{\text{TIMEROUT}}$：计数器的输出信号线。

（9）RESET：复位控制信号线，高电平有效。

（10）PA0～PA7：8 位并行 IO 接口。

（11）PB0～PB7：8 位并行 IO 接口。

（12）PC0～PC5：6 位并行 IO 接口。

（13）U_{CC}：＋5V 电源输入线。

（14）U_{SS}：接地。

二、8255A

8255A 如图 B-5 所示。

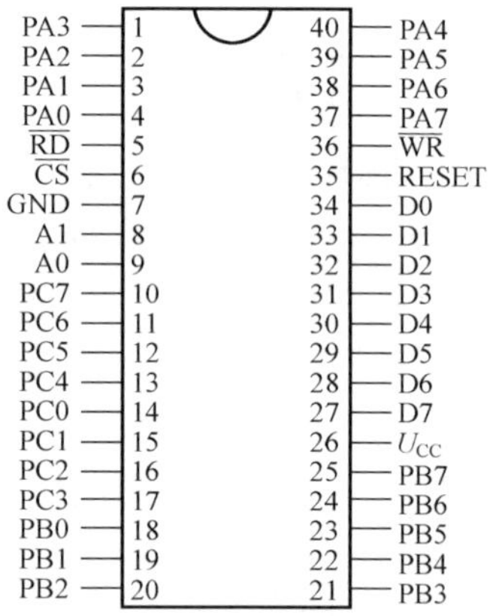

图 B-5 8255A

(一) 芯片说明

8255A 是 Intel 公司生产的可编程输入输出接口芯片，它具有 3 个 8 位的并行 I/O 口，具有三种工作方式，可通过程序改变其功能，因而使用灵活，通用性强，可作为单片机与多种外围设备连接时的中间接口电路。8255 有三种基本工作方式，三种工作方式由工作方式控制字决定，方式控制字由 CPU 通过输入/输出指令来提供。三个端口中 PC 口被分为两个部分，上半部分随 PA 口称为 A 组，下半部分随 PB 口称为 B 组。其中 PA 口可工作于方式 0、1 和 2，而 PB 口只能工作在方式 0 和 1。

(二) 引脚说明

（1）D0～D7：三态双向数据线，与单片机数据总线连接，用来传送数据信息。

（2）$\overline{\text{CS}}$：片选信号线，低电平有效，表示芯片被选中。

（3）$\overline{\text{RD}}$：读出信号线，低电平有效，控制数据的读出。

（4）$\overline{WR}$：写入信号线，低电平有效，控制数据的写入。

（5）PA0～PA7：A 口输入/输出线。

（6）PB0～PB7：B 口输入/输出线。

（7）PC0～PC7：C 口输入/输出线。

（8）RESET：复位信号线。

（9）A1、A0：地址线，用来选择 8255 内部端口。

（10）U_{CC}：+5V 电源。

（11）GND：接地。

B.3 锁 存 器

一、74LS373

74LS373 如图 B-6 所示。

（一）芯片介绍

74LS373 是带有三态门的 8D 锁存器。74LS373 用作地址锁存器时，首先应使三态门的使能信号 $\overline{OE}$ 为低电平，这时当 G 端为高电平时，锁存器输出端状态和输入端状态相同；当 G 端从高电平返回到低电平（下降沿）时，输入端的数据锁入到 8 位锁存器中。当用 74LS373 作为地址锁存器时，它们的 G 端可直接与单片机的锁存控制信号端 ALE 相连，在 ALE 下降沿进行地址锁存。

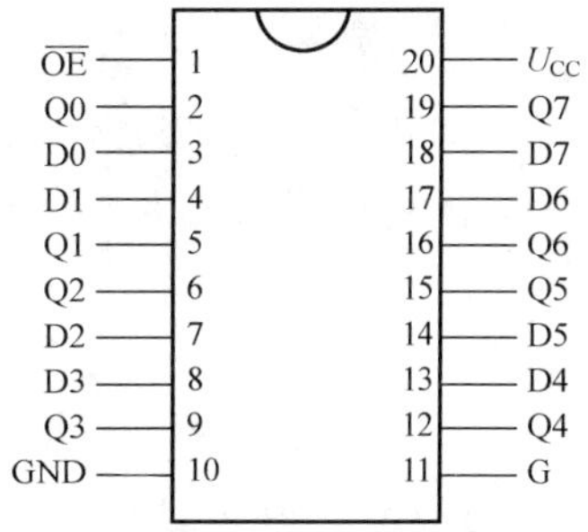

图 B-6 74LS373

（二）引脚说明

（1）D0～D7：8 位数据输入端。

（2）Q0～Q7：8 位数据输出端。

（3）GND：接地。

（4）U_{CC}：+5V 电源。

（5）$\overline{OE}$：数据输出允许引脚，低电平有效。当该信号为低电平时，三态门处于导通状态，锁存器中数据输出到数据输出线。当该信号为高电平时，输出线为高阻态。

（6）G：数据输入锁存选通引脚，高电平有效。当该信号为高电平时，外部数据选通到内部锁存器，负跳变时，数据锁存到锁存器中。

二、74LS273

74LS273 如图 B-7 所示。

（一）芯片介绍

74LS273 是带有清除功能的 8D 触发器，D0～D7 为数据输入端，Q0～Q7 为数据输出端，正脉冲触发，低电平清除，常用作 8 位地址锁存器。对 74LS273 来说，$\overline{MR}$ 脚必须接高电平，ALE 信号经过反相后接 CP 脚（因为单片机的 ALE 信号是以下降沿方式出现的）。

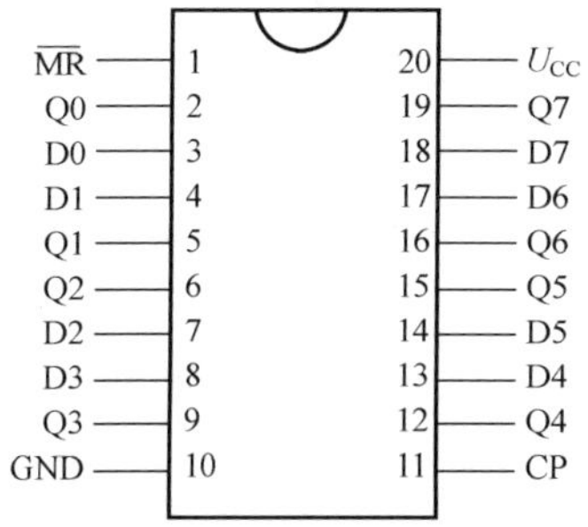

图 B-7 74LS273

（二）引脚说明

（1）D0～D7：8 位数据输入端。

（2）Q0～Q7：8 位数据输出端。

（3）$\overline{\text{MR}}$：复位 CLR 端，低电平有效，即当该引脚为低电平时，芯片输出全为 0（低电平），即全部复位。

（4）CP（CLK）：锁存控制端，上升沿触发锁存。当该引脚有效时，输出端随输入端状态变化；当该引脚无效时，输出端保持原来状态，不随输入端变化。

三、74LS573

74LS573 如图 B-8 所示。

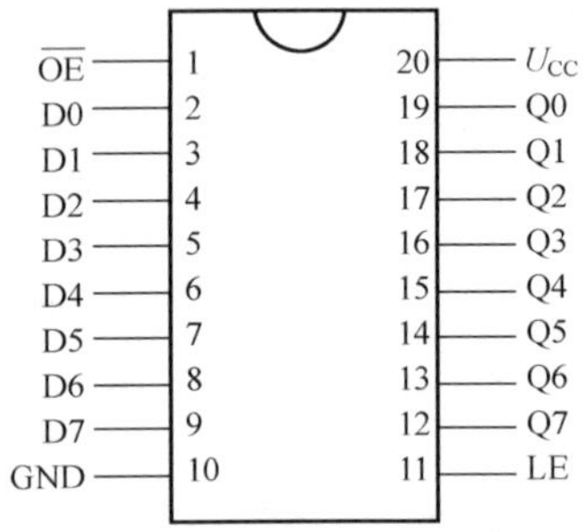

图 B-8 74LS573

（一）芯片介绍

74LS573 的 8 个锁存器都是透明的 D 型锁存器。当使能 LE（G）为高时，Q 输出将随数据 D 输入而变；当使能为低时，输出将锁存在已建立的数据电平上。74LS573 的功能与 74LS373 相同，但引脚排列不同，74LS573 输入的 D 端和输出的 Q 端依次排在芯片的两侧。

（二）引脚说明

（1）D0～D7：8 位数据输入端。

（2）Q0～Q7：8 位数据输出端。

（3）$\overline{\text{OE}}$：数据输出允许引脚，低电平有效。当该信号为低电平时，锁存器中数据输出到数据输出线；当该信号为高电平时，输出线为高阻态。

（4）LE（G）：数据输入锁存选通引脚，高电平有效。当该信号为高电平时，外部数据选通到内部锁存器；负跳变时，数据锁存到锁存器中。

四、74LS377

74LS377 如图 B-9 所示。

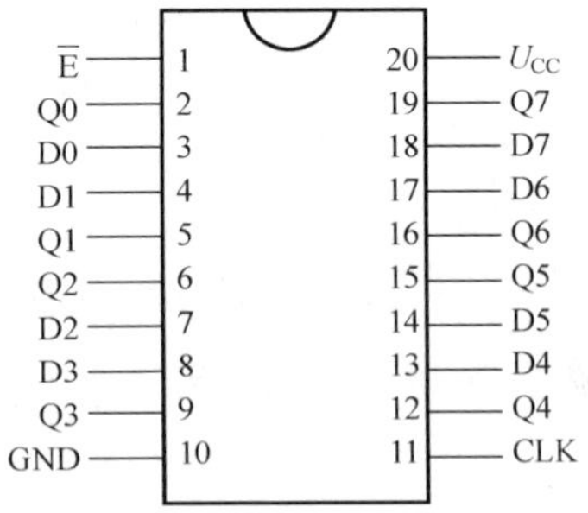

图 B-9 74LS377

（一）芯片介绍

74LS377 是一种 8D 触发器，它可以实现数据的保持或锁存，当它允许控制端 $\overline{\text{E}}$ 为低电平且时钟 CLK 端输入正跳变时，D0～D7 端的数据被锁存到 8D 触发器中。

（二）引脚说明

（1）D0～D7：8 位数据输入端。

（2）Q0～Q7：8 位数据输出端。

（3）$\overline{\text{E}}$：允许控制引脚，低电平有效。

（4）CLK：锁存控制端，上升沿有效。

B.4 存 储 器

一、6116

6116 如图 B-10 所示。

（一）芯片介绍

6116 是 2K×8 位静态随机存储器芯片，采用 CMOS 工艺制造，单一+5V 供电，额定功耗为 160mW，典型存取时间为 200ns，24 线双列直插式封装。

（二）引脚说明

（1）A0～A10：地址输入线。

（2）O0～O7：双向三态数据线，有时用 D0～D7 表示。

（3）$\overline{CE}$：片选信号输入端，低电平有效。

（4）$\overline{OE}$：读选通信号输入线，低电平有效。

（5）$\overline{WE}$：写选通信号输入线，低电平有效。

（6）U_{CC}：工作电源输入引脚，+5V。

（7）GND：地线。

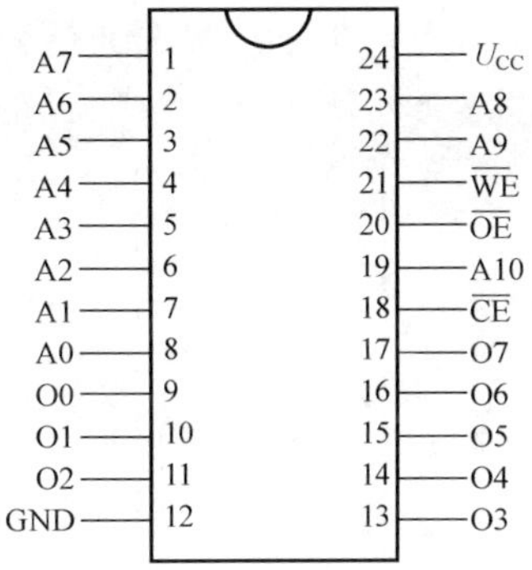

图 B-10 6116

二、6264

6264 如图 B-11 所示。

（一）芯片介绍

6264 是 8K×8 位静态随机存储器芯片，采用 CMOS 工艺制造，单一+5V 供电，额定功耗为 200mW，典型存取时间为 200ns，28 线双列直插式封装。

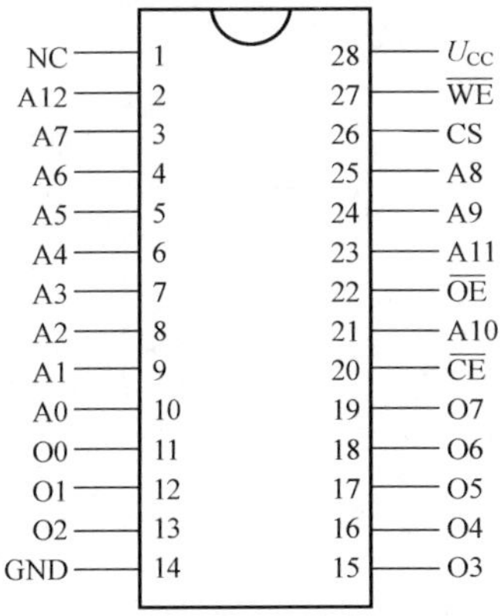

图 B-11 6264

（二）引脚说明

（1）A0～A12：地址输入线。

（2）O0～O7：双向三态数据线，有时用 D0～D7 表示。

（3）$\overline{CE}$：片选信号输入端，低电平有效。

（4）$\overline{OE}$：读选通信号输入线，低电平有效。

（5）$\overline{WE}$：写选通信号输入线，低电平有效。

（6）U_{CC}：工作电源输入引脚，+5V。

（7）NC：为空引脚。

（8）CS：第二片选信号引脚，高电平有效。

（9）GND：地线。

三、62256

62256 如图 B-12 所示。

（一）芯片介绍

62256 是 32K×8 位静态随机存储器芯片，采用 CMOS 工艺制造，单一+5V 供电，额定功耗为 300mW，典型存取时间为 200ns，28 线双列直插式封装。

（二）引脚说明

（1）A0～A14：地址输入线。

（2）O0～O7：双向三态数据线，有时用 D0～D7 表示。

（3）$\overline{CE}$：片选信号输入端，低电平有效。

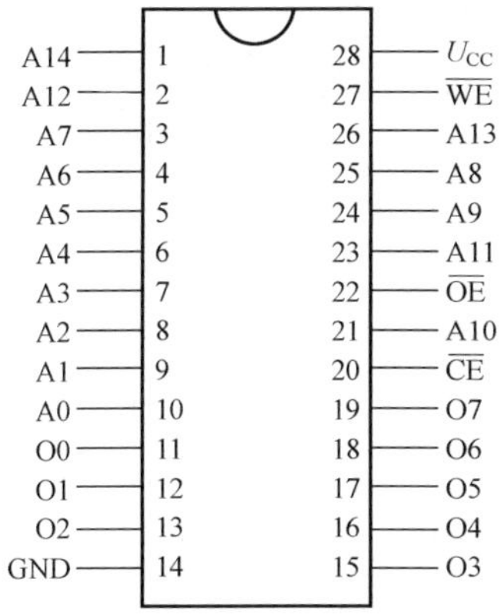

图 B-12 62256

（4）$\overline{\mathrm{OE}}$：读选通信号输入线，低电平有效。

（5）$\overline{\mathrm{WE}}$：写选通信号输入线，低电平有效。

（6）U_{CC}：工作电源输入引脚，＋5V。

（7）GND：地线。

四、2716

2716 如图 B-13 所示。

（一）芯片介绍

2716 是 2K×8 字节的紫外线擦除、电可编程只读存储器，单一＋5V 供电，工作电流为 75mA，维持电流为 35mA，读出时间最大为 250ns，24 脚双列直插式封装。

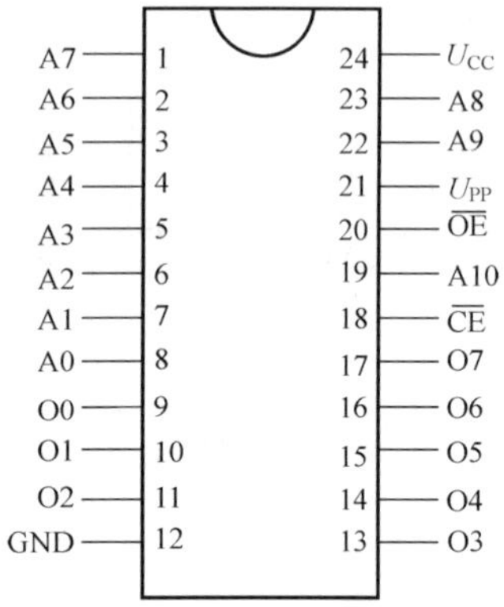

图 B-13　2716

（二）引脚说明

（1）A0～A10：地址线引脚。

（2）O0～O7：数据线引脚，有时用 D0～D7 表示。

（3）$\overline{\mathrm{CE}}$：片选输入线。

（4）$\overline{\mathrm{OE}}$：输出允许控制端。

（5）U_{PP}：编程时，编程电压（＋12V 或＋25V）输入端。

（6）U_{CC}：工作电源输入引脚，＋5V。

（7）GND：地线。

五、2764

2764 如图 B-14 所示。

（一）芯片介绍

2764 是 8K×8 字节的紫外线擦除、电可编程只读存储器，单一＋5V 供电，工作电流为 75mA，维持电流为 35mA，读出时间最大为 250ns，28 脚双列直插式封装。

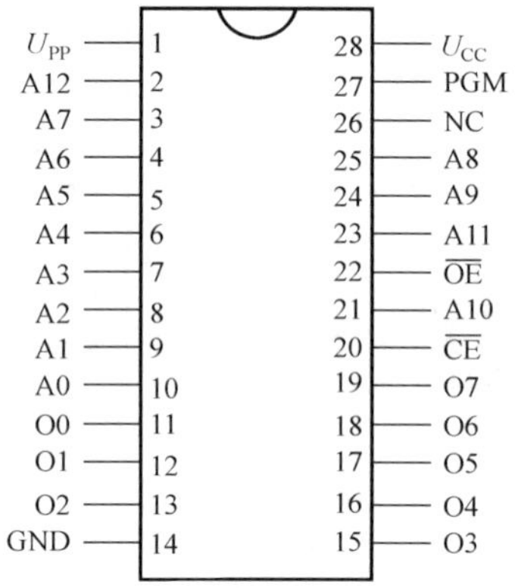

图 B-14　2764

（二）引脚说明

（1）A0～A12：地址线引脚。

（2）O0～O7：数据线引脚，有时用 D0～D7 表示。

（3）$\overline{\mathrm{CE}}$：片选输入线。

（4）$\overline{\mathrm{OE}}$：输出允许控制端。

（5）PGM：编程脉冲输入端。

（6）U_{PP}：编程时，编程电压（＋12V 或＋25V）输入端。

（7）U_{CC}：工作电源输入引脚，＋5V。

（8）GND：地线。

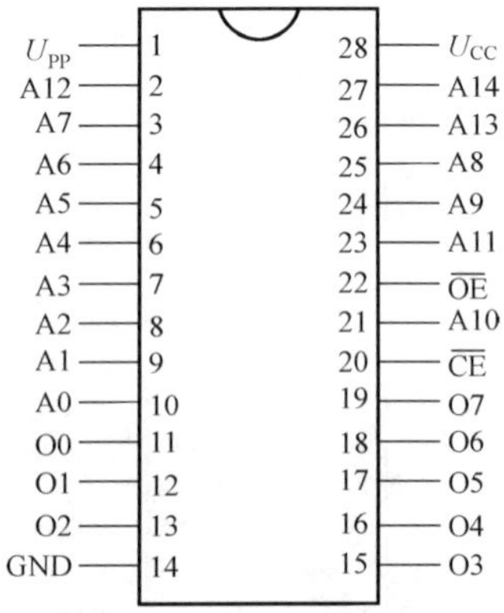

图 B-15　27256

六、27256

27256 如图 B-15 所示。

（一）芯片介绍

27256 是 32K×8 字节的紫外线擦除、电可编程只读存储器，单一＋5V 供电，工作电流为 100mA，维持电流为 40mA，读出时间最大为 250ns，28 脚双列直插式封装。

（二）引脚说明

（1）A0～A14：地址线引脚。

（2）O0～O7：数据线引脚，有时用D0～D7表示。

（3）$\overline{CE}$：片选输入线。

（4）$\overline{OE}$：输出允许控制端。

（5）U_{PP}：编程时，编程电压（+12V或+25V）输入端。

（6）U_{CC}：工作电源输入引脚，+5V。

（7）GND：地线。

七、CAT24WC01/02/04/08/16

CAT24WC01/02/04/08/16如图B-16所示。

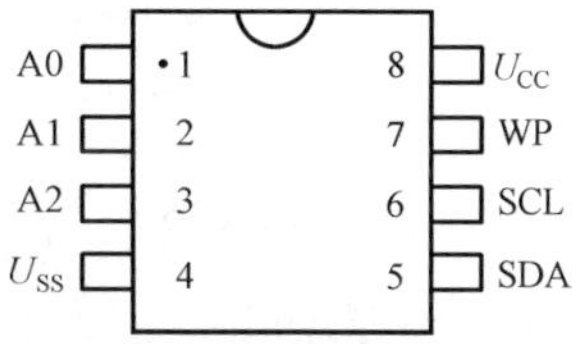

图B-16　CAT24WC01/02/04/08/16

（一）芯片介绍

CAT24WC01/02/04/08/16是一个1K/2K/4K/8K/16K位串行CMOS EEPROM，内部含有128/256/512/1024/2048个8位字节，CATALYST公司的先进CMOS技术实质上减少了器件的功耗，CAT24WC01有一个8字节页写缓冲器，CAT24WC02/04/08/16有一个16字节页写缓冲器。该器件通过I^2C总线接口进行操作，有一个专门的写保护功能。

（二）引脚说明

（1）A0、A1、A2：器件地址选择。

（2）SDA：串行数据/地址。

（3）SCL：串行时钟。

（4）WP：写保护。

（5）U_{CC}：1.8～6.0V工作电压。

B.5　缓　冲　器

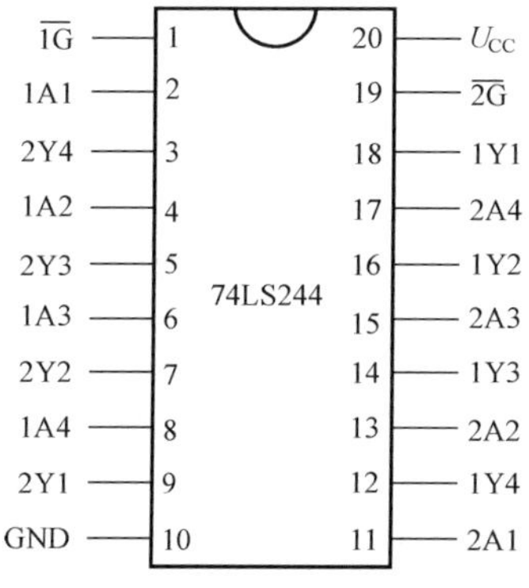

图B-17　74LS244

一、74LS244

74LS244如图B-17所示。

（一）芯片介绍

74LS244为单向三态数据缓冲器/驱动器。内部有8个三态驱动器，分成两组，每组由四路输入、输出构成，分别由控制端$1\overline{G}$和$2\overline{G}$控制。

（二）引脚说明

（1）1A1～1A4，2A1～2A4：输入端。

（2）$1\overline{G}$和$2\overline{G}$：三态允许端（低电平有效）。

（3）1Y1～1Y4，2Y1～2Y4：输出端。

（4）U_{CC}：电源端，+5V。

（5）GND：地线。

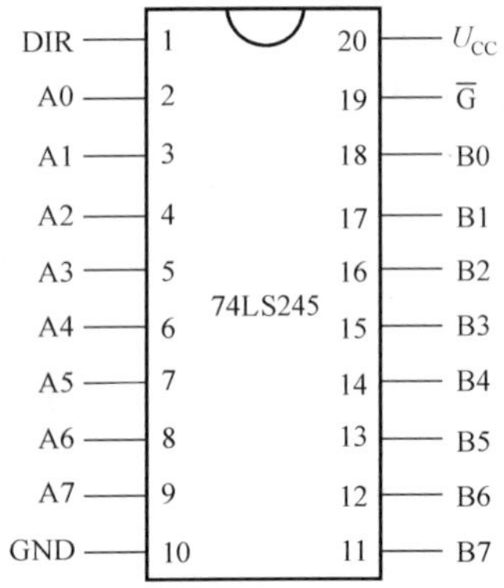

图 B-18 74LS245

二、74LS245

74LS245 如图 B-18 所示。

（一）芯片介绍

74LS245 为双向三态数据缓冲器/驱动器。内部有 16 个三态驱动器，每个方向 8 个。在控制端 $\overline{G}$ 有效时（低电平有效），由 DIR 端控制驱动方向，DIR 为“1”时方向从 A 到 B（输出允许），DIR 为“0”时方向从 B 到 A（输入允许）。当 $\overline{G}$ 为高电平时，A、B 均为高阻态。

（二）引脚说明

（1）A0～A7，B0～B7：输入、输出端。

（2）$\overline{G}$：控制端（低电平有效）。

（3）DIR：数据方向控制端。当 $\overline{G}$ 低电平有效时，若 DIR＝“0”，信号由 B 向 A 传输；若 DIR＝“1”，信号由 A 向 B 传输。

（4）U_{CC}：电源端，＋5V。

（5）GND：地线。

B.6 译　码　器

一、74LS138

74LS138 如图 B-19 所示。

（一）芯片介绍

74LS138 是一个 3-8 译码器，共 16 个引脚。

（二）引脚说明

（1）A、B、C：译码地址输入端。

（2）$\overline{E1}$、$\overline{E2}$、E3：使能端，其中 $\overline{E1}$、$\overline{E2}$ 低电平有效，E3 高电平有效。

（3）Y0～Y7：译码输出端，始终只有一个为低电平。

（4）U_{CC}：电源端，＋5V。

（5）GND：地线。

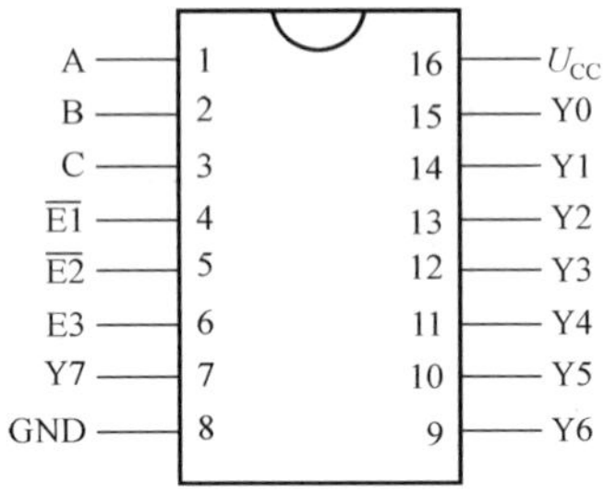

图 B-19 74LS138

二、74LS139

74LS139 如图 B-20 所示。

（一）芯片介绍

74LS139 片内有 2 个 2-4 译码器，共 16 个引脚。

（二）引脚说明

（1）1A、1B：译码器 1 选择端，即译码地址输入端。

（2）$1\overline{G}$：译码器 1 使能端，低电平有效。

（3）1Y0～1Y3：译码器 1 译码输出端，低电平有效。

（4）2A、2B：译码器 2 选择端，即译码地址输入端。

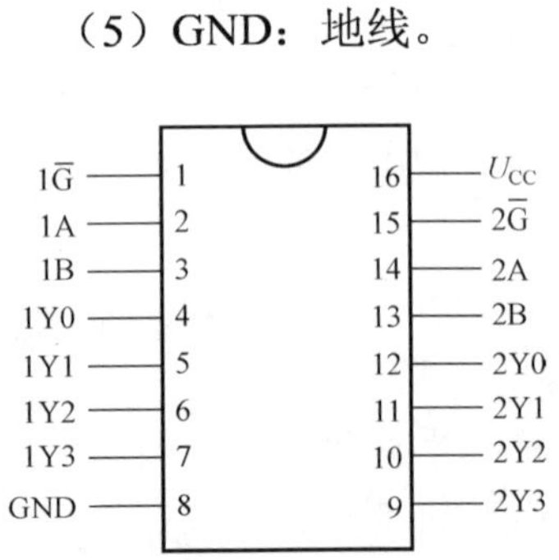

图 B-20 74LS139

（5）$2\overline{G}$：译码器 2 使能端，低电平有效。

（6）2Y0～2Y3：译码器 2 译码输出端，低电平有效。

（7）U_{CC}：电源端，+5V。

（8）GND：地线。

三、74LS154

74LS154 如图 B-21 所示。

（一）芯片介绍

74LS154 为 4-16 译码器，当使能端（G1、G2）为低电平时，可将地址端（ABCD）的二进制编码在一个对应的输出端，以低电平译出。如果将 G1 和 G2 中的一个作为数据输入端，由 ABCD 对输出寻址，74LS154 还可作 1 线－16 线数据分配器。

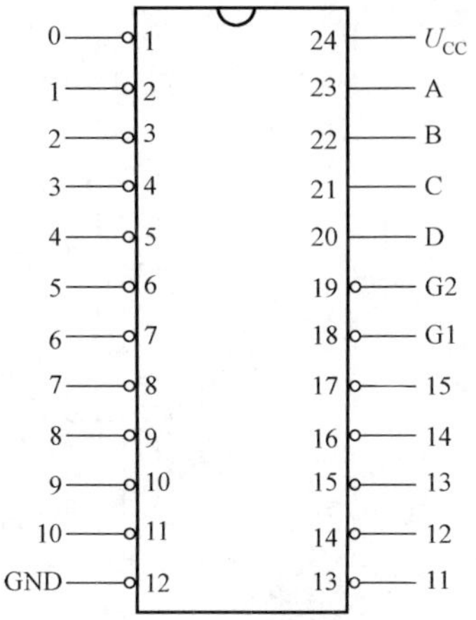

图 B-21　74LS154

（二）引脚说明

（1）A、B、C、D：译码地址输入端。

（2）G1、G2：使能端，低电平有效。

（3）0～15：输出端，低电平有效。

（4）U_{CC}：电源端，+5V。

（5）GND：地线。

B.7　驱　动　器

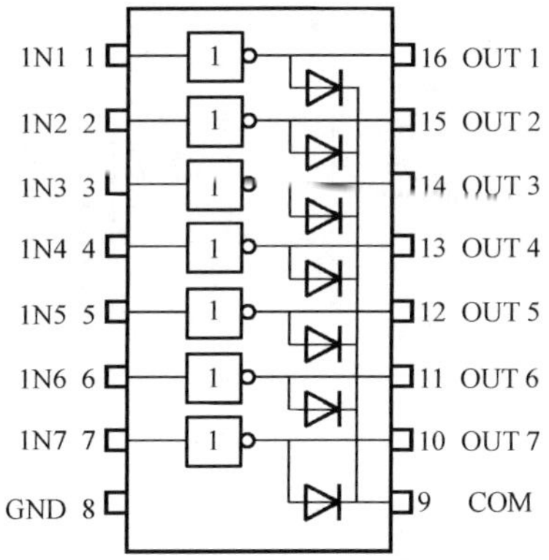

图 B-22　ULN2003

一、ULN2003

ULN2003 如图 B-22 所示。

（一）芯片介绍

ULN2003 芯片是高耐压、大电流达林顿阵列，由 7 组达林顿晶体管阵列和相应的电阻网络以及钳位二极管网络构成，具有同时驱动 7 组负载的能力，为单片双极型大功率高速集成电路。ULN2003 常作为驱动继电器的芯片，其芯片内部做了一个消线圈反电动势的二极管。ULN2003 的输出端允许通过电流 200mA，饱和压降约为 1V，耐压约为 36V。用户输出口的外接负载可根据以上参数估算。采用集电极开路输出，输出电流大，故可以直接驱动继电器或固体继电器（SSR）等外接控制器件，也可直接驱动低压灯泡。ULN2003 是一个 7 路反向器电路，即当输入端为高电平时，ULN2003 输出端为低电平；当输入端为低电平时，ULN2003 输出端为高电平。

（二）引脚说明

（1）IN1～IN7：脉冲输入端。

（2）OUT1～OUT7：脉冲输出端。

（3）COM：内部 7 个续流二极管负极的公共端，各二极管的正极分别接各达林顿管的集电极。用于感性负载时，该脚接负载电源正极，实现续流作用。如果该脚接地，实际上就是达林顿管的集电极对地接通。

（4）GND：地线。

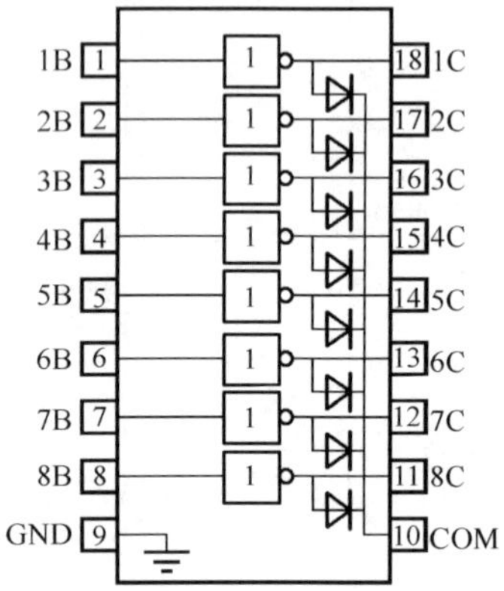

图 B-23 ULN2803

二、ULN2803

ULN2803 如图 B-23 所示。

（一）芯片介绍

ULN2803 是 8 个高压大电流达林顿管阵列，共 18 个引脚。

（二）引脚说明

（1）1B～8B：8 个输入端。

（2）1C～8C：8 个输出端。

（3）COM：内部续流二极管负极的公共端。功能与 ULN2003 芯片 COM 引脚相同。

（4）GND：地线。

B.8 A/D、D/A 转 换

一、ADC0809

ADC0809 如图 B-24 所示。

（一）芯片介绍

ADC0809 是一种比较典型的 8 位 8 通道逐次逼近式 A/D 转换器，CMOS 工艺，可实现 8 路模拟信号的分时采集，片内有 8 路模拟选通开关，以及相应的通道地址锁存用译码电路，其转换时间为 100μs 左右，采用双排 28 引脚封装。

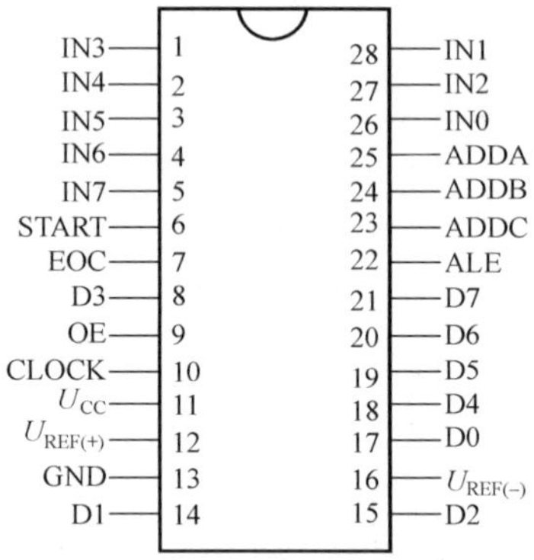

图 B-24 ADC0809

（二）引脚说明

（1）IN0～IN7：8 路模拟量输入通道。

（2）ADDA～ADDC：地址线用于选择模拟量输入通道。

（3）ALE：地址锁存允许信号。

（4）START：转换启动信号。

（5）D0～D7：8 位数字量输出线。

（6）OE：数字量输出允许信号，高电平有效。当 OE＝1 时，将 A/D 转换后的 8 位数字量送到数据总线上。

（7）CLOCK：时钟信号输入引脚，通常使用 500kHz。

（8）EOC：转换结束信号，高电平有效。在启动 A/D 转换 START 有效开始，EOC＝0，表示 A/D 转换正在进行中，当转换一结束，EOC＝1。因此 EOC 可作为 A/D 转换状态输出信号，供 CPU 查询或向 CPU 发出中断申请。

（9）U_{CC}：＋5V 电压。

（10）$U_{REF(+)}$、$U_{REF(-)}$：参考电压输入端。

（11）GND：地线。

二、ADC0816

ADC0816 如图 B-25 所示。

（一）芯片介绍

ADC0816 是一种 16 路模拟量输入、8 位逐次逼近 A/D 转换器，转换时间为 100μs，转换精度为±1/512，适用于多路数据采集系统，采用双排 40 引脚的封装形式。

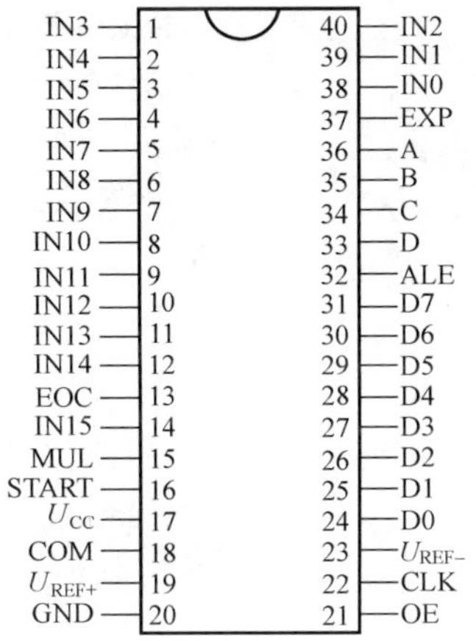

图 B-25 ADC0816

（二）引脚说明

（1）IN0～IN15：16 路模拟量输入线。

（2）D0～D7：8 位数字量输出线。

（3）A、B、C、D：通路选择输入线。

（4）ALE：通路选择信号锁存信号。

（5）MUL：多路开关输出线。

（6）COM：比较器输入线。

（7）EXP：通路扩展控制输入线。当其为低电平时，芯片对 IN0～IN15 的通路断开，而对 COM 口上的扩展通路输入的模拟量进行转换。

（8）START：启动转换信号，下降沿启动。

（9）EOC：转换结束信号。

（10）OE：输出允许信号。

（11）U_{CC}：＋5V 电压。

（12）$U_{REF(+)}$、$U_{REF(-)}$：参考电压。

三、AD574

AD574 如图 B-26 所示。

（一）芯片介绍

AD574A 是一种单片高速 12 位逐次比较型 A/D 转换器，具有外接元件少、功耗低、精度高等特点，并且具有自动校零和自动极性转换功能，只需外接少量的阻容件即可构成一个完整的 A/D 转换器。AD574 分辨率为 12 位，转换时间为 25μs，转换精度为 0.05%，由于芯片内有三态输出缓冲电路，因而可直接与各种典型的 8 位或 16 位的微处理器相连，而无需附加逻辑接口电路，且能与 CMOS 及 TTL 兼容。

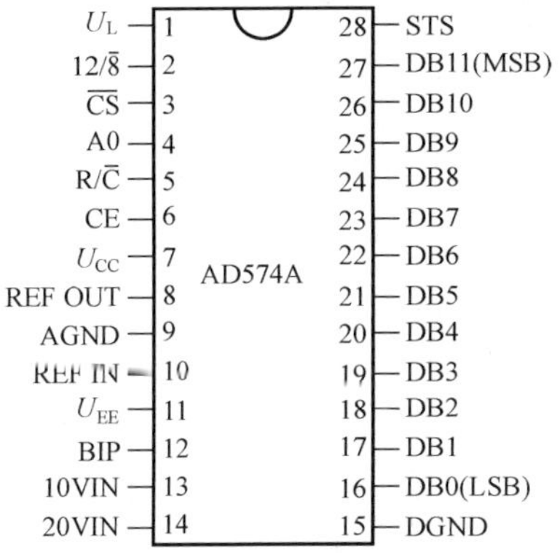

图 B-26 AD574

（二）引脚说明

（1）DB0～DB11：12 位数据输出，分三组，均带三态输出缓冲器。

（2）U_L：逻辑电源＋5V（＋4.5～＋5.5V）。

（3）U_{CC}：正电源＋15V（＋13.5～＋16.5V）。

（4）U_{EE}：负电源－15V（－16.5～－13.5V）。

（5）AGND、DGND：模拟、数字地。

（6）CE：片允许信号，高电平有效。简单应用中固定接高电平。

（7）$\overline{CS}$：片选择信号，低电平有效。

（8）$R/\overline{C}$：读/转换信号。CE＝1，$\overline{CS}$＝0，$R/\overline{C}$＝0 时，转换开始，启动负脉冲，400ns。

CE＝1、$\overline{CS}$＝0、R/$\overline{C}$＝1 时，允许读数据。

（9）A0：字节选择控制线。在转换期间，当 A0＝0 时，AD574 进行全 12 位转换，转换时间为 25μs；当 A0＝1 时，进行 8 位转换，转换时间为 16μs。在读出期间，当 A0＝0 时，高 8 位数据有效；当 A0＝1 时，低 4 位数据有效，中间 4 位为 0，高 4 位为三态。

（10）12/$\overline{8}$：输出数据格式选择信号。当12/$\overline{8}$＝1 时，12 条数据线同时输出转换结果；当12/$\overline{8}$＝0 时，转换结果为单字节输出，即只有高 8 位或低 4 位有效。

（11）STS：转换状态信号。转换开始 STS＝1；转换结束 STS＝0。

（12）10VIN：模拟信号输入。单极性 0～10V，双极性±5V。

（13）20VIN：模拟信号输入。单极性 0～20V，双极性±10V。

（14）REF IN：参考电压输入。

（15）REF OUT：参考电压输出。

（16）BIP：双极性偏置。

四、MC14433

MC14433 如图 B-27 所示。

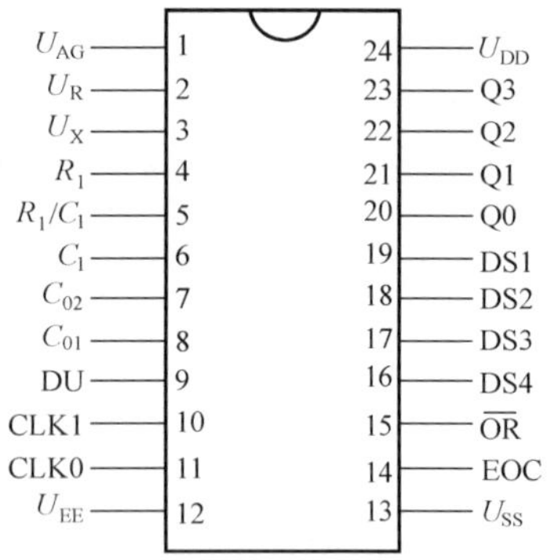

图 B-27 MC14433

（一）芯片介绍

MC14433 是一种三位半双积分式 A/D 转换器。其最大输出电压为 199.9mV 和 1.999V 两挡（由基准电压 U_R 决定），抗干扰能力强，转换精度高，但转换速度慢（约每秒 1～10 次），采用双排 24 引脚封装形式。

（二）引脚说明

（1）U_{DD}：主电源，＋5V。

（2）U_{EE}：模拟部分的负电源，－5V。

（3）U_{SS}：数字地。

（4）U_R：基准电压输入线（200mV 或 2V）。

（5）U_X：被测电压输入线。

（6）U_{AG}：U_R 和 U_X 的地（模拟地）。

（7）R_1：积分电阻输入线。

（8）C_1：积分电容输入线。

（9）R_1/C_1：R_1 与 C_1 的公共端。

（10）C_{01}、C_{02}：接失调补偿电容，约为 0.1μF。

（11）CLKI、CLKO：外接振荡器时钟频率调节电阻 R_c，R_c 一般取 470Ω 左右。

（12）EOC：转换结束信号。

（13）DU：更新转换控制信号输入线。若与 EOC 相连，则每次转换结束后自动启动新的转换。

（14）$\overline{OR}$：过量程信号输出线，低电平有效。

（15）DS4～DS1：分别是个、十、百、千位的选通脉冲输出线。

（16）Q3～Q0：BCD 码数据输出线，动态的输出千、百、十、个位值。

五、DAC0832

DAC0832 如图 B-28 所示。

（一）芯片介绍

美国国家半导体公司的 DAC0832 芯片具有 2 个输入数据寄存器的 8 位 D/A 转换器。分辨率为 8 位；电流输出，输出电流稳定时间为 1μs；功耗为 20mW。

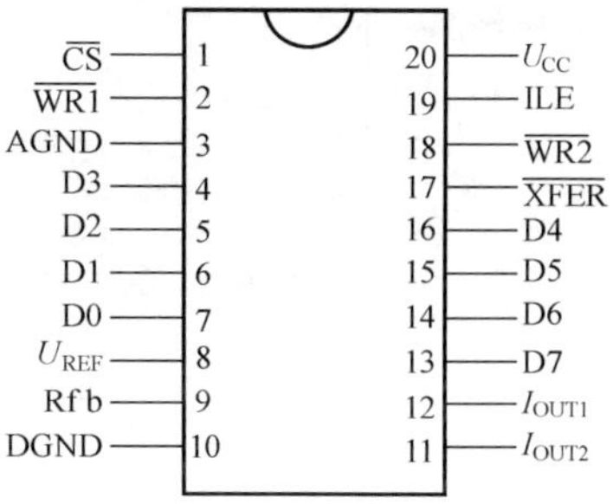

图 B-28 DAC0832

（二）引脚说明

（1）D0～D7：数据输入线，TTL 电平。

（2）ILE：数据锁存允许控制信号线。

（3）$\overline{CS}$：片选信号线，低电平有效。

（4）$\overline{WR1}$：数据锁存器写选通输入线，负脉冲有效。

（5）$\overline{XFER}$：数据传输控制信号输入线，低电平有效。

（6）$\overline{WR2}$：DAC 寄存器写选通输入线，低电平有效。

（7）I_{OUT1}：电流输出线，当 DAC 寄存器为全 1 时电流最大。

（8）I_{OUT2}：电流输出线，其值与 I_{OUT1} 之和为一常数。

（9）Rfb：反馈信号输入线，调整 Rfb 端外接电阻值可以调整转换满量程精度。

（10）U_{CC}：电源电压，范围为＋5～＋15V。

（11）U_{REF}：基准电压输入线，范围为－10～＋10V。

（12）AGND：模拟地。

（13）DGND：数字地。

B.9 移位寄存器

一、74LS164

74LS164 如图 B-29 所示。

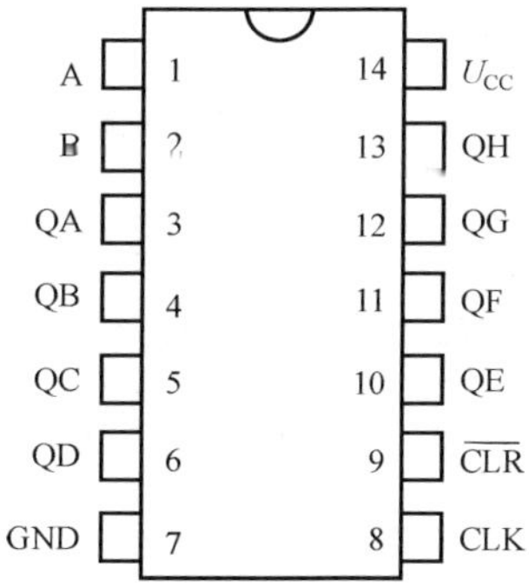

图 B-29 74LS164

（一）芯片介绍

在单片机系统中，如果并行口的 IO 资源不够，而串行口又没有其他的作用， 那么可以用 74LS164 来扩展并行 I/O 口，节约单片机资源。74LS164 是一个串行输入、并行输出的移位寄存器，并带有清除端。

（二）引脚说明

（1）CLK：时钟输入端。

（2）$\overline{CLR}$：同步清除输入端（低电平有效）。

（3）A、B：串行数据输入端。

（4）QA～QH：输出端。

二、74LS165

74LS165 如图 B-30 所示。

（一）芯片介绍

74LS165 是并行输入串行输出移位寄存器。51 单片机内部的串行口在方式 0 工作状态下，使用移位寄存器芯片可以扩展一个或多个 8 位并行 I/O 口。

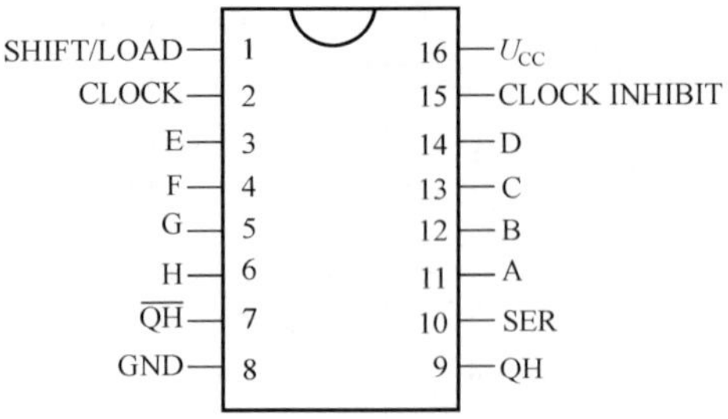

图 B-30 74LS165

（二）引脚说明

（1）A～H：并行输入端。

（2）QH：串行输出端。

（3）CLOCK：时钟输入端。

（4）CLOCK INHIBIT：时钟禁止端。当时钟禁止端为低电平时，允许时钟输入。

（5）SHIFT/LOAD：移位与置位控制端。

（6）SER：扩展多个 74LS165 的首尾连接端。

参 考 文 献

[1] 张毅刚．单片机原理及应用［M］．北京：高等教育出版社，2004.
[2] 张毅刚，彭喜源，谭晓昀，等．MCS-51 单片机应用设计［M］．哈尔滨：哈尔滨工业大学出版社，2003.
[3] 何立民．MCS-51 系列单片机应用系统设计系统配置与接口技术［M］．北京：北京航空航天大学出版社，2001.
[4] 王忠飞，胥芳．MCS-51 单片机原理及嵌入式系统应用［M］．西安：西安电子科技大学出版社，2007.
[5] 潘永雄．新编单片机原理及应用［M］．西安：西安电子科技大学出版社，2003.
[6] 高锋．单片微型计算机原理与接口技术［M］．北京：科学出版社，2003.
[7] 李广弟，朱月秀，王秀山．单片机基础［M］．北京：北京航空航天大学出版社，2001.
[8] 苏凯，刘庆国，陈国平．MCS-51 系列单片机系统原理与设计［M］．北京：冶金工业出版社，2003.
[9] 扬宁，胡学军．单片机与控制技术［M］．北京：北京航空航天大学出版社，2005.
[10] 李朝青．单片机原理及接口技术［M］．北京：北京航空航天大学出版社，1998.
[11] 武庆生，仇梅．单片机原理与应用［M］．西安：西安电子科技大学出版社，1998.
[12] 李华，等．MCS-51 系列单片机实用接口技术［M］．北京：北京航空航天大学出版社，1993.
[13] 河桥，等．单片机原理与应用［M］．北京：中国铁道出版社，2003.
[14] 王宗和．单片机实验与综合训练［M］．北京：高等教育出版社，2005.
[15] 李光飞，楼然苗，胡佳文，等．单片机课程设计实例指导［M］．北京：北京航空航天大学出版社，2004.
[16] 李光飞，李良，楼然苗．单片机 C 程序设计实例指导［M］．北京：北京航空航天大学出版社，2005.
[17] 楼然苗，李光飞．51 系列单片机设计实例［M］．北京：北京航空航天大学出版社，2003.